身边的力学课堂

王 博　马红艳　郑勇刚　编著

科学出版社

北京

内 容 简 介

本书是高等院校理工科近机类专业必修的材料力学、理论力学等基础力学课程相关的工程技术案例集，书中案例大都是大连理工大学工程力学系基础力学教学团队成员结合自身教学科研经历总结凝练而来的，与材料力学（强度、刚度、稳定性及综合问题）和理论力学（静力学、运动学、动力学及综合问题）知识点紧密结合，内容涉及航空航天、海洋工程、能源动力、电子信息、生物医学等诸多领域。

本书可作为高等院校力学及相关专业的基础力学课程的教学参考书，可用于课堂教学、实践性练习、研究思考和问题讨论等环节，也可供从事力学、航空航天、船舶与海洋、土木水利、机械、轨道交通和能源等工程领域的教师、科研开发人员以及工程技术人员使用和参考。

图书在版编目(CIP)数据

身边的力学课堂 / 王博，马红艳，郑勇刚编著. — 北京：科学出版社，2025.5. — ISBN 978-7-03-079457-4

I. O3

中国国家版本馆 CIP 数据核字第 20240PJ075 号

责任编辑：刘信力　崔慧娴／责任校对：彭珍珍
责任印制：张　伟／封面设计：无极书装

科学出版社 出版
北京东黄城根北街 16 号
邮政编码：100717
http://www.sciencep.com
北京建宏印刷有限公司印刷
科学出版社发行　各地新华书店经销
*
2025 年 5 月第 一 版　开本：720×1000　1/16
2025 年 5 月第一次印刷　印张：25 3/4
字数：517 000
定价：198.00 元
(如有印装质量问题，我社负责调换)

编委会名单

主　　编　王　博

副 主 编　郝　鹏　李　锐　郑勇刚

执 行 主 编　马红艳

编委会成员　季顺迎　叶宏飞　曾　岩　马国军　周才华
　　　　　　　赵　岩　王昕炜　李　明　张　伟　梅　跃
　　　　　　　周震寰　韩　啸　李　桐　段庆林　张永存
　　　　　　　张　昭　冯少军　田　阔　马祥涛

序

力学既是基础科学又是众多工程科学和工程技术的基石,在解决航空航天、海洋、车辆、机械、能源、电子等诸多领域的工程问题中发挥了不可替代的作用。因此,培养基础扎实、能力突出的力学拔尖创新人才,对实施航天强国、海洋强国、能源强国等国家战略具有重要的支撑作用,对力学及相关学科的发展也具有积极的推动作用。

案例式教学是培养力学拔尖创新人才的重要手段之一。因此,将重大工程问题的案例融入教学,不仅能够让学生切身感受到专业知识在实际工程中的应用,激发他们的学习兴趣,还能培养学生的批判性思维,帮助他们更加深刻地记忆和理解相关知识点。此外,引入重大工程问题案例还能进一步激发学生科技报国的家国情怀。

多年来,大连理工大学工程力学系基础力学教学团队始终坚持用高水平的科研成果和平台支撑力学拔尖创新人才培养,在提升团队教学水平、创新思政融合教学方法、完善课程教学资源等方面进行了积极的探索和实践。另外,他们依托计算力学学科资源和国家重点实验室科研资源,通过"大师进课堂、学生进国重、科研进大创、成果进教材、工程进课件、案例进习题"等"六进"举措,形成了火箭筒壳失稳分析、海洋平台冰振疲劳分析、高速列车强度校核等数十个重大工程教学案例,并将这些顶尖科研成果转化为基础力学课程教学资源,有效提升了学生的工程创新意识和工程问题分析能力。

该教学团队还基于工程力学系的丰厚历史底蕴,开展了课程思政建设,将服务国家需求的工程技术案例和力学史融入课堂,弘扬科学家精神,厚植学生的科技报国情怀,获批了教育部首批国家级课程思政教学团队。近年来,该教学团队牵头成立了首批全国基础力学课程虚拟教研室,成为基础力学课程教学改革的先行者。

《身边的力学课堂》的案例主要围绕材料力学、理论力学等基础力学课程的相关知识点,大多由该教学团队成员结合自身教学和科研经历及成果凝练而成,内容涵盖航空航天、海洋与能源等领域。这些案例已经在大连理工大学工程力学、飞行器设计与工程、船舶与海洋、能源与动力、机械等工科专业本科生的教学中长期实践，并取得了显著的教学效果。该书的出版将为我国众多高校工程力学及相关工科专业培养具有扎实专业知识、创新能力和家国情怀的拔尖人才提供有力支持。

中国科学院院士　程耿东
2024 年 7 月 29 日

前　言

　　基础力学课程(材料力学、理论力学等)是高等院校理工科近机类专业十分重要的本科必修课，对培养学生工程创新能力具有重要作用。在基础力学课程教学中，工程技术案例的引入可极大提升学生的学习兴趣，夯实学生的专业知识，培养学生的工程创新能力。

　　本教学团队长期坚持科教融合案例式教学。团队成员结合自身服务于航空航天、海洋与能源等众多工程领域的科研经历，深度挖掘相关工程问题中的力学原理，将科技前沿和国家重大需求与力学知识点有机融合，凝练形成了大量的工程技术案例并长期应用于教学实践。通过这种教学模式，不仅夯实了学生的专业基础知识，培养了学生的工程创新能力，同时还厚植了学生的工程伦理，传递了科技报国等思政要素，激发了学生的家国情怀和使命担当。

　　本书从教学团队凝练形成的工程技术案例中精选了近 90 个案例，与材料力学和理论力学知识点相结合。材料力学部分包括强度、刚度、稳定性和综合问题；理论力学部分包括静力学、运动学、动力学和综合问题。本书可作为高等院校力学及相关专业的基础力学课程的辅助教材，可用于课堂教学、实践性练习、研究思考和问题讨论等环节，也可供从事力学、航空航天、船舶与海洋、土木水利、机械、轨道交通和能源等工程领域的教师、科研开发人员以及工程技术人员使用和参考。

　　在本书完成之际，衷心感谢大连理工大学的各位学术前辈、师长以及同事们多年来对作者教学、科研工作的帮助和支持。本书中的许多工程技术案例所依托的科研项目工作是与合作者共同完成的，在此向他们表示衷心的感谢。感谢科学出版社的责任编辑刘信力等对本书出版的大力支持。特别感谢钟万勰院士为本书书写书名，感谢程耿东院士为本书作序。

　　由于时间仓促，加之水平所限，书中难免存在不足和不妥之处，敬请广大读者和同行专家批评与斧正。

编　者

2024 年 8 月 1 日

目 录

序
前言
第 1 章 航空航天 ··· 1
  1.1 运载火箭级间段中间框设计 ·· 1
    1.1.1 工程背景 ··· 1
    1.1.2 解决方案 ··· 1
    1.1.3 总结 ··· 7
  1.2 航空发动机中的鸟撞问题 ··· 7
    1.2.1 工程背景 ··· 7
    1.2.2 航空发动机风扇叶片抗鸟撞设计 ································ 8
    1.2.3 总结 ··· 12
  1.3 航空发动机机匣包容性设计 ··· 13
    1.3.1 工程背景 ··· 13
    1.3.2 基于能量守恒原理的包容性设计准则 ························ 14
    1.3.3 总结 ··· 18
  1.4 着陆器冲击过程分析 ··· 19
    1.4.1 工程背景 ··· 19
    1.4.2 离散元–有限元数值研究 ·· 21
    1.4.3 材料力学知识点及相关启发 ··································· 23
  1.5 "黑匣子"挂载结构设计 ··· 24
    1.5.1 工程背景 ··· 24
    1.5.2 设计思路 ··· 25
    1.5.3 总结 ··· 26
  1.6 飞机远程配电支架结构设计 ··· 27
    1.6.1 工程背景 ··· 27
    1.6.2 设计思路 ··· 27
  1.7 机翼蒙皮矩形板稳定性问题与压杆稳定类比 ····················· 29
    1.7.1 工程背景 ··· 29
    1.7.2 矩形板稳定性与压杆稳定类比分析 ·························· 30

  1.7.3 总结 ·· 32
1.8 火箭中的复合材料结构强度理论与应用 ·· 33
  1.8.1 工程背景 ··· 33
  1.8.2 复合材料结构强度理论与应用 ·· 33
  1.8.3 总结 ·· 38
1.9 航空航天壁板的缺陷敏感性与创新构型设计 ································ 39
  1.9.1 工程背景 ··· 39
  1.9.2 缺陷敏感性与创新构型设计 ·· 40
  1.9.3 总结 ·· 44
1.10 火箭的载荷设计——内力图的绘制 ·· 46
  1.10.1 工程背景 ··· 46
  1.10.2 火箭的静载荷计算 ·· 47
  1.10.3 火箭的内力图 ·· 50
  1.10.4 总结 ·· 50
1.11 航空发动机的能量转化和叶片强度 ·· 51
  1.11.1 工程背景 ··· 51
  1.11.2 涡轮叶片强度分析 ·· 54
  1.11.3 总结 ·· 54
1.12 人类深空探测太阳帆薄膜褶皱的产生与消除 ····························· 55
  1.12.1 工程背景 ··· 55
  1.12.2 薄膜褶皱抑制的力学模型 ·· 56
  1.12.3 总结 ·· 59
1.13 现代飞机抗疲劳设计 ·· 60
  1.13.1 工程背景 ··· 60
  1.13.2 抗疲劳设计 ··· 61
  1.13.3 总结 ·· 63
1.14 飞机转轴的疲劳分析 ·· 63
  1.14.1 工程背景 ··· 63
  1.14.2 转轴结构疲劳分析 ·· 66
  1.14.3 总结 ·· 69
1.15 新型飞行器舱门的约束简化与静力学分析 ································ 69
  1.15.1 工程背景 ··· 69
  1.15.2 舱门结构受力分析 ·· 70
  1.15.3 总结 ·· 71
1.16 重心在飞机设计中的意义 ·· 72

1.16.1　工程背景 ·· 72
　　　1.16.2　飞机失速原理 ··· 72
　　　1.16.3　总结 ·· 75
　1.17　舰载机甲板自主调运轨迹规划 ··· 76
　　　1.17.1　工程背景 ·· 76
　　　1.17.2　甲板自主调运关键技术 ·· 76
　　　1.17.3　总结 ·· 81
　1.18　航天器轨道与姿态耦合动力学问题 ···································· 81
　　　1.18.1　工程背景 ·· 81
　　　1.18.2　轨道与姿态耦合动力学 ·· 82
　　　1.18.3　总结 ·· 86
　1.19　航空发动机推进系统反推装置的力学原理 ··························· 87
　　　1.19.1　工程背景 ·· 87
　　　1.19.2　反推装置的力学原理 ··· 88
　　　1.19.3　总结 ·· 92

第 2 章　海洋工程 ·· 94
　2.1　海冰压缩强度试验分析 ··· 94
　　　2.1.1　工程背景 ·· 94
　　　2.1.2　海冰压缩强度试验 ··· 95
　　　2.1.3　总结 ·· 97
　2.2　海冰弯曲强度试验分析 ··· 98
　　　2.2.1　工程背景 ·· 98
　　　2.2.2　海冰弯曲强度试验 ··· 99
　　　2.2.3　总结 ·· 102
　2.3　海洋立管在自重影响下的失稳问题 ······································ 103
　　　2.3.1　工程背景 ··· 103
　　　2.3.2　海洋立管自重下失稳机制 ·· 104
　　　2.3.3　总结 ·· 106
　2.4　极地船舶及海洋工程冰激结构疲劳分析 ······························· 106
　　　2.4.1　工程背景 ··· 106
　　　2.4.2　极地结构冰激疲劳分析 ··· 107
　2.5　深水 S 型海洋管道铺设及室内实验方法 ······························· 112
　　　2.5.1　工程背景 ··· 112
　　　2.5.2　管道铺设与室内试验 ·· 112
　　　2.5.3　总结 ·· 114

2.6 水下机械臂动力学与载荷分析 ································· 116
2.6.1 工程背景 ··· 116
2.6.2 水下机械臂的动力学分析 ······························· 116
2.6.3 总结 ··· 119

第 3 章 能源动力 ·· 121
3.1 核电结构的抗震性能分析 ······························· 121
3.1.1 工程背景 ··· 121
3.1.2 主要结构抗震性能分析 ································· 121
3.1.3 总结 ··· 125
3.2 核反应堆压力容器安全性分析 ·························· 126
3.2.1 工程背景 ··· 126
3.2.2 动力学分析 ··· 128
3.2.3 总结 ··· 128
3.3 大型压缩机主轴–叶轮装配中的力学问题 ··············· 129
3.3.1 工程背景 ··· 129
3.3.2 主轴弯曲变形分析与解决方案 ·························· 130
3.3.3 总结 ··· 135
3.4 输电塔架结构分析及设计 ······························· 135
3.4.1 工程背景 ··· 135
3.4.2 结构分析及设计 ·· 137
3.4.3 总结 ··· 139
3.5 液压往复密封系统中的摩擦力分析 ····················· 140
3.5.1 工程背景 ··· 140
3.5.2 摩擦力分析 ··· 141
3.5.3 总结 ··· 143

第 4 章 电子信息 ·· 145
4.1 计算机板卡–卡槽传热结构中的力学问题 ··············· 145
4.1.1 工程背景 ··· 145
4.1.2 界面热阻分析与优化 ···································· 146
4.1.3 总结 ··· 150
4.2 可延展周期性蛇形结构的拉伸问题 ····················· 151
4.2.1 工程背景 ··· 151
4.2.2 蛇形结构的拉伸问题分析 ······························· 152
4.2.3 总结 ··· 158
4.3 柔性可延展电子的变刚度多样化设计 ··················· 158

目录

  4.3.1 工程背景 ·· 158
  4.3.2 柔性可延展电子变刚度设计的力学模型 ··········· 159
  4.3.3 总结 ··· 164
4.4 柔性电子器件岛–桥结构的屈曲问题 ························ 165
  4.4.1 工程背景 ·· 165
  4.4.2 岛–桥结构的力学模型 ······························ 165
  4.4.3 总结 ··· 169
4.5 基于能量原理的指套电子器件力学模型 ··················· 171
  4.5.1 工程背景 ·· 171
  4.5.2 指套电子器件的力学模型 ·························· 172
  4.5.3 总结 ··· 177
4.6 力系平衡在柔性电子湿法转印中的应用 ··················· 179
  4.6.1 工程背景 ·· 179
  4.6.2 柔性电子湿法转印应用界限的力学模型 ········· 180
  4.6.3 总结 ··· 183

第 5 章 生物医学 ·· 185
5.1 青光眼形成的力学机制 ·· 185
  5.1.1 研究背景 ·· 185
  5.1.2 力学分析 ·· 185
  5.1.3 总结 ··· 187
5.2 主动脉瘤破坏的力学机制 ····································· 188
  5.2.1 研究背景 ·· 188
  5.2.2 主动脉瘤破坏机制 ·································· 189
  5.2.3 总结 ··· 190
5.3 心血管单轴拉伸力学性能研究 ······························ 191
  5.3.1 研究背景 ·· 191
  5.3.2 心血管材料力学实验方法 ·························· 192
  5.3.3 总结 ··· 194
5.4 微针设计与使用中的力学问题 ······························ 194
  5.4.1 研究背景 ·· 194
  5.4.2 微针中的力学问题 ·································· 195
  5.4.3 总结 ··· 198
5.5 皮肤组织的单轴拉伸实验 ····································· 199
  5.5.1 研究背景 ·· 199
  5.5.2 皮肤组织力学性能表征 ····························· 200

5.5.3　总结 ··· 201
5.6　跳跃过程中膝关节前交叉韧带的保护 ······························ 202
　　5.6.1　研究背景 ··· 202
　　5.6.2　韧带受力分析和力学性能测试 ································· 203
　　5.6.3　总结 ··· 205
5.7　机器学习在细胞弹性模量测量中的应用 ···························· 206
　　5.7.1　研究背景 ··· 206
　　5.7.2　机器学习的解决方案 ··· 207
　　5.7.3　总结 ··· 209
5.8　疾病诊断中的细胞力学原理 ·· 210
　　5.8.1　研究背景 ··· 210
　　5.8.2　细胞黏弹性分析 ·· 211
　　5.8.3　总结 ··· 214
5.9　水凝胶支架作为生物替代材料的软物质力学原理 ················ 215
　　5.9.1　研究背景 ··· 215
　　5.9.2　关节软骨和替代水凝胶的力学性能分析 ···················· 216
　　5.9.3　总结 ··· 218
5.10　基于力学原理的新型头盔内衬结构设计 ··························· 219
　　5.10.1　工程背景 ·· 219
　　5.10.2　单兵作战头盔内衬防护爆炸冲击波的力学原理 ········· 220
　　5.10.3　总结 ·· 223
5.11　电刺激改变细胞排列迁移方向的力学原理 ······················· 224
　　5.11.1　研究背景 ·· 224
　　5.11.2　力学分析 ·· 224
　　5.11.3　总结 ·· 226

第 6 章　车辆工程 ··· 227
6.1　汽车吸能盒缓冲吸能的力学机制 ····································· 227
　　6.1.1　工程背景 ··· 227
　　6.1.2　吸能盒缓冲吸能的力学机制 ···································· 228
　　6.1.3　总结 ··· 230
6.2　汽车侧翻问题分析 ··· 232
　　6.2.1　工程背景 ··· 232
　　6.2.2　车辆侧翻分析 ··· 232
　　6.2.3　总结 ··· 235
6.3　高速列车受电弓机构运动与气动抬升力分析 ······················ 235

目录

  6.3.1 工程背景 ······ 235
  6.3.2 高速列车受电弓机构的运动 ······ 236
  6.3.3 总结 ······ 239
 6.4 汽车行驶控制的动力学分析 ······ 240
  6.4.1 工程背景 ······ 240
  6.4.2 汽车动力学分析的二自由度简化模型 ······ 241
  6.4.3 总结 ······ 242
 6.5 纳米技术在汽车碰撞安全问题中的应用研究 ······ 243
  6.5.1 工程背景 ······ 243
  6.5.2 薄壁结构屈曲模态诱导分析 ······ 244
  6.5.3 总结 ······ 246
 6.6 机车碰撞的安全设计 ······ 247
  6.6.1 工程背景 ······ 247
  6.6.2 力学分析 ······ 247
 6.7 动力集中式动车组减振器座的疲劳计算 ······ 250
  6.7.1 工程背景 ······ 250
  6.7.2 减振器座疲劳应力 ······ 251
  6.7.3 减振器座累积损伤 ······ 253
  6.7.4 总结 ······ 255

第 7 章 材料性能 ······ 257
 7.1 胶黏剂基本力学性能试验测定方法 ······ 257
  7.1.1 工程背景 ······ 257
  7.1.2 测试方案 ······ 257
  7.1.3 总结 ······ 263
 7.2 利用梁模型预测纳米尺度的自折叠现象：小变形和大变形 ······ 264
  7.2.1 纳米尺度自折叠现象的力学模型 ······ 265
  7.2.2 总结 ······ 267
 7.3 负泊松比材料及其在平板单轴压屈中的应用 ······ 267
  7.3.1 工程背景 ······ 267
  7.3.2 负泊松比材料的变形原理及其在矩形平板中的压曲增益分析 ······ 268
  7.3.3 总结 ······ 270
 7.4 "热缩冷胀"神奇超材料的力学原理 ······ 271
  7.4.1 工程背景 ······ 271
  7.4.2 热缩冷胀超材料的力学原理 ······ 271
  7.4.3 总结 ······ 274

7.5 残缺之美：谈钛合金增韧机制 ··· 274
　　7.5.1 工程背景 ·· 274
　　7.5.2 含非焊合区的开孔钛合金层合板增韧分析 ···························· 275
　　7.5.3 总结 ·· 276
7.6 碳纤维增强复合材料基本力学性能测试方法 ································ 277
　　7.6.1 工程背景 ·· 277
　　7.6.2 测试方案 ·· 278
　　7.6.3 总结 ·· 279
7.7 电子灌封用胶黏剂弹性模量和拉伸强度测定方法 ························· 280
　　7.7.1 工程背景 ·· 280
　　7.7.2 测试方案 ·· 280
　　7.7.3 总结 ·· 284
7.8 声子晶体超材料的制备工艺与带隙特征的关联性 ························· 284
　　7.8.1 工程背景 ·· 284
　　7.8.2 超材料结构带隙特性 ··· 285
　　7.8.3 增材制造结构变形特性 ·· 286
　　7.8.4 总结 ·· 289

第 8 章　连接构件··· 290

8.1 摩擦自锁与螺栓法兰结构预紧状态的分析 ·································· 290
　　8.1.1 工程背景 ·· 290
　　8.1.2 螺栓螺纹斜面的摩擦自锁原理 ··· 291
　　8.1.3 工程中的螺栓法兰结构预紧状态分析 ·································· 292
　　8.1.4 总结 ·· 294
8.2 基于柱壳纵剖面梁模型的箭体螺栓法兰连接刚度分析 ··················· 295
　　8.2.1 工程背景 ·· 295
　　8.2.2 柱壳纵剖面梁模型的理论分析 ··· 296
　　8.2.3 总结 ·· 300
8.3 基于静力平衡的螺栓法兰连接结构等效弹簧建模方法 ··················· 301
　　8.3.1 工程背景 ·· 301
　　8.3.2 静力平衡条件下的箭体柱壳螺栓法兰连接等效弹簧建模 ·········· 302
　　8.3.3 总结 ·· 306
8.4 三级箭体螺栓法兰双连接面动力学简化模型 ······························· 306
　　8.4.1 工程背景 ·· 306
　　8.4.2 基于机械能守恒定律的三级箭体螺栓法兰双连接面动力学模型 ······· 307
　　8.4.3 总结 ·· 310

第 9 章　结构设计 … 312

9.1　变刚度设计方法在抗冲击高防护头盔中的应用 … 312
9.1.1　工程背景 … 312
9.1.2　变刚度设计在抗冲击高防护头盔中的应用 … 313
9.1.3　总结 … 316

9.2　屈曲的妙用与双稳态结构 … 318
9.2.1　工程背景 … 318
9.2.2　碳纤维增强复合材料层合板双稳态设计与分析 … 319
9.2.3　总结 … 320

9.3　最大化临界屈曲载荷的柱体变截面设计 … 321
9.3.1　工程背景 … 321
9.3.2　最大化临界屈曲载荷的柱体变截面设计的力学模型 … 321
9.3.3　总结 … 323

9.4　碰撞吸能结构的剪纸设计 … 324
9.4.1　工程背景 … 324
9.4.2　剪纸设计及耐撞性分析 … 325
9.4.3　总结 … 330

9.5　压力容器的断裂破坏分析 … 331
9.5.1　工程背景 … 331
9.5.2　断裂破坏分析 … 333
9.5.3　总结 … 335

9.6　基于层级化模型的航天装备仿真与设计技术 … 336
9.6.1　工程背景 … 336
9.6.2　航天装备层级化建模仿真与设计 … 337
9.6.3　总结 … 340

9.7　基于折纸方法的碰撞吸能结构设计 … 341
9.7.1　工程背景 … 341
9.7.2　基于折纸方法的吸能结构设计 … 343
9.7.3　总结 … 347

第 10 章　生产制造 … 349

10.1　金属增材制造过程中的翘曲变形力学机制 … 349
10.1.1　工程背景 … 349
10.1.2　力学分析 … 350

10.2　搅拌头的受力分析和疲劳强度 … 352
10.2.1　工程背景 … 352

10.2.2 搅拌头的温升 ··· 354
10.2.3 搅拌头的受力和疲劳 ··· 355
10.2.4 总结 ··· 356
10.3 印制线路板焊点热疲劳失效 ··· 357
10.3.1 工程背景 ··· 357
10.3.2 力学分析 ··· 358
10.3.3 总结 ··· 360
10.4 超声冲击表面纳米化技术在重装空投中的应用分析 ··· 360
10.4.1 工程背景 ··· 360
10.4.2 金属表面纳米化技术原理 ··· 361
10.4.3 总结 ··· 364

第 11 章 其他领域 ··· 366
11.1 炮弹发射技术中的力学问题 ··· 366
11.1.1 工程背景 ··· 366
11.1.2 力学分析 ··· 367
11.1.3 总结 ··· 368
11.2 原子力显微镜的测试原理与应用 ··· 369
11.2.1 工程背景 ··· 369
11.2.2 原子力显微镜的基本原理 ··· 370
11.2.3 总结 ··· 373
11.3 原子力显微镜矩形悬臂结构的弹簧常数标定 ··· 373
11.3.1 工程背景 ··· 373
11.3.2 悬臂结构静力问题力学模型 ··· 374
11.3.3 总结 ··· 378
11.4 实际土木工程结构中的若干约束形式 ··· 379
11.4.1 工程背景 ··· 379
11.4.2 土木工程结构中的约束分析 ··· 380
11.4.3 总结 ··· 382
11.5 机器人运动过程的动力学模型 ··· 383
11.5.1 工程背景 ··· 383
11.5.2 二连杆机械臂动力学简化模型 ··· 384
11.5.3 总结 ··· 386
11.6 激光测振原理及其在结构动力学模型修正中的应用 ··· 386
11.6.1 工程背景 ··· 386
11.6.2 力学分析 ··· 387

11.6.3　总结 ··· 388
11.7　高速冲击下的结构破坏分析 ································ 389
　　　11.7.1　工程背景 ·· 389
　　　11.7.2　力学分析 ·· 390
　　　11.7.3　总结 ··· 391

第 1 章 航 空 航 天

1.1 运载火箭级间段中间框设计

1.1.1 工程背景

长征五号运载火箭是我国研制的新一代 5m 直径低温液体捆绑式大型运载火箭,其到达近地轨道的最大理论载荷为 32~33t,实际近地轨道运力为 25t。长征五号从总体到分系统均采用了最新研究技术,新技术占比达 95%以上,已经承担了东方红五号卫星平台首飞、天问一号火星绕落巡、嫦娥五号月球采样返回和空间站任务等,为深空探测计划奠定了坚实基础。如图 1.1.1 所示,搭载着空间站梦天实验舱的长征五号 B 遥四运载火箭在我国文昌点火发射。运载火箭需要将卫星、探测器等载荷运送入太空,因此自身的重量不能过大,否则运载能力会被显著削弱。然而,火箭箭体结构在发射过程中会受到巨大的轴压、弯矩、外压等作用力,面临极大的强度和稳定性失效风险,那么如何才能将运载火箭的结构设计得既轻巧又结实呢?

图 1.1.1 2022 年 10 月 31 日长征五号 B 遥四运载火箭发射成功[1]

1.1.2 解决方案

在以往的研究中,加筋壳结构被认为是抵抗屈曲的有效结构[2],由于可以提升结构承载效率并降低各类缺陷对承载力的削减,被广泛应用在运载火箭箭体中。

根据壳体几何形状，还可以将加筋壳分为加筋柱壳、加筋锥壳和加筋球壳等。加筋结构的外部是轻薄的蒙皮，内部通过环框和桁条组成的框架加强，如图 1.1.2 所示。常见蒙皮的厚度很薄，往往为 1.2~2mm，整流罩上的蒙皮最薄处甚至只有 0.3mm，对于动辄几米直径、几十米高的运载火箭箭体来说，称得上是"薄如蝉翼"。

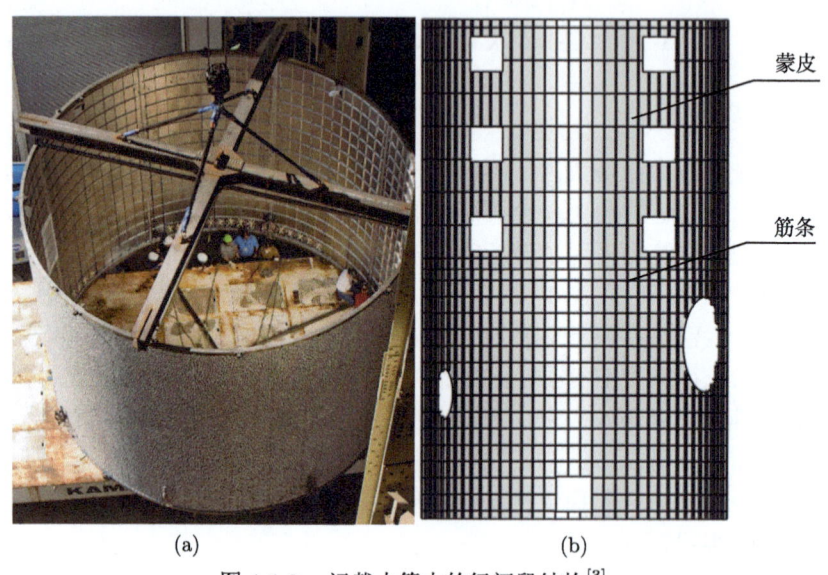

图 1.1.2 运载火箭中的级间段结构[3]

加筋壳体如此轻薄，甚至看起来"弱不禁风"，那么加筋壳是如何承受运载火箭数百吨起飞推力的呢？这得益于蒙皮内的加筋结构，通过众多纵向和环向筋条的合理布置，既可以通过提高壳体结构的抗弯刚度而有效地提高承载能力，又可以增加当量厚度从而减少对初始缺陷的敏感程度，同时满足了结构轻量化和承载能力最大化需求。

在材料力学中，构件正常工作需要满足的三个基本条件分别是：强度、刚度与稳定性。在一定设计范围内，强度指标是指构件的应力未超过材料的许用应力；刚度指标是指构件的变形不影响其正常工作；而稳定性指标则是指构件受压时具有维持原有平衡状态的能力。

级间段是运载火箭中连接上下子级之间的过渡段，主要承受轴向压缩载荷，其结构形式与分离方式有关，其中的冷分离方式采用的是半硬壳式结构，是典型的加筋壳结构。我国长征五号芯一级中的一、二子级级间段采用加筋壳结构，由蒙皮、筋条、中间框及端框组成，分为上下两个柱段，可参见图 1.1.2(b)。根据工程经验，航天受压薄壳结构破坏的大部分原因都是丧失整体或局部稳定性，由于纵

1.1 运载火箭级间段中间框设计

向桁条失效,坍塌往往是突然的、破坏性的[4]。在这种载荷条件下,轴压失稳往往先于强度破坏发生,是其最主要的失效模式[5]。与材料力学中压杆稳定原理相似,加筋壳在轴压达到临界值时同样会发生失稳现象[6]。不同的是加筋壳结构更复杂,而且可能出现整体失稳、局部蒙皮失稳、局部筋条失稳等多种情况,同时,受到几何缺陷的影响[7],失稳发生的位置和形式往往无法准确确定。图 1.1.3 所示为我国长征五号运载火箭所采用的 5m 直径大型加筋壳结构的地面破坏试验与有限元仿真结果。在试验过程中,结构首先处于线弹性阶段,未发生失稳现象;当继续加载,将发生蒙皮局部失稳,但不影响结构整体承载性能;若继续加载,结构将整体失稳并观察到中间对接部位发生破坏。

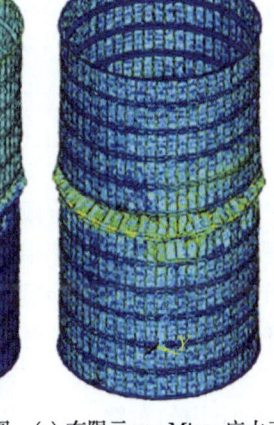

(a) 地面试验　　(b) 有限元位移云图　(c) 有限元von Mises 应力云图

图 1.1.3　长征五号运载火箭所采用的 5m 直径大型加筋壳结构的地面破坏试验与有限元仿真结果[8,9]

舱段中的加筋壳结构主要受轴向压力,破坏形式一般为失稳。根据材料力学知识,细长杆的欧拉公式为

$$F_{\mathrm{cr}} = \frac{\pi^2 EI}{(\mu l)^2} \tag{1.1.1}$$

其中,μ 为长度因数,反映约束对临界力的影响;μl 为相当长度;F_{cr} 为临界力,当施加载荷超过临界力时,结构将失稳。

由欧拉公式可知,临界失稳载荷与截面惯性矩 I 和相当长度 μl 有关。因此,要想利用材料力学原理提高加筋壳的承载能力,需从这两方面入手。首先可通过增加桁条数目来增大截面惯性矩以提高承载能力,已知柔度与截面的惯性半径成反比,因此可采用惯性半径尽可能大的空心截面形状来提高临界力。相比于光筒壳,增加桁条相当于增大了蒙皮厚度,减小了内外半径之比,从而增大了截面惯性矩。另一个可行的方案是在壳体间引入中间框，如图 1.1.4 所示。那么，为什么引入中间框能够有效提高加筋壳的稳定性呢？事实上，对于两个中间框之间的壳体和桁条而言，因为具有较大的环向刚度，两端的中间框相当于增加了支座约束，因此相当长度 μl 被有效降低，使加筋壳不易发生变形，提高了临界力。例如图 1.1.4 中的壳体，若原来的长度为 l，引入两个中间框之后，壳体从原来的整体被分为三部分，每一部分的长度为 $l/3$，通过降低长度 l 及增加约束，有效地提高了临界载荷与承载能力。

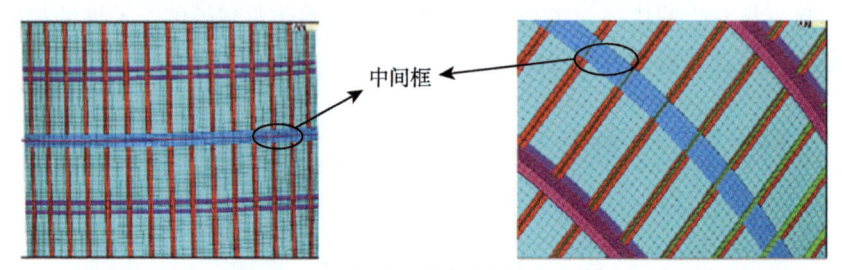

图 1.1.4　加筋壳结构中的中间框[8]

增加中间框明显提高了舱段的承载能力，同时只增加了很少的重量，这反映出稳定性理论在实际工程设计中的重要应用。此外，根据稳定性理论还可以对中间框的布局进行优化，进一步提升壳体的承载能力。图 1.1.5 为加筋柱壳结构的示意图，整个结构由上下两级对接而成，每一级中沿圆柱高度方向均匀分布 5 个截面为"几"字形的中间框，上下两端蒙皮外侧有截面为 L 形的端框，竖向桁条在圆柱的环向上均匀布置，截面为 T 形，向圆柱内部延伸。

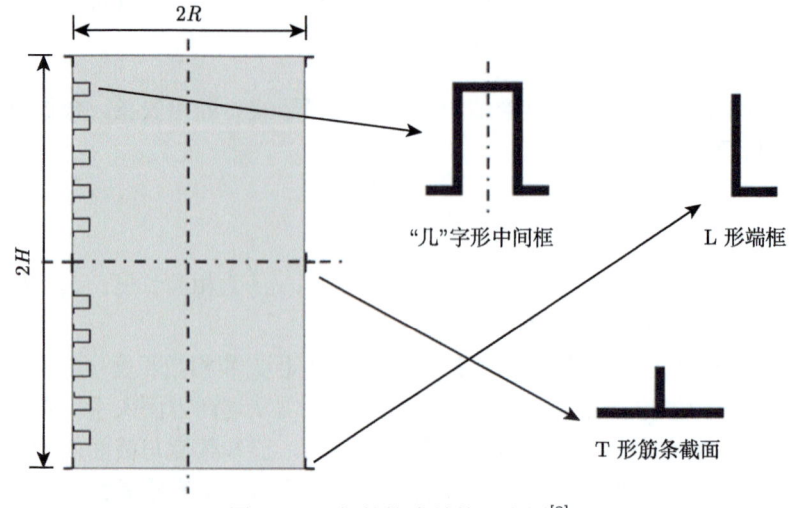

图 1.1.5　加筋柱壳结构示意图[8]

1.1 运载火箭级间段中间框设计

对于原有的结构布局,从图 1.1.3 中加筋壳失稳破坏的位移与应力云图中可以看出,失稳部位位于中间对接框。同样根据欧拉公式,可以适当调整中间框的位置,通过减小上下两半结构对接处的桁条长度,即减小长度 l 来提高结构的整体承载性能。由于该加筋壳结构关于中间对接面镜像对称,因此图 1.1.6 只给出下半部分中间框的调整情况,其中调整后位置为虚线部分。那么中间框移动多少才可获得最大承载力呢?

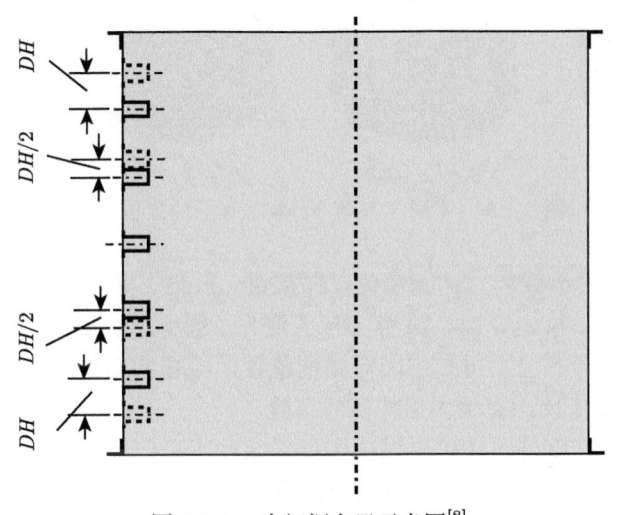

图 1.1.6 中间框布局示意图[8]

进一步,图 1.1.7 给出了结构临界力与中间框移动量 DH 之间的对应关系,图 1.1.8 给出了几个不同 DH 值下结构破坏后的位移云图。从图中可以看出,$DH=$

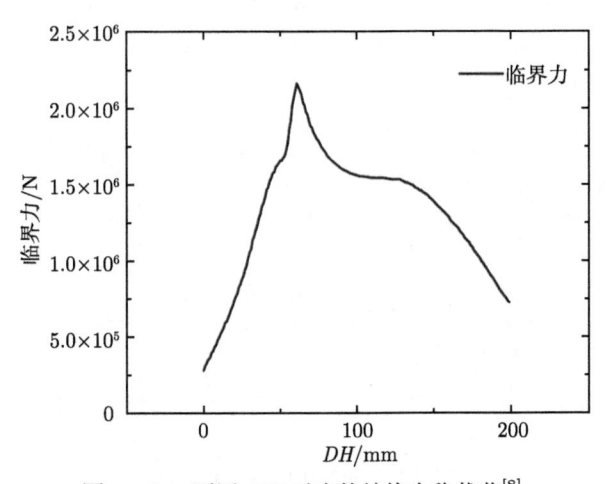

图 1.1.7 不同 DH 对应的结构失稳载荷[8]

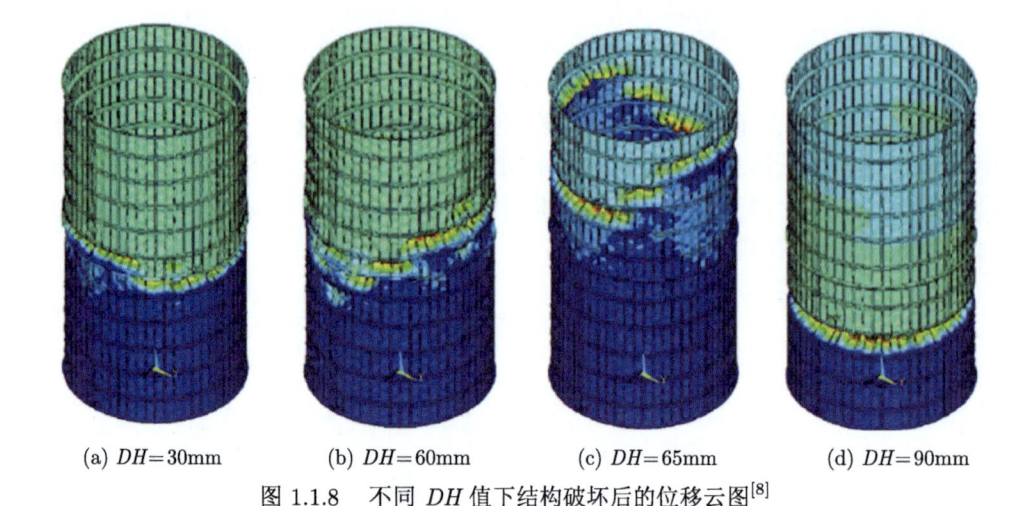

(a) $DH=30$mm　　(b) $DH=60$mm　　(c) $DH=65$mm　　(d) $DH=90$mm

图 1.1.8　不同 DH 值下结构破坏后的位移云图[8]

60mm 时，结构的承载能力达到峰值；$DH<60$mm 时，承载能力随着 DH 的增加而显著提升；$DH>60$mm 时，随着 DH 的增大，结构承载能力反而减少，这是因为此时结构的薄弱点已不再是中间对接框位置，即结构整体失稳的位置发生了改变，继续增加 DH 反而会增大结构破坏风险。

除改变相当长度外，还可以对中间框采用冲压工艺进行打孔，从而实现进一步的轻量化，如图 1.1.9 所示。中间框的主要功能是提供环向的弯曲刚度，而弯曲刚度主要由远离中性层两侧的材料提供，因此打孔后中间框的弯曲刚度并不会出现明显降低。而且由于采用冲压工艺，孔的边缘会出现下陷，这在一定程度上反而会提高中间框的抗失稳能力[9]。对于整体壳体，在环框上打孔，相当于改变了纵向筋条的边界紧固程度。根据欧拉公式，边界约束越强，刚度越大，其相当长度就越小，即改变了欧拉公式中的 μl。因此，中间框开孔不仅可以实现减重，还可以提高结构的抗失稳能力。

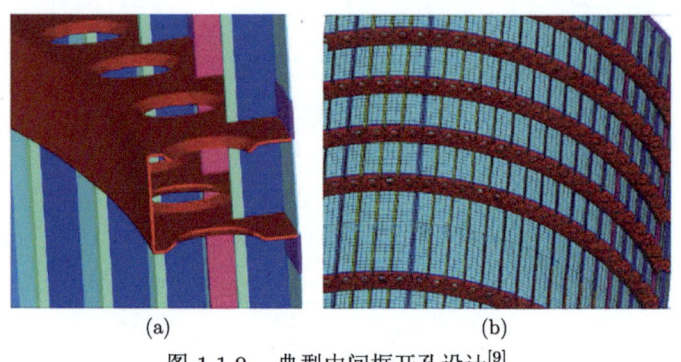

(a)　　(b)

图 1.1.9　典型中间框开孔设计[9]

1.1.3 总结

减重是航天结构设计永恒的主题，长征五号火箭的大运载能力离不开工程师对结构"锱铢必较"的优化设计。加筋壳结构由于自身较强的抗失稳能力，被大量应用在运载火箭壳段。运用材料力学中的欧拉公式，可以对加筋壳结构的优化设计进行直观理解：一方面在结构中增加中间框，另一方面对中间框的布局位置进行调整，实现了相当长度的有效降低。另外，对中间框进行开孔设计，改变了加筋壳的边界条件，也可以认为是间接减小了相当长度，同时还减轻了结构的重量。火箭舱段结构复杂、分析困难，但仍然遵循基本的材料力学原理，材料力学中稳定性理论的深入理解对新一代运载火箭设计具有重要的启示意义。

参 考 文 献

[1] 梦天实验舱成功发射看点. https://baijiahao.baidu.com/s?id=1748212705757103439&wfr=spider&for=pc.

[2] Zhao Y, Chen M, Yang F, et al. Optimal design of hierarchical grid-stiffened cylindrical shell structures based on linear buckling and nonlinear collapse analyses. Thin-Walled Structures, 2017, 119: 315-323.

[3] Preparing a Test Article. NASA, 2013. https://www.nasa.gov/image-article/preparing-test-article.

[4] Wang B, Du K, Hao P, et al. Numerically and experimentally predicted knockdown factors for stiffened shells under axial compression. Thin-Walled Structures, 2016, 109: 13-24.

[5] 郝鹏. 面向新一代运载火箭的网格加筋柱壳结构优化研究. 大连：大连理工大学, 2013.

[6] Wang B, Yang M, Zeng D, et al. Post-buckling behavior of stiffened cylindrical shell and experimental validation under non-uniform external pressure and axial compression. Thin-Walled Structures, 2021, 161: 107481.

[7] Wang B, Hao P, Ma X, et al. Knockdown factor of buckling load for axially compressed cylindrical shells: State of the art and new perspectives. Acta Mechanica Sinica, 2022, 38(1): 421440.

[8] 王斌. 结构多性能优化设计及其在航天结构设计中的应用. 大连：大连理工大学, 2010.

[9] 骆洪志, 郭彦明, 吴会强. 直径五米大型箭体结构设计与优化. 深空探测学报 (中英文), 2021, 8(4): 380-388.

(本案例由王博、郝鹏供稿)

1.2 航空发动机中的鸟撞问题

1.2.1 工程背景

航空发动机是飞机的动力来源，也是促进航空事业发展的重要推动力，其设计水平的进步推动着国家航空事业的发展[1]。随着我国自主研发水平的不断提高，

WS-10、WS-15、CJ-1000 等国产航空发动机相继问世。飞鸟撞击 (图 1.2.1) 是航空发动机工作过程中面临的严重威胁，人类航空发展史上有许多因鸟撞发动机产生的安全事故。据美国联邦航空管理局统计，在 1990~2015 年间，共有 16636 起鸟类撞击飞机发动机事件，其中，27% 的事件中飞机发动机遭受了实际损伤[2]。随着近些年来航空事业的高速发展，空中交通流量不断增加，飞机发生鸟撞的风险日益增加。尽管鸟撞发动机的概率大约只有万分之五，一旦出现这种情况，后果非常严重[3]。

图 1.2.1　鸟撞航空发动机风扇叶片图[4]

风扇叶片对于航空发动机而言有着极其重要的作用，承担着将吸入的空气输送到内、外涵道最终形成发动机主要推力的重要任务。不同于发动机内部的涡轮叶片，风扇叶片直接暴露在外部环境中，当吸入空气时，常常会将鸟类等飞行物吸入发动机内，面临鸟体的直接撞击威胁。风扇叶片由于转速极高，与鸟体具有极高的相对撞击速度，两者碰撞极易使风扇叶片发生变形或断裂，导致航空发动机性能下降甚至失效，引发飞行事故。随着航空发动机向着高推重比 (最大推力与重力比值)、高可靠性 (包括安全性、适用性和耐久性) 等方向发展，风扇叶片轻量化与抗冲击设计面临着新的考验，综合利用力学知识实现新一代航空发动机风扇叶片的轻质高强设计是亟须解决的问题。

1.2.2　航空发动机风扇叶片抗鸟撞设计

为了能从根本上解决鸟撞问题，科学家们针对航空发动机风扇叶片的"抗鸟撞"设计开展了大量研究。发动机叶片的抗冲击设计主要有两种设计理念[5]。①通过提升整体的抗冲击强度来抵抗鸟撞所产生的巨大冲击力。这种"硬碰硬"的做法对所选材料及结构设计水平要求很高，如使用比强度高的材料 (钛合金、碳纤维复合材料等)，或对叶片空腔构型进行设计 ("瓦伦型"结构等)。②采用吸能材料，即通过"以柔克刚"的方法，利用风扇叶片自身的材料及结构性能对鸟撞所产生的巨大冲击能量进行吸收，保证叶片本身不受破坏。这种设计理念对技术要求很高，目前在飞机风扇叶片中的应用较少。

由于发动机整机数值计算、设计成本极高，风扇叶片在抗鸟撞设计阶段一般建模为高速运动的鸟体撞击榫头固定的单个叶片，如图 1.2.2 所示。鸟体总速度

1.2 航空发动机中的鸟撞问题

为风扇叶片转速与鸟体和飞机相对运动速度的矢量和,如式(1.2.1)所示。

$$v = v_{\text{bird}} + v_{\text{r}} \tag{1.2.1}$$

其中,v 为仿真模拟中鸟体的速度;v_{bird} 为鸟体与飞机的相对运动速度;v_{r} 为叶片高速旋转产生的相对速度,与叶片撞击点的线速度大小相等,方向相反。v_{r} 会随着鸟体与叶片撞击点的变化而变化,由叶片的转速与撞击点距转轴的距离计算得到,具体计算公式为

$$v_{\text{r}} = w \cdot r \tag{1.2.2}$$

其中,w 为叶片工作过程中的转速;r 为鸟体撞击点与叶片转轴的距离。

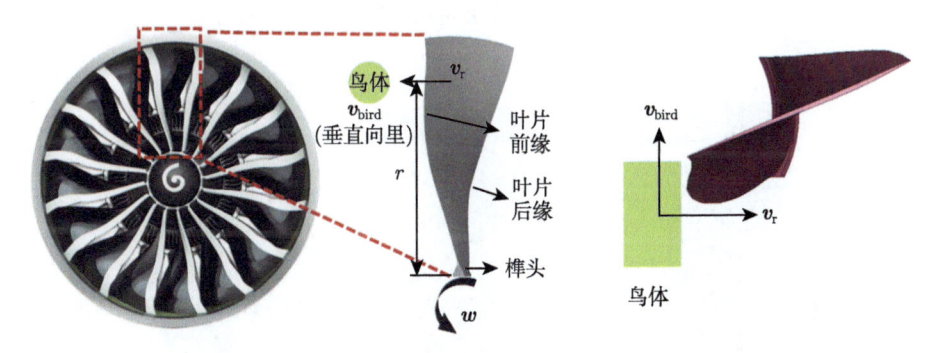

(a) 从整机向单叶片简化过程　　　　(b) 鸟撞叶片简化分析模型

图 1.2.2　鸟撞叶片仿真简化模型

基于以上冲击工况,通过有限元仿真获得了典型鸟撞叶片过程中冲击接触力变化情况,如图 1.2.3 所示,从中可以看到,鸟撞叶片过程可以分为三个阶段:初始撞击阶段、压力衰减阶段、稳定流动阶段。

在初始撞击阶段,如图 1.2.4(a) 所示,鸟体与风扇叶片接触,鸟体的速度急剧变化,根据动量的定义:$P = mv$,鸟体的动量也将急剧变化。由理论力学基本概念可知,动量的改变量等于冲量,即

$$I = \Delta P \tag{1.2.3}$$

冲量的定义如下所示:

$$I = \int F \mathrm{d}t \tag{1.2.4}$$

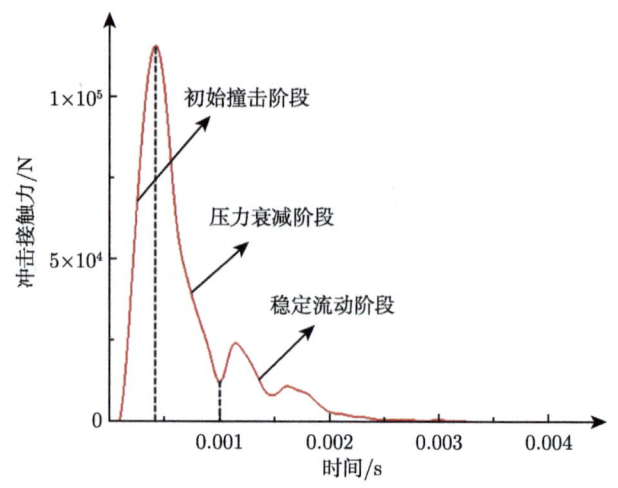

图 1.2.3　典型鸟撞叶片冲击接触力–时间曲线

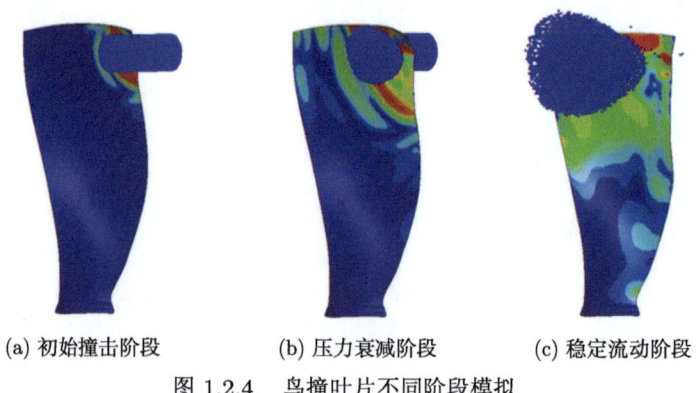

(a) 初始撞击阶段　　(b) 压力衰减阶段　　(c) 稳定流动阶段

图 1.2.4　鸟撞叶片不同阶段模拟

由式 (1.2.4) 可知，冲量是力在时域上的积分。鸟撞叶片过程中会产生极大的动量变化，也意味着产生了极大的冲量。而在初始撞击阶段，撞击过程十分短暂，约为 0.5ms，故此阶段将会产生极大的撞击力。由式 (1.2.3) 和式 (1.2.4) 进行粗略计算，一只 1kg 的鸟以 300m/s 的速度撞击叶片，当速度降为 0 时，将会产生约 600kN 的冲击力。对叶片开展受力分析可知，鸟体与叶片的撞击点位于叶片前缘，为偏心载荷。在鸟体高速撞击下，叶片前缘产生较大的加速度，叶片发生以扭转为主的变形，榫头固定边界产生剪力、弯矩、扭矩等反力，变形前后叶片结构形式如图 1.2.5 所示。

在压力衰减阶段，叶片发生大变形的同时，鸟体由圆柱状变为片状粒子团聚集在撞击近场区域，如图 1.2.4(b) 所示。根据公式 $P = F/A$ 可知，随着鸟体与叶片接触面的不断增加，叶片受到的压力也在不断减小。此阶段鸟体运动至叶片

1.2 航空发动机中的鸟撞问题

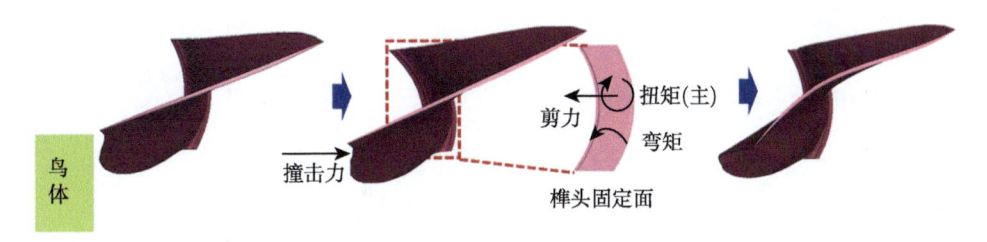

图 1.2.5 初始撞击阶段发生以扭转为主的变形

轴向中心位置，对叶片开展受力分析可知，可将冲击力简化为均布于叶片中部的面力，叶片前缘和后缘受力较为均匀，叶片发生以弯曲为主的变形，榫头固定边界产生剪力、弯矩、扭矩等反力，如图 1.2.6 所示。

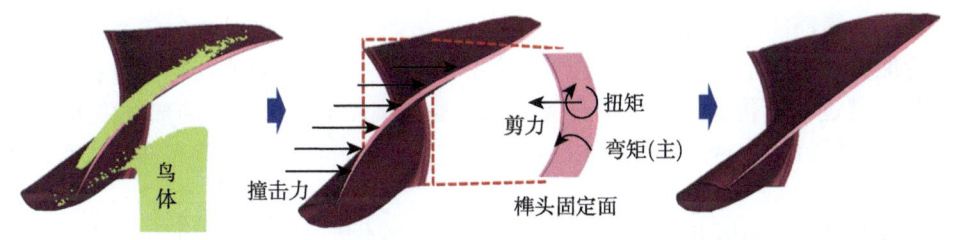

图 1.2.6 压力衰减阶段叶片发生以弯曲为主的变形

在稳定流动阶段，鸟体被完全打散，如散沙状分布于叶片表面，如图 1.2.4(c) 所示。此时由于鸟体质量的分散以及接触面积的进一步扩大，叶片处在低压力状态，随后压力逐渐减小，直至鸟体粒子完全经过风扇叶片，撞击过程结束。此阶段叶片受到的撞击力处于较低水平，由于本身惯性力与冲击力的叠加作用，叶片处于颤动状态。

综上所述，鸟撞叶片过程中，相较于撞击中后期，初始撞击阶段将产生极大的冲击力，而随着风扇叶片及鸟体的变形，冲击力将逐渐减小。因此，空心风扇叶片设计过程中应充分考虑叶片不同部位承受载荷的特异性，依据鸟撞过程中冲击力大小及作用区域对空腔构型开展设计，保证空心风扇叶片满足抗冲击性能的同时实现轻量化。

拓扑优化是结构减重设计的有效手段，将风扇叶片冲击响应特性引入拓扑优化设计中可实现风扇叶片轻量化水平与抗冲击性能的同步提高。为减少风扇叶片冲击过程中的变形，通常将冲击载荷简化为等效静载，并以最大化结构刚度（最小化柔顺性）为优化目标，约束结构质量在一定范围内。柔顺性即为 $U^\mathrm{T}KU$，其值等于应变能的 2 倍，U 为结构位移向量，K 为结构刚度矩阵。该优化问题可用图 1.2.7 所示公式描述，其中 x_i 为设计变量，代表了单元材料的有无。经设计，风扇叶片空腔加筋构型如图 1.2.7 所示，其中，空腔筋条主要由横筋与纵

find: x_i

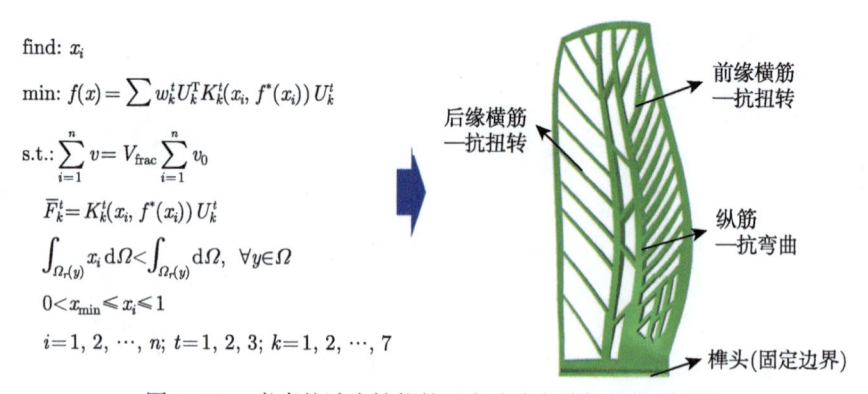

min: $f(x) = \sum w_k^t U_k^{\mathrm{T}} K_k^t(x_i, f^*(x_i)) U_k^t$

s.t.: $\sum_{i=1}^{n} v = V_{\mathrm{frac}} \sum_{i=1}^{n} v_0$

$\overline{F}_k^t = K_k^t(x_i, f^*(x_i)) U_k^t$

$\int_{\Omega_r(y)} x_i \, \mathrm{d}\Omega < \int_{\Omega_r(y)} \mathrm{d}\Omega, \ \forall y \in \Omega$

$0 < x_{\min} \leqslant x_i \leqslant 1$

$i = 1, 2, \cdots, n;\ t = 1, 2, 3;\ k = 1, 2, \cdots, 7$

图 1.2.7　考虑抗冲击性能的风扇叶片空腔加筋构型设计

筋组成，横筋能够增强叶片冲击过程中的抗扭能力，较为粗壮的纵筋可提高叶片抗弯能力。横筋呈树枝状连接于纵筋，在叶片空腔中均匀排布，可有效将叶片所受外力通过纵筋传递至榫头，在保证叶片整体刚度的同时防止局部发生大变形。此外，为抵抗初始撞击阶段产生的极大冲击力，叶片前缘筋条排布密度大于后缘筋条。

针对以上风扇叶片空腔加筋设计构型，开展不同鸟撞工况下的抗冲击性能仿真验证。结果显示，该设计构型抗冲击性能较好，满足工程要求。

1.2.3 总结

航空发动机推重比的提高是航空发动机设计中最重要的性能指标，风扇叶片作为航空发动机的核心部件之一，其轻量化设计水平对航空发动机高推重比指标的实现具有重要作用。同时，风扇叶片面临着鸟撞高速冲击等极端载荷，对风扇叶片开展轻量化设计的同时需要保证其具备优良的抗冲击性能。在解决此问题的过程中，理论力学中的动量定理、冲量及材料力学中的弯曲、扭转变形等基础理论知识，对更清楚地认识风扇叶片变形过程中的受力状态及变形机制起到了极为关键的作用，能够为风扇叶片的抗冲击仿真分析及设计提供理论支持。依据风扇叶片鸟撞过程中冲击载荷大小、位置及自身变形的特点，有针对性地设计空腔材料的分布，可充分发挥材料性能，实现空心风扇叶片的轻质高强设计，为进一步提升航空发动机的推重比提供技术支撑，对新一代航空发动机的研制具有重要意义。

参 考 文 献

[1] 彭友梅. 苏联/俄罗斯/乌克兰航空发动机的发展. 北京：航空工业出版社，2015.

[2] 百度百家号. 低空航空器"与鸟共舞"的应对浅叨. 2024-08-27. https://baijiahao.baidu.com/s?id=1808536452382373905.

[3] 翁培奋, 曹双琴. 航空发动机的鸟撞问题及其解决办法. 国际航空, 1996, (10): 50-51.
[4] 飞机撞鸟有多危险？一只牛背鹭堪比一颗小型炮弹. 中国沿海湿地保护网络.2021. http://www.shidicn.com/sf_EB19CD0DE5AE40CB8DD1DD854BA7C099_151_66FA58E1101.html.
[5] 张哲浩, 刘建平, 郑真, 等. 飞机"鸟撞"难题有了新解法. 光明日报, 2016-05-04.

(本案例由周才华、王博、田阔供稿)

1.3 航空发动机机匣包容性设计

1.3.1 工程背景

航空发动机被誉为"现代工业皇冠上的明珠"，其重要性不言而喻[1]。航空发动机机械结构复杂，且长期运行于高温、高压等极端恶劣环境下，同时承受气动载荷、激振力、高离心力等复杂载荷，容易在叶片薄弱位置处产生裂纹。随着机械负荷的持续作用，裂纹逐渐扩大，直至剩余的承力面积难以抵抗离心力作用时，叶片发生疲劳断裂。断裂叶片会携带巨大动能与机匣发生碰撞，机匣及叶片安装位置如图 1.3.1(a) 所示。若机匣强度不足，断裂叶片将会击穿机匣，并进一步对输油管线、控制系统硬件或机身造成损害，从而导致非包容事故的发生，严重威胁到乘客生命财产安全[3]。2017 年 9 月 30 日，法航 A380 航班发生发动机非包容事故[4]，发动机受损严重，导致飞机被迫降落，如图 1.3.1(b) 所示。因此，如何利用力学原理提高机匣的包容性能，保护乘客生命财产安全是工程师们亟须解决的问题。

图 1.3.1 (a) 机匣及叶片安装位置 [2];(b) 法航 A380 航班事故现场 [4]

1.3.2 基于能量守恒原理的包容性设计准则

包容性问题涉及大变形、材料黏塑性和失效等问题，呈现多类非线性特性，致使分析难度极大。当前，开展真实机匣包容试验是研究此类问题最直接的方法，但此类试验具有不可重复及成本高昂等特点。经长时间探索，研究人员发现将叶片简化为长条形弹体、机匣简化为靶板的打靶试验可有效复现机匣结构失效模式及冲击响应，因此可将复杂的机匣包容性问题简化为弹靶侵彻问题（图 1.3.2）。目前，研究人员已通过大量打靶试验，结合能量守恒原理，总结得到了多种较为成熟的机匣包容性能判据，其中破坏势能法得到了较为广泛的应用。

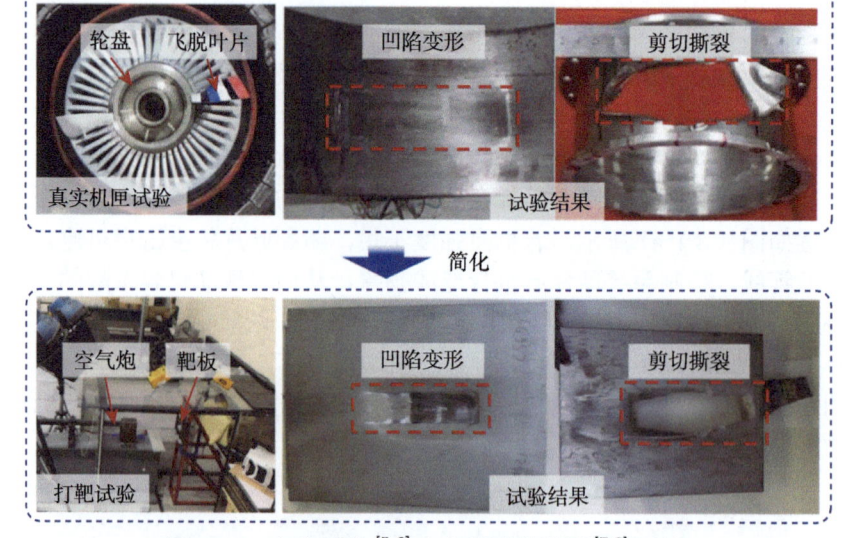

图 1.3.2 包容试验[5,6]与打靶试验结果[7,8]对比

破坏势能法[9] 假设弹体撞击动能主要转化为引起靶板凹陷变形的弯曲变形能及引起靶板剪切撕裂的剪切变形能，若靶板抵抗冲击的弯曲变形能及剪切变形能之和小于弹体动能，代表靶板包容能力不足，弹体将击穿靶板。根据能量守恒原理，可得到

$$W = V_\varepsilon \tag{1.3.1}$$

其中，W 为外力做功，在机匣包容性问题中，则代表弹体飞脱时所具有的动能；V_ε 为靶板的应变能。由动能定理可得弹体动能

$$W = \frac{1}{2}mv^2 \tag{1.3.2}$$

其中，m 为弹体质量；v 为弹体最大速度。

1.3 航空发动机机匣包容性设计

靶板应变能定义如式 (1.3.3) 所示，包括靶板弯曲变形能 A_b 和靶板剪切变形能 A_m。

$$V_e = A_b + A_m \tag{1.3.3}$$

其中，靶板弯曲变形能 A_b 的计算公式如式 (1.3.4) 所示：

$$A_b = \frac{1}{2} F_{\max} W_{\max} \tag{1.3.4}$$

$$F_{\max} = Lt\tau_D \tag{1.3.5}$$

$$W_{\max} = Kt \tag{1.3.6}$$

式 (1.3.4) 中，$F_{\max}$ 为靶板损伤时的最大载荷值，为标量，可通过式 (1.3.5) 计算得到，其中 L 为弹体在靶板上的投影面周长，t 为靶板厚度 (图 1.3.3)，τ_D 为动态剪切强度极限，通常取为靶板材料静态剪切强度极限的 1.3 倍；$W_{\max}$ 为靶板变形最大挠度 (图 1.3.3)，可通过式 (1.3.6) 计算得到，其中 K 为弯曲变形经验系数，该系数一般由大量试验总结得到，取值通常大于 1。

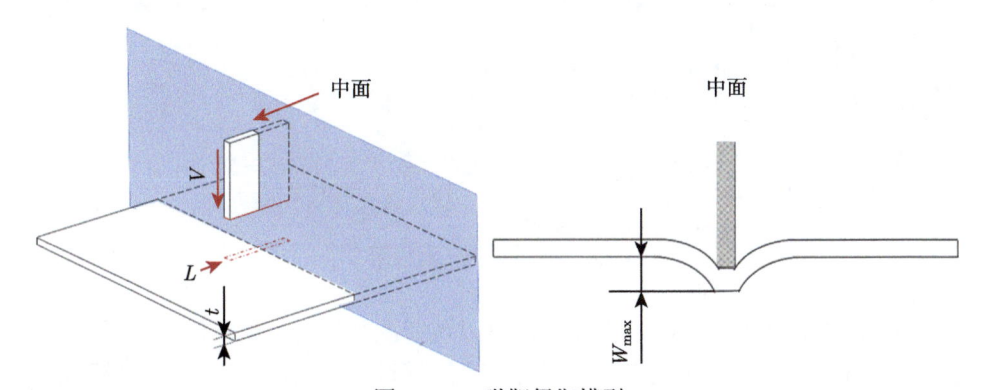

图 1.3.3 弹靶侵彻模型

靶板剪切变形能 A_m 计算公式为

$$A_m = F_m t \tag{1.3.7}$$

式中，F_m 为平均剪应力值，其值由式 (1.3.8) 计算得到

$$F_m = nF_{\max} \tag{1.3.8}$$

其中，n 为剪切变形系数，其值由试验总结得到，通常取为 0.7。

当靶板变形能 V_ε 等于弹体动能 W 时，可初步认定靶板 (机匣) 具有一定包容能力，但在实际工程中，我们需要给机匣一定的包容裕度，以确保叶片不会击穿机匣，为此需引入安全系数 n_C，其定义如下所示：

$$n_C = V_\varepsilon / W \tag{1.3.9}$$

对于军用发动机，$n_C \geqslant 1.0$，即满足包容要求，对于商用发动机，取值更为保守，要求 $n_C \geqslant 1.1$[9]。在上述破坏势能法推导过程中，机匣弯曲变形能 A_b 和机匣剪切变形能 A_m 与机匣厚度息息相关，可见机匣厚度对包容能力影响较大，但机匣厚度同样对机匣质量有显著影响，这是航空发动机轻量化设计的难点。而加筋结构，可通过增加局部厚度显著改善机匣包容能力，同时局部加筋对结构整体质量影响较小，因此得到了大量的工程应用，如图 1.3.4 所示。

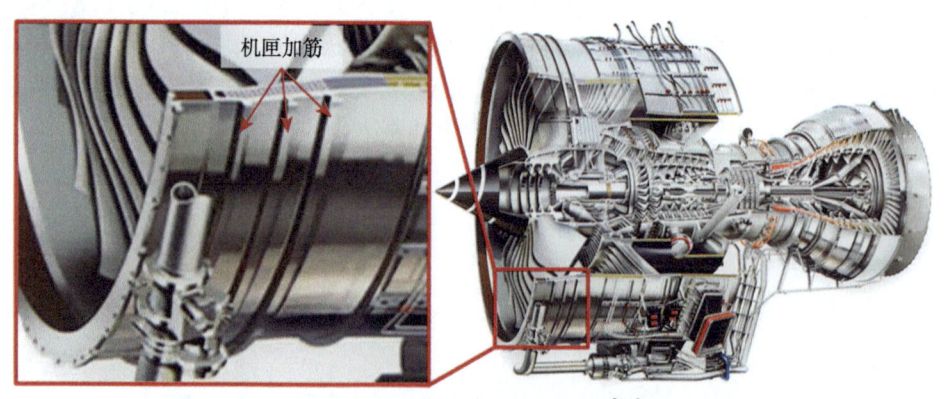

图 1.3.4 加筋机匣工程应用 [10]

为深度挖掘加筋机匣抗冲击能力，需以包容准则作为约束条件，开展参数优化设计。破坏势能法等传统包容准则的推导过程过于理想，导致计算结果可能会与真实情况有一定偏离。为满足工程实际需求，有学者提出一种机匣厚度损伤包容准则[11]，并将其应用于商用航空发动机机匣包容性优化设计，该准则认为当机匣厚度方向材料损失达到一定程度时即为非包容，反之为包容，如下所示：

$$\frac{2C_s}{C} \begin{cases} > n_{cd}, & \text{非包容} \\ \leqslant n_{cd}, & \text{包容} \end{cases} \tag{1.3.10}$$

式中，C 为机匣厚度；C_s 为损伤材料厚度；n_{cd} 为包容性安全系数，保守情况下取 $n_{cd}=1$，即当机匣厚度方向材料损伤不超过一半时可认为是包容的。

1.3 航空发动机机匣包容性设计

在数值计算过程中，可通过机匣厚度方向上的单元网格损伤层数判断机匣包容能力。将机匣沿厚度方向划分为奇数层单元，若冲击后损伤最严重处剩余单元层数超过总层数的一半视为包容，否则为非包容，如图 1.3.5 所示，此时机匣厚度方向共划分 7 层网格，受冲击后仅 3 层网格受损，受损网格层数小于厚度方向网格数的一半，因此满足包容条件。

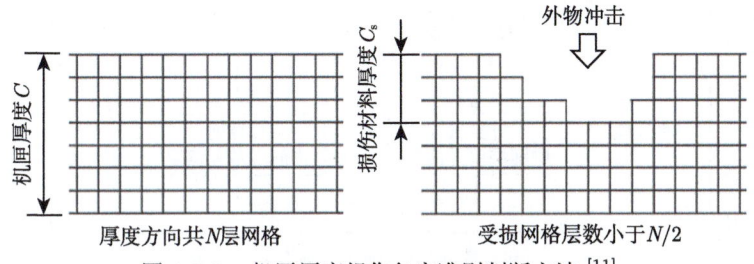

图 1.3.5　机匣厚度损伤包容准则判断方法[11]

在加筋机匣优化设计中，通常选取机匣总重量最小作为优化目标，选取机匣包容能力作为约束条件，优化机匣的筋条数量 n、筋条尺寸 (a 和 b)、机匣厚度 C 等几何参数，具体如图 1.3.6 所示。

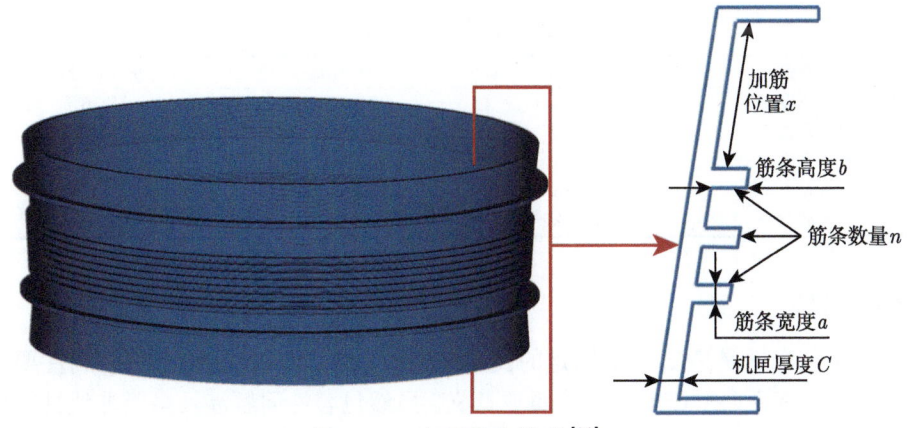

图 1.3.6　机匣优化模型[11]

具体优化流程如图 1.3.7 所示，首先，利用建模软件 UG 识别有限元软件 Workbench 中的变量参数并进行参数化建模。随后，将此模型导入 Workbench 中的 LS-DYNA 计算模块进行包容性有限元分析，并输出机匣质量作为优化的目标函数。最后，利用 LS-Prepost 后处理模块，提取计算结果中机匣中间层的单元信息，并基于机匣厚度损伤包容准则对中间层单元进行包容性判断，优化过程则采用课题组自主研发的 Deskopt 软件。最终在保证包容能力前提下，加筋机匣减重 20.86%(优化结果见表 1.3.1)。

```
                    ┌─────────────────────┐
                    │  参数化建模(UG)      │
                    └─────────────────────┘
                   模型更新↓  ↑变量更新
设计变量更新   ┌─────────────────────┐   机匣质量
    ────────→  │ 有限元建模(Workbench)│
               │ 有限元分析(LS-DYNA) │
               └─────────────────────┘
```

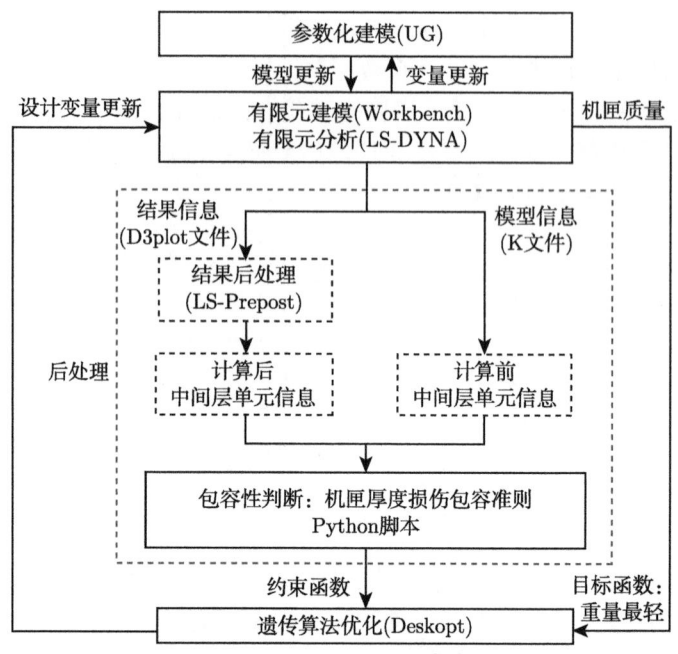

图 1.3.7　优化流程[11]

表 1.3.1　优化结果

设计变量	优化前	优化后	优化百分比
机匣厚度	7.539mm	3.234mm	57.10%
筋条数量	3	8	—
筋条高度	5mm	6.619mm	—
筋条宽度	3mm	5.312mm	—
机匣质量	20.40kg	16.02kg	21.47%

1.3.3　总结

机匣包容性是适航规章规定的民用航空发动机必须满足的一项强制性要求，对于保障乘客生命财产安全具有重要意义。虽然包容性问题涉及多类非线性问题，研究难度较大，但仍遵循着基本的力学原理，因此，运用能量守恒原理，可指导机匣结构的包容性验证及设计。根据分析可知，叶片动能将转化为机匣弯曲能及剪切变形能，这两种能量均与机匣厚度息息相关。然而一味增加机匣厚度势必对发动机整体的轻量化需求产生不利影响。为了在不显著提高机匣整体质量的前提下增加包容能力，以加筋结构为基础的包容性设计方案得到了大量推广。该方案通过在关键部位加筋、增加局部厚度，提升机匣结构弯曲及剪切变形所能吸收叶片动能，从而提高包容性能。为了充分挖掘加筋机匣包容能力，本案例提出一种以机匣厚度损伤包容准则为约束函数，机匣总重量最小为目标的包容性优化流程，可在保证包容能力前提下大幅减重，实现机匣轻量化目标，为国产发动机的研制提供重要参考。

参 考 文 献

[1] 王强, 郑日恒, 陈懋章. 航空发动机科学技术的发展与创新. 科技导报, 2021, 39(3): 59-70.

[2] 高性能航空发动机, 工业制造皇冠上的明珠, 浑身都是高科技的结晶. https://mil.ifeng.com/c/7q8KPIj2gkW.

[3] 范志强. 航空发动机机匣包容性理论和试验研究. 南京: 南京航空航天大学, 2006.

[4] 法航一架空客 A380 客机因发动机故障紧急降落. http://www.xinhuanet.com/world/2017-10/01/c_1121754495.htm.

[5] He Q, Xuan H, Liu L, et al. Perforation of aero-engine fan casing by a single rotating blade. Aerospace Science and Technology, 2013, 25(1): 234-241.

[6] He Z, Guo X, Xuan H, et al. Characteristics and mechanisms of turboshaft engine axial compressor casing containment. Chinese Journal of Aeronautics, 2021, 34(1): 171-180.

[7] Carney K S, Pereira J M, Revilock D M, et al. Jet engine fan blade containment using an alternate geometry. International Journal of Impact Engineering, 2009, 36(5): 720-728.

[8] Sun J, Xu S, Lu G, et al. Ballistic impact experiments of titanium-based carbon-fibre/epoxy laminates. Thin-Walled Structures, 2022, 179: 109709.

[9] 《航空发动机设计机手册》总编委会. 航空发动机设计手册第 17 册载荷及机匣承力件强度分析. 北京: 航空工业出版社, 2001.

[10] https://www.n3eos.com/en/engine-overhaul/engines/rolls-royce-trent-900/.

[11] 孙燕杰, 马宁, 余学冉, 等. 考虑包容性约束的加筋机匣轻量化设计. 振动与冲击, 2023, 42(12): 274-282.

(本案例由周才华、王博、田阔供稿)

1.4 着陆器冲击过程分析

1.4.1 工程背景

1969 年 7 月 20 日，人类第一次踏上月球，随后人类先后 6 次登月，对月球进行了一系列科学考察。1972 年 12 月 14 日 "阿波罗" 17 号离开月球后至今，人类没有再次登上月球。最近几年，美国国家航空航天局 (NASA) 再次着眼于近地轨道，并计划在月球及其周围建立稳定的人类探测点，用于训练宇航员、测试新技术，使其成为增加太空任务经验的垫脚石[1]。我国在此领域起步较晚，探月计划——"嫦娥工程" 分为 "绕、落、回" 三步，分别对月球进行环绕式全局探测，实现月面软着陆以及巡视，从而对其进行精细探测。在月球表层采样返回并通过地面实验对月壤的物理特性进行研究，逐次开展三期探月工程[2,3]。2004 年至今，我国先后发射了嫦娥一号到五号探测器,如图 1.4.1 所示。其中 2019 年初嫦娥四号探测器在月球背面成功登陆,成为第一个在月背软着陆的探测器。2020 年我国发射的嫦娥五号成功软着陆,并在月球表面钻取 1731g 月壤返回地球。我国未来还计划开展载人登月计划,所以月面软着陆是未来航天技术发展的重要共性技术基础之一[4]。

(a) 嫦娥三号着陆器 (b) 嫦娥五号着陆器

图 1.4.1 "嫦娥工程"系列着陆器 (图片来源于网络)

国内部分学者采用试验方法对着陆器的安全软着陆进行研究。北京空间飞行器总体设计部基于"阿波罗"登月舱的试验方法,提出一种在地球重力场下的全尺寸模型试验方案。虽然试验中的重力与月球环境下的重力有很大差别,但其研究成果对后续探月工程以及着陆缓冲机构性能研究具有重要的指导意义[5]。北京空间机电研究所研制了两种低载荷量级的着陆缓冲支架工程样机,分别为载人登月缩比着陆缓冲装置 (图 1.4.2(a)) 和无人月球着陆缓冲装置 (图 1.4.2(b)),并且针对以上两个着陆缓冲装置进行了大量的着陆冲击试验,对着陆器与月壤之间的相互作用特性进行了深入研究。

(a) 载人登月缩比着陆缓冲装置 (b) 无人月球着陆缓冲装置

图 1.4.2 着陆缓冲支架工程样机

1.4 着陆器冲击过程分析

月壤是月球表面的颗粒物质，其主要是在无氧气和无水的情况下，由于陨石撞击、太阳风轰击、火山活动、物理风化和岩石破碎等作用而形成的，包括岩石破碎过程产生的粉末、角砾和矿物碎屑等[6]。因此，月壤是一种具有离散特性的颗粒物质，如图 1.4.3 所示。单个颗粒遵从颗粒材料自身的力学特性。大量颗粒聚集在一起则会形成一个复杂的颗粒群，呈现出类似固、液、气三种不同形态的宏观行为[7]。颗粒之间摩擦和非弹性碰撞具有高度的非线性，使得颗粒材料具有独特的耗散特征。颗粒材料的快速耗能机制使其对外载荷有显著的缓冲作用，其常被用来作为降噪、吸能减振和缓冲冲击载荷的优选材料[8]。

(a)　　　　　　　　　　　　　　(b)

图 1.4.3　"阿波罗"11 号 (a) 和 "阿波罗"16 号 (b) 飞船采集的月壤样品

近几年，国内外经常出现因航天器着陆时的冲击响应而引发安全问题的情况，包括强烈振动导致控制产品元器件失效、冲击响应导致结构破坏、冲击力过大不满足使用指标等。因此，如何保障月球着陆器和返回舱顺利着陆是影响探测任务成败的关键，采样返回和载人登月对着陆时的冲击响应有更高的要求[9]。

1.4.2　离散元–有限元数值研究

为研究着陆器在着陆过程中的动力学特性，可采用离散元方法对月球表面具有离散分布特性的土壤材料进行建模，如图 1.4.4(a) 所示。其中球体单元具有黏结–破碎特性，可采用包含弹性力、黏滞力和基于莫尔–库仑准则的滑动摩擦力的非线性接触模型进行计算。将由缓冲垫、支撑腿和主体结构三部分组成的着陆器结构进行有限元建模，如图 1.4.4(b) 所示。在建立有限元模型时，在保证结构几何形状和运动真实性的前提下，对结构做一定的简化处理，即结构的主体部分采用梁单元建立，缓冲垫采用有较小厚度的壳单元进行模拟。此外，为实现着陆器自身的缓冲作用，与缓冲垫连接的支撑腿采用可压缩弹簧模型[10-12]。

图 1.4.5 显示了着陆过程中月壤与着陆器结构的动力特性，从中可以看到月

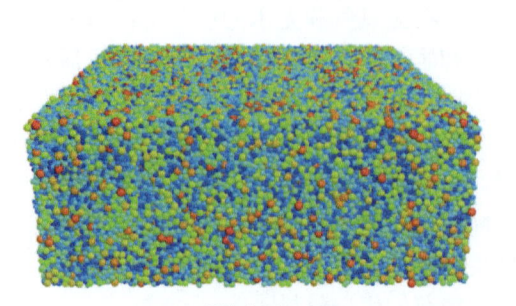

(a) 月壤离散元模型　　　　(b) 着陆器结构有限元模型

图 1.4.4　着陆器着陆过程的离散元–有限元耦合模型

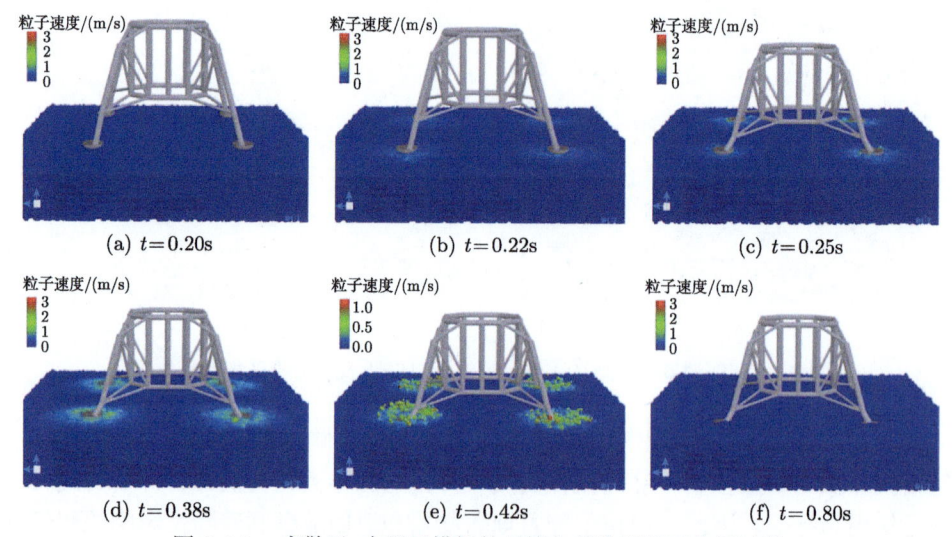

(a) $t=0.20$s　　　(b) $t=0.22$s　　　(c) $t=0.25$s

(d) $t=0.38$s　　　(e) $t=0.42$s　　　(f) $t=0.80$s

图 1.4.5　离散元–有限元模拟的月壤与着陆器相互作用过程

壤颗粒在冲击作用下的运动情况。图 1.4.5(d) 显示，不仅着陆点的月壤会飞溅，其周围的月壤也获得了速度。这说明月壤颗粒之间也发生了动量传递。着陆器受到冲击力的时程曲线如图 1.4.6 所示。在与月壤接触的初始阶段，冲击力会迅速增大并达到峰值。此后，由于着陆器自身的缓冲装置以及与月壤之间的能量传递，其受到的冲击力逐渐减小，最终达到稳定状态。

在着陆过程中，缓冲垫首先与月壤接触并受到月壤竖向载荷的作用。图 1.4.7 为不同时刻缓冲垫的 von Mises 应力分布。着陆器着陆于平坦月表时，四个缓冲垫的应力基本一致，其应力主要集中在缓冲垫底部，即与月壤的接触处，且接触初始时刻其应力值较大。

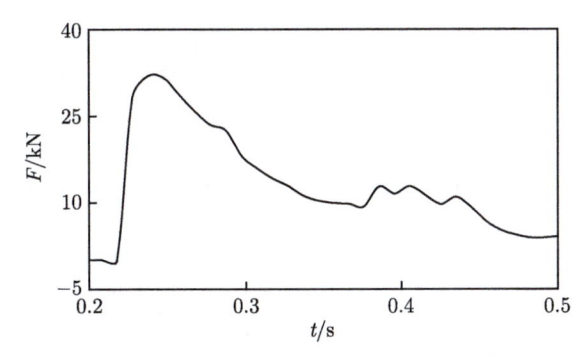

1.4 着陆器冲击过程分析

图 1.4.6　着陆器受到冲击力的时程曲线

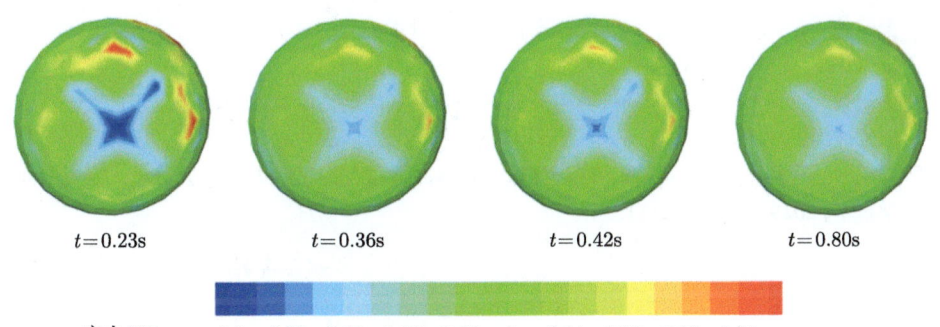

图 1.4.7　在冲击过程中不同时刻缓冲垫的 von Mises 应力分布

1.4.3　材料力学知识点及相关启发

对于材料力学而言，在着陆器冲击过程中力的作用效果体现为内效应和外效应。内效应是指物体发生变形，而外效应是指物体运动状态发生改变。对于着陆器这种可变形的物体，冲击力既改变了物体的形状，又改变了物体的运动状态。对于着陆器的受力分析，从材料力学角度主要分为五个步骤：通过画受力图进行外力分析进而判断受力问题的性质；通过画内力图进行内力分析进而判断材料的危险截面位置；通过应力计算判断材料的危险点位置；通过应力状态分析计算危险点处的应力状态；选择适当的强度理论校核结构安全性。

参 考 文 献

[1] Batten C M, Bergin C E, Crigger A P, et al. System architecture design and development for a reusable lunar lander. Chancellor's Honors Program Projects, 2019, 1(1): 1-34.

[2] 邹怀武, 杨文淼, 刘殿富, 等. 嫦娥三号巡视器-着陆器释放分离过程关键力学问题分析. 宇航学报, 2018, 39(1): 9-16.

[3] Li F, Ye M, Yan J, et al. A simulation of the four-way lunar lander-orbiter tracking mode for the Chang'E-5 mission. Advances in Space Research, 2016, 57(11): 2376-2384.
[4] 孙帅, 王磊, 王志文. 基于仿真的月球着陆器制导控制系统时序研究. 计算机仿真, 2018, 35(2): 29-33.
[5] 齐跃, 李委托, 朱汪, 等. 着陆器着陆缓冲性能试验方法研究. 航天器环境工程, 2020, 37(6): 576-581.
[6] 郑永春, 欧阳自远, 王世杰, 等. 月壤的物理和机械性质. 矿物岩石, 2004, 24(4): 14-19.
[7] 季顺迎. 非均匀颗粒材料的类固–液相变行为及本构方程. 力学学报, 2007, 39(2): 223-237.
[8] 季顺迎, 樊利芳, 梁绍敏. 基于离散元方法的颗粒材料缓冲性能及影响因素分析. 物理学报, 2016, 65(10): 104501.
[9] Aravind G, Vishnu S, Amarnath K V, et al. Design, analysis and stability testing of lunar lander for soft-landing. Materials Today: Proceedings, 2020, 24(2): 1235-1243.
[10] 梁绍敏, 王永滨, 王立武, 等. 月球着陆器着陆过程的 DEM-FEM 耦合分析. 固体力学学报, 2019, 40(1): 39-50.
[11] 梁绍敏. 航天器着陆过程分析的离散元–有限元–多体动力学耦合算法及应用. 大连: 大连理工大学, 2021.
[12] 梁绍敏, 王永滨, 王立武, 等. 锥形物体对月壤冲击过程的试验及离散元分析. 中国空间科学技术, 2019, 39(6): 62-71.

(本案例由季顺迎、马红艳供稿)

1.5 "黑匣子"挂载结构设计

1.5.1 工程背景

飞机中存在大量电子设备，位于机身中的各个部位，对飞机安全飞行、客舱正常工作、系统正常运行等起着至关重要的作用。电子设备在机体中的安装则以支架、托架形式为主，连接形式则以铆接为主。飞行记录仪 (图 1.5.1) 俗称"黑匣子"，是用于记录飞机在飞行过程中的速度、方向、高度、机舱压力、驾驶员语音对话等多种信息的仪器[1]。

飞机在飞行状态下会处在气流扰动、舱内外温差大、结构振动等十分复杂的外部环境中，从而影响到飞机的飞行安全。事故经常发生在极其短暂的瞬间。一旦不幸发生空难，如果没有相关数据为事故的调查提供参考，事故调查工作就难以开展。因此，飞行记录仪与飞机各部位和电子仪器、仪表通过传感器相连，把飞机停止工作或失事坠毁前半小时的语音对话，以及两小时内的飞行航向、飞行速度、飞行高度、耗油量、格林尼治时间、下降率、爬升率、加速情况，还有发动机运行工作参数和飞机航电系统工作状况等飞行参数都记录下来，为飞机飞行验证、事故分析提供宝贵数据[3]。

1.5 "黑匣子"挂载结构设计 · 25 ·

图 1.5.1 飞行记录仪——黑匣子[2]

1.5.2 设计思路

飞行记录仪一般安装在飞机尾部最安全的部分，即使飞机坠毁，对其破坏影响依然最小，可以完好保存。设备支架是由特定结构组合连接而成，用于固定设备位置、保护设备安全运行的支承结构组件。对于安装精密仪器的设备支架，对其强度、刚度、隔振性能往往有着较高要求。要实现民用飞机电子设备的标准化，设备支架则需在有限的空间中做到占用空间最小化，且可快速拆卸与更换[4]。

基于现有航空铝合金 7050-T7451 材料体系，我们对飞行记录仪设备支架 (图 1.5.2) 进行了轻量化新构型设计。飞机在起飞、降落过程中的加速度不同，会使整机承受不同程度、不同方向的过载，因此选取极端工作环境下六个方向的惯性载荷系数作为设计载荷。飞行记录仪支架由三部分组成，左右两侧各有一支架，与中间设备连接板相连。为确保在不同飞行条件下设备都可以正常工作，且支架结构不会发生永久变形，以支架结构的刚度作为优化约束，所有工况下最大位移均不能超过设计极限。

在设计中，我们首先对原结构进行校核，同时确保边界条件、载荷条件施加正确，然后根据模型的限制要求，对结构进行调整，去除倒角，填充原模型中的减重孔等特征。在保证载荷和边界等效的前提下，基于自研的拓扑优化模块，对设备连接板开展以最小柔顺性/最大化刚度为目标的曲筋布局拓扑优化设计。拓扑优化可以在一定数量材料下得到使现有结构刚度最大的材料分布。在进行了多种体分比的拓扑优化后，使用各向异性密度过滤法和特征提取，获得连接板最优加筋构型。根据最优加筋构型开展模型重构工作，基于计算机程序语言编写最优构型参数化建模脚本，对设备连接板进行参数化建模，使加筋筋宽、筋高、筋条角度等数十个特征参数成为参数可控变量，寻找在符合结构强度刚度要求下质量最小的参数组合。使用自研的优化软件 Deskopt 对结构进行参数优化，优化目标为结构质量最小。最终构型较原始构型刚度提高，质量下降，从而达到轻量化目的。

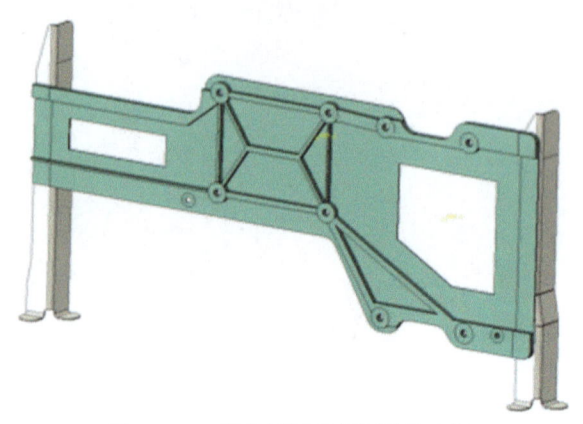

图 1.5.2　复合材料飞行记录仪支架

1.5.3　总结

使用热塑性复合材料制备了飞行记录仪支架，使得飞行记录仪支架在拥有相同强度的同时质量更小。此外还可以通过在热塑性复合材料的基体中添加不同增强效果的纳米颗粒，在宏观尺度表现出特殊的阻尼特性，可以实现减振隔振和降低噪声的效果。相比传统金属材料，纳米增强复合材料能够进一步保护"黑匣子"，降低振动带来的影响。以我国自主研发的 C919 客机为例，除传统的航空合金外，C919 采用大量的先进复合材料[5]、先进的铝锂合金等[6] 轻质材料，结合飞机结构的轻量化结构设计要求，使用材料-结构一体化设计，从结构和材料两方面协同设计，达到极致减重效果。与传统金属合金材料相比，纤维增强复合材料具有密度小、比弹性模量高、比强度高、抗疲劳性能好及隔振性能良好等诸多优点，同时还能带来显著的经济效益。众所周知，安全性是商用飞机最重要的设计要求，在保证飞机可以安全飞行后，经济成本就显得格外重要。更轻的机体重量则意味着可以承载更多的乘客或降低能源损耗，直接或间接地为航空公司降低了维护成本，提高了经济利益。因此，将复合材料广泛应用于飞行器的设计制造中是大势所趋。

参 考 文 献

[1] 逸平. 解码飞机"黑匣子". 交通与运输, 2014, 30(5): 38-40.
[2] 百度百科. 黑匣子. https://baike.baidu.com/item/黑匣子/166739?fr=aladdin.
[3] 语晴. 飞机为什么要装黑匣子. 科学之友, 2005, (10): 38.
[4] 陈峰. 民用飞机电子设备标准托架强度分析. 科技视界, 2017, (7): 120-121.
[5] 杨洋. 却顾所来径, 苍苍横翠微——国产大型客机 C919 复合材料发展侧记. 科技中国, 2017, (7): 53-55.

[6] 喻媛. C919 上用了哪些新材料. 大飞机, 2018, (1): 28-31.

(本案例由李桐供稿)

1.6 飞机远程配电支架结构设计

1.6.1 工程背景

飞机在飞行过程中有着速度快、惯性大的特点，为了保证飞机内部各种设备正常运行和稳定，对飞机内部众多连接部件和支架的刚度与强度有着很高的要求[1]。随着飞机的不断发展和功能性的不断增加，大型飞机的配电系统在飞机的供电系统总重中占据了主要地位，为了能够保障飞机供电顺畅，在飞机的很多部位都安装有远程配电装置，各个配电装置的固定则需要远程配电支架的连接。远程配电装置通常由两个各重约 8kg 的配电箱组成，而支架的质量远小于配电装置的质量，配电系统的大质量和飞机在进行转体、攀升和降落等动作时，对支架维持配电装置的稳定性提出了考验。

1.6.2 设计思路

飞机上的运载资源是有限的，为了能够节约飞机上宝贵的运载资源，减少燃油的损耗和安装更多的仪器设备[2]，对远程配电支架在保证结构刚度和强度的基础上进行轻量化设计。首先对初始支架进行多工况的静力分析来得到支架的最大应力和最大位移，进而判断出初始支架的薄弱位置和设计缺陷，为接下来的拓扑优化设计提供参考；将初始支架的开孔全部填充，划分出设计域和非设计域，一般非设计域为远程配电设备和支架的连接部位及支架和舱体等位置的连接部位，而设计域则是通过拓扑优化得到最佳传力路径的设计区域。因此，通过拓扑优化可以得到必要的承力部位，删去非承力部位，进而在保证支架刚度与强度的基础上减轻支架的质量，实现轻量化设计。根据拓扑优化结果对支架结构进行模型重构并进行多工况条件下的静力分析，判断新构型支架是否满足刚度和强度要求，若不满足则合理变化薄弱区域形状，若满足则对新构型支架进行参数化建模，为下一步的尺寸优化提供模型和输入条件。参数化建模是进行尺寸优化的必备步骤，通过将支架建模过程命令化、参数化来进行快速模型建立，并可以通过调节参数大小来控制支架结构形貌，进而寻找到同时满足支架结构轻质和保证支架刚度与强度要求的结构尺寸参数。因为整个支架的参数化建模过程中存在 70 多个不同参数来控制支架的整体形状，选择全部参数进行尺寸优化设计存在优化周期长和优化效率不高的问题，为此对支架构建过程中的全部参数进行敏感性分析，得到对支架刚度和强度影响较大的一些参数进行尺寸优化，这样既能减少计算成本也能提高计算效率。优化方法中的多岛遗传算法具有全局寻优的特点，广泛应用于优化设计领域，在确定优化参数后采用多岛遗传算法来确定最优的支架参数。在得到支架模型最优参数结果后，还要利用 CAD 软件对模型的形状进行细节处理，比如在有尖角的区域进行倒角处理，以减少模型的应力集中效应。最终经过轻量化设计，远程配电支架由初始结构总质量的减重效率达到 37%(图 1.6.1)，但是由于制造工艺限制，优化模型不适合直接进行加工制造，因此对模型进行修改使其适合加工制造，经过修改后的支架模型质量的减重效率也达到了 15%。

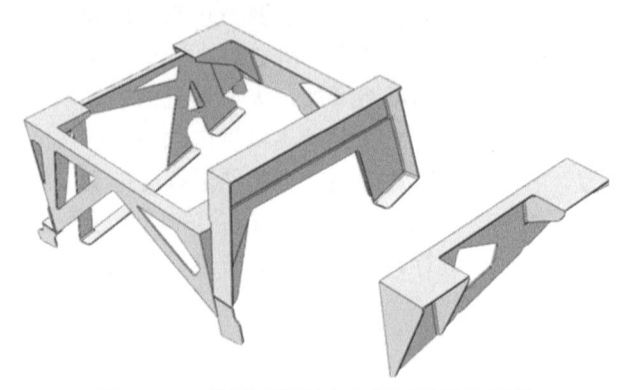

图 1.6.1　典型远程配电支架拓扑优化构型

随着飞机载质量和飞行速度的不断增加，飞机内部的支架系统也要随之进行改进和升级[3]，目前支架采用高强度铝合金 (7075、2024 等) 为原料制作加工而成。但是随着科学技术的迅猛发展，人们对工程材料的需求进一步提高，传统的单一功能材料已经远远不能满足高强度、轻质、抗振等多方面工程需求。波音公司和空中客车公司飞机的复合材料占比也在逐年提升，其中 B787 和 A350 的复合材料占比已经达到 50%以上[4]，而且复合材料的应用已经从连接件、次承力结构发展到主承力结构，福克公司就生产出了 CF/PEKK 复合材料的热塑性扭矩盒[5]，所以复合材料能够满足高强度、低质量、低成本及结构功能一体化的使用要求。而为了增强设备支架的抗振、防电磁干扰等功能，可以考虑利用纳米增强热塑性复合材料制作配电系统箱体和远程配电支架。由于纳米增强热塑性复合材料不仅轻质而且能够根据不同的功能性进行加工制作，纳米增强热塑性复合材料结构完全可以满足大飞机内部次承力结构的替代，进一步减轻大飞机的整体质量，提升运力。

对远程配电支架的研究体现了结构刚度设计在工程中的重要性。随着科学技术的进步，具体的工程应用中会不断涌现出新问题，这些问题的解决与力学的发展相辅相成、互为因果。因此，只有不断发展科技，不懈地创新技术，保持强劲的科学技术发展态势，中国才能傲然矗立于世界科技强国的行列，实现综合国力不断提升，世界地位稳固向前[6]。

参 考 文 献

[1] 陈峰. 民用飞机电子设备标准托架强度分析. 科技视界, 2017, (7): 120-121.
[2] 曹涛. 多电飞机与传统飞机电源系统直接运营成本研究. 航空科学技术, 2017, 28(4): 8-11.
[3] 张崇, 王强. 新型无叶栅反推力装置的气动性能研究. 飞机设计, 2011, 31(3): 1-5, 27.
[4] 毛弋方. 大型客机机翼结构重量计算方法研究. 南京：南京航空航天大学, 2014.
[5] 党举红, 郭兆电. 我国大型民机总体技术突破方向研究. 航空制造技术, 2013, (4): 26-31.
[6] 刘凤朝. 中国科技力量布局分析与优化. 北京：科学出版社, 2009.

(本案例由李桐供稿)

1.7 机翼蒙皮矩形板稳定性问题与压杆稳定类比

1.7.1 工程背景

图 1.7.1 展示了飞机翼面结构示意图，其中蒙皮是覆盖机翼骨架 (翼梁、翼肋等) 的力传递组件，其主要作用是形成机翼的流线型外表面。飞机飞行时，气动载荷直接垂直作用在机翼蒙皮的外表面上，蒙皮还与翼梁和翼墙结合，组成承受机翼扭转载荷的箱型薄壁结构及承受机翼弯曲轴力的壁板。因此，蒙皮的强度与机翼的整体强度息息相关。在现代飞机设计中，硬铝、超硬铝等金属材料常被用于制造蒙皮。部分超声速飞行器，如飞行马赫数约为 2.5 的飞机，其蒙皮广泛使用钛合金材料；还有部分飞行马赫数约为 3 的飞机，其蒙皮使用不锈钢材料。另外一类特殊的蒙皮构型是夹芯蒙皮，其由外部两块面板和中间夹芯组成，常见的夹芯结构形式包括蜂窝夹芯、泡沫夹芯、波纹夹芯等。由于相比传统均质材料具有

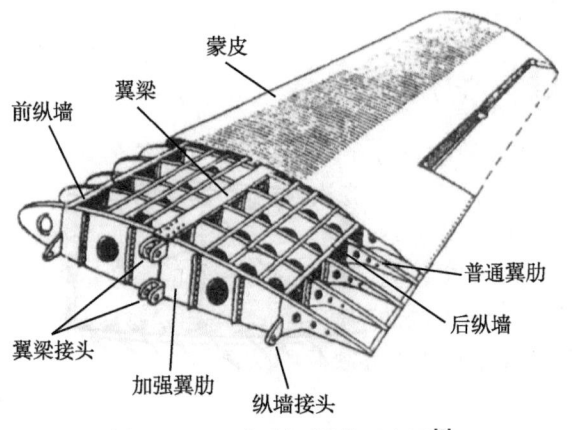

图 1.7.1 飞机翼面结构示意图[2]

更优异的力学性能，这类夹芯复合材料蒙皮 (或壁板) 被广泛应用于新式飞机的机翼结构设计中[1]。

蒙皮失稳是一种常见的机翼结构失效形式，由于翼面结构形式的复杂性，对其进行理论分析十分困难，但在初始设计阶段，可以利用简化的解析公式进行分析，从而加速设计流程和方案迭代。以下将结合材料力学中的压杆稳定知识，对机翼蒙皮矩形板稳定性问题开展类比分析。

1.7.2 矩形板稳定性与压杆稳定类比分析

以飞机翼面结构中的金属矩形蒙皮为例，由于蒙皮面内尺寸远大于其厚度方向的尺寸，因此，采用各向同性薄板假设求解其稳定性问题完全可以给出工程上可接受的数值结果。

考虑如图 1.7.2 所示的直角坐标系 xOy 下承受单向轴压 N_x 的矩形薄板，其面内尺寸分别为 a 和 b。其稳定性问题的控制方程为[3]

$$D\nabla^4 w + N_x \frac{\partial^2 w}{\partial x^2} = 0 \tag{1.7.1}$$

其中，$D = Eh^3/[12(1-\nu^2)]$ 为板的弯曲刚度，E、h、ν 分别为板的弹性模量、厚度和泊松比；$\nabla^4 = \dfrac{\partial^4}{\partial x^4} + 2\dfrac{\partial^4}{\partial x^2 \partial y^2} + \dfrac{\partial^4}{\partial y^4}$ 为重调和算子；w 为板的模态位移 (横向挠度)。$x=0$ 和 $x=a$ 边简支、另两边任意边界约束的薄板稳定性模态位移解由经典的莱维 (Lévy) 解[4] 给出：

$$w = \sum_{m=1}^{\infty} w_m = \sum_{m=1}^{\infty} (C_1 \cosh \alpha y + C_2 \sinh \alpha y + C_3 \cos \beta y + C_4 \sin \beta y) \sin \frac{m\pi x}{a} \tag{1.7.2}$$

其中，$\alpha = \sqrt{m\pi/a\left(\sqrt{N_x/D} + m\pi/a\right)}$；$\beta = \sqrt{m\pi/a\left(\sqrt{N_x/D} - m\pi/a\right)}$；$m$ 为板屈曲时 x 方向的半波数。利用 $y=0$ 和 $y=b$ 边的另外四个边界条件，可以得到关于常数 $C_1 \sim C_4$ 的一组联立齐次线性方程，如果 $C_1 \sim C_4$ 都等于零，该方程组可以满足，但此时将得出 $w_m = 0$，表示板保持平面平衡状态。当板发生屈曲时，$C_1 \sim C_4$ 不能都等于零，因而要求该方程组的系数矩阵行列式等于零，由此得到板的屈曲方程。针对不同的半波数 m，解出 N_x，其最小值就是板的临界载荷 $(N_x)_c$。按上述思路求得的临界载荷可以表示为

$$(N_x)_c = k\frac{\pi^2 D}{b^2} \tag{1.7.3}$$

其中，k 是量纲为一的因数，它的取值与板的长宽比 a/b 有关，当板具有自由边时，系数 k 还将与泊松比有关。对于四边简支板，k 的显式表达式为

$$k = \left(\frac{mb}{a} + \frac{a}{mb}\right)^2 \tag{1.7.4}$$

而对于对边简支另两边为其他边界的情况，k 的取值通常要由上述系数矩阵行列式为零给出的屈曲方程数值来确定。

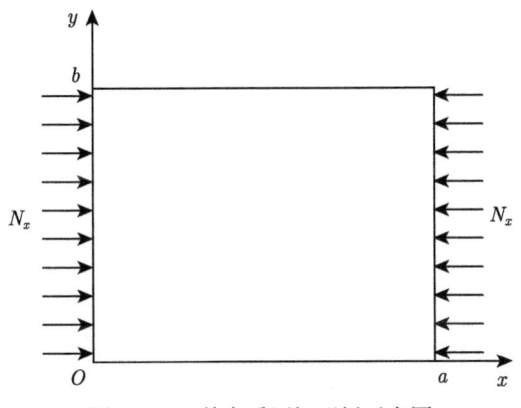

图 1.7.2 单向受压矩形板示意图

由单向受压的矩形板稳定性问题不难联想到材料力学中所介绍的压杆稳定问题：当矩形板长宽比较大时，其力学模型接近矩形截面压杆，那么短边受压的狭长矩形板的稳定性问题能否采用压杆稳定公式计算呢？如果答案是肯定的，那么矩形板的长宽比取何值时，压杆稳定公式才能给出与板的计算结果吻合的足够精确的结果？为解决以上两个问题，回顾一下压杆稳定的计算公式——材料力学[5]中的欧拉公式，给出两端简支的细长压杆临界载荷计算公式为

$$F_{\text{cr}} = \frac{\pi^2 EI}{l^2} \tag{1.7.5}$$

其中，EI 为杆的弯曲刚度；E 为杆的弹性模量；I 为截面惯性矩，截面为矩形时有 $I = bh^3/12$，b、h 分别为截面的宽度和高度，对应矩形板的宽度和厚度；l 为杆的长度，对应矩形板的长度 a。

将对边简支另两边自由的矩形板稳定性与两端简支的压杆稳定性进行类比。取 $b/h = 0.01$，$\nu = 0.25$，不同算例中只改变矩形板的长宽比 b/a。采用两种稳定性计算公式分别获得量纲为一的屈曲载荷，取压杆稳定计算结果相对矩形板稳定性计算结果的误差绝对值作曲线，如图 1.7.3 所示。

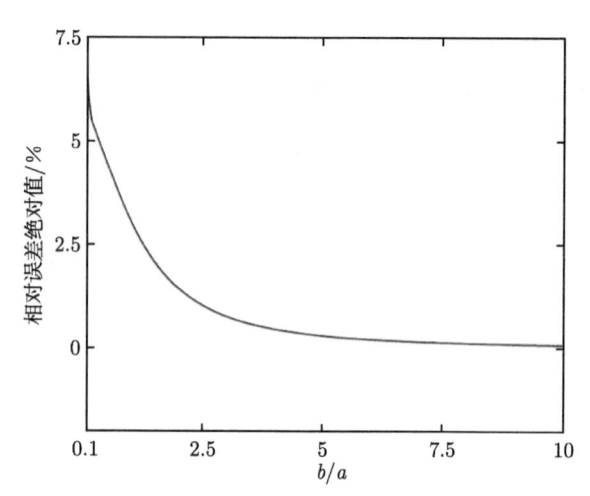

图 1.7.3　压杆稳定结果相对矩形板稳定性结果的误差绝对值随矩形板长宽比的变化

由图 1.7.3 可知，在矩形板长宽比较小时，压杆稳定公式给出与矩形板稳定性公式误差较大的结果，例如，$b/a = 0.1$ 时，压杆稳定公式相对矩形板稳定性公式的误差为 -6.86%(在所有算例中，压杆稳定公式结果相对矩形板稳定性公式结果均偏小)。随着矩形板长宽比增大，结构的力学模型越来越接近细长压杆，因此压杆稳定公式相对矩形板稳定性公式的误差越来越小：在 $b/a = 10$ 时，压杆稳定公式相对矩形板稳定性公式的误差为 -0.08%，完全可以忽略。

1.7.3　总结

由于维度的增加，矩形板稳定性计算显然要比压杆稳定性计算更为复杂，虽然在大多数边界下矩形板的临界载荷都没有显式表达，但是其适用范围要大于压杆稳定公式。另外，在压杆稳定性公式适用范围内，其同样可以给出与矩形板稳定性计算公式十分接近的较为准确的结果。可见，越简单的力学模型，其适用范围往往越小；对于简单力学模型处理不了的问题，当然有必要发展更为复杂也更加精确的力学模型，但是在特定问题中，简单力学模型给出的解答在满足精度要求的前提下，其计算代价可能远小于复杂模型，因而在快速力学分析和工程设计的初始阶段有着不可替代的作用，而面对具体力学问题提出相对简化同时又相对准确的力学模型，也正是力学工作者的重要使命。

参 考 文 献

[1] 王细洋. 航空概论. 北京：航空工业出版社，2006.

[2] 谢础，贾玉红. 航空航天技术概论. 2 版. 北京：北京航空航天大学出版社，2008.

[3] 徐芝纶. 弹性力学 (下册). 5 版. 北京：高等教育出版社，2016.

[4] Timoshenko S P, Gere J M. Theory of Elastic Stability. New York and London: McGraw-Hill Book Company, Inc., 1961.
[5] 季顺迎. 材料力学. 北京：科学出版社，2013.

(本案例由李锐、王博、田阔供稿)

1.8 火箭中的复合材料结构强度理论与应用

1.8.1 工程背景

在承载结构的设计使用中，有时是结构刚度在起控制作用，如结构的变形 (挠度)、稳定性和固有振动频率等，有时是材料强度在起控制作用，如静强度、疲劳强度和冲击强度等。在大多数工程问题中，刚度和强度问题是紧密联系的，不能将两者明确区分开[1]。例如，结构屈曲问题与刚度有关，而屈曲后产生的结构破坏则属于强度问题。在结构强度占主导的工况下，选用高强度材料十分有必要。对于火箭等航天结构，结构重量直接关乎运载能力，因此在设计中必须考虑轻量化。我们采用材料混合使用的方式，将高强度复合材料布置在应力最大、最容易发生破坏的部位 (图 1.8.1)，将价格低廉的合金材料布置在应力相对较小的部位，既能满足航天结构的整体设计需求，同时又可以降低造价[1,2]。从广义上讲，复合材料是指由两种或多种不同性质、不同组分构成的材料，其性能往往优于单一材料。按基体可分为聚合物基复合材料、金属基复合材料、陶瓷基复合材料和碳基复合材料；按增强材料又可分为碳纤维复合材料、芳纶纤维复合材料、碳化硅纤维复合材料等[3]。

1.8.2 复合材料结构强度理论与应用

1. 复合材料结构强度理论

准确预测材料的强度有助于减轻结构重量，提高结构承载效率，缩短研发周期。为了更好地理解复合材料结构强度理论，我们首先来看材料力学中适用于各向同性材料的四大古典强度理论[4]。

(1) 最大拉应力理论 (第一强度理论，适用于脆性材料)

$$\sigma_1 \leqslant [\sigma] \tag{1.8.1}$$

(2) 最大伸长线应变理论 (第二强度理论，适用于脆性材料)

$$\sigma_1 - \nu(\sigma_2 + \sigma_3) \leqslant [\sigma] \tag{1.8.2}$$

(3) 最大切应力理论 (第三强度理论，适用于塑性材料)

$$\sigma_1 - \sigma_3 \leqslant [\sigma] \tag{1.8.3}$$

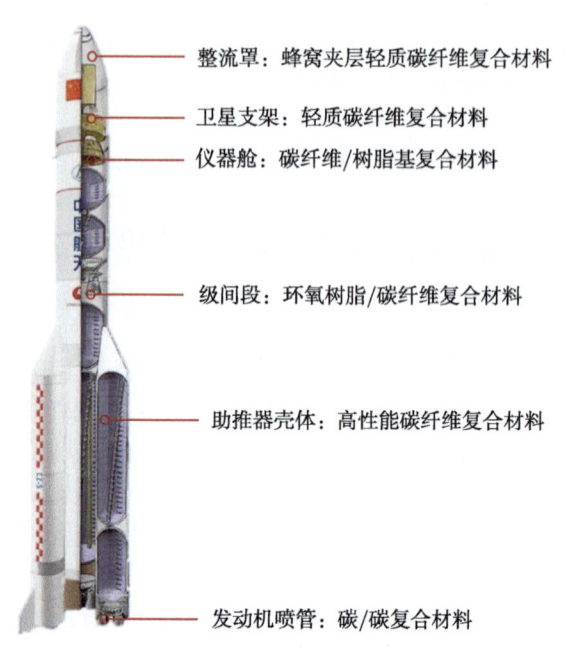

图 1.8.1　复合材料在运载火箭上的应用总体分布

(4) 畸变能密度理论 (第四强度理论，适用于塑性材料)

$$\sqrt{\frac{1}{2}\left[(\sigma_1-\sigma_2)^2+(\sigma_2-\sigma_3)^2+(\sigma_3-\sigma_1)^2\right]} \leqslant [\sigma] \qquad (1.8.4)$$

其中，σ_1，σ_2，σ_3 分别为数值从大到小的第一、第二、第三主应力；$[\sigma]$ 为材料单向拉伸许用应力，可通过材料单向拉伸实验获得；ν 为材料泊松比。

复合材料是各向异性的，具体来说其延性和脆性在各个方向是有差别的，其剪切强度、拉伸强度和压缩强度之间的相对大小也是有差别的。叠层复合材料的强度与铺层次序、铺层方向等因素有关，也与工艺因素、界面状况和试件的长厚比有关，还与边界效应、加载速率和夹具情况有关，难以给出统一强度理论表达式。本节只介绍工程中常用的复合材料结构宏观失效准则[4]。

(1) 最大应力失效准则：

$$\max\left\{\left|\frac{\sigma_1}{X}\right|,\left|\frac{\sigma_2}{Y}\right|,\left|\frac{\tau_{12}}{S_{21}}\right|\right\}=1 \qquad (1.8.5)$$

当应力值为正时，X、Y 分别为横、纵向的拉伸极限强度；当应力值为负时，X、Y 分别为横、纵向的压缩极限强度。S_{21} 为剪切强度。

(2) 最大应变失效准则：

$$\max\left\{\left|\frac{\varepsilon_1}{\varepsilon_1^u}\right|, \left|\frac{\varepsilon_2}{\varepsilon_2^u}\right|, \left|\frac{\gamma_{12}}{\gamma_{12}^u}\right|\right\} = 1 \tag{1.8.6}$$

当应变值为正时，ε_1^u 和 ε_2^u 分别为横、纵方向的拉伸极限应变；当应变值为负时，ε_1^u 和 ε_2^u 分别为横、纵方向的压缩极限应变。γ_{12}^u 为剪切应变。

(3) 蔡–希尔 (Tsai-Hill) 失效准则：

$$\frac{\sigma_1^2}{X^2} - \frac{\sigma_1\sigma_2}{X^2} + \frac{\sigma_2^2}{Y^2} + \frac{\tau_{12}^2}{S_{21}^2} = 1 \tag{1.8.7}$$

(4) 蔡–吴 (Tsai-Wu) 失效准则：

$$F_1\sigma_1 + F_2\sigma_2 + F_{11}\sigma_1^2 + F_{22}\sigma_2^2 + F_{66}\tau_{12}^2 + 2F_{12}\sigma_1\sigma_2 = 1$$

$$F_1 = \frac{1}{X_T} - \frac{1}{X_C}, \quad F_2 = \frac{1}{Y_T} - \frac{1}{Y_C}, \quad F_{11} = \frac{1}{X_T X_C}, \quad F_{22} = \frac{1}{Y_T Y_C}, \quad F_{66} = \frac{1}{S_{21}^2} \tag{1.8.8}$$

通过对比不难发现，复合材料中的最大应力失效准则对应材料力学中第一和第三强度理论，其在最大应力失效准则中增加了对压缩工况的考虑，同时由于各向异性的原因，需要考虑不同方向的失效，致使其判定变得更加复杂。最大应变失效准则是材料力学第二强度理论的扩充，同样地，需要对多个方向的材料强度进行判定。为了实现材料力学第四强度理论在正交各向异性材料中的推广，Tsai-Hill 失效准则应运而生，该失效准则综合考虑了复合材料三个主方向应力分量的交互作用。在此基础上，Tsai-Wu 失效准则是为了提高预测值与试验结果的一致性而提出的一种统一表达，同样考虑了各个应力分量之间的交互作用，形式更加简洁，预测精度也更高，因此得到了广泛的使用。

近年来随着人工智能算法的兴起，基于机器学习算法结合失效准则预测复合材料的失效行为成为一个可行的途径。由于失效准则的计算过程涉及对复合材料各层较为复杂的应力应变分析，且商业软件的失效准则的计算过程是黑箱状态，实际操作中很难得到复合材料设计变量与损伤变量的显式关系。对于复合材料的优化设计乃至可靠度分析需要建立比较复杂的仿真模型，并进行重复化的仿真计算，耗时较长，计算成本较大。根据万有逼近定理 [5]，机器学习算法中的神经网络有能力学习复杂的映射关系，同时，结合深度图像学习技术 [6]，可以在一定程度上打破设计变量的"维度灾难"。此外，包括深度神经网络技术在内的机器学习算法还具有推理成本小、速度快等优点，非常适合具有多工况、快速计算需求的结构优化、可靠度分析场景。因此，可以基于机器学习算法构建高精度代理模型，学习从设计变量到复合材料损伤变量的映射关系，在提高计算精度的同时降低计算成本。

2. 复合材料的工程应用

先进复合材料的最大优点是沿纤维方向的比模量高、比强度大，碳纤维在纤维方向具有接近于零的热膨胀系数，这些都是非常突出的优良材料性能。比强度是材料的抗拉强度与材料密度之比，比强度越高表明达到相应强度所用的材料质量越轻，与金属材料相比，复合材料的比强度可以高出十几倍。同时复合材料的最大特点之一是其可设计性，由于复合材料强度具有方向性，因此可以根据设计需求、承载情况、服役环境、部段重要性、工艺生产水平和经济因素等对纤维角度进行设计，充分发挥复合材料的优越性，并减少生产、运输和装配的工作量，以实现大规模批量化生产，从而取得最大的经济和社会效益。下面几个工程实例是复合材料结构在我国航空航天领域的应用，这里我们重点关注复合材料比强度高、设计空间大这两个特点。

首先我们讨论一个比较具体的问题，若材料的比强度提高一倍，对于自重占结构总载荷的比值（载荷自重比）为 80%、50% 和 20% 的结构，结构的载荷自重比可分别下降至 40%、25% 和 10%。可以发现，载荷自重比越大，结构自重降低也就越大，整体是呈现线性相关的。因此，当载荷自重比较小时，是没有必要采用比强度大的材料的，而对于火箭、飞机这种自重占比很大的结构，如果能够将材料换成比强度更大的复合材料，将极大提高承载效率，实现结构减重的突破式"飞跃"。

目前我们国家在设计、生产和制造等多层环节已经初步实现了复合材料的国产化流程。2017 年 5 月 5 日成功首飞的国产大飞机 C919[7]，是中国首款按照最新国际适航标准，具有自主知识产权的干线民用飞机，中国工程院院士侯晓表示"飞机减重是一个永恒的主题，复合材料的使用是重要环节之一"，C919 的机身复合材料结构占全机身总重的 11.5%（图 1.8.2），而此前在 ARJ 客机上的用量仅为 1%。C919 的成功研制提升了我国复合材料机身研制技术的成熟度，为我国成为复合材料强国迈出了坚实的一步。

航天结构由于其克服重力运行的独特服役条件，在设计过程中需实现结构的轻量化设计。总体来说，火箭中的绝大部分质量还是由推进器占据，其中主要包括两个原因：一是火箭的大部分结构采用金属材料，同时结构设计水平有限，考虑到可靠性等因素会产生冗余的结构重量；二是推进剂均为化学燃料，由于燃料密度的限制，重量较大[8]。因此，我们可以发现，运载火箭就属于典型的载荷自重比较高的结构，对于这种结构来说降低自重将收获更高的效益。火箭研制的材料、发动机、燃料等方面的技术进步，其核心思想都是提高承载能力和降低自重，其中材料和结构的设计研发与材料力学基础知识息息相关，复合材料比强度高且设计空间大，这些特性会给航天结构的设计带来哪些改变呢？火箭贮箱是运载火箭的重要组成部分，以往使用的金属材料导致其占据了结构重量的最大比重，它的"大肚子"里贮存着火箭的燃料，为火箭飞行提供动力，因此，贮箱减重对火箭运载能力的提升具有重大意义。2021 年 1 月 22 日，我国首个 3.35m 直径复合材料贮箱原理样机在中国运载火箭技术研究院诞生，突破了十大关键技术 (图 1.8.3)。该贮箱主要应用在液氧环境下，相比金属贮箱减重 30%，且强度更高。要知道目前使用的铝合金材料密度是 $2.8g/cm^3$，而碳纤维复合材料的密度仅为 $1.7g/cm^3$，复合材料的比强度是铝合金的 8 倍，这就是使用复合材料制造贮箱之后，不仅重量降低了，结构强度还更高了的原因。该贮箱的试制成功不仅能够大幅度提升结构效率，同时也标志着我国成为全球少数几个具备复合材料贮箱设计制造能力的国家之一[8]。

图 1.8.2　C919 的复合材料应用分布 [9]

图 1.8.3　3.35m 直径复合材料贮箱原理样机攻克十大关键技术 [10]

在前面我们介绍过，先进复合材料的最大优点是沿纤维方向的比模量高、比强度大，曲线铺层设计刚好可以充分利用这一特点。对于服役环境复杂的开孔结构,在开孔区域附近通常会出现应力集中现象,结构传力路径往往不是简单的直线型，利用曲线铺层去适应传力的方向有助于发挥沿纤维方向强度大这一优点[11]。同时，曲线铺层设计的理念也进一步提升了优化设计空间，为高效数值模拟方法与优化设计算法的应用提供了一个很好的平台[12]。

1.8.3 总结

本节讨论了复合材料结构强度理论与应用，关于单一材料和复合材料的强度准则多达几十种，以上内容只是冰山一角。在各种材料中，强度问题是复杂的，既具有共性又具有特殊性。对于共性部分，可以给出统一的理论解释，而对于特殊性部分则需结合实验给出特定的理论解释。随着新复合材料的陆续出现，还需研究更具针对性的强度理论。相对于传统强度理论，复合材料强度理论只保留了其形式，而放弃了其基本出发点——材料某处的强度由该处的应力或应变状态决定，内容上则发生了质的变化。由于材料力学中涉及的常用强度理论是这类研究的基础，因此，唯有掌握了这些知识才能举一反三，去探索更多符合实际的新理论。

参 考 文 献

[1] 王震鸣. 复合材料及其结构的力学、设计、应用和评价. 北京: 北京大学出版社, 1998.

[2] 范赋群, 王震鸣. 关于复合材料力学几个基本问题的研究. 中国航空学会全国复合材料学术会议, 1995.

[3] 熊健, 李志彬, 刘惠彬, 等. 航空航天轻质复合材料壳体结构研究进展. 复合材料学报, 2021, 38(6): 1629-1650.

[4] 顾杰斐. 飞机结构材料的失效准则研究. 南京: 南京航空航天大学, 2018.

[5] Hornik K, Stinchcombe M, White H. Multilayer feedforward networks are universal approximators. Neural Networks, 1989, 2(5): 359-366.

[6] Krizhevsky A, Sutskever I, Hinton G E. Imagenet classification with deep convolutional neural networks. Communications of the ACM, 2017, 60(6): 84-90.

[7] 中国商飞公司. C919 大型科技首架机总装下线. 2015. http://www.comac.cc/xwzx/gsxw/201511/02/t20151102_3031037.shtml.

[8] 百度百科. 长征五号. https://baike.baidu.com/item/长征五号 B/54807401?fromtitle=长征 5 号 B&fromid=54807403&fr=aladdin.

[9] 中国商飞公司. C919 大型客机介绍. 2024-12-19.http://www.comac.cc/cpyzr/c919/.

[10] 王海露. 我国首个 3.35 米直径复合材料贮箱原理样机诞生. 2021-1-26. https://www.spacechina.com/n25/n148/n2020942/c3272104/content.html.

[11] Khan S, Fayazbakhsh K, Fawaz Z, et al. Curvilinear variable stiffness 3D printing technology for improved open-hole tensile strength. Additive Manufacturing, 2018, 24: 378-385.

[12] Brasington A, Sacco C, Halbritter J, et al. Automated fiber placement: A review of history, current technologies, and future paths forward. Composites Part C: Open Access, 2021, 6: 100182.

(本案例由郝鹏、王博、田阔供稿)

1.9 航空航天壁板的缺陷敏感性与创新构型设计

1.9.1 工程背景

航空航天作为当今世界最具挑战性和广泛带动性的高技术领域之一，是国家创新能力和工业制造水平的重要体现。随着载人登月、深空探测等国家重大战略需求的提出，航天器面临的载荷工况及服役环境愈发苛刻，对结构承载能力也提出了更高要求。其中，加筋壁板结构如图 1.9.1 所示，作为主承力部件被广泛应用于大飞机、重型火箭等"大国重器"[1-3]中。然而随着航天装备运载能力的提升、结构尺寸的加大，壁板承载性能对制造加工中产生的各类几何缺陷高度敏感的问题进一步显现，如图 1.9.2 所示，这导致结构实际承载力要比理论预期小得多[4-7]。

(a) 火箭级间段

(b) 火箭燃料贮箱

(c) 飞机机身

图 1.9.1　航空航天加筋壁板结构应用[1-3]

轻量化是航空航天装备设计永恒的主题，是提升高端装备运载效能的重要手段。正所谓"天下武功，唯快不破；航天设计，唯轻不破"。与欧美相比，我国大飞机、火箭等高端运载装备动力不足，结构轻量化设计变得更为重要。为了有效实现轻量化设计，我们首先需要回答两个问题：为什么航空航天壁板结构对于初始缺陷如此敏感？如何能提高航空航天壁板结构抵抗缺陷的能力？进一步来说：是否存在某种结构形式可以抵抗随机缺陷的影响？

图 1.9.2　加筋壁板初始几何缺陷

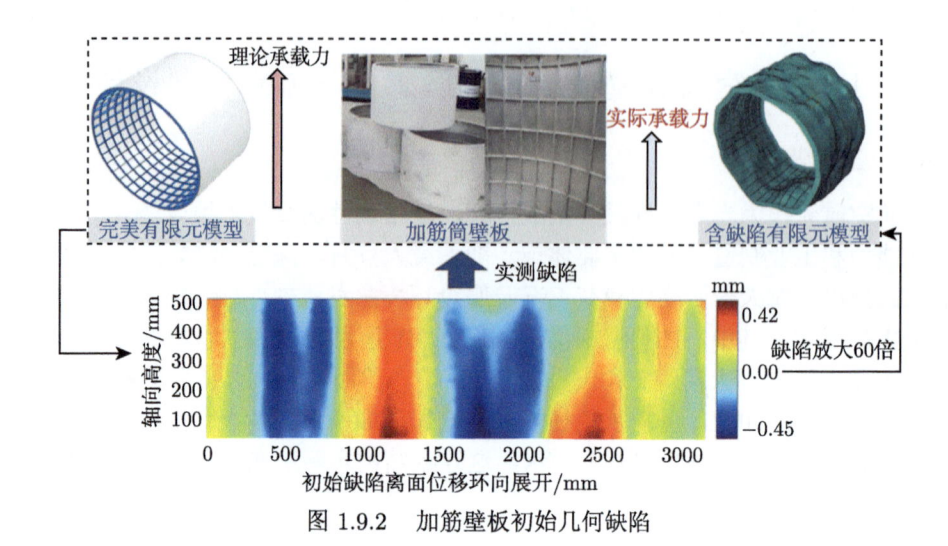

1.9.2　缺陷敏感性与创新构型设计

1. 航空航天壁板结构对初始缺陷的敏感性分析

经过细心观察的人可能会发现，壁板初始缺陷的幅值通常在几毫米之内，对于大型结构来说，仅为整体尺寸的百分之一，甚至可能低至千分之一。在日常生活中，常见的加工及装配误差远大于此，却没有发生危险，为什么在壁板结构中初始缺陷的影响就变得如此巨大？分析其原因，还是与壁板结构的自身特点有关。壁板结构往往尺寸极大，但又十分"轻薄"。以长征五号运载火箭为例，其直径可达 5m，但壁板厚度却仅为几毫米，这使得稳定性成为结构设计的主要考核指标[8-10]。为了说明这"微小"初始缺陷的影响，我们可以类比常见的压杆模型，以一端固支另一端自由的压杆为例进行深入探究。假设杆件轴线的初始挠度为一抛物线 $y_0 = \gamma x^2/l^2$，在轴向力 p 作用下，杆件将产生附加挠度 $y_1 = cx^2/l^2$，其变形如图 1.9.3 所示。下面采用能量法对含初始挠度的杆件屈曲临界载荷 P_{cr}^γ 进行求解。首先简述求解思路：假设杆件出现了微小挠曲，此时对应的系统应变能增量为 ΔU，外力功增量为 ΔT，则外力 P 的临界值可以由方程 $\Delta U = \Delta T$ 求出，它代表了系统的临界状态。

屈曲杆的弯曲应变能为

$$\Delta U = \int_0^l \frac{M^2(x)}{2EI} \mathrm{d}x = \frac{1}{2EI} \int_0^l \{P*[(\gamma+c)-(y_0+y_1)]\}^2 \mathrm{d}x$$

$$= \frac{P^2(\gamma+c)^2}{2EI} \int_0^l \left(1 - \frac{x^2}{l^2}\right)^2 \mathrm{d}x$$

1.9 航空航天壁板的缺陷敏感性与创新构型设计

$$= \frac{8}{15} \frac{P^2 (\gamma + c)^2 l}{2EI} \tag{1.9.1}$$

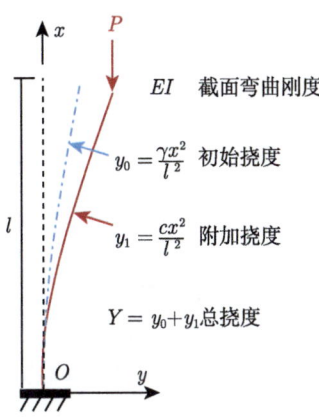

图 1.9.3 压杆边界条件及初始、附加挠度示意图

屈曲杆顶端铅直位移 λ 为

$$\lambda = \int_0^l \frac{1}{2} \left[\left(\frac{dy_1}{dx} \right)^2 - \left(\frac{dy_0}{dx} \right)^2 \right] dx = \frac{1}{2} \int_0^l \left[\left(\frac{2c}{l^2} x \right)^2 - \left(\frac{2\gamma}{l^2} x \right)^2 \right] dx$$

$$= \frac{1}{2} \int_0^l \left[\frac{4(c^2 - \gamma^2)}{l^4} x^2 \right] dx$$

$$= \frac{2}{3l} (c^2 - \gamma^2) \tag{1.9.2}$$

则外力功为

$$\Delta T = P \cdot \lambda$$

$$= \frac{2P}{3l} (c^2 - \gamma^2) \tag{1.9.3}$$

由 $\Delta U = \Delta T$,解得临界载荷为

$$P_{cr}^{\gamma} = \frac{5 (c^2 - \gamma^2) EI}{2(\gamma + c)^2 l^2} \tag{1.9.4}$$

定义折减因子 $\rho = P_{cr}^{\gamma}/P_{cr}$,其中 P_{cr} 为完美杆件的屈曲临界载荷,则当附加挠度最大值 $c = l/20$ 时,压杆折减因子随初始挠度最大值 γ 的变化曲线如图 1.9.4 所示。可以发现,当初始最大挠度仅为杆件长度的 1% 时,杆件临界承载

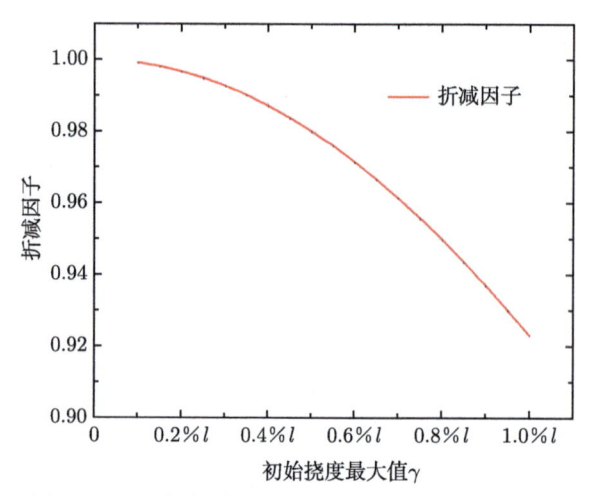

图 1.9.4 压杆折减因子随初始挠度最大值变化曲线

力下降了约 8%。考虑到弹塑性、非线性影响，大型航空航天壁板结构对于初始缺陷的敏感性将会更高[11-13]。

2. 航空航天壁板结构的创新构型设计

不论工程还是生物结构都面临着自身结构随机缺陷导致的性能折减问题。事实上，对于某些生物结构而言，即使存在一些随机缺陷，也不会对结构性能有过多影响，但对于大部分薄壁结构而言，即便很小的初始缺陷也会造成力学性能显著下降。那么，是什么因素造成了结构抵抗随机缺陷能力的差距如此之大？

不只是力学家对于这个问题感兴趣，许多生物学家也对其进行了细致研究[14-17]，但从本质上来看，生物学中的"缺陷容忍度"概念和力学中所关注的"低缺陷敏感性"是一致的，都指的是结构性能不会因随机缺陷而导致大幅下降的现象。生物学家通过对贝壳、蛛网和深海海绵等硬质生物组织的研究发现，这些生物结构在纳米尺度上都是由软层和硬层组成的层状结构（硬层由生物矿化的硬组织组成，软层由基于蛋白质的软组织组成），这类特殊的生物结构具有良好的抗缺陷性能，如图 1.9.5 所示。受到上述研究启发，力学学者们发现可以通过丰富结构层和改变周期性来设计类似的创新构型，以降低缺陷敏感性。

诚然，传统的网格加筋结构也会在一定程度上提升壁板的抗缺陷能力，但通过丰富网格加筋的结构层次，可进一步降低结构的缺陷敏感度，例如增加筋条"细节特征"的变化（如丰富加筋高度和宽度及变化加筋截面形状等），其中前者是最易加工实现的结构方案，即结构中的筋条按某种预设的规律分为若干级（组），每级（组）筋条截面采用同一尺寸，各级（组）之间尺寸不同，这类创新构型被称为多级网格加筋结构。这种结构方案可以基于化学铣切或机械铣切工艺加工，便捷

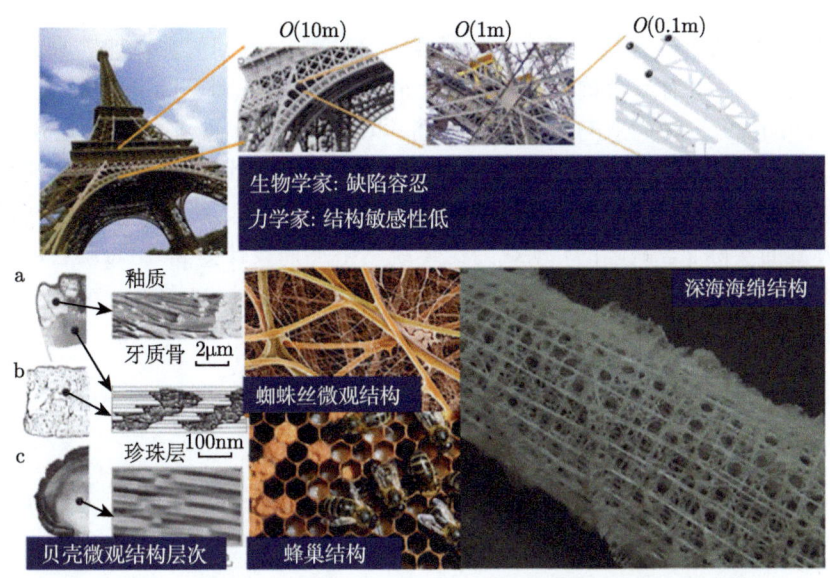

图 1.9.5 土木、生物结构中层级结构对缺陷有较高容忍能力[18]

的同时也可以保证较小的加工误差。图 1.9.6 中给出了我们采用 6061-T651 铝合金加工而成的四种多级网格加筋壳。由图可以看出，这类创新结构形式比传统单级网格加筋方案具有更强的可设计性。

(a) 单向两级加筋

(b) 双向两级加筋

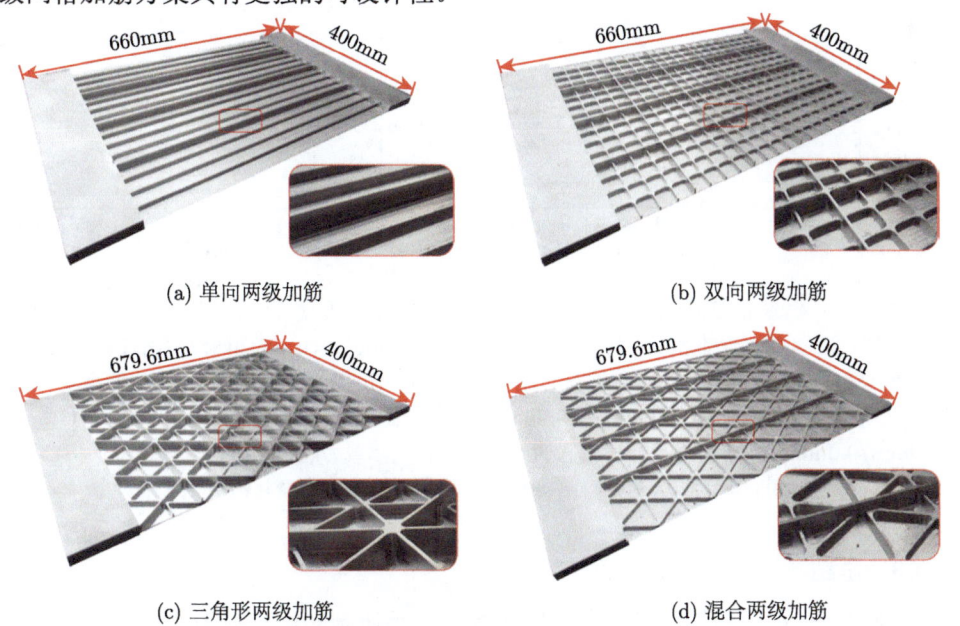

(c) 三角形两级加筋

(d) 混合两级加筋

图 1.9.6 几种多级网格加筋结构"分片级"实验构件[18]

最后，以两个外径为 3000mm、高度为 2000mm 的相同重量加筋圆筒壳建立的数值模型为例，对二者抗缺陷能力进行验证 (一种为传统正置正交网格加筋，见图 1.9.7 (a)；另一种为双向两级网格加筋，见图 1.9.7 (b))。基于有限元分析方法，两种结构方案在不考虑任何缺陷时的轴压承载力十分相近；但考虑对应的特征值屈曲模态形状和相同单点侧向集中力产生的凹坑初始缺陷时，双向两级网格加筋结构方案的实际 (含缺陷的) 承载力比传统网格加筋设计提高 10%左右，表现出对指定初始几何缺陷敏感度降低 (图 1.9.7(c) 和 (d))。可以看出，结构多层级化及周期对称性的改变可以大幅提高抗随机缺陷的能力[18,19]。

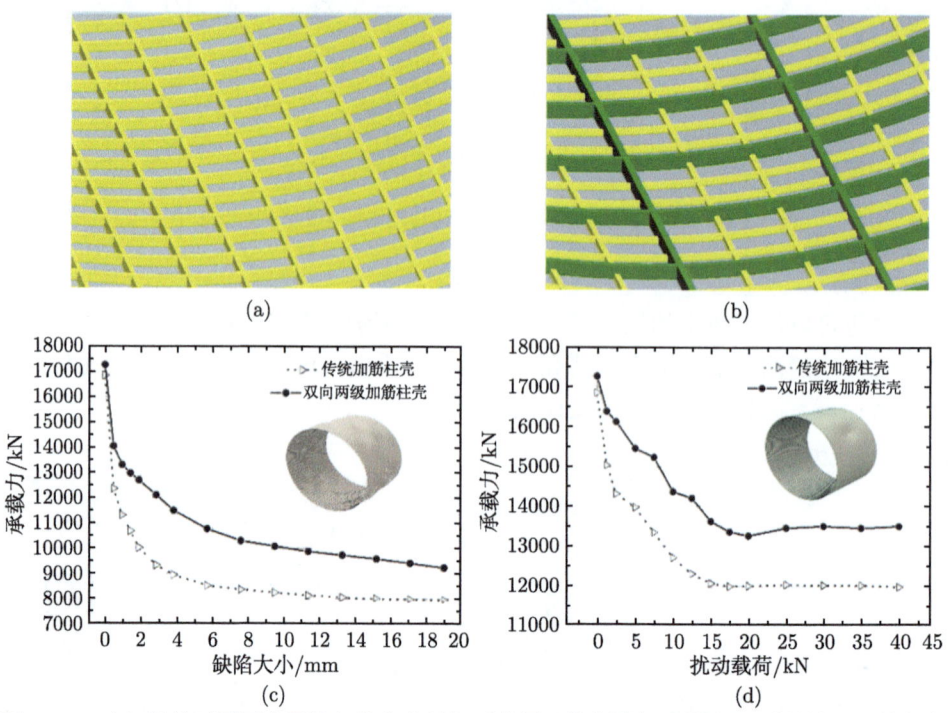

图 1.9.7 (a) 传统正置正交网格加筋方案局部示意图 (蒙皮厚度/环筋间距/轴筋间距/筋条高度/筋条宽度：4.0mm/83.3mm/104.7mm/15.0mm/9.0mm)；(b) 双向两级网格加筋方案局部示意图 (蒙皮厚度/环向大筋间距/轴向大筋间距/环向小筋间距/轴向小筋间距/大筋高度/大筋宽度/小筋高度/小筋宽度：4.0mm/249.9mm/314.1mm/83.3mm/104.7mm/23.0mm/11.5mm/9.0mm/9.0mm)；(c) 考虑特征值模态初始缺陷，轴压承载力随缺陷幅度变化情况；(d) 考虑侧向单点凹坑初始缺陷，轴压承载力随缺陷幅度变化情况 [19]

1.9.3 总结

为加速推进深空探测任务，我国正积极着手研制芯级直径为 10m、运载能力达百吨级的重型运载火箭。其中，关键舱段将采用大量网格加筋结构。考虑到壁板承载力对初始几何缺陷的高度敏感性，充分认识其敏感机制并从中总结出可指导设计的经验规律，对于重型火箭的研制起到关键作用。此外，重型火箭跨越式提升的起飞推力将使网格加筋结构承受严酷的服役性能考验，传统结构形式往往难以充分挖掘结构承载潜力，导致设计超重。因此，仍需从结构失稳机制出发，在先进材料和制造技术基础上研发新颖结构构型方案，进一步提升结构抵抗随机缺陷的能力，为重型运载火箭结构轻量化提供有力支撑。

参 考 文 献

[1] Hilburger M W, Waters Jr W A, Haynie W T, et al. Buckling test results and preliminary test and analysis correlation from the 8-foot-diameter orthogrid-stiffened cylinder test article TA02. 2017. https://ntrs.nasa.gov/citations/20170005857.

[2] 中国航天科技集团有限公司. 我国成功研制两种新型火箭贮箱. 2021. http://www.sasac.gov.cn/n2588025/n2588124/c16624545/content.html.

[3] 中国航空工业集团有限公司. "新舟"700 首个大部件下线. 2019. http://www.sasac.gov.cn/n2588025/n2588124/c11424462/content.html.

[4] Wang B, Hao P, Li G, et al. Two-stage size-layout optimization of axially compressed stiffened panels. Structural and Multidisciplinary Optimization, 2014, 50(2): 313-327.

[5] Wang B, Du K, Hao P, et al. Experimental validation of cylindrical shells under axial compression for improved knockdown factors. International Journal of Solids and Structures, 2019, 164: 37-51.

[6] Wang B, Hao P, Li G, et al. Determination of realistic worst imperfection for cylindrical shells using surrogate model. Structural and Multidisciplinary Optimization, 2013, 48(4): 777-794.

[7] Wang B, Zhu S, Hao P, et al. Buckling of quasi-perfect cylindrical shell under axial compression: A combined experimental and numerical investigation. International Journal of Solids and Structures, 2018, 130: 232-247.

[8] Calladine C R. Understanding imperfection-sensitivity in the buckling of thin-walled shells. Thin-Walled Structures, 1995, 23(1): 215-235.

[9] Degenhardt R, Kling A, Bethge A, et al. Investigations on imperfection sensitivity and deduction of improved knock-down factors for unstiffened CFRP cylindrical shells. Composite Structures, 2010, 92(8): 1939-1946.

[10] Wagner H N R, Hühne C, Niemann S. Robust knockdown factors for the design of axially loaded cylindrical and conical composite shells-Development and Validation. Composite Structures, 2017, 173: 281-303.

[11] Hühne C, Rolfes R, Breitbach E, et al. Robust design of composite cylindrical shells under axial compression—Simulation and validation. Thin-Walled Structures, 2008, 46(7-9): 947-962.

[12] Hilburger M W, Nemeth M P, Starnes Jr J H. Shell buckling design criteria based on manufacturing imperfection signatures. AIAA Journal, 2006, 44(3): 654-663.

[13] Bisagni C, Cordisco P. Post-buckling and collapse experiments of stiffened composite cylindrical shells subjected to axial loading and torque. Composite Structures, 2006, 73(2): 138-149.

[14] Zhang X, Vyatskikh A, Gao H, et al. Lightweight, flaw-tolerant, and ultrastrong nanoarchitected carbon. Proceedings of the National Academy of Sciences, 2019, 116(14): 6665-6672.

[15] Padture N P, Bennison S J, Chan H M. Flaw-tolerance and crack-resistance properties of alumin-aluminum titanate composites with tailored microstructures. Journal of the American Ceramic Society, 1993, 76(9): 2312-2320.

[16] Montemayor L C, Wong W H, Zhang Y W, et al. Insensitivity to flaws leads to damage tolerance in brittle architected meta-materials. Scientific Reports, 2016, 6(1): 20570.

[17] Zhang T, Li X, Kadkhodaei S, et al. Flaw insensitive fracture in nanocrystalline graphene. Nano Letters, 2012, 12(9): 4605-4610.

[18] 王博, 郝鹏, 杜凯繁, 等. 计及缺陷敏感性的网格加筋筒壳结构轻量化设计理论与方法. 中国基础科学, 2018, 20(3): 28-31, 52, 63.

[19] 王博, 郝鹏, 田阔. 加筋薄壳结构分析与优化设计研究进展. 计算力学学报, 2019, 36(1): 1-12.

(本案例由郝鹏、王博供稿)

1.10 火箭的载荷设计——内力图的绘制

1.10.1 工程背景

我国运载火箭在 2016~2021 年的 207 次发射中,成功率达到 96.7%,其中最新型的长征 5 号火箭直径为 5m,为两级半构型,能实现近地轨道 25t 和地球同步转移轨道 14t 的运载能力;计划中的长征 9 号重型运载火箭,箭体直径可以达到 10m,能实现近地轨道 20~140t 和地球同步转移轨道 15~50t 的运载能力[1]。我国运载火箭的运载能力和设计技术居世界前列。

运载火箭通常为液体火箭,从结构形式上分为串联、并联和多级捆绑结构,在多级捆绑火箭中,通常在芯一级捆绑 2 或 4 个助推器,相对的两个助推器结构形式相同,如图 1.10.1 所示。运载火箭上升的推力由发动机提供,在上升过程中,运载火箭不仅受到发动机推力作用,还会受到气动力、重力、惯性力作用,而火箭的载荷计算主要指的是火箭在包括气动力、推力、重力、惯性力等外载荷作用下的内力分布情况。火箭的载荷计算是火箭设计的关键环节,用以确定火箭各部段的内力,绘制内力图。这些内力包括轴力图、剪力图和弯矩图。引起这些内力的外载荷包括体载荷和面载荷,体载荷包括重力和惯性力,面载荷包括空气动力、发动机推力、各支撑件支反力和贮箱压力等。火箭发动机启动和关机、跨声速区飞行、阵风及切变风、推进剂晃动、级间爆轰螺栓分离等,均属于特征时刻,

1.10 火箭的载荷设计——内力图的绘制

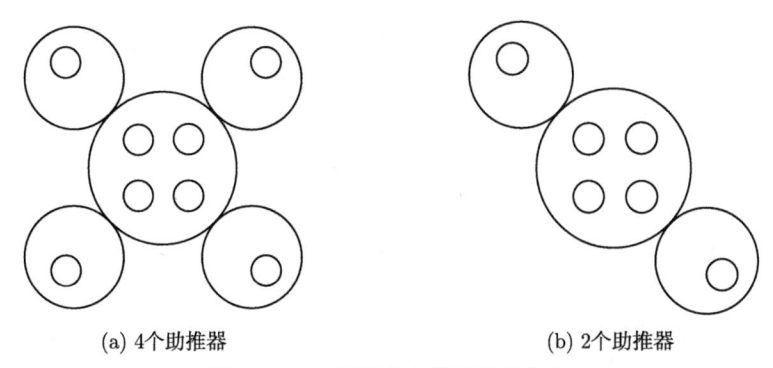

(a) 4个助推器　　　　　　(b) 2个助推器

图 1.10.1　捆绑式火箭助推器分布

需要绘制这些特征时刻的内力图，为结构安全分析和结构优化做准备，确保结构安全[2]。

火箭在发动机稳定工作时的推力和稳定气流引起的气动力可以看成是定常载荷，在定常载荷作用下，可以采用达朗贝尔原理，在结构上施加惯性力，从而将动载荷问题转变为等效静载荷问题，此时火箭的内力(包括轴力、剪力和弯矩等)称为箭体的静载荷。而在发动机启停、跨声速飞行、助推器和芯级分离、阵风等情况下，推力会在短时间内急速改变，导致箭体表面的气流分离、激波振荡和随机气动力，而引起箭体振动，由此诱发的火箭的内力(包括轴力、剪力和弯矩等)称为箭体的动载荷。通过计算火箭的内力分布，可以为火箭的强度分析和结构优化设计提供载荷依据。

1.10.2　火箭的静载荷计算

在实际计算中，将火箭离散为离散质量，主要包括质量站、分支质量和可变质量。质量站指火箭主梁分段后的各段质量，质心沿箭体坐标系 x 轴分布，x 轴的原点一般位于火箭头部延长线的交点，称为火箭的理论尖点。分支质量是指支梁结构的质量，只有一段连接在主梁上，由于在存在加速度时，连接点会有集中的轴力、剪力或弯矩，因此，在分支质量的连接点处内力图中通常会有阶跃，所以可以根据材料力学中内力与外力之间的关系绘制内力图。可变质量指推进剂质量，随时间产生消耗，当计算轴力时，质量依附于贮箱箱底所在的质量站，在计算横向载荷时，按照推进剂液面高度和质量站的对应位置进行离散。计算内力图采用的方法是截面法，其具体步骤包括：①刚性假设——不考虑结构变形引起的载荷重新分配；②利用达朗贝尔原理将动平衡转换为静平衡；③利用截面法画内力图。

火箭轴向载荷包括发动机推力、全箭气动阻力和轴向过载。气动力横向载荷包括法向气动力引起的剪力和弯矩，通常分解为攻角方向和侧滑角方向的载荷。

控制载荷包括发动机的推力，通过常平座附近结构传递至火箭主梁，在机架和主梁连接点会附加集中力偶，推进剂的晃动载荷依据晃动频率、晃动质量、晃动位移和晃动质量位置等综合确定。带尾翼的火箭还需要计算尾翼上的压力分布与尾翼的剪力和弯矩。

计算截面载荷的关键在于，采用动静法将火箭发射的动力学问题转换为静力学问题进行求解，采用截面法计算不同截面的内力。在实际飞行中，火箭一般承受压应力，而非拉应力，所以在计算火箭截面内力时，对于轴力，通常以压为正，拉为负，与材料力学的规定不一致。计算运载火箭的载荷之前，需要将火箭离散为不同的质量块，将质量块等同于质点，不同质点之间用弹簧或者刚性/弹性杆进行连接，根据其与主梁之间的关系分为质量站、分枝质量和可变质量。主梁可以离散为主质量站，与主梁相连的结构等效为分枝质量，通过连接点与主梁相连，由于惯性力的影响，分枝质量处会有内力突变，突变的大小等同于分枝质量的惯性力。可变质量主要指燃料部分的质量，随着火箭的不断推进，燃料逐渐减小，其最大的特点在于计算轴力时，其力作用于贮箱底部，计算横向载荷时，按照液面高速向各质量站集中。

箭体轴向力由发动机推力、气动阻力和轴向过载决定，其中，轴向过载是需要计算的，由发动机推力减去气动阻力，除以全箭重量，就可以得到过载系数：

$$n_x = \left(P_x^{\text{Xin}} + 4P_x^{\text{Zhu}} - Z_x^{\text{Xin}} - 4Z_x^{\text{Zhu}}\right) / \left(m^{\text{Xin}}g + 4m^{\text{Zhu}}g\right) \tag{1.10.1}$$

式中，P^{Xin}、P^{Zhu} 分别为芯级和助推器的推力；Z^{Xin}、Z^{Zhu} 分别为芯级和助推器的气动阻力；m^{Xin}、m^{Zhu} 分别为芯级和助推器的质量；g 为重力加速度。其中，气动阻力由飞行动压 q 和特征面积 S_M 决定：

$$Z^{\text{Xin}} = qS_M \sum_{i=1}^{N} C_{x_i}^{\text{Xin}} \tag{1.10.2}$$

$$Z^{\text{Zhu}} = qS_M \sum_{i=1}^{N} C_{x_i}^{\text{Zhu}} \tag{1.10.3}$$

式中，C^{Xin} 和 C^{Zhu} 分别是芯级和助推器各质量站的气动阻力系数。

助推器通过芯级与助推器的连接点向芯级传递载荷，尽管助推器和芯级前后各有一个连接点，但是由于连接关系，只有一个连接点可以传递轴向载荷，其大小等于轴向推力减去惯性力和气动阻力：

$$T_x^{\text{Zhu}} = P_x^{\text{Zhu}} - m^{\text{Zhu}}gn_x - Z^{\text{Zhu}} \tag{1.10.4}$$

1.10 火箭的载荷设计——内力图的绘制

以某型火箭轴向载荷为例，在某一飞行时刻，箭体倾角为 α，水平和垂直过载分别为 n_x 和 n_y，则轴力 F_N 的计算式为

$$F_N = \sum_{i=1}^{N} m_i g \left(n_x\cos\alpha + n_y\sin\alpha\right)$$
$$+ \sum_{j=1}^{M} \left[m'_j g \left(n_x\cos\alpha + n_y\sin\alpha\right)\right]\delta - \sum_{k=1}^{P} R_{xk}\delta \quad (1.10.5)$$

式中，δ 为单位阶跃函数；R_x 为轴向集中力，轴向力主要包括发动机推力、全箭气动阻力和轴向过载等；m_i 和 m'_j 分别代表主质量站和分支质量。

剪力的计算式为

$$Q_N = \sum_{i=1}^{N} m_i g \left(n_x\sin\alpha - n_y\cos\alpha\right)$$
$$+ \sum_{j=1}^{M}\left[m'_j g\left(n_x\sin\alpha - n_y\cos\alpha\right) - \varepsilon\left(X_c - x_{jc}\right)\right]\delta - \sum_{k=1}^{P}R_{nk}\delta \quad (1.10.6)$$

式中，R_n 为横向集中力；X_c 为箭体的质心位置；x_{jc} 为第 j 个分支质量的质心位置；ε 为转动过载。横向力主要包括气动横向力、控制力 (即发动机推力在横向的分量)、横向过载，以及助推捆绑件传递的横向力等。X_c 为

$$X_c = \frac{\sum\limits_{i=1}^{N} m_i x_i + \sum\limits_{j=1}^{M} m'_j x_j}{\sum\limits_{i=1}^{N} m_i + \sum\limits_{j=1}^{M} m'_j} \quad (1.10.7)$$

由材料力学的三个微分关系式：

$$\frac{\mathrm{d}Q}{\mathrm{d}x} = q \quad (1.10.8)$$

$$\frac{\mathrm{d}M}{\mathrm{d}x} = Q \quad (1.10.9)$$

$$\frac{\mathrm{d}^2 M}{\mathrm{d}x^2} = q \quad (1.10.10)$$

可由剪力计算得到各质量站的弯矩：

$$M_n = \sum_{i=1}^{n-1} Q_i \left(x_{i+1} - x_i\right) \quad (1.10.11)$$

1.10.3 火箭的内力图

以某型火箭为例,火箭长度为 37.5m,离散为主质量站和分支质量站,由上面公式计算得到的轴力图如图 1.10.2 所示,轴向载荷展示了明显的阶梯状特征,其中较大的阶跃是由于液氢液氧推进剂质量作用于燃料贮箱箱底引起的,由于和燃料的质量相关,在不同飞行时刻,轴力图会由于燃料减少而出现明显不同。

(a) 火箭离散为主质量站和分支质量站

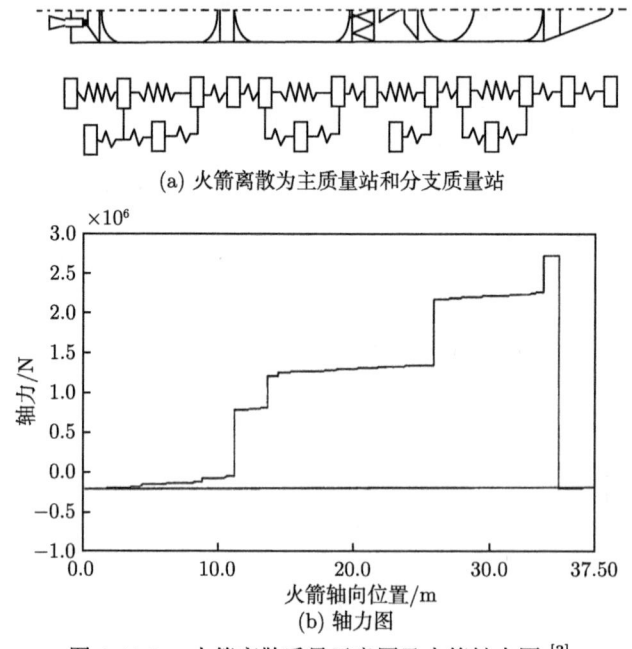

(b) 轴力图

图 1.10.2　火箭离散质量示意图及火箭轴力图 [3]

在火箭尾部发动机作用点位置,轴力图出现明显下降,是由于此处作用着发动机的轴向推力,因此,轴力图要产生突变,突变的大小就是发动机轴向推力的大小,突变的方向取决于用截面法截开后,对剩余部分产生正的还是负的作用,正的向上突变,负的向下突变。如果不考虑后面部分的质量,此处轴力图就可以归零。若考虑后续质量,此处就会有小的轴力残余。需要关注的是,轴力的正负与材料力学中的规定刚好相反,是绘制轴力图时需要关注的。

1.10.4 总结

采用达朗贝尔原理,可以将动载荷问题转换为静载荷问题进行求解。由结构的平衡关系,在火箭轴向列平衡方程,可以得到火箭各质量站截面的轴力,轴力图中产生较大突变的地方一定是外载荷较强的点,包括发动机推力位置和液氢液氧作用力位置 (贮箱底部),与材料力学所学知识点完全相同。参考轴力图的画法,也可以绘制火箭的剪力图和弯矩图，由材料力学的微分关系式，剪力和弯矩之间存在一阶导数的关联，因此，可以由剪力与质量站间距的乘积去求弯矩的数值，对应关系非常明确。但是，对于燃料的晃动力引起的截面剪力和弯矩，其对应关系尚不明确，主要原因在于，计算晃动力引起的剪力和弯矩时采用的是载荷包络曲线形式，该形式并不能呈现载荷沿箭体的分布情况，而是绘制截面可能的最大载荷，这和材料力学的基本知识略有差异，所以将材料力学与具体工程问题结合时，需要格外关注材料力学公式的适用性和由工程项目特点导致的差异性。

参 考 文 献

[1] http://m.calt.com/n1688/n1702/c14634/content.html.
[2] 龙乐豪. 总体设计. 北京：宇航出版社，1996.
[3] 王锋. 运载火箭载荷计算及通用软件实现. 长沙：国防科技大学，2001.

(本案例由张昭供稿)

1.11 航空发动机的能量转化和叶片强度

1.11.1 工程背景

航空发动机由成千上万的高度复杂和精密的机械机构组合而成，被誉为飞机的"心脏"、航空工业的"工业之花"[1]。航空发动机通常需要在高温、高压、高转速和高负荷等苛刻条件下长期反复工作，且必须具备重量轻、体积小、推力大、使用安全可靠及经济性好等特点[2]，因此其设计和制造极其复杂，研制难度巨大。航空发动机涉及的学科领域广泛，包含结构力学、结构动力学、气体动力学、工程热力学、转子动力学、流体力学、电子学、控制理论等，因此航空发动机的研制需要多学科、多领域知识的结合，具有极高的复杂度，是对工程科学技术的极高挑战，也彰显了一个国家在科技、工业和国防等各个领域的发展水平[3]。

自从飞机问世以来，航空发动机发展迅速。最早的航空发动机是活塞式发动机，它的工作原理和当代的汽车发动机原理类似，包括"进气、压缩、做功、排气"四个进程。具体原理是：活塞向下运动时，吸入燃油和空气，向上运动时，空气和燃油被大幅压缩，从顶部火花塞中喷出火花，将致密的空气和燃油点燃，燃气迅速膨胀，于是产生向下的推力。活塞在气缸中做往复运动，而曲柄连杆可将活塞的直线运动转变为曲轴的旋转运动。在整个过程中，发动机将燃油燃烧的热能转化为螺旋桨的动能。活塞式发动机有直列式和星型设计等形式，其中以星型设计居多。星型发动机将多个气缸按星型排布，几个活塞交错运动共同产生动力，输出轴直接连接桨叶。相比直列式活塞发动机，星型发动机省去了动力变向传递机构。如图 1.11.1 所示为活塞式星型发动机的结构。

(a)　　　　　　　　　　　　　　　(b)

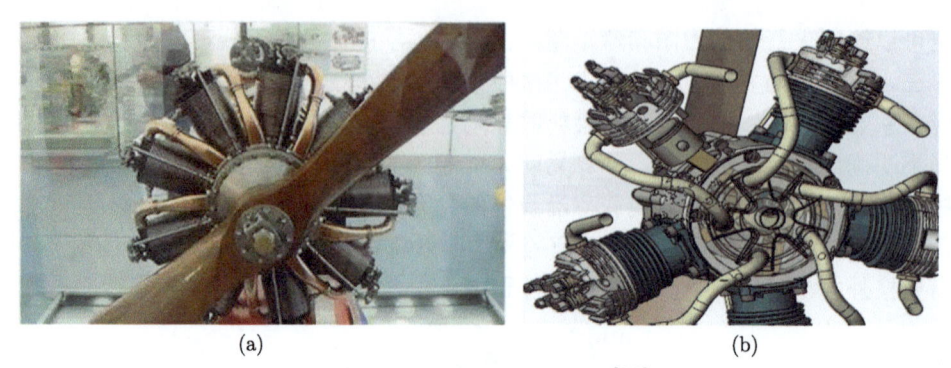

图 1.11.1　活塞式星型发动机[4,5]

随着时代的发展，飞机对发动机的动力要求越来越高，因此活塞式发动机逐渐被功率大、高速、性能好的燃气涡轮发动机所取代，其中就包括涡扇/涡喷发动机和涡桨/涡轴发动机等。这些燃气涡轮发动机的工作原理也是"进气、压缩、做功、排气"四个进程。以涡喷发动机为例，它主要分为低温（冷端）和高温（热端）两个部分。在冷端，外部空气首先由进气道进入压气机，进气道将气流速度调整合适，然后压气机通过叶片对气流做功，其压力和温度得以提升。在热端，来自燃烧室的高温高压燃气流过涡轮时迅速膨胀，其内能转化为压气机旋转的机械能。与压气机进口处相比，由于经过燃烧，涡轮出口处气流的温度和压力都升高很多，这些高温高压燃气在尾喷管中继续膨胀并从喷口高速排出，从而使发动机获得反向推力。图 1.11.2 为涡喷发动机的结构，图 1.11.3 为气流进入涡扇发动机，图 1.11.4 为涡扇发动机的结构。

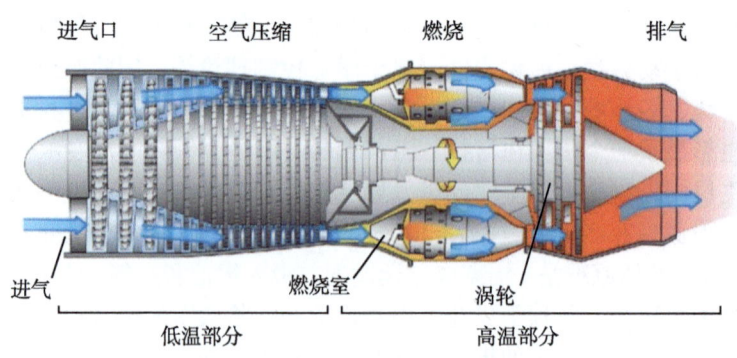

图 1.11.2　涡喷发动机结构示意图[6]

航空发动机中的涡轮叶片是航空发动机实现能量转换的一个关键部件，其承受着多种载荷，这些载荷可以分为以下几种：惯性载荷、弯曲载荷、离心力载荷、热载荷、弯矩载荷和气动载荷。可采用数值模拟的方式对这些载荷导致的叶片断裂破坏进行分析，如图 1.11.5 所示。涡轮叶片通常采用先进的材料以及先进的

1.11 航空发动机的能量转化和叶片强度

图 1.11.3　气流进入涡扇发动机[7]

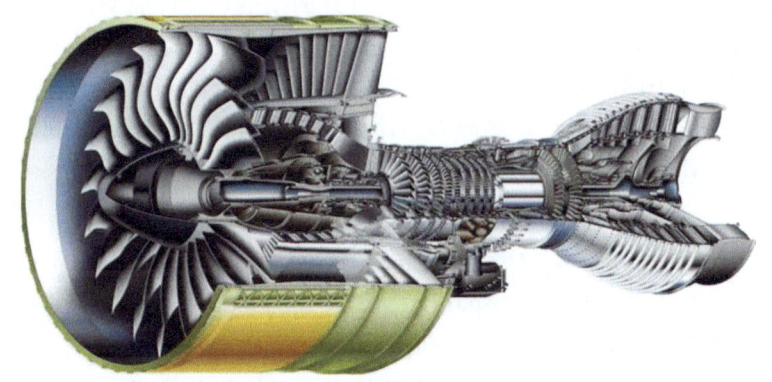

图 1.11.4　涡扇发动机结构[8]

图 1.11.5　涡轮叶片断裂破坏的数值模拟[9]

设计和制造技术，以确保其在各种工作条件下都能够可靠运行，并具备足够的寿命。这些材料和设计考虑因素需要在高温、高速和高应力的环境下进行测试和验证，以确保发动机的可靠性。

1.11.2 涡轮叶片强度分析

高速旋转的叶片承受的主要载荷形式为离心载荷，离心载荷导致的应力一般达到了总应力的 60%~80%，是叶片进行结构强度设计时一个十分重要的基础参考值。离心载荷的计算方法与理论力学中的离心力的计算方法基本一致，主要与叶片质量及叶片质心和旋转中心的距离有关，其计算式为

$$F = m\omega^2 R \tag{1.11.1}$$

其中，F 为离心力；ω 为角速度；R 为叶片质心到旋转中心的距离。

涡轮叶片通常处于高温环境下，导致叶片的某些物理性能变差，进而容易出现各种失效行为。并且，叶片因自身厚度分布不均匀，在起动和停止阶段燃气急剧变化，在叶片不同部分出现很大温度差，将产生很大的热应力，而热应力是导致叶片断裂的主要原因之一。热应力的计算方法与材料力学中的热应力计算方法基本一致，其计算公式如下：

$$\sigma = \Delta T \alpha E \tag{1.11.2}$$

其中，σ 为热应力；ΔT 为温度梯度；α 为热胀系数；E 为弹性模量。

事实上，航空发动机所承受的载荷还有气动力和振动载荷等。因此，仅靠材料力学中的相关知识是无法准确计算叶片结构的强度的，而借助有限元方法建立的涡轮叶片的流-热-固模型能充分考虑叶片所承受的复杂载荷，这一过程可借助商业有限元软件进行数值模拟实现，从而可提高分析效率。图 1.11.6 为通过数值模拟得到的涡轮叶片的应力云图，由图可知，其应力最大值位于涡轮叶片根部与缘板的交接处，这是因为涡轮叶片底部由榫槽固定，可以看作悬臂梁，承受多种载荷。

总体来说，当涡轮叶片在最恶劣的工况下的应力最大值小于材料的屈服强度或强度极限，即满足材料力学中的强度理论时，即可认为该叶片设计合理。

1.11.3 总结

本案例展示了基于理论力学知识以及材料力学强度理论的涡轮叶片的强度分析方法，以及有限元法在涡轮叶片强度分析中的应用。需要指出的是，上述方法仅考虑了涡轮叶片所承受的离心载荷和温度载荷，没有深入考虑其所承受的振动载荷以及气动载荷等其他载荷。因此，综合考虑多种载荷的影响，深入研究如何正确模拟涡轮叶片的真实工况，是目前需要重点考虑的问题。

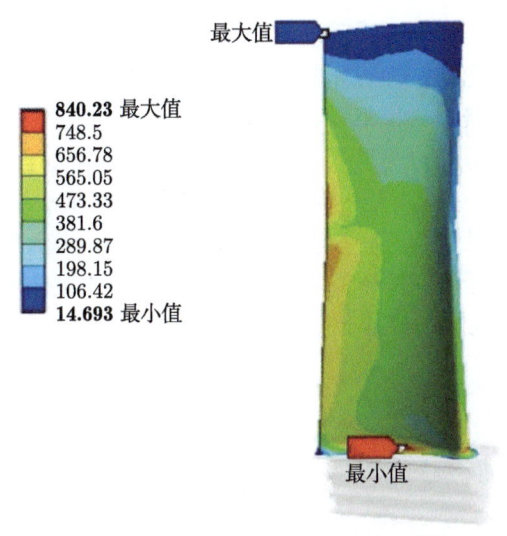

图 1.11.6　涡轮叶片的应力云图 [10]

参 考 文 献

[1] 李宏新, 谢业平. 从航空发动机视角看飞／发一体化问题. 航空发动机, 2019, 45(6): 1-8.
[2] 刘大响, 金捷, 彭友梅, 等. 大型飞机发动机的发展现状和关键技术分析. 航空动力学报, 2008, 23(6): 996-1002.
[3] 黄春峰. 大飞机发动机背景技术研究文集. 中国燃气涡轮研究院, 2010, (4): 19-138.
[4] https://www.sohu.com/a/116239373_372888.
[5] https://m.sohu.com/a/135784079_659777/?pvid=000115_3w_a.
[6] https://k.sina.com.cn/article_6049590367_168956c5f019005onp.html.
[7] https://mbd.baidu.com/newspage/data/dtlandingwise?nid=dt_4116171196864911868.
[8] https://baijiahao.baidu.com/s?id=1681959155133344224.
[9] Qiu S S, Duan Q L, Shao Y L, et al. Adaptive finite element method for hybrid phase-field modeling of three-dimensional cracks. Engineering Fracture Mechanics, 2022, 271: 108636.
[10] 王伟政. 航发高压涡轮叶片低周疲劳/蠕变寿命研究. 大连: 大连理工大学, 2018.

(本案例由段庆林供稿)

1.12　人类深空探测太阳帆薄膜褶皱的产生与消除

1.12.1　工程背景

作为经典结构件, 薄膜具有轻质、可展开等特性, 在航空航天、现代建筑、电子器件、生物医学等领域广泛应用。人类在深空探测中, 渴望摆脱对运载火箭的单一依赖, 于是提出了基于薄膜结构的太阳帆 (solar sail) 思路, 即无需化学燃料消耗，利用永不枯竭的太阳光压驱动太阳帆运动，提高了探测器的飞行速度，增加了机动范围，为人类深空探测带来了一场新的革命。2016 年物理学家霍金提出的"突破摄星"(Breakthrough Starshot) 计划，如图 1.12.1 所示，利用激光推动太阳帆薄膜飞行，短时间内加速至光速的 1/5，即每秒飞行 6×10^4km，预计最快 20 年内抵达太阳最近的恒星系统——半人马座阿尔法星。2019 年中国科学院沈阳自动化研究所研制的"天帆一号"太阳帆，搭载"潇湘一号"07 卫星，在轨完成了两级主被动展开、多帆桁同步展开机构等多项关键技术，朝着太阳帆深空探测迈出了关键的一步。

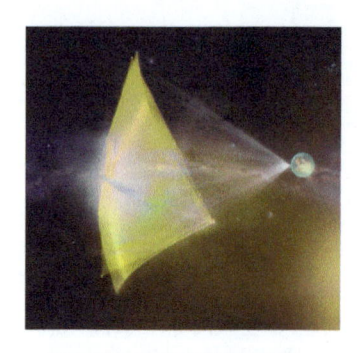

(a) 霍金的"突破摄星"计划利用太阳帆薄膜实现深空探测[1]

(b) 中国"天帆一号"太阳帆完成在轨展开等关键技术验证[2]

图 1.12.1　薄膜在人类深空探测中的应用

太阳帆通过光子撞击薄膜形成光压，提供太阳帆运动所需的动量和巨大推力。为最大限度地从太阳光中获得动量，太阳帆需具备大面积 (在相同光压下增加面积、提升推力)、轻质 (在相同动量下降低质量、提高速度)、表面光滑平整 (最大限度利用入射光子) 等特点。太阳帆的大面积特点使得薄膜长度一般在百米量级，轻质特点使得薄膜厚度在微米量级，面外刚度近似忽略不计，容易使面外屈曲失稳产生褶皱。

薄膜褶皱产生了诸多不利影响：影响高精度的对地光学成像观测和高频率的卫星天线信号通信；褶皱改变了入射光子入射角，导致太阳帆推力不平衡和整体推力性能下降，可能会因光子能量局部集中造成太阳帆局部高温破坏，影响太阳帆服役寿命[3]。因此，有必要构建材料力学模型，认识薄膜褶皱机制，并提出调控薄膜褶皱的方案，推动人类深空探测的发展。

1.12.2　薄膜褶皱抑制的力学模型

薄膜褶皱是一种典型的结构屈曲失稳现象。早在 1929 年，美国国家航空航天局 Wagner 和 Reissner 就开展了薄膜拉伸褶皱研究。当前薄膜褶皱机制的研究主要通过理论分析、数值模拟和物理实验等方法研究薄膜褶皱的衍生、扩展和消亡等过程，并基于材料力学中应力与变形关系，指出褶皱产生是因为薄膜受载过程中产生了负的面内最小主应力，进而提出了相应的薄膜褶皱准则，为

$$\begin{array}{l} \sigma_{\min} > 0,\ 张紧状态 \\ \sigma_{\min} \leqslant 0,\ \sigma_{\max} > 0,\ 褶皱状态 \\ \sigma_{\min} < 0,\ \sigma_{\max} \leqslant 0,\ 松弛状态 \end{array} \quad (1.12.1)$$

其中，$\sigma_{\max}$ 和 $\sigma_{\min}$ 分别为薄膜单元的面内最大主应力和最小主应力。直观上可以认为，薄膜单元两个方向都受拉力作用为张紧状态；薄膜单元一个方向受拉力、另一个方向不受力或受轻微压力为褶皱状态；薄膜单元两个方向都不受力或受轻微压力为松弛状态。薄膜褶皱准则表明，若薄膜内所有单元的 $\sigma_{\min} > 0$，则薄膜不会产生褶皱。可见，只要求得薄膜域内各点的应力状态即可非常方便地判断薄膜内各区域的变形状态。基于应力褶皱准则，开展薄膜结构设计，有望达到完全无褶皱的效果。需要说明的是，使用 $\sigma_{\min}$ 表征薄膜褶皱能力，与临界屈曲载荷系数和后屈曲褶皱幅值等指标相比，不但可充分利用简单的二维平面应力分析，还可有效回避屈曲和后屈曲分析无法描述薄膜不屈曲无褶皱的困境，具有更广阔的优化设计空间。

薄膜褶皱调控设计 (图 1.12.2) 是一个非常有挑战性的课题[4]。在薄膜边缘添加索、桁架等附加结构可以有效避免褶皱，但会引进不必要的重量，不利于深空探测；利用选择性温度/光照策略可以达到编程刚度、调控材料方向、控制应力分布和消除褶皱的目的，但需要较长时间的 800~1000°C 高温和复杂的物理/化学控制[5]；超材料和微结构设计虽能从底层设计上抑制褶皱的形成，但应用范围有限；采用较大拉伸应变或低于阈值的泊松比可以达到无褶皱效果，但拉伸应变会引起残余应力和薄膜过早失效，而泊松比的选择说明当前解决方法不具有普适性；采用面内不规则夹具和面外曲率夹具 (依赖长细比，采用定值或非定值曲率) 可稳定和光滑褶皱变形，但仍未解答平面规则夹具下的褶皱问题；边缘曲率化或剪裁可以改变薄膜褶皱应力分布达到被动约束褶皱的目的，但对于最优形貌未进行充分讨论；在薄膜内部引入孔洞和硬质掺杂可以调控褶皱形貌，但较难消除褶皱[6]。

近年来包含参数优化、形状优化和拓扑优化等策略的优化设计也逐渐应用于薄膜褶皱调控问题，致力于寻找一种实现无褶皱薄膜的多功能结构设计方法。优化设计以数学中的最优化理论为基础，以计算机为工具，根据设计所追求的性能目标建立目标函数，在满足给定的各种约束条件下寻求最优的设计方案。

科研人员[4]基于如式 (1.12.1) 所示的薄膜褶皱准则，首先构建力学解析模型，准确获得了任意长细比、复杂曲边和严格位移边界条件描述的薄膜应力场信

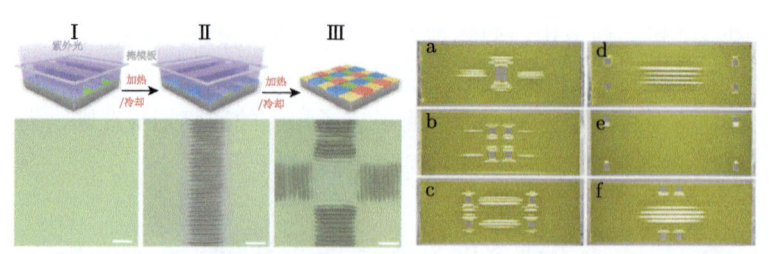

(a) 选择性温度/光照策略实现局部区域光滑[5]　(b) 引入面内孔洞调控褶皱分布[6]

图 1.12.2　薄膜褶皱调控设计方案

息；然后以薄膜工作面积最大化为优化目标开展了参数优化，通过调控薄膜自由边形貌，给出了矩形薄膜受拉无褶皱的解 (图 1.12.3)，并通过理论分析、仿真模拟和物理实验验证了薄膜无褶皱的效果。图 1.12.4 给出了一种基于应力准则的矩形薄膜褶皱调控拓扑优化设计方案[7,8]。科研人员基于主应力准则和单元密度惩罚模型，开发了主应力约束下刚度最大化的优化模型，寻找设计区域的最佳材料分布，从而实现薄膜结构整体刚度最大且不会产生褶皱变形。后屈曲数值模拟和实验测试表明，在设计结果中没有观察到褶皱。

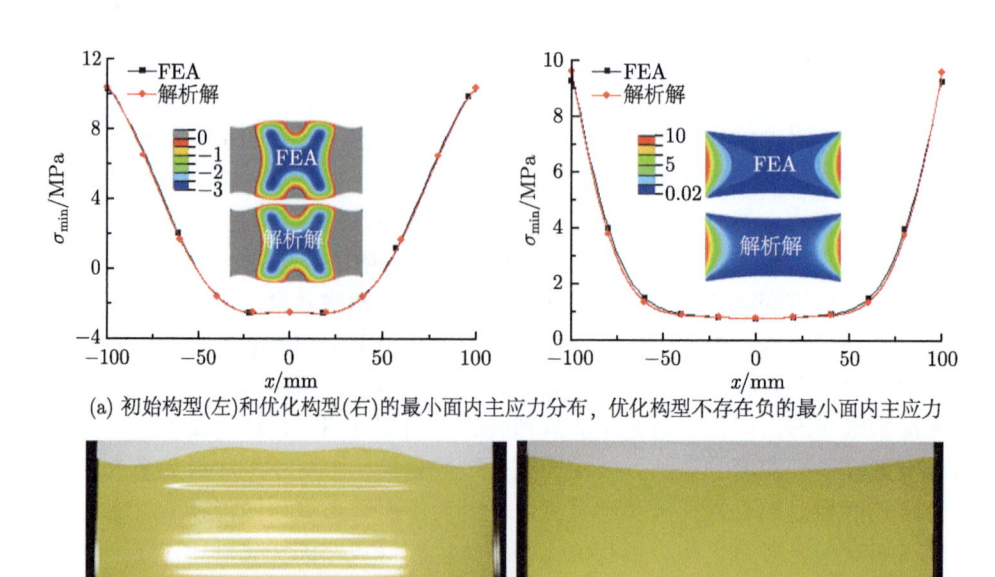

(a) 初始构型(左)和优化构型(右)的最小面内主应力分布，优化构型不存在负的最小面内主应力

(b) 初始构型拉伸产生褶皱(左)，优化构型拉伸无褶皱产生(右)

图 1.12.3　矩形薄膜褶皱调控设计自由边方案[4]

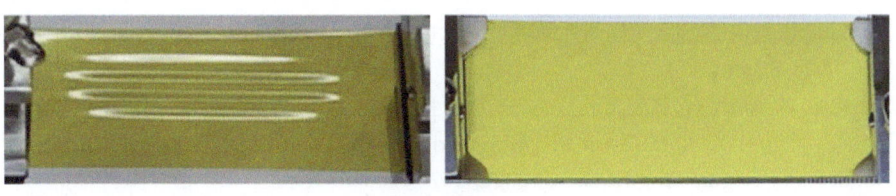

(a) 夹具设计

(b) 含硬质掺杂薄膜设计

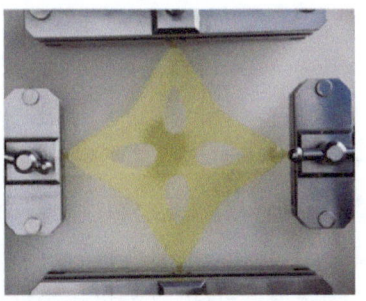

(c) 对角拉伸薄膜设计

图 1.12.4　矩形薄膜褶皱调控拓扑优化设计方案[7,8]

1.12.3　总结

本案例利用材料力学知识归纳薄膜褶皱应力准则，给出了无褶皱的判断条件，并开展薄膜结构的参数优化和拓扑优化研究，给出全域受拉、无褶皱的薄膜最优构型。这些结果表明，褶皱问题可以通过结构优化设计薄膜结构中的材料分布来调控，在合理的设计下不需要额外的处理即可确保薄膜表面足够光滑，以达到完全消除褶皱的目的。本案例中所述的褶皱消除方法，促进了对薄膜褶皱机制的认知研究，丰富了褶皱的调控策略，有利于保证薄膜表面高精度无褶皱要求，切实满足太阳帆等深空探测结构的性能要求，从而助力空天探索等国家重大需求。

参 考 文 献

[1] Starshot, https://breakthroughinitiatives.org/initiative/3.

[2] 中国新闻网. 中国完成太阳帆在轨关键技术验证. http://www.chinanews.com/gn/2019/12-26/9044389.shtml.

[3] 牛艳庄. 拉伸薄膜起皱和褶皱抑制优化设计. 大连：大连理工大学, 2018.

[4] Li M, Zhu K X, Qi G L, et al. Wrinkled and wrinkle-free membranes. International Journal of Engineering Sciences, 2021, 167: 103526.

[5] Zhou L, Hu K, Zhang W, et al. Regulating surface wrinkles using light. National Science Review, 2020, 7: 1247-1257.

[6] Yan D, Zhang K, Peng F J, et al. Tailoring the wrinkle pattern of a microstructured membrane. Applied Physics Letters, 2014, 105(7): 071905.

[7] Luo Y, Xing J, Niu Y, et al. Wrinkle-free design of thin membrane structures using stress-based topology optimization. Journal of the Mechanics and Physics of Solids, 2017, 102: 277-293.

[8] Li M, Luo Y, Wu H, et al. A prenecking strategy makes stretched membranes with clamped ends wrinkle-free. Journal of Applied Mechanics, 2017, 84(6): 061006.

(本案例由李明供稿)

1.13 现代飞机抗疲劳设计

1.13.1 工程背景

"彗星"客机[1](图 1.13.1) 是由英国哈维兰航空公司依托军事技术改进而成，由 4 部鬼影 50 喷气式发动机驱动，是第二次世界大战以后英国研发的新一代大型喷气式客机。它具有机舱密封、飞行速度快且平稳、载客量大、舒适度高等优点，在当时的民航领域引起了非常大的关注，受到大量乘客的欢迎。

图 1.13.1 "彗星"客机[1]

1.13 现代飞机抗疲劳设计

　　1954 年 1 月 10 日，一架"彗星"1 号客机从罗马起飞前往伦敦，机身在起飞后不到半小时突然爆裂，随即从 9000m 的高空坠入地中海，机上 35 人全部遇难，其中包括 10 名儿童。同年 4 月 8 日，复飞的"彗星"号再次酿成惨剧，飞机起飞 33min 后坠毁，机上 21 人全部遇难无一幸存。"彗星"号在短时间发生两起灾难之后终于停飞，研究人员开始对其进行全面的严格检查，共进行了 9000 多小时的各种试验测试，包括高速飞行时受到空气摩擦、大气阻力、舱内压力、机体震动等各种载荷，终于在飞机的铝制蒙皮上发现了与失事飞机残骸 (图 1.13.2) 上基本相同的裂纹，经分析认为，飞机高频率的起降及机舱内反复的高低压循环，使机体在长时间高空飞行时导致了铝制金属蒙皮疲劳裂纹的产生，最终由材料的疲劳破坏演变成蒙皮开裂[2]。惨痛的事故经历让航空设计从业人员开始意识到激进的强度设计带来的危险，因此越来越注重飞机的疲劳耐久性设计。

图 1.13.2 "彗星"1 号客机残骸[2]

　　由于当时调查方式具有局限性，现代工程师维西决定用先进的手段再次检验"彗星"号残骸。他用现代电子显微镜将裂痕放大 800 倍后，发现了一个微小的制造瑕疵，认为可能是在铆钉打入金属的时候便产生了，在飞行过程中遭受巨大压力时造成了裂痕的逐渐变大，最终演变为结构的破坏，导致事故发生[2]。此外，舷窗设计也引起了设计人员的注意，发生空难的"彗星"号都采用方形舷窗，方形舷窗拐角处的金属结构会因舱内反复加压减压和外界复杂环境而产生疲劳损伤，裂纹一旦产生就会发展为该处结构的破坏，极大地增加了安全隐患。所以，此后客机大多采用圆形舷窗，或为方形舷窗设计大弧度圆角，以减少该处结构应力集中，进而提高飞机整体的抗疲劳性能。

1.13.2　抗疲劳设计

　　疲劳这一术语是由 J. V. Poncelet 于 1830 年在巴黎大学演讲时论述疲劳问题而提出的，指的是材料或结构在特定的循环载荷作用下，在某些点会产生局部的永久性损伤，并在一定循环次数后形成裂纹或使裂纹进一步扩展直到完全断裂的现象。不同于材料或结构因强度不足发生的破坏,疲劳破坏的结构要经历长时间的工作,尽管内部应力远小于材料极限强度,但在循环载荷作用下材料中的损伤不断累积,当累积达到一定程度,破坏会突然发生[3]。我们所观察到的裂纹和断裂是这一过程的最终结果,而疲劳过程是结构内部永久变化造成损伤的累积过程,是循环塑性变形累积的结果。一个有着良好塑性的材料仍然可能发生疲劳破坏,而且在整个过程中没有显著的残余变形。若材料只有循环弹性变形,则材料中没有损伤累积且不会发生疲劳破坏[4]。

疲劳[5] 破坏往往具有如下特点:突然性,在材料破坏前没有明显的预兆;低应力、长时间,远低于材料强度,在长时间的循环载荷作用下产生;缺陷敏感性,由于疲劳从局部产生,所以对材料中缺陷具有很强的敏感性;疲劳断口能清晰地显现出裂纹的发生、扩展和断裂,肉眼即可判断。因此,结构的疲劳现象往往难以预测,在使用过程中突然发生,易造成重大的后果,所以对疲劳的研究变得十分重要。疲劳破坏的类型可按照循环次数的高低分为两类:高周疲劳,即应力水平低,应力和应变呈线性关系,破坏循环次数一般高于 $10^4 \sim 10^5$ 次的疲劳,如弹簧;低周疲劳,即应力水平高,材料处于塑性状态,破坏循环次数一般低于 $10^4 \sim 10^5$ 次的疲劳,如发动机叶片。然而在实际结构中,疲劳破坏的产生是上述两种现象的综合,这使得实际结构的疲劳分析变得十分复杂。

传统的疲劳寿命预测方法有 S-N 曲线、疲劳载荷谱、累积损伤理论等,其中 S-N 曲线由德国人 Wohler 最先提出并使用,所以又被称为 Wohler 曲线,其中 S 代表应力水平,N 代表寿命,是疲劳过程中所施加的应力水平与之破坏的循环次数即寿命之间的关系曲线[5]。S-N 曲线虽然得以大量使用,但使用条件存在局限性。例如,结构在实际工作中受到的载荷大多并非对称循环应力,所以结构设计中平均应力不能简单地定义为零,要将平均应力的影响考虑在材料疲劳设计中;即使有着相同的应力幅,由拉伸和压缩产生的应力对材料的疲劳和寿命作用也截然不同,拉伸平均应力会降低材料的疲劳强度和寿命,反之则较为有益;同时可以采用向材料中添加特定化学成分的手段来增强分子间结合力,从而提高材料的强度和抗疲劳性能[4]。

哈维兰公司的设计人员虽然为"彗星"设置了相当大的安全裕度(两倍的正常值压力) 来保证飞机使用安全,但空难的发生证明整体的高安全裕度设计是远远不够的。即便飞机有着偏于保守强度的设计方案,也可能由于服役过程中变化莫测的工作环境发生不可预测的疲劳破坏。

我国在飞机的抗疲劳设计方面经历了漫长的研究,逐渐形成了针对我国飞机设计特有的疲劳设计方法与相关设计条件数据库[6-8]。疲劳设计方法有无限寿命设计、安全寿命设计、损伤容限设计和耐久性设计等,其中损伤容限设计思想[9]的基本概念是认为结构在未使用时就含有缺陷,所以在设计过程中或之后检测过程中运用损伤理论对该结构进行寿命预测,将缺陷和损伤限制在可控范围内,使得裂纹不发生不稳定扩展,并在此期间,结构应满足规定的剩余强度要求,以保证结构的安全性和可靠性。

1.13.3 总结

在我国高端设备行业高速发展的今天,各种新型、精密的先进飞行器相继问世,这些高端飞行器的安全性能和使用寿命关系到国家安全与人民群众的切身利益。从材料出发,对结构进行耐疲劳设计,同时抗疲劳设计方法的更新则更为关键,这些设计方法与时俱进,可以有力保证我国飞行器设计领域在国际上的地位。

参 考 文 献

[1] https://baike.baidu.com/view/2021358.html.
[2] https://www.sohu.com/a/319637747_332162.
[3] 丁东成, 张国生, 付洪亮, 等. 压缩机出口缓冲罐接管断裂成因分析. 石油和化工设备, 2009, 12(7): 30-32.
[4] 郝富杰. 概述金属疲劳产生的原因及影响因素. 山西建筑, 2011, 37(11): 51-52.
[5] 程靳, 赵树山. 断裂力学. 北京: 科学出版社, 2006.
[6] 杜洪增. 飞机结构疲劳强度与断裂分析. 北京: 中国民航出版社, 1996.
[7] 熊峻江. 飞行器结构疲劳与寿命设计. 北京: 北京航空航天大学出版社, 2004.
[8] 郑晓玲. 民用飞机金属结构耐久性与损伤容限设计. 上海: 上海交通大学出版社, 2013.
[9] 李玉海, 王成波, 陈亮, 等. 先进战斗机寿命设计与延寿技术发展综述. 航空学报, 2021, 42(8): 50-76.

(本案例由李桐供稿)

1.14 飞机转轴的疲劳分析

1.14.1 工程背景

转轴(或旋转轴)通常是指一个或多个能够绕自身轴线旋转的部件,如发动机、涡轮机、螺旋桨等,它们在航空领域应用广泛,在飞机的设计中扮演着至关重要的角色,涉及飞机的动力、稳定性、操纵和飞行控制等多个方面。以下是转轴在航空领域中的一些重要应用。

(1) 发动机转轴:是飞机上最重要的转轴之一。发动机通过旋转轴驱动飞机的螺旋桨或喷气发动机风扇,这些转轴产生推力,使飞机前进。不同类型的发动机(如涡喷发动机、活塞发动机、涡桨发动机等)有不同的转轴设计。图1.14.1为某航空发动机转轴。

图 1.14.1　某航空发动机转轴 [1]

(2) 飞机操纵转轴：在飞机的控制系统中，控制杆、襟翼、升降舵、方向舵等控制面通过转轴来实现飞机的操纵。通过旋转这些转轴，飞行员可以改变飞机的姿态、高度、方向和速度。

(3) 螺旋桨转轴：在涡桨飞机中，螺旋桨是主要的推进装置，它通过旋转轴驱动。这种设计提供了高效的推进力，适用于一些特定的飞机类型，如小型运输机、军用飞机和直升机。

(4) 仪表转轴：飞机上的各种仪表和指示器通常也使用转轴，以便驾驶员能够监视飞机的状态和性能。例如，人造地平仪、高度表、指南针等都包含旋转轴来提供相关信息。

(5) 起落架转轴：飞机的起落架通常使用转轴来实现轮子的旋转，使飞机能够在地面行驶、起飞和着陆。

转轴 (或旋转轴) 通常承受多种载荷，包括静载荷和动载荷等。当载荷过大时，转轴可能会发生事故，图 1.14.2 所示为航空发动机转轴的断裂事故。在设计转轴时，必须考虑其承受的多种载荷，以避免事故的发生。

以下是一些转轴通常承受的典型载荷。

(1) 轴向载荷 (axial load)：作用在转轴轴向的力，沿轴线方向。轴向载荷可能是推力或拉力，通常由轴承的应用领域决定。例如，飞机发动机的风扇或飞机降落装置的推力就是轴向载荷。对于转轴来说，承受这些载荷需要具备足够的强度，以防止发生拉伸或压缩变形。

(2) 径向载荷 (radial load)：作用在转轴的垂直于轴线方向上的力，从轴心向外施加。例如，机械设备的转子受到的惯性力或重力可被视为径向载荷。转轴的强度必须足够大，才能承受这些载荷，以防止构件弯曲或挠曲。

(3) 弯曲载荷 (bending load)：转轴通常会受到弯曲力，这是由于载荷在轴的

1.14 飞机转轴的疲劳分析

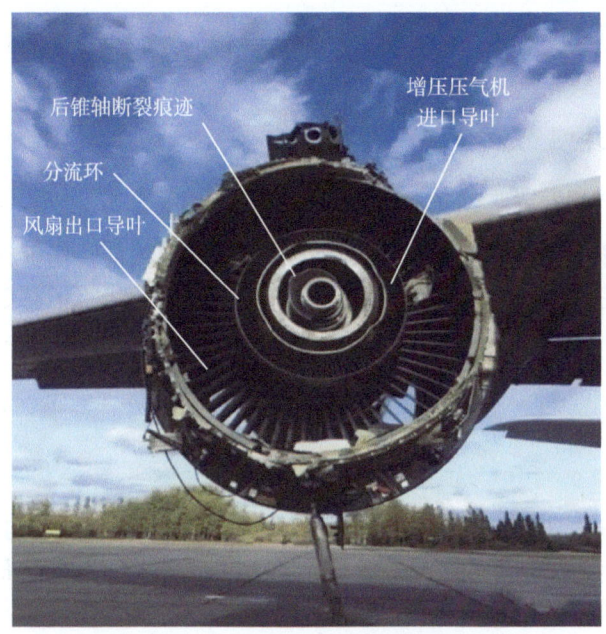

图 1.14.2　航空发动机转轴断裂事故[2]

横截面上分布不均匀。弯曲载荷会导致轴的弯曲变形，因此设计时必须考虑弯曲强度。

(4) 扭矩载荷 (torsional load)：扭矩是绕轴线旋转的力矩，对于转轴来说，这意味着它需要承受由外部力矩引起的扭曲。例如，发动机传动系统中的扭矩需要通过转轴传递。转轴的强度必须足够大，才能承受这些扭矩载荷，以防止构件扭曲或破坏。

(5) 冲击载荷 (impact load)：由于快速冲击或振动引起的瞬时负荷，如机械设备的冲击负载或车辆的颠簸。转轴需要能够吸收这些冲击并防止损坏。

(6) 疲劳载荷 (fatigue load)：长期或重复的负载，例如交通工具的振动或发动机的周期性负载，会导致疲劳损伤。转轴必须具备足够的疲劳寿命，以防止疲劳裂纹和失效。

(7) 温度载荷 (temperature load)：温度变化引起的热膨胀和收缩会在转轴上施加载荷。这会导致应力和形变。因此，必须将材料的热特性考虑在内。

(8) 环境载荷 (environmental load)：转轴可能会受到环境条件 (如湿度、化学腐蚀、腐蚀和尘埃等) 的影响，这些因素会影响轴承材料的性能和润滑效果。

因此，转轴设计必须考虑多种不同类型的载荷，以确保其能够安全运行，避免疲劳、变形、弯曲甚至失效，这通常需要选用适当的材料，并进行强度计算和失效分析，以满足特定的应用需求。

总之，转轴在航空领域中具有广泛的应用，从推进系统到飞行控制和监测仪器，都需要转轴来实现不同的功能，因此，转轴的性能和可靠性对飞机的性能和飞行安全至关重要。

1.14.2 转轴结构疲劳分析

1. 转轴结构扭转强度分析

转轴在工作中通常会承受扭转载荷、弯曲载荷等载荷，基于材料力学中弯曲和扭转分析理论，转轴的弯曲正应力 σ 以及扭转切应力 τ_ρ 计算式[3]如下所示：

$$\sigma = \frac{My}{I_z} \tag{1.14.1}$$

$$\tau_\rho = \frac{T_\rho}{I_p} \tag{1.14.2}$$

其中，M 为弯矩；y 为所求点的纵坐标；I_z 为横截面对中性轴的惯性矩；T_ρ 为横截面内的扭矩；ρ 为横截面内所求点到圆心的距离；I_p 为横截面的极惯性矩。

事实上，大多数转轴所承受的载荷比较复杂，仅靠上述两个方程无法准确求解，而借助商业有限元分析软件，可以较为准确地求解转轴在复杂工况下各点的应力，如图 1.14.3～图 1.14.6 所示。通过应力云图发现，当转轴承受弯曲载荷和扭转载荷时，应力的最大值通常出现在几何形状突变处。

图 1.14.3　转轴弯曲的有限元模型

2. 转轴疲劳寿命分析

在工程实际中，转轴所受到的载荷通常并不是恒定载荷，而是循环载荷。根据疲劳分析理论，应同时考虑构件所承受的最大应力以及所用材料的 S-N 曲线，才能估算该结构的疲劳寿命。材料的 S-N 曲线是指材料所能承受的最大应力 S 与循环次数 N 之间的函数关系，它需要通过疲劳试验来测定（试验中通常设定应力比为 $R = -1$，应力比指在一个循环中最小应力与最大应力之比），其曲线通常为单调递减的下凸函数，如图 1.14.7 所示。

1.14 飞机转轴的疲劳分析

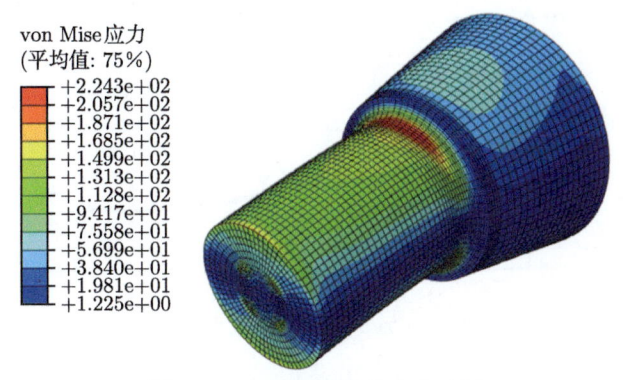

图 1.14.4 转轴弯曲的应力云图

图 1.14.5 转轴扭转的有限元模型

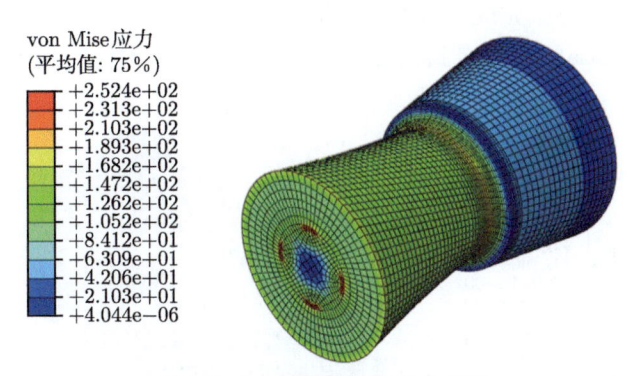

图 1.14.6 转轴扭转的应力云图

实际工程中循环载荷往往非常复杂，仅仅依靠疲劳理论通常无法完成转轴结构的疲劳寿命分析。如图 1.14.8 所示为弯曲循环载荷和扭转循环载荷应力随时间变化的时程曲线，显然它并不能保证载荷应力比 $R = -1$，因此我们需要结合其他

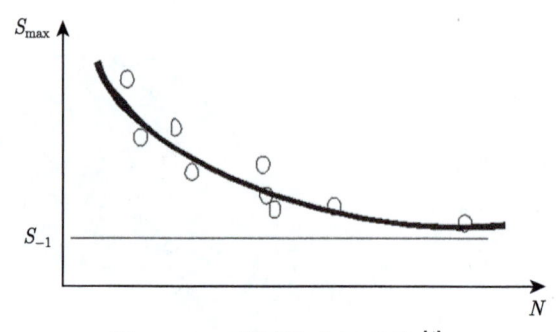

图 1.14.7 某材料 S-N 曲线 [4]

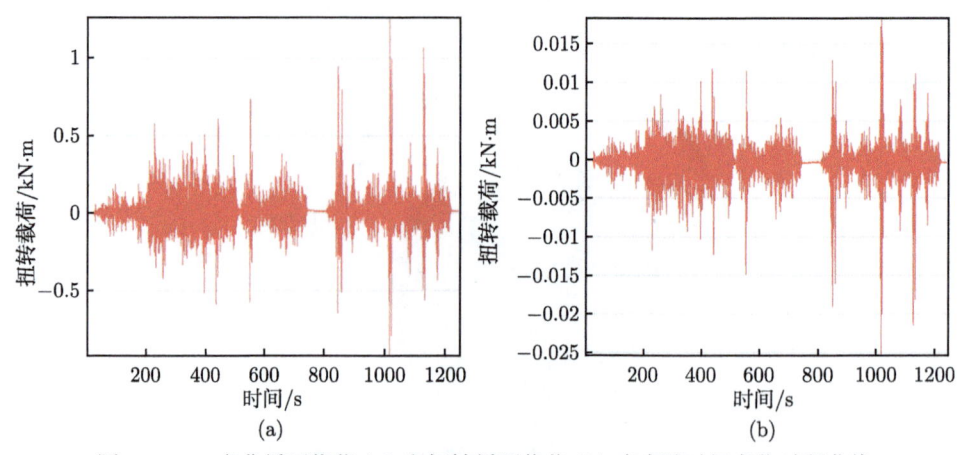

图 1.14.8 弯曲循环载荷 (a) 和扭转循环载荷 (b) 应力随时间变化时程曲线

理论并应用分析软件来完成疲劳寿命分析。例如，对于图 1.14.8 所示的循环载荷，我们可以应用 Fe-safe 软件得到该转轴的疲劳寿命分析云图，如图 1.14.9 所示。

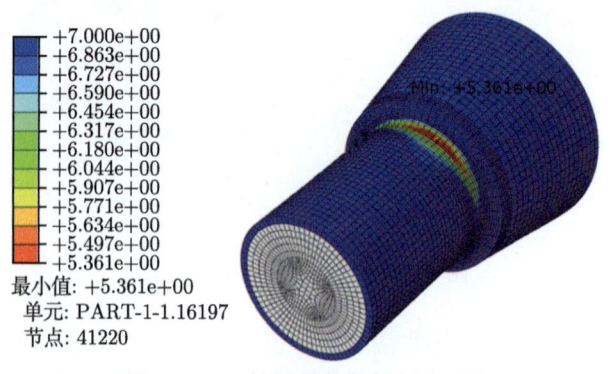

图 1.14.9 转轴疲劳寿命分析云图

1.14.3 总结

本案例展示了基于静力学以及强度理论的转轴的强度分析和疲劳寿命分析，同时也指出了有限元方法在复杂循环载荷下疲劳寿命分析的可靠性和便捷性。

参 考 文 献

[1] 揭秘航空发动机：燃气发生器及核心机的用途 | 陈光谈航发 43. http://mt.sohu.com/20170415/n488684836.shtml，2017.
[2] 航空发动机转轴断裂图片的搜索结果 _ 百度图片搜索 (baidu.com).
[3] 季顺迎. 材料力学. 北京：科学出版社，2013.
[4] 疲劳断裂失效分析，疲劳断裂失效分析应力 (sohu.com)，2021.

(本案例由段庆林供稿)

1.15 新型飞行器舱门的约束简化与静力学分析

1.15.1 工程背景

运载火箭属于一次性使用运载器，不仅发射费用高昂，而且发射灵活性较低。相比之下，由冯·布劳恩和我国航天事业奠基人钱学森先生提出的可重复使用天地往返运输系统可以大幅度降低发射费用、缩短发射周期、提高发射灵活性。在此方面，美国最早开展了研究，除了航天飞机之外，还研制了已多次实现在轨飞行的 X-37B 等空天飞行器[1,2]。随着我国综合国力的提升和航空航天技术的进步，新型空天飞行器 (图 1.15.1) 的研制也陆续展开，如 2011 年我国神龙空天飞机试飞成功、2017 年中国航天科工集团展示了"腾云工程"项目等。

图 1.15.1 新型空天飞行器在轨运行 [3]

力学是航空航天科技中最重要的理论基础之一，是新型飞行器可靠性、安全性设计的重要方法，力学分析结果对飞行器研制具有重要的指导意义[4,5]。飞行器在服役过程中涉及诸多关键力学问题，包括发射、起飞过程中产生的振动问题以及加速过程中产生的惯性荷载，在进出大气层时因与空气剧烈摩擦产生的气动热效应，运行过程中舱内外因压力差产生的压力荷载，热辐射诱导的温度荷载和内部热应力，冷热交变循环加载下结构的疲劳问题，降落过程中减速运动产生的惯性荷载、接触地面的振动问题，以及飞行器重复使用过程中结构的疲劳问题等。舱门作为飞行器不可缺少的部件之一，在飞行器中普遍存在，其在静力状态下的受力分析是复杂工况下安全性校核的基础。下面以前起落架的单侧舱门简化结构为例，不考虑舱门的变形，简要说明工程结构的约束简化和静力学分析。

1.15.2 舱门结构受力分析

新型飞行器前起落架的单侧舱门主要由内蒙皮、外蒙皮、内部蜂窝填充层、内蒙皮中间位置的摇臂、内蒙皮端部的锁紧机构、内蒙皮侧边的限位器以及边缘的密封胶条组成。根据该舱门在关闭情况下各约束的特点(对舱门限制的位移方向)，对该舱门的约束简化如图 1.15.2 所示，包括摇臂约束、锁紧机构约束、限位器约束和密封胶条约束。其中，两个摇臂约束简化为 y 和 z 方向的约束载荷，锁紧机构约束简化为 z 方向的约束载荷，限位器约束简化为 x 方向的约束载荷，密封胶条约束简化为均布力载荷，一般来说简化为已知量。为方便静力学分析计算，将均布力荷载等效为集中力荷载并施加于各密封胶条的中心位置，将压力差、自重和惯性力等外部载荷简化为作用于质心 O 点的集中载荷 F_x、F_y 和 F_z。根据舱门前起落架的工况及其约束简化情况可以建立静力学的力平衡方程和力矩平衡方

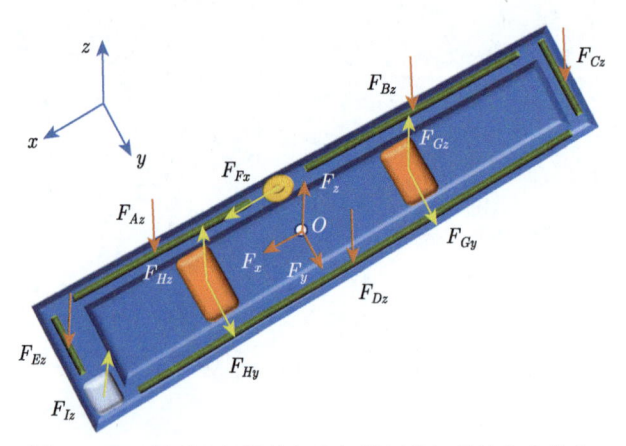

图 1.15.2 新型飞行器前起落架单侧舱门结构约束简化

程，如式 (1.15.1) 和式 (1.15.2) 所示，其中 y_{OA} 表示质心 O 点与 A 点之间在沿 y 轴方向上的投影距离，其他相关符号的含义与此类似。

$$\begin{cases} \sum F_x = 0, & F_{Fx}+F_x=0 \\ \sum F_y = 0, & F_{Gy}+F_{Hy}+F_y=0 \\ \sum F_z = 0, & F_{Iz}+F_{Gz}+F_{Hz}-F_{Az}-F_{Bz}-F_{Cz}-F_{Dz}-F_{Ez}+F_z = 0 \end{cases} \quad (1.15.1)$$

$$\begin{cases} \sum M_x = 0, & F_{Az}y_{OA} + F_{Bz}y_{OB} + F_{Cz}y_{OC} + F_{Ez}y_{OE} \\ & +F_{Iz}y_{OI} - F_{Dz}y_{OD} - F_{Gy}z_{OG} - F_{Hy}z_{OH} = 0 \\ \sum M_y = 0, & F_{Az}x_{OA} + F_{Ez}x_{OE} + F_{Gz}x_{OG} - F_{Hz}x_{OH} - F_{Bz}x_{OB} \\ & -F_{Cz}x_{OC} - F_{Dz}x_{OD} - F_{Iz}x_{OI} - F_{Fx}z_{OF} = 0 \\ \sum M_z = 0, & F_{Hy}x_{OH} + F_{Fx}y_{OF} - F_{Gy}x_{OG} = 0 \end{cases} \quad (1.15.2)$$

在目前的理论模型中，式 (1.15.1) 和式 (1.15.2) 总共包括 6 个方程和 6 个未知的约束载荷，联立可以求解获得各个约束载荷，进而结合材料力学等内容对约束的刚度和强度进行初步分析，如判断约束材料是否满足基本的失效条件等。此外，在本示例中，我们恰好选择简化出 6 个约束载荷，实际情况下舱门的约束载荷远多于此，对舱门等复杂结构的力学分析一般也需要采用有限元等数值方法来完成。然而，类似于上述过程的结构静力学简化分析为结构安全性和可靠性的初步判断奠定了基础，它可以在进行精细分析前对结构的基本受力情况建立直观的认识。

1.15.3 总结

静力学平衡方程是很多复杂问题分析的基础，甚至是动力学问题亦可以基于达朗贝尔原理采用静力学平衡方程求解。新型飞行器的研制是涉及多学科的系统性工程，由于具有运行成本低、灵活性高、用途广泛等优点在军事、商业等领域拥有巨大的应用前景，很多国家和机构投入了大量的精力，如俄罗斯的"多用途空天系统"、欧盟的"欧洲宇航防务集团太空飞机"等。我国也在加紧布局新型飞行器的研制，在气动布局设计、材料与结构设计、机体推进一体化、制导控制和地面飞行试验等技术领域进行了攻关研究，这些工作为我国新型飞行器的研制工作奠定了坚实的基础。随着航空航天技术的发展，对飞行器的功能和目标提出了更高的要求，新型飞行器面临的力学问题也更复杂，这不仅对力学提出了更加严苛的要求，也为力学的发展提供了新的机遇。

参 考 文 献

[1] 杨勇, 余梦伦. 空天飞行器 翱翔天地间——谈重复使用运载器的发展与应用. 现代军事, 2002, (09): 9-12.

[2] 唐绍锋, 张静. 世界主要空天飞行器研制情况及未来发展趋势. 国际太空, 2017, (10): 30-37.

[3] 巩义权, 谢永杰, 牛龙飞, 等. 美军 X-37B 空天飞机侦察监视任务分析. 国际太空, 2020, 9: 46.

[4] 中国科学院. 中国学科发展战略 新型飞行器中的关键力学问题. 北京: 科学出版社, 2018.

[5] 孟光, 周徐斌, 苗军. 航天重大工程中的力学问题. 力学进展, 2016, 46(1): 267-322.

(本案例由叶宏飞供稿)

1.16 重心在飞机设计中的意义

1.16.1 工程背景

飞机是具有一台或多台发动机的航空器,其动力装置产生前进的推力或拉力,由固定机翼产生升力。获得更大升力的手段之一是增大机翼的面积,以至于出现了具有多层机翼的飞机,如双翼机、三翼机和四翼机等[1]。飞机是 20 世纪初最重大的发明之一,是现代文明不可或缺的工具。飞机按用途可以分为军用机和民用机两大类,其中民用航空业的发展水平代表了社会经济和国家科技的发展水平。近年来,我国致力于国产民用飞机的研制,最具代表性的成果就是 C919 中型喷气式民用飞机[2-4](图 1.16.1),也创造了航空工业多个关键技术的首次[5]。C919 客机(全名为 COMAC C919) 是我国满足国际适航标准的第一款干线民用飞机。它的名称中 C 是 China 的首字母,同时也是中国商飞的首字母,"9" 为天长地久,"19" 为最大载客量 190 座[6,7]。C919 于 2008 年开始研制,2017 年完成首飞,2020 年进入 "局方审定试飞阶段",2022 年获得中国民用航空局的合格证,标志着我国拥有了按照国际通行适航标准研制大型客机的能力[8]。对于飞机设计来说,重心设计是飞行安全设计的重中之重。在理论力学中,物体的重力是指作用在物体上每一微块上的同向平行力的合力。在直角坐标 $Oxyz$ 中,如果以 z 轴表示重力方向,那么重心的位置 (x_c, y_c, z_c) 可以表示为 $x_c = \sum x_i P_i / \sum P_i$,$y_c = \sum y_i P_i / \sum P_i$,$z_c = \sum z_i P_i / \sum P_i$,其中 P_i 为每一微块上的重力,(x_i, y_i, z_i) 为每一微块的坐标。本案例主要与理论力学静力学中物体的重心内容相关。

1.16.2 飞机失速原理

1. 基本说明

美国国家航空航天局 (NASA) 将 "重心" 定义为物体重量的平均位置,被认为是飞机所有质量集中的点,或者飞机的 "最重" 部分。任何时候对飞机、结构

1.16 重心在飞机设计中的意义

图 1.16.1　C919 国产大飞机[2]

或系统进行任何修改，都会计算出一个新的重量和平衡，并创建一个新的数据表。例如，如果安装了一个新的 GPS(全球定位系统) 装置，飞机就需要重新称重，计算并记录一个新的重心。重心的偏差会给飞行带来极大的困难，过远的重心将会降低性能，甚至会使飞机不稳定，并可能造成飞行员没有足够向上的力量进行操控，从而造成失速并难以恢复。因此，为了保证民用飞机运营时的飞行安全，有关科研院所已针对重心安全裕度进行分析[9]，也有相关研究聚焦于 C919 飞机进行纵向重心自动调控的设计[10]，还有对于轻型飞机重心测量及计算方法的相关研究等[11]。

　　飞机失速是指飞机飞行时的迎角超过其临界值[12](图 1.16.2)，此时机翼的升力面出现了气流分离情况，从而引发了升力急剧下降、阻力大幅增大的现象。当飞机发生失速时，驾驶员将无法控制飞机，飞机自身将产生俯冲运动，进入滚转或飘摆状态[13]。一架客机之所以能飞上天空，是因为机翼的特殊构造。机翼上部距离长，流速快，压强小，下部距离短，流速慢，压强大。上下流速差直接导致了上下压力差，合力使得客机拥有升力 F_1，F_1 大于重力 G，飞机才能飞起来。而随着速度的下降，机翼上下表面的压力差也减小，合力 (升力)F_1 下降，当 F_1 小于重力 G 的时候，客机失速，此时飞机操纵性能极低甚至丧失，飞行高度急剧下降[14](图 1.16.3)。

2. 历史上的飞机失速事故

　　一直以来，由于飞机失速导致的飞行事故屡见不鲜。2003 年 1 月 8 日，美国中西航空 5481 号航班 (机型为比奇 1900 螺旋桨支线客机) 在夏洛特道格拉斯机场起飞 37s 后坠毁，机上 21 人全部遇难。后来经过调查发现是由于客机超重

图 1.16.2　飞机迎角[12]

图 1.16.3　升力和重力[14]

263kg，机长认为客机没有超重而将重心计算错误导致客机起飞后迎角过大，就在机长努力压低机头的时候却发现升降舵也失效了，重心偏移加上升降舵失效共同导致了这起事故的发生。2009 年 6 月 11 日，法航空客 (AF447 号机) 在大西洋上空发生失速事故，导致 228 名机上人员全部遇难。事故发生的主要原因是，迎角传感器进气口在高空中被冰块堵塞，错误提示误导了飞行员，其不断拉杆上升，从而导致飞机坠入大西洋之中[15,16]，飞机残骸被大西洋洋流分散，散布在面积约 500km² 前面的海域范围内 (图 1.16.4)。2018 年 10 月，印度尼西亚狮子航空因为失速发生了一起空难事故。飞机起飞不久后即出现了机头下坠情况，驾驶员拉杆抬升，但随后又快速向下俯冲。如此往复近二十次，最终飞机高速撞击海面解体。

图 1.16.4　法航 477 航班残骸[16]

1.16.3　总结

飞机的重心对其平衡和稳定性有着至关重要的影响，会直接影响飞机的俯仰平衡和横侧平衡。如果飞机的重心位置不正确，可能会导致飞机在飞行过程中出现不可预测的翻滚或滚动，这不仅会影响乘客的舒适度，还可能对飞机的安全造成威胁。因此，为了确保飞机的平衡和稳定性，设计师们需要通过精确的计算和试验来确定飞机的重心位置。同时，在飞行过程中，飞行员也需要时刻关注飞机的重心位置，以确保飞机的平衡和稳定性。由此可见，物体的重心是结构安全中必须考虑的重要因素，直接关系到人民生命和财产安全。

参 考 文 献

[1] 曹晨. 飞机可以貌相 飞行原理与战斗机的划代 (7). 兵器知识, 2010, 11: 70-73.
[2] 刘韶滨. 隐形的翅膀——C919 飞机适航审查工作纪实. 大飞机, 2022, 10: 12-20.
[3] 手握入场券 中国大飞机将书写更多精彩故事. 大飞机, 2022, 10: 67-68.
[4] Tyroler-Cooper S, Peet A. The Chinese aviation industry: Techno-hybrid patterns of development in the C919 program. Journal of Strategic Studies, 2011, 34(3): 383-404.
[5] 航空工业：携手共进逐梦蓝天. 大飞机, 2022, 10: 54.
[6] 仰山. 中国的大飞机产业发展之路 (二). 中国军转民, 2022, 15: 80-85.
[7] 方园园. 民用飞机发动机吊挂应急断离保险销强度分析与研究. 南京: 南京航空航天大学, 2016.
[8] 中共中央　国务院对 C919 大型客机取得型号合格证的贺电. 中华人民共和国国务院公报, 2022, 29: 7-8.
[9] 李秋. 民用飞机的重心安全裕度分析. 科技信息, 2012, 26: 365.
[10] 贾磊. C919 飞机纵向重心自动调控系统设计与实现. 哈尔滨: 哈尔滨工业大学, 2018.

[11] 刘福佳, 顾超. 轻型飞机重量重心的测量及计算方法研究. 沈阳航空航天大学学报, 2018, 35(2): 17-21.
[12] 张勤, 崔霞, 乔亚美, 等. 十年磨一剑让 C919 拥有 "中国大脑". 大飞机, 2022, 10: 8-11.
[13] 贾春, 刘海明. 民用飞机失速特性适航符合性方法研究. 航空标准化与质量, 2020, 4: 26-28.
[14] 叶薇. 铸就中国大飞机的 "钢铁脊梁". 大飞机, 2022, 10: 33-36.
[15] 黄建国. 波音空难与飞机失速. 科学, 2019, 71(3): 51-53, 4.
[16] 李帅琦. 《空难启示录》(52 号、77 号、447 号航班事故) 翻译实践报告. 郑州: 郑州航空工业管理学院, 2022.

(本案例由周震寰供稿)

1.17 舰载机甲板自主调运轨迹规划

1.17.1 工程背景

航空母舰 (简称航母) 作为国家军事实力的重要象征, 对于保卫国家海洋权益具有不可替代的作用。随着训练强度的不断提升, 舰载机的出动愈加频繁, 使得狭小的甲板空间及保障资源与保障效率之间的矛盾日益突出。舰载机在甲板上的转移过程中存在高风险, 根据美国海军安全中心的事故报告, 从 1980 年到 2008 年, 3228 起记录在案的舰载机事故中超过 30% 发生在甲板调运过程中[1]。调运事故不仅造成重大的经济损失, 更重要的是影响航母的作战能力。相关事故会扰乱其余舰载机的维护和保障计划, 从而增加后勤压力。事故还可能导致整体任务失败, 其影响可能持续数天或数周。为此, 各国陆续开展了甲板智能化辅助调度系统的研制[2], 在其中融入路径规划技术, 能够实现舰载机在指定两点之间高质量调运路径的快速生成, 图 1.17.1 给出了美国 "杜鲁门" 号航母配备的甲板辅助调度系统。

1.17.2 甲板自主调运关键技术

1. 三类调运模式

目前, 主要存在三类甲板调运模式: 自主滑行 (即不需要借助牵引装备)、无杆牵引车牵引和有杆牵引车牵引。通常来说, 第一类和第三类调运模式主要应用在舰面, 而第二类调运模式主要应用在舰载机在机库与升降机间的转运。表 1.17.1 对三类调运模式进行了简单的对比。因为三类调运模式的构型不同, 它们的运动学方程和控制特性也各不相同。因此, 有必要细致地研究三类调运模式对应的运动学方程。我们以自主滑行模式为例介绍运动学方程的建立及滑行过程中需要考虑的相关约束条件。

1.17 舰载机甲板自主调运轨迹规划

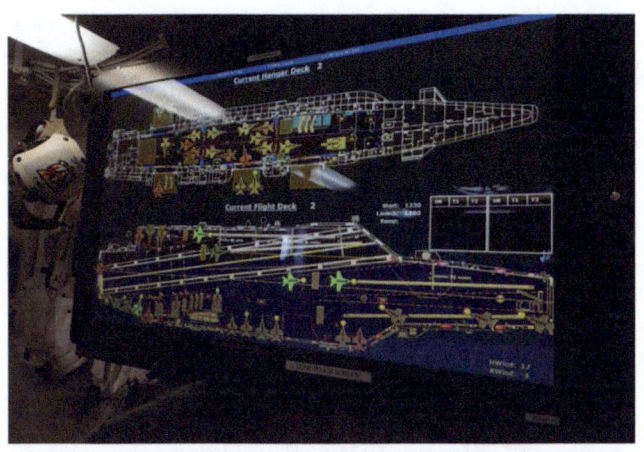

图 1.17.1 美国"杜鲁门"号航母配备的甲板辅助调度系统[3]

表 1.17.1 三类调运模式对比

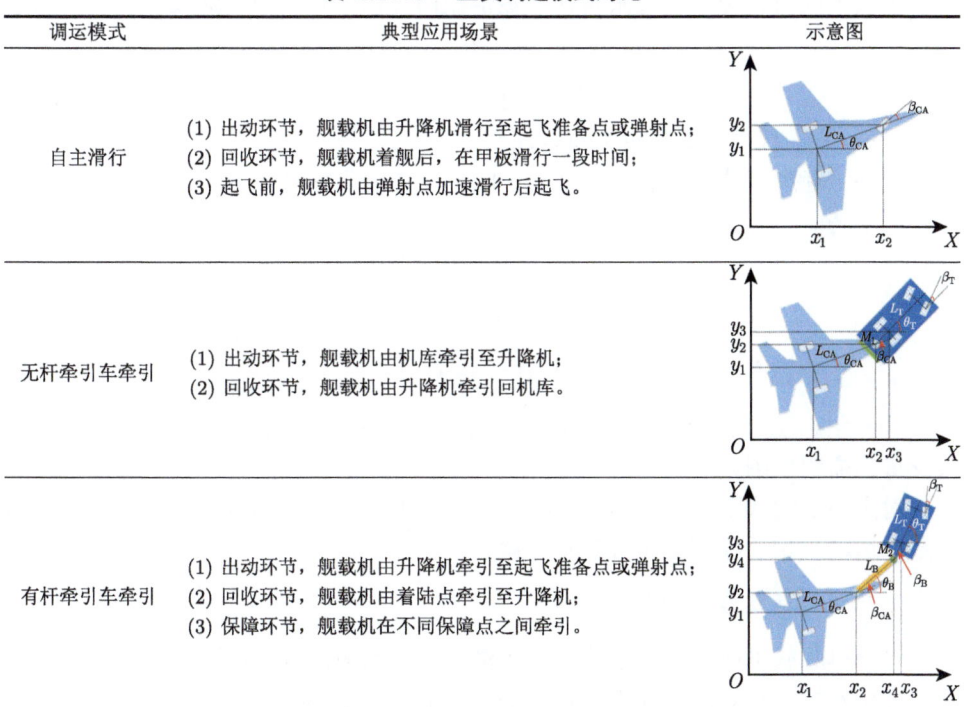

调运模式	典型应用场景	示意图
自主滑行	(1) 出动环节，舰载机由升降机滑行至起飞准备点或弹射点； (2) 回收环节，舰载机着舰后，在甲板滑行一段时间； (3) 起飞前，舰载机由弹射点加速滑行后起飞。	
无杆牵引车牵引	(1) 出动环节，舰载机由机库牵引至升降机； (2) 回收环节，舰载机由升降机牵引回机库。	
有杆牵引车牵引	(1) 出动环节，舰载机由升降机牵引至起飞准备点或弹射点； (2) 回收环节，舰载机由着陆点牵引至升降机； (3) 保障环节，舰载机在不同保障点之间牵引。	

当舰载机不借助任何牵引设备、独自在甲板上滑行时，由发动机和刹车分别提供向前和向后的加速度。此时，舰载机的转向由前轮转向角操控。用点后轮轴线中点 (x_1, y_1) 代表舰载机位置，记其速度为 v_{CA}。参数 L_{CA} 代表前轮与后轮轴

线间的纵向距离。变量 θ_{CA} 和 β_{CA} 分别表示舰载机的朝向和前轮的转向角。当采取系统的状态变量为 $\boldsymbol{x} = [x_1, y_1, \theta_{CA}, v_{CA}, \beta_{CA}]^T$ 时，系统的运动学方程可以写为

$$\frac{d\boldsymbol{x}}{dt} = \frac{d}{dt}\begin{bmatrix} x_1 \\ y_1 \\ \theta_{CA} \\ v_{CA} \\ \beta_{CA} \end{bmatrix} = \begin{bmatrix} v_{CA}\cos\theta_{CA} \\ v_{CA}\sin\theta_{CA} \\ v_{CA}\tan\beta_{CA}/L_{CA} \\ a_{CA} \\ \omega_{CA} \end{bmatrix} \tag{1.17.1}$$

其中，a_{CA} 为舰载机加速度；ω_{CA} 为前轮转向角的角速度，模型中的控制变量为 $\boldsymbol{u} = [\omega_{CA}, a_{CA}]^T$。这实际上对应了经典的自行车 (bicycle) 模型，该模型广泛应用于路面车辆自动驾驶轨迹规划中。然而，不同于一般路面车辆，该调运模式下舰载机不能实现向后的运动。考虑到为防范紧急刹车带来的潜在危害，舰载机在甲板上的滑行速度需要限定在一定范围内，因此，对滑行速度施加如下约束条件：

$$0 \leqslant v_{CA} \leqslant v_{CA,\max} \tag{1.17.2}$$

其中，$v_{CA,\max}$ 代表舰载机最大滑行速度。

此外，考虑到实际机械限制与安全因素，还需要施加如下的若干约束条件：

$$|\beta_{CA}| \leqslant \beta_{CA,\max} \tag{1.17.3}$$

$$a_{CA,\min} \leqslant a_{CA} \leqslant a_{CA,\max} \tag{1.17.4}$$

$$|\omega_{CA}| \leqslant \omega_{CA,\max} \tag{1.17.5}$$

其中，$[-\beta_{CA,\max}, \beta_{CA,\max}]$、$[a_{CA,\min}, a_{CA,\max}]$ 与 $[-\omega_{CA,\max}, \omega_{CA,\max}]$ 分别代表相关变量的需用范围。

对于牵引模式下的系统建模，通常采用经典的牵引车 (tractor-trailer) 模型描述系统运动，相关建模工作可参考文献 [4]。

2. 甲板调运路径规划算法

对于单舰载机或单牵引系统的调运路径规划问题而言，主要有 5 类规划算法，即迪杰斯特拉 (Dijkstra) 方法、A* 方法及其改进、行为动力学方法、群智能方法和最优控制方法。根据是否考虑调运系统的运动学方程 (或动力学方程)，可将上述五类方法进一步分为基于几何的方法和轨迹规划方法。二者最大的区别是，在基于几何的方法中，只能提供一系列的路径点；而在轨迹规划方法中，也可以获得与状态相关的时间信息。在这样的分类框架下，将 Dijkstra 方法、A* 方法及

1.17 舰载机甲板自主调运轨迹规划

其改进和行为动力学方法归类于基于几何的方法，而将最优控制方法归类为轨迹规划方法，而一个群智能算法的分类取决于它对原问题的离散方式。在表 1.17.2 中，对上述 5 类方法从不同角度进行了对比。

表 1.17.2　甲板调运路径规划方法对比

		算法类别				
		图论方法	搜索类方法	行为动力学方法	群智能方法	最优控制方法
算法核心 (难点)		搜索空间的构建	启发式函数的设计	微分方程的选取	离散方式的设定	非线性优化问题的高效求解
约束条件满足程度	运动方程	1	1	1	3	5
	最小转弯半径	5	4	4	3	5
	障碍规避	5	4	4	3	5
	速度约束	1	1	2	3	5
	终端姿态	5	2	2	3	5
	控制饱和	1	1	2	3	5
是否需要对轨迹进行额外的光滑化处理		通常需要	是	否	通常需要	否
求解效率		高	较高	较高	取决于离散方式	较低
是否适合协同轨迹规划		不适合	适合 (分布式算法)	不适合	通常不适合	适合 (集中式算法)
鲁棒性		高	中等	中等	通常较高	较低

注：约束条件满足程度中，数字含义如下。1-不考虑；2-较差；3-取决于问题离散方式；4-较好；5-严格满足

在最优控制方法中，可以便捷地考虑各类约束条件，本质上对应了一个运动学反问题的求解。然而，轨迹规划方法的本质是求解一个复杂的优化问题，由于非线性运动方程和避障条件的存在，问题的可行域严重非凸。但是，由于考虑了运动方程，生成的轨迹可以避免运动学不可行的问题。在最优控制方法中，通过综合考虑系统的运动方程、滑行速度上限、控制饱和及避障等约束，将调运问题描述成如下的最优控制问题 (optimal control problem)[5-8]：

$$\begin{cases} \min J = \varphi\left(\boldsymbol{x}\left(t_{\mathrm{f}}\right), t_{\mathrm{f}}\right) + \int_{t_{\mathrm{s}}}^{t_{\mathrm{f}}} \phi(\boldsymbol{x}(t), \boldsymbol{u}(t), t) \mathrm{d}t \\ \text{s.t.} \\ \text{运动方程 } \dot{\boldsymbol{x}} = \boldsymbol{f}(\boldsymbol{x}(t), \boldsymbol{u}(t), t) \\ \text{边界条件 } \boldsymbol{\Phi}(\boldsymbol{x}\left(t_{\mathrm{s}}\right), t_{\mathrm{s}}, \boldsymbol{x}\left(t_{\mathrm{f}}\right), t_{\mathrm{f}}) = 0 \\ \text{路径约束 } h(\boldsymbol{x}(t), \boldsymbol{u}(t), t) \leqslant 0 \end{cases} \quad (1.17.6)$$

其中，J 为设定的性能指标，通常可以选取调运时长、能量消耗或者二者的线性组合。需要注意的是，为实现计算的稳定性，通常要求最优控制中涉及的约束至

少是 C^1 连续的,即约束本身和其导数是连续的。因此,在最优控制方法中,经常将涉及的舰载机或调运系统用其特征圆描述,并将甲板上的障碍用拟矩形描述,这样将导致如下的避障条件:

$$\left(\frac{x-\bar{x}(t)}{a+r_{\mathrm{CA}}+r_{\mathrm{safe}}}\right)^{2p}+\left(\frac{y-\bar{y}(t)}{b+r_{\mathrm{CA}}+r_{\mathrm{safe}}}\right)^{2p}\leqslant 1 \qquad (1.17.7)$$

其中,(x,y) 和 $(\bar{x},\bar{y})$ 分别为调运系统和障碍的中心;r_{CA} 为调运系统的特征圆半径;参数 a、b 和 $p\in\mathbf{Z}^+$ 用来描述障碍的形状。需要指明参数 $(\bar{x},\bar{y})$ 可以是时变的,因此,动态障碍和静态障碍在最优控制方法中可以在相同的框架下进行求解。

3. 仿真案例

以美国福特号航母甲板为环境开展仿真,计算了 F/A-18E 战斗机由某一泊位到 4 个弹射点的时间最优轨迹(图 1.17.2 和图 1.17.3)。如前所述,自主调运导致的轨迹规划问题可行域严重非凸,本案例规划过程中使用了一种"安全调运走廊"(safe dispatch corridor)的思想。首先对舰载机使用多特征圆描述,利用改进的混合 A* 算法生成粗糙路径,进而根据离散格式在每个离散点生成相应的安全走廊,通过限制特征圆形位于安全走廊内以实现避障约束的施加。相关具体算法实现与更多仿真结果可参考文献 [5]。

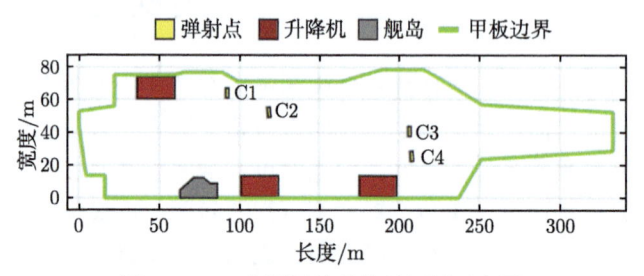

图 1.17.2　美国福特号航母甲板示意图

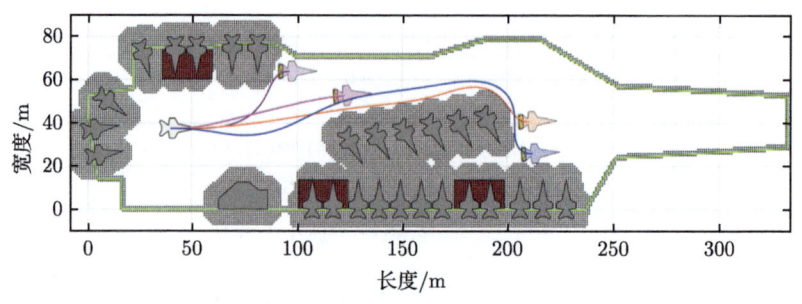

图 1.17.3　轨迹规划仿真结果

1.17.3 总结

随着现代航母搭载舰载机数量日益增多，以及考虑未来无人机大规模上舰的需求，高效能甲板自主调运的重要性日益凸显。本节仅对相关背景与方法进行了简单的介绍，并以单机自主滑行调运工况为例，展示了少量的仿真结果。为实现相关技术的实际应用，仍需对相关规划技术与控制技术开展深入的研究，如异构舰载实体的协同调运、出动离场方案生成等，对此感兴趣的读者可参考文献 [6—8] 作进一步了解。

参 考 文 献

[1] Michini B, How J. A human-interactive course of action planner for aircraft carrier deck operations. American Institute of Aeronautics and Astronautics, Louis, America, 2011: 29-31.

[2] Johnston J, Swenson E. A persistent monitoring system to reduce navy aircraft carrier flight deck mishaps. AIAA Guidance, Navigation, and Control Conference, Chicago, America, 2009: 10-13.

[3] Uss Harry S. Truman Foundation. 2019. https://www.ussharrystrumanfoundation.org/photo-gallery.

[4] Wang X, Liu J, Su X, et al. A review on carrier aircraft dispatch path planning and control on deck. Chinese Journal of Aeronautics, 2020, 33(12): 3039-3057.

[5] Wang X, Li B, Su X, et al. Autonomous dispatch trajectory planning on flight deck: A search-resampling-optimization framework. Engineering Applications of Artificial Intelligence, 2023, 119: 105792.

[6] Liu J, Dong X, Wang J, et al. A Novel EPT autonomous motion control framework for an off-axle hitching tractor-trailer system with drawbar. IEEE Transactions on Intelligent Vehicles, 2021, 6(2): 375-385.

[7] Liu J, Dong X, Wang X, et al. A homogenization-planning-tracking method to solve cooperative autonomous motion control for heterogeneous carrier dispatch systems. Chinese Journal of Aeronautics, 2022, 35(9): 293-305.

[8] Wang X, Peng H, Liu J, et al. Optimal control based coordinated taxiing path planning and tracking for multiple carrier aircraft on flight deck. Defence Technology, 2022, 18(2): 238-248.

(本案例由叶宏飞、王昕炜供稿)

1.18 航天器轨道与姿态耦合动力学问题

1.18.1 工程背景

探索宇宙是人类从古至今的梦想，许多前人在这条寻梦路上奉献了一生的时光，还有一些国外的宇航员在飞向太空时献出了生命，为后人点亮一片星空。现如今，人们已经完成了载人登月、建设空间站等工作，这些任务成功的背后少不了一项航天工程领域的核心技术，即空间交会对接技术。"交会"指将要对接的两个航天器要在时间与空间上保持同步，即在同一时间到达相同的位置；"对接"指两个航天器通过一定的连接装置与技术组合成一个整体的"合体行为"[1]。

为了满足人类监测侦察、通信科研、在轨服务等各方面的需求，空间交会对接技术在过去的几十年里得到了迅速的发展。其发展过程可分为试验研究阶段、技术发展阶段和成熟应用阶段，其中一些里程碑事件如图 1.18.1 所示[2]。我国的空间交会对接技术相比于其他大国起步较晚，分别于 2011 年、2012 年实现了首次无人自主交会对接与载人交会对接，取得了大量的科技成果。

图 1.18.1　空间交会对接技术发展概况 [2]

航天器的轨道与姿态之间存在着耦合作用，追踪航天器与目标航天器在对接过程中既要变轨到同一轨道上，又要保持姿态的同步，是一个非常复杂的动力学系统。本节针对以上问题，基于对偶四元数这一数学工具介绍轨道与姿态耦合动力学分析方法。

1.18.2　轨道与姿态耦合动力学

1. 航天器的运动描述

空间交会对接可以视为追踪航天器通过多次转移轨道不断向目标航天器逼近并对接的过程，在此过程中可以将两个航天器视为刚体，其运动描述如图 1.18.2 所示。通常情况下，航天器的运动可以分解为轨道运动和姿态运动两部分，即刚体质心的平动和绕质心的转动。轨道运动需要在地球坐标系 $O\text{-}XYZ$ 中建立目标坐标系原点 O_a 与追踪坐标系原点 O_b 的关系，并控制追踪航天器逼近目标航天器。由于可以很容易地根据理论力学中的知识对轨道运动进行描述,此处不再详细介绍。姿态运动需要建立目标坐标系 O_a-$X_aY_aZ_a$ 与追踪坐标系 O_b-$X_bY_bZ_b$ 之间的角度变换关系,并在对接时保持姿态一致。姿态运动通常可以采用方向余弦矩阵、欧拉角或四元数等数学工具进行描述。相比于其他姿态描述方法,四元数具有无奇异性、计算量小等优点,是描述姿态运动最简洁的表达形式[3]。本节使用四元数描述航天器的姿态运动。

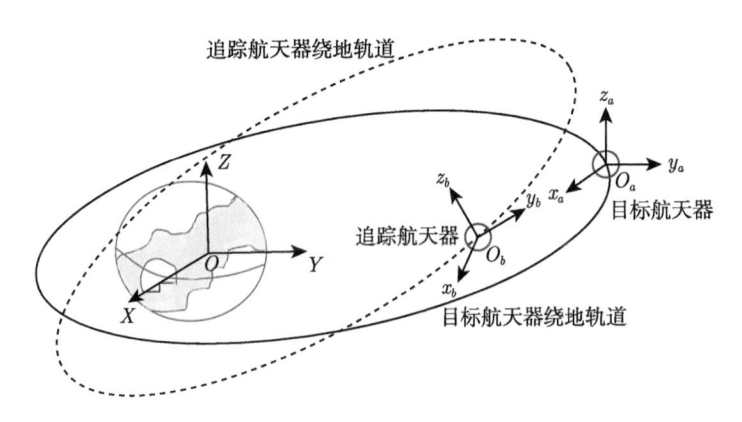

图 1.18.2　航天器在空间交会对接过程中的运动描述

2. 四元数

1843 年 10 月 16 日,数学家哈密顿 (William Rowan Hamilton) 在与妻子散步时灵光一闪,一个困扰他长达十几年的问题似乎有了解决方法。为了保留那一刻的灵感,哈密顿直接将结果刻在布鲁穆桥的一块石头上,四元数就此诞生!为了纪念哈密顿的灵感与四元数的问世,爱尔兰皇家科学院于 1958 年在桥上立了一块牌匾 (图 1.18.3),为后人无声地讲述当时的传奇故事。

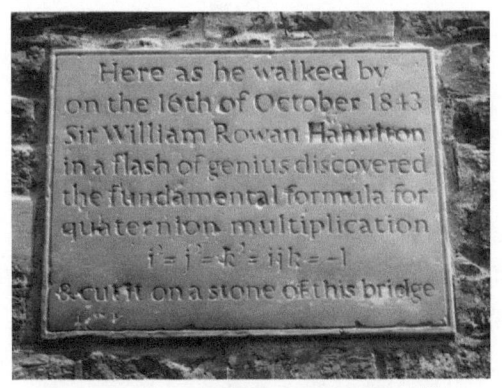

图 1.18.3　布鲁穆桥上的纪念牌匾 [4]

四元数中的"四元"对应 1 个实部和 3 个虚部,它可以视为复数的扩展,表示为

$$q = a + bi + cj + dk \tag{1.18.1}$$

其中,a、b、c、d 为实数;i、j、k 存在如下关系:

$$i^2 = j^2 = k^2 = ijk = -1 \tag{1.18.2}$$

假设现有两个四元数 q_1 和 q_2,分别表示为

$$q_1 = a_1 + b_1 i + c_1 j + d_1 k \tag{1.18.3}$$

$$q_2 = a_2 + b_2 i + c_2 j + d_2 k \tag{1.18.4}$$

则四元数的加法可以表示为

$$q_1 + q_2 = (a_1 + a_2) + (b_1 + b_2)i + (c_1 + c_2)j + (d_1 + d_2)k \tag{1.18.5}$$

四元数的乘法可以表示为

$$q_1 q_2 = (a_1 + b_1 i + c_1 j + d_1 k)(a_2 + b_2 i + c_2 j + d_2 k) \tag{1.18.6}$$

应用乘法分配律将上式展开后,可以根据式 (1.18.2) 进一步进行化简。

与复数类似,可以定义四元数 q 的共轭与模长分别为

$$q^* = a - bi - cj - dk \tag{1.18.7}$$

$$\|q\| = \sqrt{a^2 + b^2 + c^2 + d^2} \tag{1.18.8}$$

四元数的逆可以表示为

$$q^{-1} = \frac{q^*}{\|q\|^2} \tag{1.18.9}$$

显然,对于模长为 1 的单位四元数,有

$$q^{-1} = q^* \tag{1.18.10}$$

根据欧拉旋转定理,刚体绕固定点的旋转等价于绕过该点的某个轴旋转。因此,三维旋转运动可以用一个旋转角度 θ 与旋转轴在三维直角坐标系中的单位方向向量 $\boldsymbol{n} = \begin{bmatrix} n_1 & n_2 & n_3 \end{bmatrix}$ 来描述。与该旋转对应的单位四元数可以表示为

$$q = \cos\frac{\theta}{2} + \sin\frac{\theta}{2}(n_1 i + n_2 j + n_3 k) \tag{1.18.11}$$

为了表述简便，可以将上式记为

$$q = \left[\cos\frac{\theta}{2}, \boldsymbol{n}\sin\frac{\theta}{2}\right] \tag{1.18.12}$$

现有初始向量 $\boldsymbol{v} = \begin{bmatrix} x & y & z \end{bmatrix}$，其绕轴 $\boldsymbol{n}$ 旋转 θ 角后的向量为 $\overline{\boldsymbol{v}} = \begin{bmatrix} \bar{x} & \bar{y} & \bar{z} \end{bmatrix}$，则初始向量 $\overline{\boldsymbol{v}}$ 和当前向量 $\overline{\boldsymbol{v}}$ 对应的四元数可以分别表示为

$$p = 0 + x\mathrm{i} + y\mathrm{j} + z\mathrm{k} = [0, \boldsymbol{v}] \tag{1.18.13}$$

$$\bar{p} = 0 + \bar{x}\mathrm{i} + \bar{y}\mathrm{j} + \bar{z}\mathrm{k} = [0, \overline{\boldsymbol{v}}] \tag{1.18.14}$$

当前四元数 $\bar{p}$ 可以由初始四元数 p 与单位四元数 q 和其逆 q^{-1} 之间的四元数乘法得到，具体表示为

$$\bar{p} = qpq^{-1} \tag{1.18.15}$$

此式即为四元数旋转的核心公式，四元数与旋转的动态可视化可以参考网站[5]。

通过三维向量与四元数结合的方法可以描述轨道运动与姿态运动，但这种分而治之的描述方法通常忽略了姿态和轨道的耦合影响，并且由于轨道和姿态参数表示的不统一，两种运动参数间的混合运算变得困难，因此建立航天器轨道与姿态一体化的动力学模型是十分必要的[6]，对偶四元数可以将旋转和平移统一考虑，本节基于对偶四元数这一数学工具描述轨道与姿态的耦合运动。

3. 对偶四元数

对偶数由两部分组成，可以表示为

$$u = r + d\varepsilon \tag{1.18.16}$$

其中，实数 r 和 d 分别为 u 的实部和对偶部；ε 满足 $\varepsilon^2 = 0$ 且 $\varepsilon \neq 0$。

对偶四元数可以看作元素为四元数的对偶数，可以表示为

$$q_u = q_r + q_d\varepsilon \tag{1.18.17}$$

其中，q_r 和 q_d 都是四元数。

除了将对偶四元数看作特殊的对偶数以外，还可以将其看作元素是对偶数的四元数。因此，对偶四元数的共轭可以按四元数的共轭表示为

$$q_u^* = q_r^* + q_d^*\varepsilon \tag{1.18.18}$$

定义对偶四元数的模长为

$$\|q_u\| = \sqrt{q_u q_u^*} \tag{1.18.19}$$

根据 Chasles 定理，刚体的一般运动均可看作螺旋运动，即绕不经过原点的螺旋轴 $\hat{\boldsymbol{n}}$ 旋转 φ，并沿着该轴平移 h 的运动，如图 1.18.4 所示。

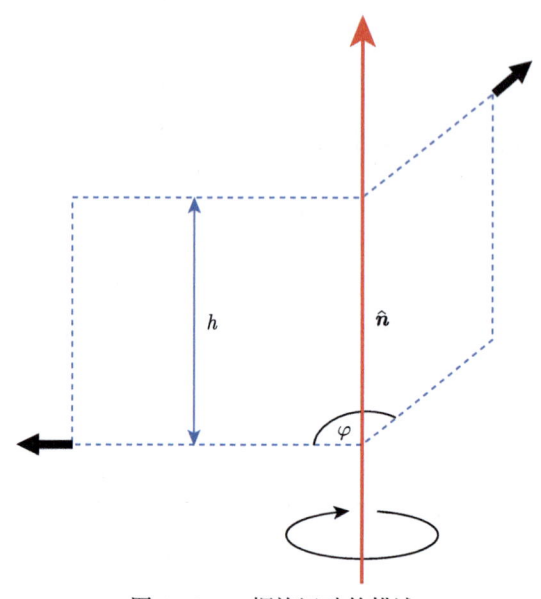

图 1.18.4　螺旋运动的描述

类似式 (1.18.12) 的形式，描述特定螺旋运动的单位对偶四元数可以表示为[6]

$$q_u = \left[\cos\frac{\hat{\varphi}}{2}, \hat{\boldsymbol{n}}\sin\frac{\hat{\varphi}}{2}\right] \qquad (1.18.20)$$

其中，$\hat{\boldsymbol{n}}$ 为螺旋轴；$\hat{\varphi} = \varphi + h\varepsilon$，$\varphi$ 为转角，h 为螺距。

根据单位对偶四元数即可完成航天器的轨道与姿态一体化建模及耦合动力学分析。由于篇幅原因，这里对此不做详细介绍，感兴趣的读者可以阅读本节的相关参考文献。

1.18.3　总结

本节以航天器空间交会对接的逼近过程为背景，介绍了四元数与对偶四元数两种用于描述航天器运动的数学工具。这里将空间交会对接过程中的航天器视为一个刚体，但在实际的航空航天工程中，大型航天器往往不是将其整个结构一次性发射升空，而是利用多个小型的舱段通过交会对接组成大型的航天器，往往会涉及多刚体动力学。对于太阳能电池帆板和大型天线等柔性构件，在分析过程中通常无法假定为刚体，需要按挠性结构进行分析。除此之外，还需要考虑液体燃料的晃荡与对接时的碰撞带来的影响。因此，对航天器空间交会对接过程中的动力学进行进一步的研究具有十分重要的意义。

参 考 文 献

[1] 杨至楷. 空间交会对接测量技术的研究. 中国新通信, 2018, 20(23): 73-75.

[2] 马帅, 冯欣, 孔宁, 等. 空间交会对接机构综述及发展展望. 火箭推进, 2022, 48(3): 1-15.

[3] Markley F L. Attitude error representation for Kalman filtering. Journal of Guidance, Control, and Dynamics. 2003, 26(2): 311-317.

[4] https://www.tripadvisor.cn/Attraction_Review-g186605-d11742051-Reviews-Broom_Bridge-Dublin_County_Dublin.html.

[5] 四元数与三维旋转. https://eater.net/quaternions/video/rotation.

[6] 王剑颖. 航天器姿轨一体化动力学建模、控制与导航方法研究. 哈尔滨: 哈尔滨工业大学, 2014.

(本案例由赵岩供稿)

1.19 航空发动机推进系统反推装置的力学原理

1.19.1 工程背景

21 世纪，航空航天成为人类技术发展的重大方向，许多国家将其视为国家发展的重中之重。飞机作为主要的航空工具一直是各国研究的重点，随着科学技术的进步，飞机自身的总重量和运行时的速度都在不断地提高，导致动能不断地增大，随之而来的是着陆时滑行距离的增加，而滑行距离过长则需要更大的起降场地。这使得飞机的使用范围受到限制。为避免滑行距离过长，同时提高飞机运行时的机动性能，就需要为飞机配备一些专用的减速装置。常用的减速装置如图 1.19.1(a) 所示，包含轮机刹车系统、阻拦索、减速伞、襟翼和反推装置等，其中，反推装置在军、民飞机上应用得最为广泛[1]。图 1.19.1(b) 对比了其公司某型号发动机使用反推装置前后飞机的滑行距离[2]，结果表明反推装置能够提供充足的反推力，显著降低滑行距离，相比于其他减速装置具有较高的环境适应性和安全性，并且能够提供充足的反推力[3]。飞机的运动过程符合理论力学中的牛顿运动定律，反推装置通过改变流经发动机的气流方向获得反推力，进而实现飞机在运行时的减速和制动控制[4]。如何在保证飞机安全的情况下提升发动机反推效率是反推装置研制过程中的关键问题。

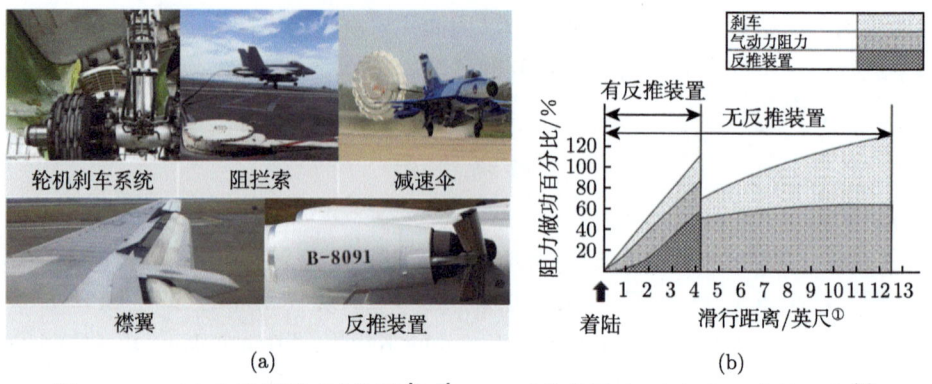

图 1.19.1　(a) 飞机常用减速装置[5-7]；(b) 反推装置对飞机滑行距离的影响[2]

1.19.2　反推装置的力学原理

1. 反推装置工作原理

涡轮发动机产生正向推力时，其原理如图 1.19.2 所示，空气被进气道的风扇吸入，分别进入外涵道和内涵道，在内涵道中，压缩空气进入燃烧室与油雾混合，点燃后产生高温高压燃气，驱动涡轮机旋转，最后通过喷口释放出高速气流。涡轮机转动的同时带动压气机和风扇加速转动，增加吸气量并产生高速气流，当这些高速气流向后流动时，其会对机身产生向前的推力，使飞机向前加速。

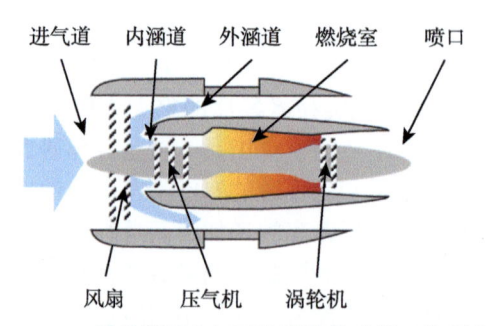

图 1.19.2　反推装置未打开的涡轮发动机工作原理图

但当这些高速气流在反推装置的作用下偏转一定角度 (≥90°) 时，会产生一定反向推力，使飞机减速或换向，如图 1.19.3 所示。涡轮发动机的外涵道与内涵道气流量的比值称为涵道比 (bypass ratio)，也称旁通比。高涵道比的涡轮发动机在亚声速时能效高，普遍应用于客机、运输机和战略轰炸机；低涵道比涡轮发动机凭借消耗较多的燃油而产生更大的推力，使飞机超声速飞行，普遍应用于战斗机。

---

① 1 英尺 = 0.3048 米。

1.19 航空发动机推进系统反推装置的力学原理

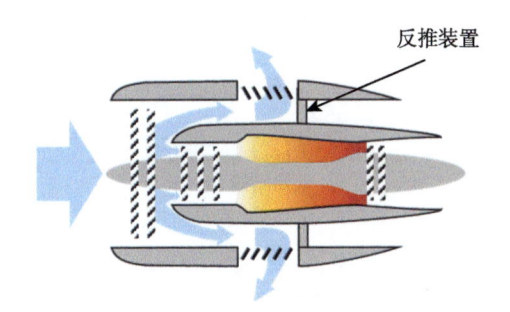

图 1.19.3 反推装置打开的涡轮发动机工作原理

在飞机的反推装置发展过程中，曾先后出现过三种主要的反推构型：①利用挡板使气流发生偏转产生反推力的挡板型反推装置 (图 1.19.4(a))；②利用堵塞门对气流起导向折转作用的瓣式反推装置 (图 1.19.4(b))；③利用堵塞门和反推叶栅改变气流方向的叶栅式反推装置 (图 1.19.4(c))[8]。虽然三种反推构型的机械结构并不相同，但原理上都是使发动机流出的气流发生折转，从而产生气动反推力。

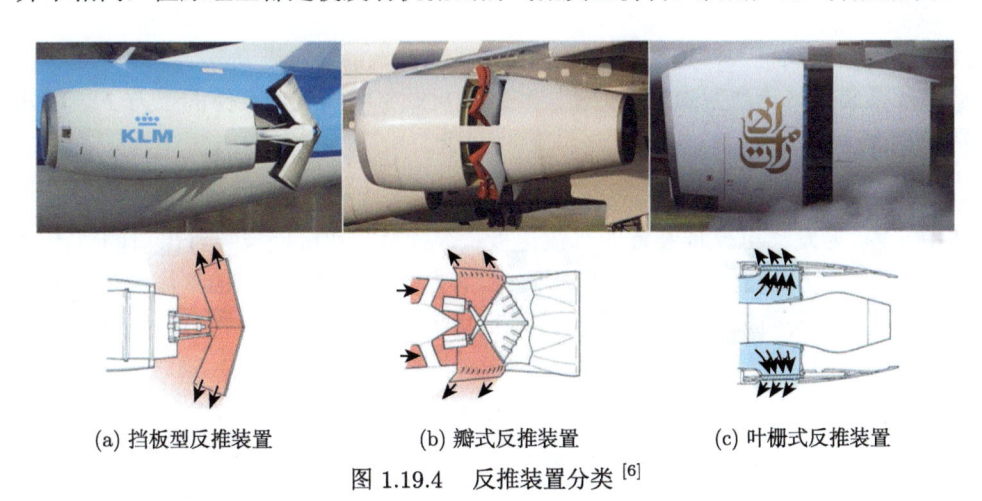

(a) 挡板型反推装置　　(b) 瓣式反推装置　　(c) 叶栅式反推装置

图 1.19.4 反推装置分类 [6]

2. 反推装置力学分析

以叶栅式反推装置为例，假设发动机整体为一个质点，其受力分析如图 1.19.5 所示。

发动机产生的反推力 F_{st} 可表示为

$$F_{st} = F_{zt} - F - F_{ft} \cos \alpha \tag{1.19.1}$$

其中，F 为发动机的入口处气流产生的阻力；F_{ft} 为通过发动机反推装置的气流产生的反推力；α 为反推装置的出气角，即出气口反推气流方向与轴线的夹角；F_{zt}

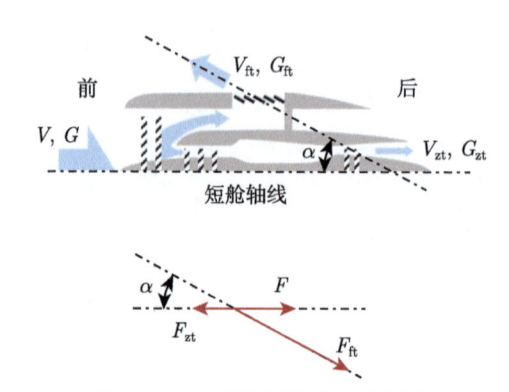

图 1.19.5　反推装置受力示意图

为通过燃气喷口的气流所产生的推力。

根据牛顿定律可知，发动机入口处气流所产生的作用力为

$$F = ma = mV/t = VG \tag{1.19.2}$$

其中，V 为发动机入口处气流速度；G 为发动机入口处气流流量。同理可知，发动机反推装置气流产生的反推力 F_{ft} 和发动机燃气喷口气流产生的推力 F_{zt} 可分别表示为

$$F_{ft} = V_{ft} G_{ft}, \quad F_{zt} = V_{zt} G_{zt} \tag{1.19.3}$$

其中，V_{ft} 为发动机反推装置的气流速度；G_{ft} 为发动机反推装置出口的气流流量；V_{zt} 为发动机燃气喷口的气流速度；G_{zt} 为发动机燃气喷口的气流流量。由图 1.19.5 可知，发动机进气流流量等于反推装置出口的气流流量和燃气喷口的气流流量之和，即

$$G = G_{ft} + G_{zt} \tag{1.19.4}$$

将式 (1.19.2)~ 式 (1.19.4) 代入式 (1.19.2)，发动机的反推力可表示为

$$F_{st} = V_{zt} G_{zt} - V(G_{zt} + G_{ft}) - V_{ft} G_{ft} \cos\alpha$$
$$= (V_{zt} - V) G_{zt} - (V + V_{ft} \cos\alpha) G_{ft} \tag{1.19.5}$$

由上式可知，若已知发动机的气动参数便可对反推力进行求解。其中，出气角 α 是发动机反推力公式中的一个重要参数，如图 1.19.6(a) 所示，若出气角过大，就会导致气流反作用力在飞机前进方向上的分量过小，反推气流不能提供足够的反推力使飞机减速。随着出气角减小，气流反作用力在飞机前进方向上的分量增大，反推效率提高，但会导致通流面积增加，流动阻力增大，流动损失增大。此外，若出气角过小，反推气流容易被再次吸入进气道，破坏入口处的气流均匀

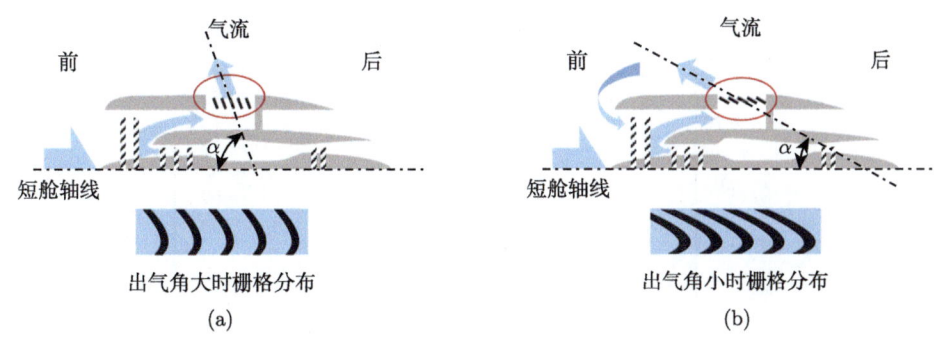

1.19 航空发动机推进系统反推装置的力学原理

图 1.19.6 (a) 出气角较大时反推示意图；(b) 出气角较小时反推示意图

性，导致风扇以及其后的压气机等部件工况突变，降低了压气机的稳定性，甚至可能诱发飞机喘振、失速等安全问题。

为了评估出发动机反推装置参数对其性能的影响，通常选用反推力效率作为反推装置性能评价的一项重要指标，可表示为

$$\eta = \frac{F_x}{F_{\text{ideal}}} \tag{1.19.6}$$

其中，F_{ideal} 为发动机正推力状态下的理想推力；F_x 为发动机反推装置工作产生的反向推力。

叶栅的进气角 β 和出气角 α(图 1.19.7) 作为发动机反推装置的重要参数，对发动机反推力效率有着直接的影响，如图 1.19.8 所示。进气角和出气角相互作用，共同影响发动机的反推力效率，例如当进气角为 55° 时，出气角从 40° 增至 60°，反推力效率降低 28% 以上，表明在一定范围内，减小出气角可以显著提高反推力效率；当进气角为 90° 时，反推力效率仅降低 15% 左右[9]，意味着在较大的进气角下，出气角的调整对反推力效率的影响会减弱。由此可见，若想提高发动机反推力效率，需尽量减小叶栅的进气角和出气角。一般而言，常用的大涵道比发动机的叶栅式反推装置所产生的反推力高达发动机最大推力的 60%~70%[10]。

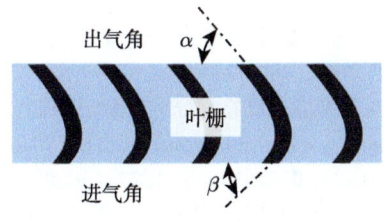

图 1.19.7 反推装置叶栅示意图

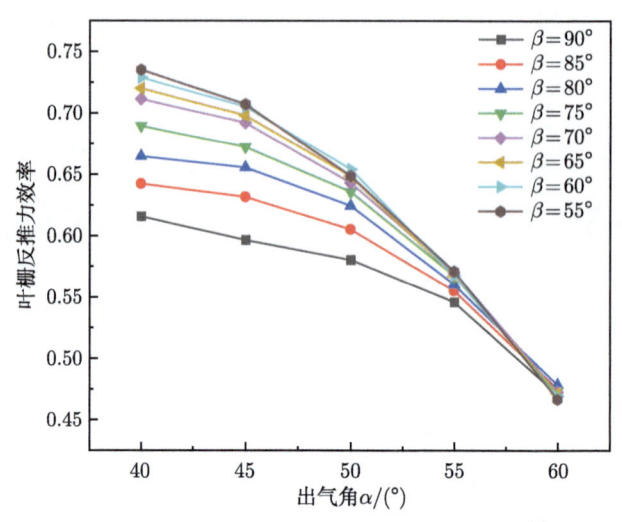

图 1.19.8　反推力效率随出气角的变化规律 [9]

1.19.3　总结

本案例聚焦于飞机关键减速装置——反推装置，简要介绍了其工程背景、力学原理及类型划分。以叶栅式反推装置为典型实例，依据理论力学知识，剖析了反推装置的工作原理，并探讨了叶栅的关键参数对反推效率的影响，进而梳理出反推装置设计的基本思路。然而，随着航空技术的不断演进，对反推装置提出了更高要求，涵盖更高的效率、更轻的重量、更加稳定可靠的结构，以及更高程度的一体化设计等。此外，诸如高温、高压、振动及复杂气流等多重环境因素，也在不同程度上影响着反推装置的反推力效率。因此，亟须众多科研工作者齐心协力，共同推动航空事业迈向新的高度。

参 考 文 献

[1] Yetter J A. NASA Technical Memorandum, 1995.
[2] Siddiqui M A, Haq M S. Review of thrust reverser mechanism used in turbofan jet engine aircraft. International Journal of Instrumentation Science Engineering, 2013, 3(1): 717-729.
[3] 沙江, 徐惊雷. 发动机反推力装置及其研究进展. 大型飞机关键技术高层论坛暨中国航空学会 2007 年年会论文集, 2007: 369-374.
[4] 陈功, 胡伊与. 民用飞机反推装置气动特性分析与验证. 航空发动机, 2017, 43(2): 56-61.
[5] 飞机是如何减速的. https://www.bilibili.com/read/cv15646496/.
[6] https://k.sina.com.cn/article_6567919066_1877a7dda00100xfhw.html.
[7] https://www.havayolu101.com/2016/05/08/thrust-reversal-nedir/.
[8] 饶祺, 盛鸣剑, 韩涛锋, 等. 发动机反推力装置研究. 科技广场, 2014(2): 91-94.

[9] 陈著. 叶栅式反推力装置结构和气动性能研究. 南京: 南京航空航天大学, 2014.
[10] 杜刚, 金捷. 大型运输机发动机反推力装置. 大型飞机关键技术高层论坛暨中国航空学会 2007 年年会论文集, 2007: 375-385.

(本案例由周才华、王博、田阔供稿)

第 2 章 海洋工程

2.1 海冰压缩强度试验分析

2.1.1 工程背景

在结冰海域，海冰在与油气平台结构、破冰船和沿岸建筑物的相互作用中会发生挤压、屈曲、径向开裂等不同形式的破坏，并由此产生相应的海冰载荷[1]。对于风机、导管架平台等直立结构，挤压破坏是海冰与其相互作用过程中最常见、产生冰载荷最大的海冰破坏形式[2]。图 2.1.1 为现场拍摄的海冰与直立结构作用发生挤压破坏的照片，作用处的冰排破碎成粉末状，中间夹杂一些较大尺寸的碎块，破碎后的碎冰从冰与结构接触面向上下两个方向挤出[3]。国外学者总结的海冰挤压破坏示意图如图 2.1.2 所示。在接近冰板厚度方向的中心地带，会形成一些高压区，高压区内的冰为三轴应力状态[4]。在压力的作用下，冰内发生密集的剪切破坏，高压区周围冰内形成大量微裂缝，并伴随一定的冰晶重组过程。随着高压区冰的破碎，冰中微裂缝扩展，一些较大块的冰剥落。此外，海冰压缩强度也是影响地球物理尺度下海冰动力过程和形变特性的重要因素[5]。因此，海冰压缩强度的确定对冰区海洋结构物设计及海冰动力学特性研究具有十分重要的意义。

图 2.1.1　海冰与直立结构作用发生挤压破坏

2.1 海冰压缩强度试验分析

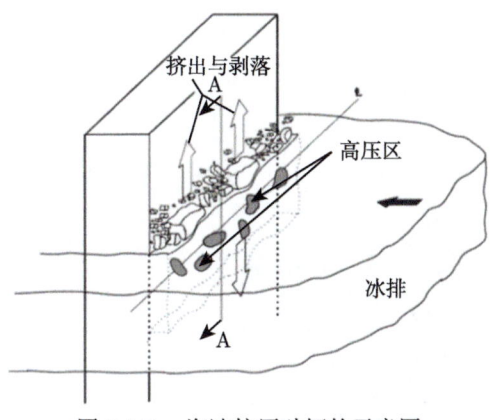

图 2.1.2 海冰挤压破坏的示意图

2.1.2 海冰压缩强度试验

1. 单轴压缩试验

海冰是一种性质复杂的天然复合材料,其力学性质会受其内部因素(如盐度、冰温、冰晶尺寸)与外部加载条件(如加载速率、加载方向、试样尺寸)的共同影响,从而表现出很强的离散特性[6,7]。为确定渤海海洋结构物设计强度,开展了渤海海冰的压缩强度测定,对海冰进行了系统的现场采集和室内压缩试验。海冰试样的现场采集情况如图 2.1.3 所示。该试验研究了海冰压缩过程中的应力–应变对应关系,得到了海冰在不同试验条件下的单轴压缩强度和海冰的破坏模式。

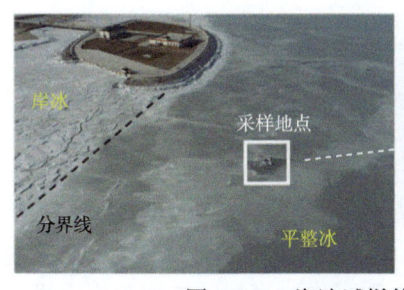

图 2.1.3 海冰试样的现场采集

海冰单轴压缩试验装置及示意图如图 2.1.4 所示。现场试验采用自主研发的便携式低温试验机,其由控制台和加载机组成。加载机通过控制横梁的移动进行加载,加载时应力与应变的采样频率均设置为 200Hz。试验前测量海冰试样的长、宽、高和质量,试验后测量试样内部的实际温度。此外,取试样的一小块置于密闭容器中,待其融化后用盐度计测量盐度。在海冰单轴压缩试验中,海冰的单轴

压缩强度可由试验中的最大加载力确定,即[8]

$$\sigma_c = \frac{F_{\max}}{A_i} \tag{2.1.1}$$

式中,σ_c 为海冰的单轴压缩强度;$F_{\max}$ 为加载力峰值;A_i 为海冰的横截面积。

图 2.1.4 海冰单轴压缩试验装置及示意图
(a) 单轴压缩试验图片 (b) 海冰加载示意图

海冰试样在加载过程中的名义应变率为

$$\dot{\varepsilon} = \frac{v}{L_i} \tag{2.1.2}$$

式中,$\dot{\varepsilon}$ 为海冰名义应变率;v 为加载速率;L_i 为海冰试样初始高度。

结合应力-应变关系,通过海冰单轴压缩试验可对海冰的等效弹性模量进行计算,即[9]

$$E_e = \frac{\Delta\sigma}{\Delta\varepsilon} \tag{2.1.3}$$

式中,$\Delta\varepsilon$ 为应变变化量;$\Delta\sigma$ 为应力变化量。

2. 海冰破坏过程分析

材料力学本构关系是描述材料内部应力和应变之间的函数关系,如胡克定律等。不同的材料有不同的本构模型,如弹性本构、塑性本构、黏弹本构和损伤本构等。为研究海冰材料的本构特点,选取了海冰试样的应变和应力描述海冰的受力破坏过程。不同的加载速率和海冰温度下,海冰的破坏过程和破坏模式均存在差异,典型的应力-应变曲线绘制于图 2.1.5 中[10]。在作用过程中,将应力峰值点视为海冰试样发生破坏,将应力的最大值定义为海冰的单轴压缩强度。根据应力-应变曲线的形式,可将典型的应力-应变曲线分为三类。

Ⅰ类曲线出现在加载速率较低或海冰温度较高时,此时试样所受应力缓慢增加,达到压缩强度后应力缓慢下降,加载周期较长。对应的海冰破坏模式为明显的韧性破坏，加载中试样内出现多条裂纹，但未出现破碎现象。加载后的试样整体较为"松软"，内部孔隙较大。Ⅱ类曲线应力峰值较大，达到峰值点后应力会出现快速的卸载过程，试样的破坏表现出脆性破坏的形式。海冰破坏由贯穿海冰试样的斜向裂纹主导，裂纹贯穿后试样发生破碎。Ⅲ类曲线出现在加载速率较高或海冰温度较低时，曲线中出现多个峰值，每一次到达峰值点后均伴随应力的迅速卸载过程。加载过程中试样内部出现多条轴向裂纹，单条裂纹造成海冰试样的部分破坏。随着裂纹的增加和破坏程度的积累，海冰试样发生强烈的碎裂破坏，并表现出较强的脆性。

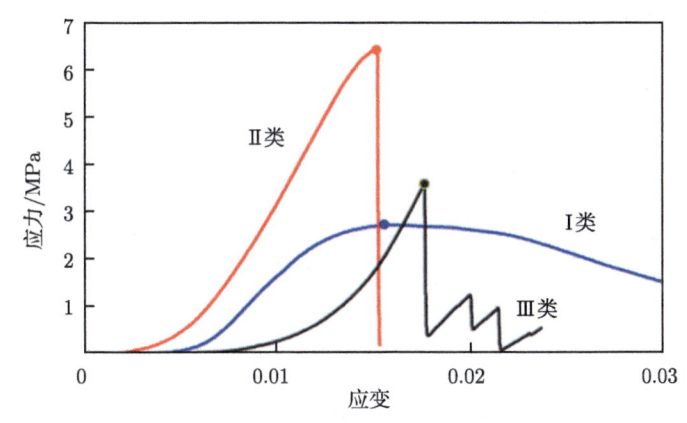

图 2.1.5　单轴压缩试验中典型的应力–应变曲线

2.1.3　总结

在解决工程设计中的强度、刚度等问题时，首先要明确的是反映材料力学性能的物理力学参数。海冰作为一种复杂的天然复合材料，研究的首要任务也是力学性能的测定。针对海冰与直立结构作用发生挤压破坏的结构受力问题，最关键的就是海冰压缩强度的测定，现场采集的海冰试样尽可能保证了其与天然海冰的物理力学性质一致。试验通过游标卡尺、电子秤、温度计和盐度计测量每个海冰试样的温度、盐度和密度。通过试验机施加不同加载速率对海冰试样进行压缩试验，在尽量考虑试验中各种变量的情况下，研究了海冰单轴压缩强度的影响因素及其变化规律。

参 考 文 献

[1] Hanna L, Kaj R, Istvan H, et al. A method for observing compression in sea ice fields using ice cam. Cold Regions Science and Technology, 2009, 59: 65-77.
[2] 王安良, 许宁, 季顺迎. 渤海沿岸海冰单轴压缩强度的基本特性分析. 海洋工程, 2014, 32(4): 82-88.

[3] Kaemae T, Yan Q, Bi X, et al. A spectral model for forces due to ice crushing. Journal of Offshore Mechanics & Arctic Engineering, 2007, 129(2): 138-145.

[4] Jordaan I J. Mechanics of ice-structure interaction. Engineering Fracture Mechanics, 2001, 68(17): 1923-1960.

[5] Hanna L, Kaj R, Istvan H, et al. A method for observing compression in sea ice fields using ice cam. Cold Regions Science and Technology, 2009, 59(1): 65-77.

[6] Timco G W, Weeks W F. A review of the engineering properties of sea ice. Cold Regions Science and Technology, 2010, 60(2): 107-129.

[7] Moslet P O. Field testing of uniaxial compression strength of columnar sea ice. Cold Regions Science and Technology, 2007, 48(1): 1-14.

[8] Ji S, Chen X, Wang A. Influence of the loading direction on the uniaxial compressive strength of sea ice based on field measurements. Annals of Glaciology, 2020, 61(82): 1-11.

[9] 陈晓东, 王安良, 季顺迎. 海冰在单轴压缩下的韧–脆转化机理及破坏模式. 中国科学: 物理学 力学 天文学, 2018, 48(12): 24-35.

[10] 陈晓东. 海冰与海水间热力作用过程及海冰单轴压缩强度特性的试验研究. 大连: 大连理工大学, 2019.

(本案例由季顺迎、马红艳供稿)

2.2 海冰弯曲强度试验分析

2.2.1 工程背景

寒区海洋结构在设计、建造和服役过程中，冰荷载是必须要考虑的重要环境荷载。冰荷载的大小和形式不仅与海洋结构物的形状和尺寸有关，同时还受到海冰物理和力学特性的影响。受气象、水文条件的影响，不同海域海冰的盐度、密度和温度等物理性质存在很大差异，这对海冰的压缩强度、弯曲强度和剪切强度等力学性质有很大的影响[1]。海冰作为一种典型脆性材料，其弯曲强度远小于压缩强度。为降低冰载荷对海洋工程结构的影响，在寒区海洋结构物及冰区航行船舶与海冰作用部位处常设计一定倾角，如图 2.2.1 所示[2]。如抗冰锥体海洋平台、人工岛式海洋平台、斜面护坡和破冰船等海洋结构，使得海冰发生弯曲破坏，避免发生挤压破坏，因此，结构冰载荷的大小将由海冰弯曲强度控制[3]。极地船舶在平整冰区连续式破冰航行时，在船艏斜面结构的作用下，平整海冰被下压，当载荷满足破坏条件时，海冰产生环向裂纹，随后海冰沿裂纹方向断裂并清除，如图 2.2.2 所示，此时的海冰破坏模式也表现出弯曲破坏。此外，海冰在波浪作用下的动力破碎、重叠和堆积特性以及冰面承载力均与海冰的弯曲强度密切相关。

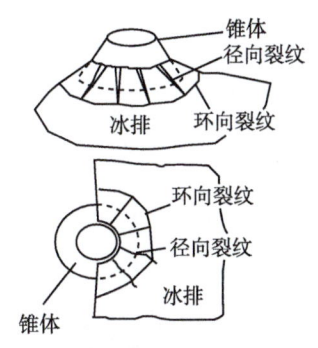

2.2 海冰弯曲强度试验分析

(a) 海冰弯曲破坏现场照片　　(b) 海冰弯曲破坏示意图

图 2.2.1　海冰与锥体导管架海洋平台作用下的弯曲破坏

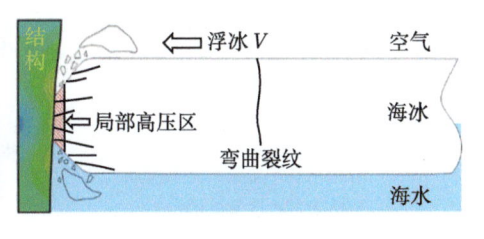

(a) 海冰弯曲破坏现场照片　　(b) 海冰弯曲破坏示意图

图 2.2.2　海冰与破冰船船艏结构作用下的弯曲破坏

2.2.2　海冰弯曲强度试验

1. 弯曲强度试验

有关海冰弯曲强度的试验研究已开展了近半个世纪，主要发展了悬臂梁试验和简支梁试验两种测试方法。悬臂梁试验一般在现场进行大尺度原位测试。通过在冰面上制作悬臂梁模型测得在真实温度梯度和冰厚下的海冰弯曲强度[4]；简支梁试验包括三点弯曲和四点弯曲，其需要的试样尺寸相对较小，操作简单，是室内试验的主要手段[5]。以下针对三点弯曲试验对海冰弯曲强度的测定进行介绍。

海冰三点弯曲试验的试验装置及示意图如图 2.2.3 所示。在海冰三点弯曲试验中，海冰的弯曲强度 σ_f 和等效弹性模量 E 可以根据梁理论计算出[6,7]：

$$\sigma_\mathrm{f} = \frac{3P_\mathrm{max}L_0}{2bh^2} \tag{2.2.1}$$

$$E = \frac{P_\mathrm{max}L_0^3}{4bh^3\delta} \tag{2.2.2}$$

海冰试样的应变 ε 和应变率 $\dot{\varepsilon}$ 分别为

$$\varepsilon = \frac{6h\delta}{L_0^2} \tag{2.2.3}$$

$$\dot{\varepsilon} = \frac{6h\dot{\delta}}{L_0^2} \tag{2.2.4}$$

其中，L_0 为加载支撑点跨度；b 为试样宽度；h 为试样加载厚度；$P_{\max}$ 为试样发生破坏时的最大载荷；δ 为加载机压头的位移；$\dot{\delta}$ 为加载机压头的加载速率。

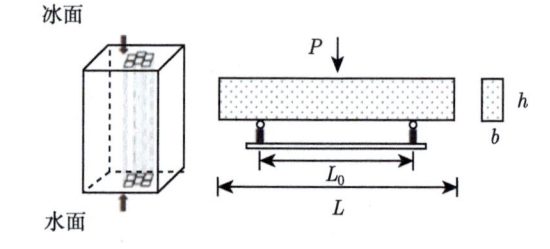

(a) 海冰力学性质试验台 (b) 海冰三点弯曲试验加载示意图
图 2.2.3 海冰的三点弯曲试验的试验装置及示意图

2. 弯曲试验分析

温度对海冰的弯曲强度有显著影响，这里在不同温度下进行了试验测试。试验中典型的弯曲应力时程曲线如图 2.2.4 所示。根据加载力时程曲线的特征可将试样的弯曲破坏分为三类：第一种情况如图 2.2.4(a) 所示，在海冰温度很低时 (−27.2°C)，弯曲应力随时间逐渐增大，在弯曲应力的峰值点处，海冰试样发生断裂，断裂后发生快速卸载，弯曲应力降至 0 值，对应海冰试样的弯曲强度为 1.3MPa；第二种情况如图 2.2.4(b) 所示，在海冰温度较低时 (−16.8°C)，弯曲应力随时间逐渐增大，在弯曲应力的峰值点处，海冰试样发生断裂，断裂后同样发生快速下降，但未降至 0 值，而是从较小的值继续缓慢下降直至接近于 0 值，对应海冰试样的弯曲强度为 0.67MPa；第三种情况如图 2.2.4(c) 所示，在海冰温度相对较高时 (−10.0°C)，弯曲应力达到峰值点后缓慢下降，而呈现出软化特性，对应海冰试样的弯曲强度为 0.38MPa。

为便于观察海冰在弯曲试验中的裂纹形状，采用高速摄像机重点观测加载机压头附近的区域。结果显示三点弯曲试验中的海冰裂纹情况与试验中的弯曲应力时程曲线相对应，也存在三种情况：第一种随着应力的增加，这些微裂纹缺陷密

2.2 海冰弯曲强度试验分析

(a) 海冰温度 $T=-27.2℃$, $t=6.26$s, $\sigma_f=1.3$MPa

(b) 海冰温度 $T=-16.8℃$, $t=4.94$s, $\sigma_f=0.67$MPa, $t=5.01$s

(c) 海冰温度 $T=-10.0℃$, $t=6.2$s, $\sigma_f=0.38$MPa

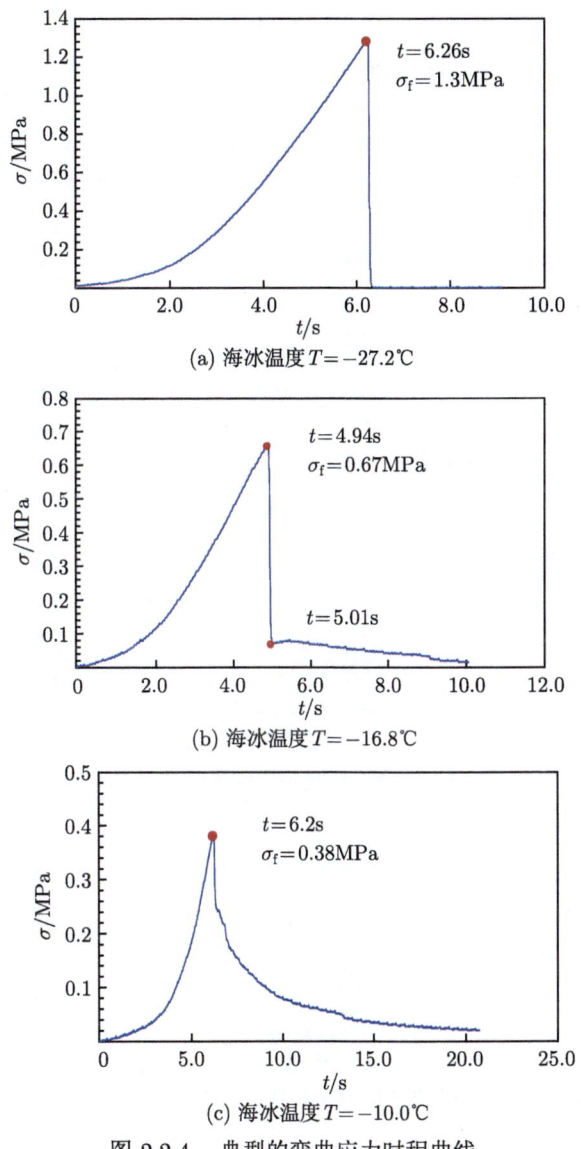

图 2.2.4　典型的弯曲应力时程曲线

集的部位首先受拉扩展，并在试样底部形成初始宏观裂纹。海冰试样在弯曲状态下萌生的裂纹尖端无位错钝化作用，其扩展汇合较为迅速，因而形成一条完整而光滑的宏观裂纹。最终裂纹迅速扩展直至贯穿整个试样，导致海冰试样的脆性断裂，如图 2.2.5 所示；第二种是在应力达到峰值后，在初始裂纹的基础上，海冰试样从底部开始断裂，如图 2.2.6 所示。随着应力的继续增加，海冰冰晶连接部分逐渐损伤，但未引起试件由下至上的瞬间破坏，而是在主裂纹附近萌生出诸多细小裂纹并阻碍主裂纹的扩展，从而导致应力降低缓慢和试样的渐进破坏；第三种是在应力达到峰值后，海冰试样沿着初始裂纹在底部开始断裂，如图 2.2.7 所示。首先在较短时间形成一小段主裂纹，然后在主裂纹附近产生一个新的次生裂纹。随着应力的持续增加，海冰试样的次生裂纹逐渐扩展。此时冰晶之间仍有一定连接强度，导致应力缓慢降低，最终形成由两条裂纹构成的断裂破坏。

(a) 初始状态　　　　　(b) 裂纹扩展过程　　　　　(c) 最终断裂状态
图 2.2.5　海冰弯曲试验中的脆性断裂过程 (海冰温度 $T = -27.2°\text{C}$)

(a) 初始状态　　　　　(b) 裂纹扩展过程　　　　　(c) 最终断裂状态
图 2.2.6　海冰弯曲试验中韧性断裂粗糙型裂纹生成过程 (海冰温度 $T = -16.8°\text{C}$)

(a) 初始状态　　　　　(b) 裂纹扩展过程　　　　　(c) 最终断裂状态
图 2.2.7　海冰弯曲试验中韧性断裂两条裂纹生成过程 (海冰温度 $T = -10.0°\text{C}$)

2.2.3　总结

为量化海冰与船舶及海洋结构物作用下弯曲破坏过程中结构受力大小，海冰材料的弯曲强度尤为重要。海冰作为一种脆性材料，在拉伸试验中的变形量很小，对于不宜表示脆性材料的塑性，一般采用弯曲试验的方法。根据梁理论，以最大载荷作为参数确定海冰材料的弯曲强度。以上采用室内小型的简支梁三点弯曲试验取代了现场大型的悬臂梁试验，研究了不同温度下海冰弯曲强度的变化，并利用高速摄像机拍摄的试验过程，揭示了海冰在不同条件下的弯曲破坏机制。

参 考 文 献

[1] 王安良, 许宁, 毕祥军, 等. 卤水体积和应力速率影响下海冰强度的统一表征. 海洋学报, 2016, 38(9): 126-133.
[2] Long X, Liu S, Ji S. Breaking characteristics of ice cover and dynamic ice load on upward–downward conical structure based on DEM simulations. Computational Particle Mechanics, 2021, 8: 297-313.
[3] 季顺迎, 王安良, 苏洁, 等. 环渤海海冰弯曲强度的试验测试及特性分析. 水科学进展, 2011, 22(2): 266-272.
[4] Parsons B L, Lal M, Williams F M, et al. The influence of beam size on the flexural strength of sea ice, freshwater ice and iceberg ice. Philosophical Magazine A, 1992, 66(6): 1017-1036.
[5] Timco G W, Brien S O. Flexural strength equation for sea ice. Cold Regions Science & Technology, 1994, 22(3): 285-298.
[6] Han H, Jia Q, Huang W, et al. Flexural strength and effective modulus of large columnar-grained freshwater ice. Journal of Cold Regions Engineering, 2016, 30(2): 04015005.
[7] Datt P, Chandel C, Kumar V, et al. Analysis of acoustic emission characteristics of ice under three-point bending. Cold Regions Science and Technology, 2020, 174: 103063.

(本案例由季顺迎供稿)

2.3 海洋立管在自重影响下的失稳问题

2.3.1 工程背景

海洋立管作为一种典型的细长杆结构 (图 2.3.1)，在海洋环境中扮演着重要的角色。这些立管的长度可以达到上千米，这使得它们在自重的作用下面临稳定性问题。即使没有外部载荷，纯粹依靠自身重力，海洋立管也可能发生失稳现象，从而引发了对稳定性理论在研究海洋立管失稳问题中的应用和探索。失稳可能导致结构倾斜、偏离垂直方向，最终可能引发结构的崩溃。因此，通过应用稳定性理论，研究立管在自重作用下的失稳行为，有助于我们更好地理解和预测这些复杂结构的性能。稳定性理论涵盖了各种分析方法和数学模型，用于评估结构在不同加载条件下的稳定性。对于海洋立管而言，自重是一个重要的因素，因此需要将自重效应纳入考虑的范畴。这种自重引起的稳定性问题通常涉及结构在垂直方向上的位移和倾斜。通过数值模拟和分析，可以研究在不同自重和材料参数条件下立管的临界稳定性状态及可能的失稳模式。此外，需要考虑海洋环境中的不确定性因素，如海浪、潮汐和风等，这些外部因素会对立管的稳定性产生影响。研究海洋立管在自重作用下的失稳问题，不仅对于改进这些结构的设计和维护具有实际意义，还有助于提高海洋工程的可持续性和效率。通过进行深入的稳定性分析，可以制定更安全、可靠的工程策略，减少事故风险，保护海洋环境，并确保海洋资源的可持续开发。对这个领域的研究，不仅具有理论挑战，还具有广泛的工程应用，对于未来的海洋工程领域具有重要意义。

2.3.2 海洋立管自重下失稳机制

基于能量法的海洋立管后屈曲分析如下。

对于海洋立管，可以简化为简单的压杆稳定性问题，如图 2.3.2 所示，q 为单位长度的立管自重。边界条件均简化为下端铰支，上端约束水平方向的位移，但是允许在竖直方向上自由移动：

$$\begin{aligned} x(0) &= 0 \\ y(0) &= y(L) = 0 \\ \theta'(0) &= \theta'(L) = 0 \end{aligned} \quad (2.3.1)$$

图 2.3.1　海洋柔性立管结构[1]

在材料力学教材中，失稳分析通常采用前屈曲计算临界应力来进行稳定性校核。对于许多工程问题，如果应力超过临界应力，也可采用后屈曲分析方法计算结构的最终构型。材料力学中的前屈曲分析（计算临界应力）通常是线性的，因此求解非常容易，采用稳定性分析的公式即可进行。然而，后屈曲分析则需要考虑控制方程的非线性，因此求解非常困难。

为了求解海洋立管在自重影响下的后屈曲问题，我们需要重新推导一组非线性微分方程组。根据材料力学的基本知识，我们可以先采用常用的截面法进行受力分析，如图 2.3.2 所示，可得到一组强非线性方程；然后采用数值方法进行求解，便能得到海洋立管的后屈曲构型。除了采用截面法这种经典的方法进行分析

2.3 海洋立管在自重影响下的失稳问题

外,还可以采用能量法,构建总势能泛函,采用最小势能原理,获得控制方程。对于海洋立管的后屈曲问题,其总势能 Π 为

$$\Pi = U - W$$
$$= \frac{1}{2}\int_0^L EI\theta'^2 \mathrm{d}s - q\int_0^L \int_0^s [1-\cos\theta(\xi)]\mathrm{d}\xi\mathrm{d}s + \lambda \int_0^L (y' - \sin\theta)\mathrm{d}s \tag{2.3.2}$$

其中,U 为应变能;W 为外力功。总势能最后一项中的 λ 为拉普拉斯乘子,考虑几何约束,采用最小势能原理,我们将推导出控制方程:

$$EI\theta'' + q(L-s)\sin\theta + \lambda\cos\theta = 0 \tag{2.3.3}$$

可见,若研究压杆的后屈曲力学行为,则需要求解非线性方程。非线性方程很多时候需要采用数值方法进行求解,最终的变形构型如图 2.3.3 所示。

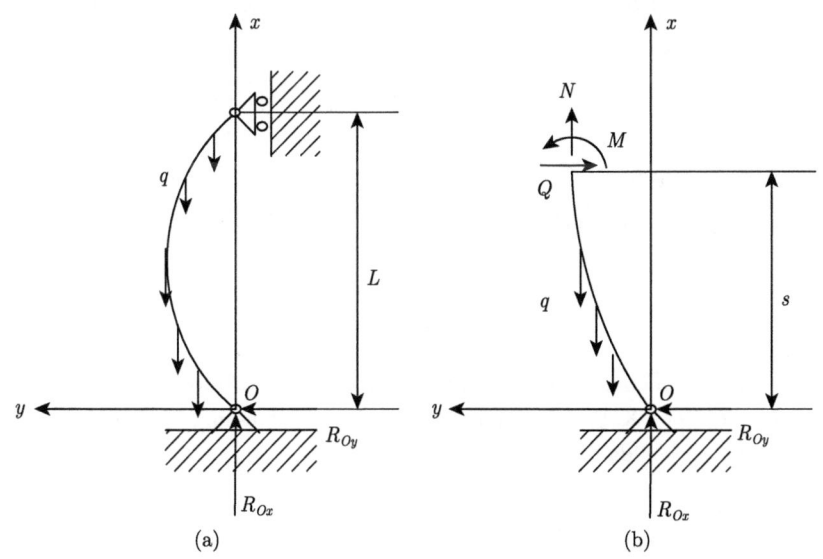

图 2.3.2 海洋立管简化出来的力学模型 (a) 及受力图 (b)[2]

回顾材料力学基本假设,我们通常假设结构只发生小变形。小变形假设将求解方程简化为线性方程,为求解工程问题提供了极大便利。此外,如果一个结构产生很大的变形,不管是否破坏,都是非常不安全的,因此从这一点来看,小变形假设是合理的。但是,工程中的很多问题不单单需要满足设计需求,也需要我们探索结构变形后的走向与趋势,从而为更好地研究复杂结构与新材料的力学行为提供重要的基础。

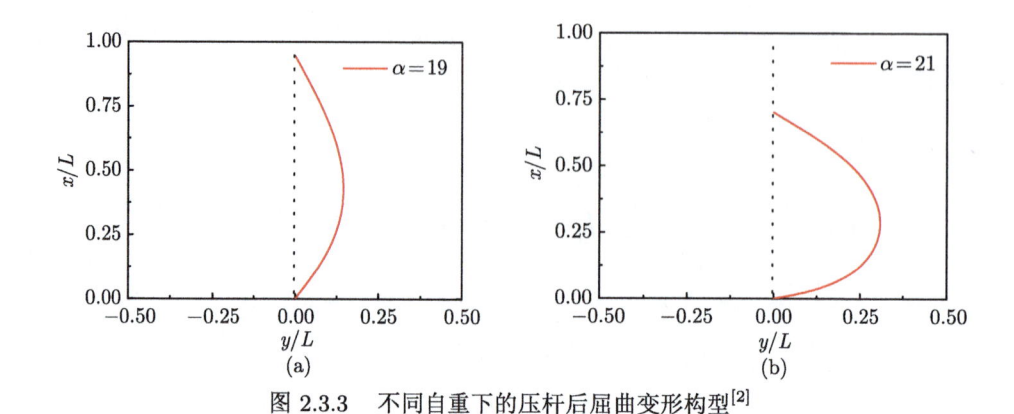

图 2.3.3　不同自重下的压杆后屈曲变形构型[2]

2.3.3　总结

本案例基于能量法讨论了海洋立管失稳行为，说明了研究海洋立管在自重作用下的失稳问题有助于改进这些结构的设计，提高海洋工程的可持续性和效率。另外，通过深入的稳定性分析，可以制定更安全、可靠的工程策略，减少事故风险，保护海洋环境，确保海洋资源的可持续开发。这个领域的研究不仅具有理论挑战，还有广泛的工程应用，对未来的海洋工程领域具有重要意义。从工程角度来看，小变形假设是合理的。但对于探索结构的变形趋势和非线性行为，进行更深入的研究是有必要的，这将为预测复杂结构和新材料的力学行为提供重要的理论基础。

参 考 文 献

[1] 陈伟民. 柔立管的涡激振动. https://www.fangzhenxiu.com/post/2373391/.
[2] Liu J, Mei Y, Dong X. Post-buckling behavior of a double-hinged rod under self-weight. Acta Mechanica Solida Sinica, 2013, 26(2): 197-204.

(本案例由梅跃供供稿)

2.4　极地船舶及海洋工程冰激结构疲劳分析

2.4.1　工程背景

随着北极航道的逐步开发和利用，我国也在积极推动北极战略的制定与实施，提出将北极航道打造成"冰上丝绸之路"。北极地区自然资源丰富，蕴藏着大量的油气资源、金属矿产和煤炭资源。同时，北极地区地理位置优越，北极航道的开通会极大地缩短我国到欧洲的航线距离，从而大大降低航行成本。因此，北极对于我国的国家安全和经济发展具有重大战略意义。但是，北极地区的自然条件恶劣，

2.4 极地船舶及海洋工程冰激结构疲劳分析

常年被冰雪覆盖，环境温度很低，易对极地船舶及海洋工程造成损害。例如，低温会影响钢材的力学性能，使其韧性降低、脆性增强，导致发生脆性断裂的可能性增大。另有研究表明，低温环境下钢材的屈服强度和极限强度也会增大，进而影响结构的疲劳性能。与此同时，极地船舶及海洋工程在冰区作业过程中不可避免地与海冰地发生相互作用[1,2]。当材料或构件承受多次重复变化的冰载荷作用后，其内部由于循环变形的作用将产生永久性变化[2]。极地工况的多变性与不确定性，使船舶及海洋工程结构长期受幅值多变、频率较高的交变冰载荷作用，产生周期性累积损伤。随着损伤累积，即使所受的变动应力低于材料的屈服极限，经过一定循环次数交变应力的作用后，构件最终也会发生失效以及疲劳破坏[3,4]。因此，对结构中的关键位置开展冰激疲劳损伤研究，可为极地船舶及海洋工程的安全运营提供必要保障。图 2.4.1 为极地船舶及海洋工程。

(a) "雪龙号"极地考察船 (b) 冰区海上风机

图 2.4.1　极地船舶与海洋工程

2.4.2　极地结构冰激疲劳分析

疲劳指结构经过一段时间交变应力作用后发生结构变形，是一种低应力脆断。结构疲劳分析主要是为了确定应力循环次数 N，即疲劳寿命。由于不同材料的 S-N 曲线特征各不相同，因此，基于 S-N 曲线的时域分析是目前最为通用的船舶及海洋工程结构冰激疲劳强度的确定方法。首先通过构造应力幅值分布的数学模型、对现场测量数据[4]进行统计分析或采用数值方法模拟船-冰相互作用过程等方式获取热点应力，然后通过雨流计数法对热点应力时程进行应力循环次数统计，最后结合疲劳工况的概率分布以及 S-N 曲线[5,6](式 (2.4.1)、图 2.4.2)，采用 Miner 线性累积损伤理论计算累积疲劳损伤度 (式 (2.4.2))[6-8]。该理论认为，每个交变载荷对结构的损伤是互相独立的，与加载历程无关。通过一个作业周期内 k 个疲劳工况的 l 个交变载荷所产生的疲劳损伤度 $D_{ji}(i=1,2,\cdots,l;j=1,2,\cdots,k)$

进行线性累加可求得累积疲劳损伤度 $D(0\leqslant D\leqslant 1)$。当 $D=1$ 时，结构发生疲劳破坏。

$$NS^m = K \Rightarrow \lg N = \lg K - m\lg S \tag{2.4.1}$$

$$D = \sum_{j=1}^{k}\sum_{i=1}^{l}D_{ji} = \sum_{j=1}^{k}\sum_{i=1}^{l}\frac{n_{ji}}{N_{ji}} \tag{2.4.2}$$

式中，S 为结构所受交变应力幅值；N 为应力循环次数；m 和 K 均为疲劳参数，由试验拟合得到；n_{ji} 和 N_{ji} 分别为第 j 个疲劳工况出现概率为 P_j 时的实际应力循环次数与总应力循环次数。

对于"雪龙"号极地考察船的冰激疲劳分析，基于我国第 8 次北极科学考察中的冰厚、船舶航速等现场测量数据 (图 2.4.3) 构造冰激疲劳工况 (图 2.4.4)，采用

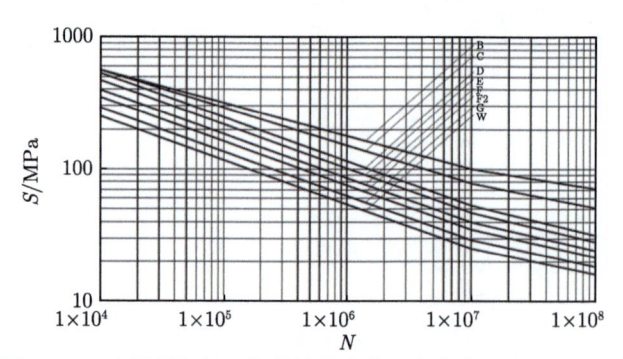

图 2.4.2　中国船级社《船体结构疲劳强度指南》中的 S-N 曲线

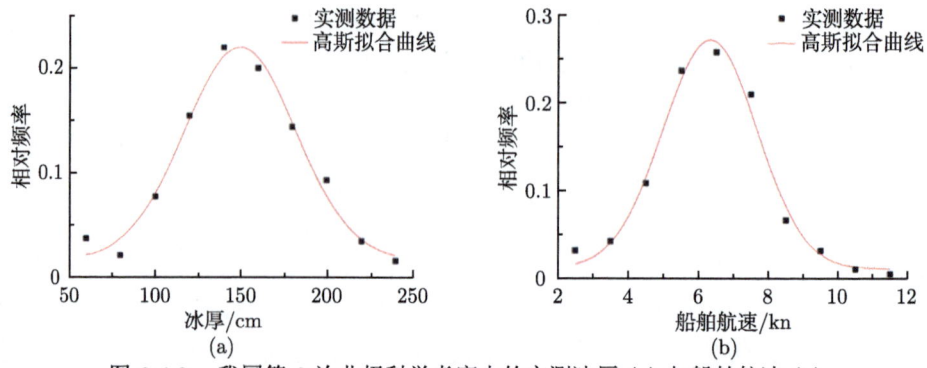

图 2.4.3　我国第 8 次北极科学考察中的实测冰厚 (a) 与船舶航速 (b)

2.4 极地船舶及海洋工程冰激结构疲劳分析

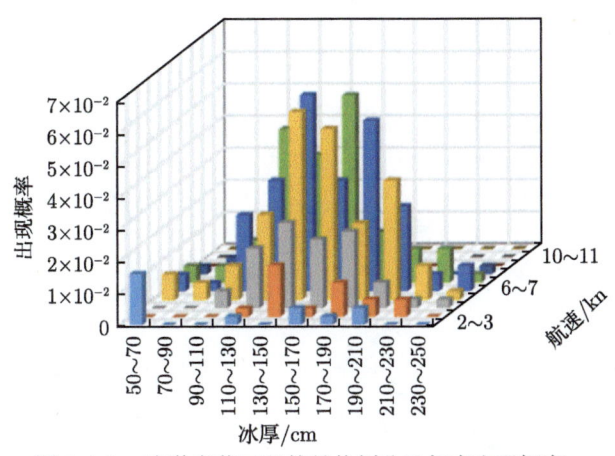

图 2.4.4 冰激疲劳工况的具体划分及相应出现概率

支持向量机等方法，通过实测应变反演识别典型工况下的冰载荷时程 (图 2.4.5(a))。通过动力学分析确定关键位置 (图 2.4.5(b)) 及相应的热点应力，并进一步计算该航次内的累积疲劳损伤度，进而验证"雪龙"号极地科考船的冰区航行安全性。

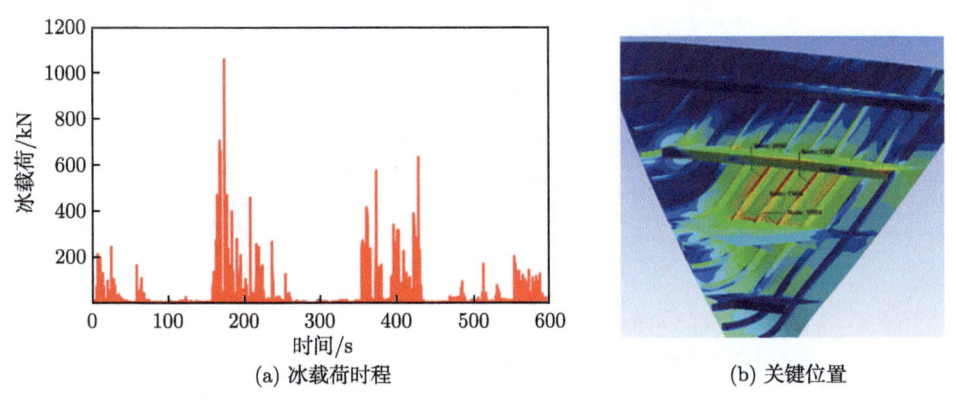

(a) 冰载荷时程

(b) 关键位置

图 2.4.5 典型工况下的冰载荷时程及相应的关键位置 (冰厚 173cm, 航速 $V_s = 6.9$kn)

由图 2.4.5(b) 可知，关键位置主要集中在艏部水线附近冰带区内的舷侧肋骨翼缘处。由式 (2.4.1) 和式 (2.4.2) 计算得到大多数典型工况中普遍存在的 3 个关键位置处的累积疲劳损伤度分别为 9.10×10^{-3}、8.42×10^{-3}、6.13×10^{-3}。

冰区海上风机的冰激疲劳分析与极地船舶的做法类似[9]，首先基于渤海辽东湾某海域冰厚与冰速的现场监测数据划分疲劳工况。采用海冰离散单元方法计算锥体风机结构与平整冰相互作用 (图 2.4.6) 时的冰载荷时程及对应的热点应力

(图 2.4.7)[9,10]。然后从中提取有效循环次数并计算冰激疲劳寿命，进而验证冰区海上风机的结构安全性。

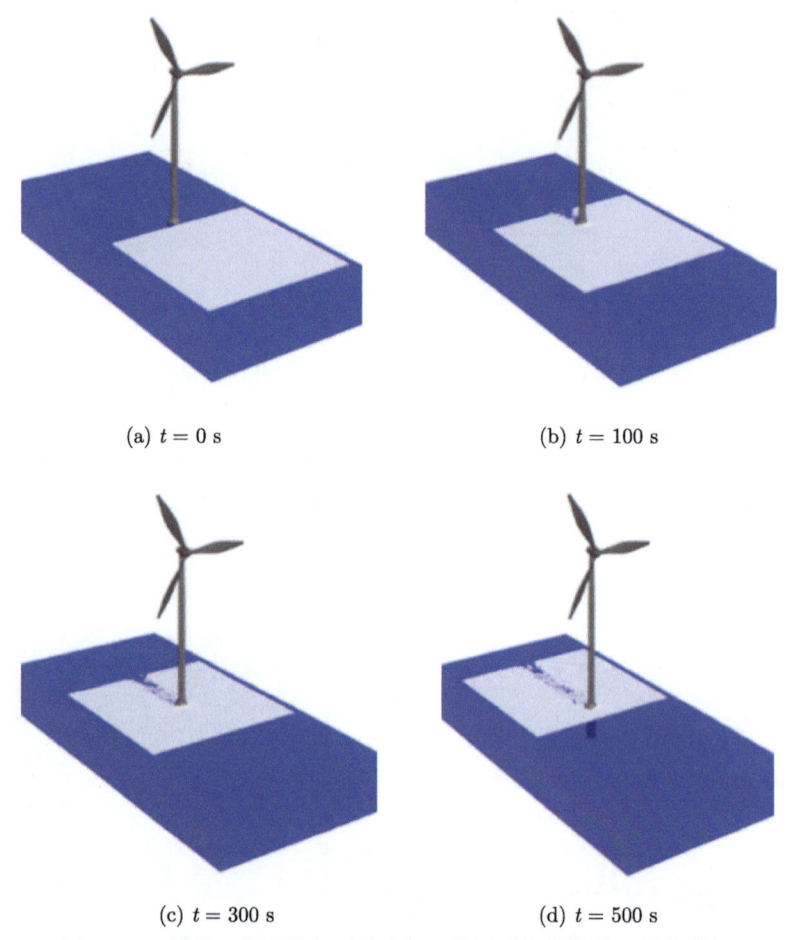

(a) $t = 0$ s

(b) $t = 100$ s

(c) $t = 300$ s

(d) $t = 500$ s

图 2.4.6　锥体风机结构与平整冰相互作用过程的离散元数值模拟

由图 2.4.7 (b) 可知，热点应力位置主要集中在风机结构中的斜撑处。由式 (2.4.1) 和式 (2.4.2) 计算得到风机结构的疲劳损伤 $D = 2.07 \times 10^{-3}$ 与疲劳寿命 $1/\delta D = 68.9$ 年 (δ 为安全系数，这里 $\delta = 7$)。

对极地船舶及海洋工程的冰激结构疲劳分析体现了疲劳强度对工程结构的重要性。由于疲劳破坏是由多种原因引起、在局部发生的，其是一个较长的裂纹萌生和逐渐扩展的过程，所以很多疲劳破坏是在没有明显预兆的情况下突然发生的。另外，疲劳破坏是在应力低于强度极限甚至低于屈服极限下发生的，其与静应力下的破坏性质完全不同。鉴于疲劳破坏危害程度大、影响疲劳破坏的因素多，与

2.4 极地船舶及海洋工程冰激结构疲劳分析

结构疲劳相关的问题已引起人们广泛关注。因此，对在交变应力作用下的构件进行疲劳强度计算是非常必要的。

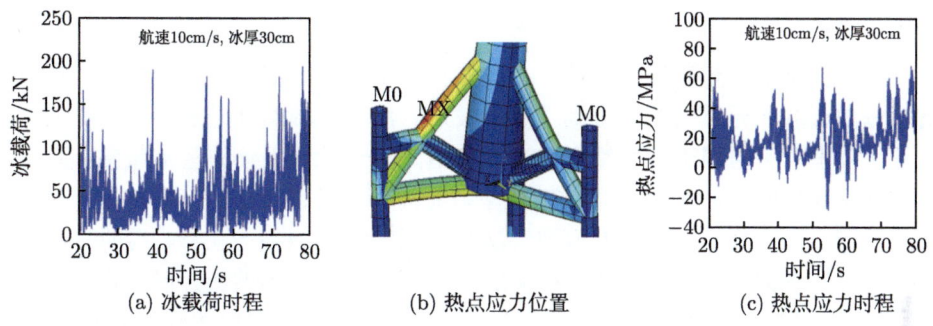

(a) 冰载荷时程 (b) 热点应力位置 (c) 热点应力时程

图 2.4.7　典型工况下的冰载荷时程及相应的热点应力 (冰厚 30cm, 航速 10cm/s)

参 考 文 献

[1] Bridges R, Riska K, Zhang S. Preliminary results of investigation on the fatigue of ship hull structures when navigating in ice // Proceedings of the 7th International Conference and Exhibition on Performance of Ships and Structures in Ice, ICETECH 2006. Banff, Alberta, Canada: Bercha Group, 2006.

[2] Suyuthi A, Leira B J, Riska K. Fatigue damage of ship hulls due to local ice-induced stresses. Applied Ocean Research, 2013, 42: 87-104.

[3] Kim J H, Kim Y. Numerical simulation on the ice-induced fatigue damage of ship structural members in broken ice fields. Marine Structures, 2019, 66: 83-105.

[4] Hwang M R, Lee T K, Kang D H, et al. A study on ice-induced fatigue life estimation based on measured data of the ARAON // Proceedings of the 26th International Ocean and Polar Engineering Conference, ISOPE 2016. Rhodes, Greece: International Society of Offshore and Polar Engineers, 2016.

[5] 陈崧, 竺一峰, 胡嘉骏, 等. 船体结构 S-N 曲线选取方法. 舰船科学技术, 2014, 36(1): 22-26.

[6] 倪侃. 随机疲劳累积损伤理论研究进展. 力学进展, 1999 (1): 43-65.

[7] Miner M A. Cumulative damage in fatigue. Journal of Applied Mechanics-Transactions of the ASME, 1945, 12(3): 159-164.

[8] Downing S D, Socie D F. Simple rainflow counting algorithms. International Journal of Fatigue, 1982, 1(1): 31-40.

[9] 张大勇, 刘笛, 许宁, 等. 冰激直立腿海洋平台疲劳寿命分析. 海洋工程, 2015, 33(4): 35-44.

[10] Sun S, Shen H H. Simulation of pancake ice load on a circular cylinder in a wave and current field. Cold Regions Science and Technology, 2012, 78: 31-39.

(本案例由季顺迎供稿)

2.5 深水 S 型海洋管道铺设及室内实验方法

2.5.1 工程背景

近几十年来，随着现代工业社会对能源需求的急速增长与陆上资源的日益枯竭，海洋石油和天然气工业得到了迅速发展。海洋能源的开采需要在海底安装数以万计公里的管道用于油气输送，海洋管道是海洋能源采集的基本装备，是海底油气资源开采的"生命线"。通常情况下，海洋管道的铺设方法有四种，分别为浮拖法铺管、离底拖法铺管、J 型铺管法和 S 型铺管法 (图 2.5.1)。后两种铺设方法是深水海洋铺设的主要方式，特别是 S 型铺管法最开始被认为仅适合于浅水铺设，随着深水托管架及张紧器技术的发展，S 型铺设已经能够达到 3000m 左右的水深。S 型铺设方法具有非常高的铺设效率，逐渐成为深水海洋管道铺设的发展趋势。

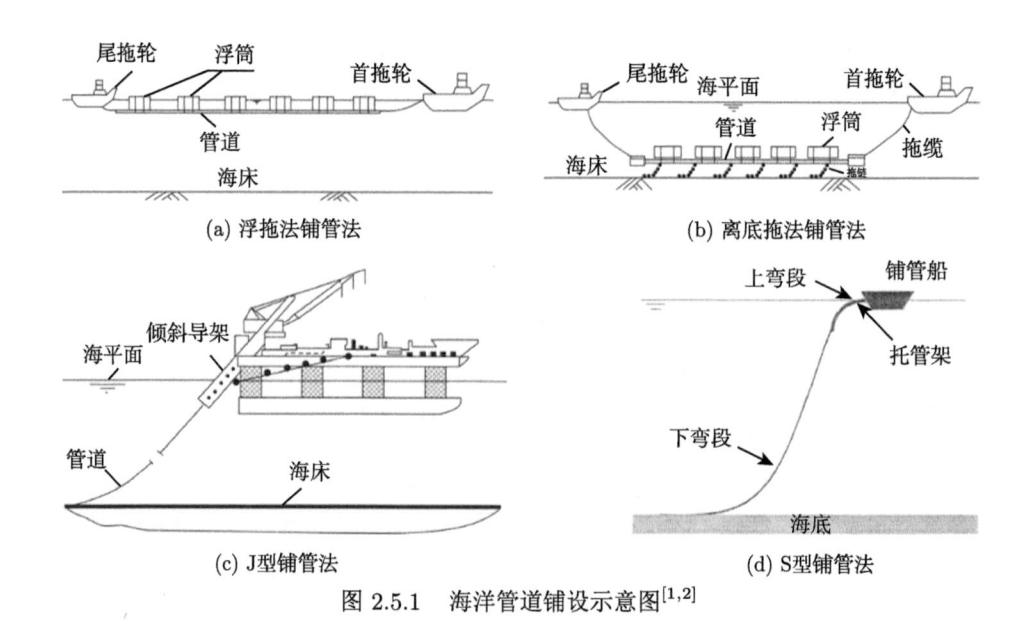

图 2.5.1 海洋管道铺设示意图[1,2]

2.5.2 管道铺设与室内实验

1. 线型设计与求解

对于 S 型海洋管道铺设，最核心的装备有船体、托管架和张紧器，其中托管架位于船体的尾部，起到支撑和引导管道入水的作用，而张紧器对于管道着地点的线型起到控制作用。托管架和张紧器的相互配合决定了管道的线型，在一定简化的前提下，线型的控制可采用悬链方程来进行建模和求解[2]：

$$\alpha^2 \frac{\mathrm{d}^2\theta}{\mathrm{d}z^2} + h\cos\theta - z\sin\theta = 0 \tag{2.5.1}$$

其中，α 为管道的弯曲刚度系数，当 $\alpha = 0$ 时，管道线型即为自然悬链线。

可以按照微分方程理论对上述方程 (2.5.1) 进行求解，这里直接给出了图 2.5.2 所示的计算结果。通过这种合理简化和理论分析，可以依据铺设水深、管径要求进行托管架和张紧器等铺设装备的主要参数设计，这是深水海洋管道铺设工程应用中一个重要的设计思路。

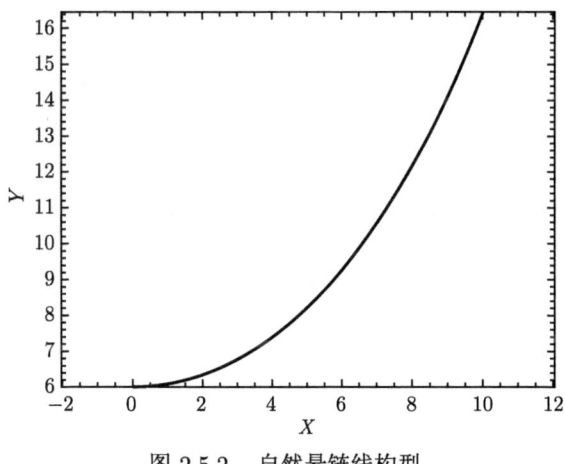

图 2.5.2　自然悬链线构型

2. 室内实验方法

海洋管道铺设一般在深、远海进行，在管道铺设安装期间，会不可避免地遭遇恶劣的海洋环境，由风、浪、流产生的极端铺设载荷对海洋管道的结构安全带来了极大的挑战。因此，为了保证铺设过程中的作业安全，减少不必要的损失，预先计算管道与托管架之间的动力载荷至关重要，通常有数值仿真模拟和室内模型实验两种相对"经济"的方法。数值仿真目前多基于有限元方法进行时域载荷作用下的动力学分析，但由于铺管过程中存在多种非线性因素 (接触、摩擦、大变形等) 的耦合作用与大量不确定性，仅仅依靠数值模拟得到的计算结果无法保证管道铺设过程中的作业安全，所以进行海洋管道铺设的模型实验是非常有意义的。在进行海洋管道铺设室内实验过程中，尺度效应和运动边界条件是两个最主要的因素，传统的水池实验具有非常大的缩比，不能捕捉到托管架和管道之间的耦合作用关系。为了突破这一困境，目前发展的子结构实验技术，结合数值仿真与物理实验，成为研究 S 型铺设法主要力学行为的重要手段。

铺管船可以假定为刚性浮体，由于海洋波浪载荷的影响，铺管船会存在三个平移 (横荡 (sway)、纵荡 (surge)、垂荡 (heave)) 和三个旋转 (横摇 (roll)、纵摇 (pitch)、艏摇 (yaw)) 的六自由度浮体运动。其中，铺管船的横荡、纵荡和艏摇运动由于作业需求会被系泊系统"定位"，在管道铺设模拟过程中，考虑剩余三自由度运动对托管架和管道模型的影响即可[3]。对于浮体运动的模拟，可以借助六自由度平台提供必要的运动边界条件，该平台是一种可以测试物理性能的实验仪器。它的用途非常广泛，除了可以为工程领域 (船舶、轨道交通、汽车、航空航天等) 提供六自由度的运动模拟外，还可以在日常生活中看到它的影子，如 4D 电影院的特制座椅，4D 动感赛车模拟设备等。

3. 模拟运动边界条件

在海洋管道铺设实验中，六自由度运动平台可以提供沿相互垂直的三个坐标轴的平移 x, y, z，以及绕三个坐标轴的转动 R_x, R_y, R_z。下面简要介绍深水铺设运动边界的模拟原理，通过水池实验给出铺管船 RAO(response amplitude operator) 后，按照随机振动理论能够得到船体沿不同方向运动的功率谱，假定为 S_{XX}，则可以按照如下三角级数叠加法公式生成运动边界的时域序列：

$$f(t) = \sum_{k=1}^{N} A_k \cos(\omega_k t + \varphi_k)$$
$$A_k^2 = 4 S_{XX}(\omega_k) \times \Delta\omega, \quad \Delta\omega = \frac{\omega_u - \omega_l}{N}$$
(2.5.2)

其中，ω_l 和 ω_u 为截止频率的上下限；φ_k 为 $[0, 2\pi]$ 范围内的均匀分布随机数。对于某一特定条件，按照这种方法生成的船体运动边界时域曲线如图 2.5.3 所示。

图 2.5.4 给出了管道铺设实验的示意图，先用计算机控制六自由度运动平台的运动状态，然后给管道模型与托管架的连接点施加与铺管船相同的运动边界条件，这样就可以近似模拟海洋管道在进行铺设作业时的真实运动条件。最后通过压力传感器测量管道和托管架之间的相互作用力，并通过比例尺缩放还原得到实际耦合作用力大小，以此为依据进行结构安全性评估。

2.5.3 总结

混合模型实验，即将数值模拟得到的载荷通过六自由度运动平台施加到海洋管道的模型中进行浮体运动边界模拟，分析铺管过程的上弯段力学特性，采用物理模型模拟大尺度管道与托管架之间的相互作用，大大提高了实验数据的可信度。可靠的实验数据可以减少管道实际铺设过程中的风险，对加速海洋油气资源的开采与利用具有重要意义。

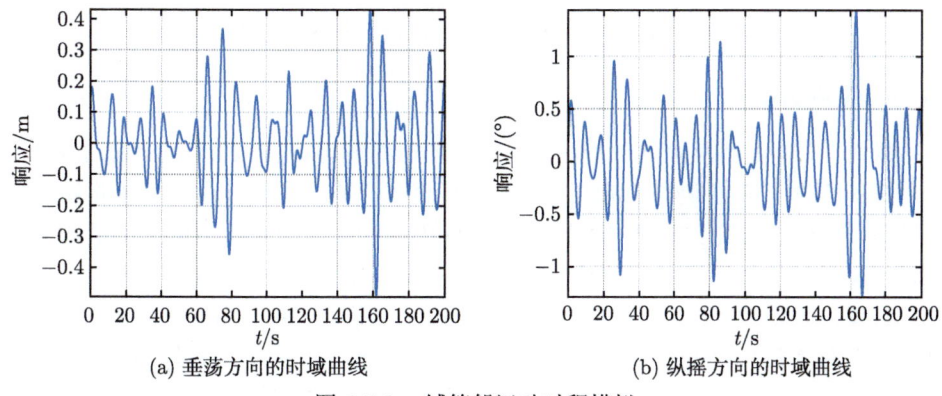

(a) 垂荡方向的时域曲线　　　　(b) 纵摇方向的时域曲线

图 2.5.3　铺管船运动时程模拟

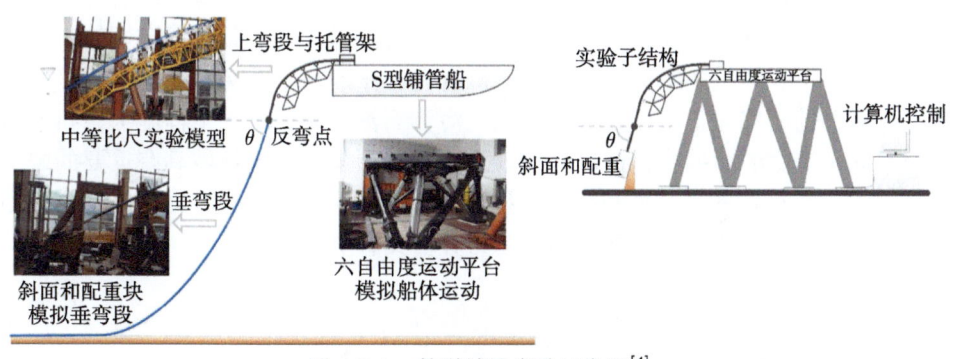

图 2.5.4　管道铺设实验示意图[4]

参 考 文 献

[1] 杨东宇, 张世富, 张冬梅, 等. 海洋管道铺设技术研究现状. 当代化工, 2017, 46(12): 2551-2555.
[2] 张向锋. 深水 S 型铺设托管架基本设计关键力学问题研究. 大连: 大连理工大学, 2014.
[3] 梁辉. 深水 S 型铺设上弯段管道与托管架耦合作用研究. 大连: 大连理工大学, 2019.
[4] Liang H, Zhao Y, Yue Q. Experimental study on dynamic interaction between pipe and rollers in deep S-lay. Ocean Engineering, 2019, 175: 188-196.

(本案例由赵岩供稿)

2.6 水下机械臂动力学与载荷分析

2.6.1 工程背景

众所周知，地球是个蓝色的星球。由于地球的海洋面积极大，甚至超过了地球总面积的 2/3，并且海洋广阔连续，水色偏蓝，于是蓝色星球成为地球的代名词。由于海洋中蕴含大量的资源，可以给人类提供极为丰富的食物和巨大储量的能源，因此，海洋有着重要的战略地位。随着对内陆资源的开采和对海洋油气资源的勘探和认识，各国逐渐认识到内陆资源的局限性，而转向海洋油气资源的开采和利用。在对海洋资源的开发过程中，建造了一系列的海洋工程结构与装备，其中包括海上钻井平台、浮式机场、海洋柔性管道和深海采矿车等[1-2]。与内陆工程结构相比，由于海洋环境的复杂性，海洋工程结构主要承受风、浪、流等随机载荷和周期性载荷，为了结构能够长期安全稳定地运行，还需考虑海水介质对结构的特殊作用，如腐蚀、海生物的影响等。因此，对海洋工程装备进行定期的维护与保养是必不可少的，装配机械臂的水下机器人 (图 2.6.1) 便应运而生。除此以外，水下机械臂的研究与推广还对平台观测、海洋石油开采、水下工程施工、科学考察与研究、海底矿藏勘探、远洋作业以及国家的国防军事等领域具有重要的现实意义[3-5]。机械臂的水动力载荷与结构和流体的相对运动有关，为了保证对机械臂的精准控制，开展水下机械臂的水动力分析具有重大意义。

图 2.6.1 猛禽 Raptor7 水下机械臂[6]

2.6.2 水下机械臂的动力学分析

机械臂的动力学方程建立了关节驱动力矩与其运动的关系，该方程对于水下机械臂的控制具有重要的意义。

2.6 水下机械臂动力学与载荷分析

1. 机械臂的简化模型

真实的机械臂类似于人类的手臂，可以在三维空间中进行灵活的运动，是具有多自由度的复杂系统。为了研究机械臂的动力学，可以将其简化为平面多连杆机构，如图 2.6.2 所示。

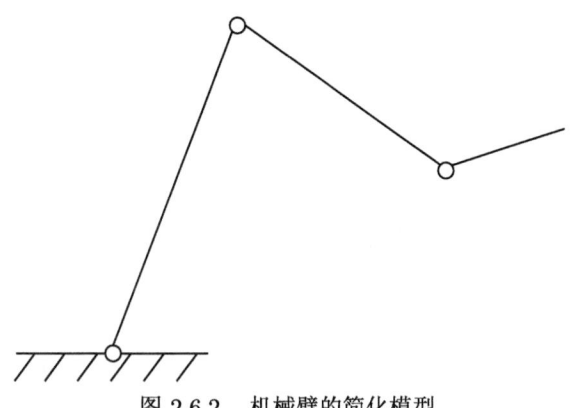

图 2.6.2　机械臂的简化模型

2. 水下机械臂的动力学方程

假设水下机械臂由 n 个连杆组成，定义系统的拉格朗日函数 L 为

$$L(\boldsymbol{q}, \dot{\boldsymbol{q}}) = K(\boldsymbol{q}, \dot{\boldsymbol{q}}) - P(\boldsymbol{q}) \tag{2.6.1}$$

其中，K 和 P 分别为系统的总动能和总势能；$\boldsymbol{q}$ 和 $\dot{\boldsymbol{q}}$ 分别为相应的广义坐标和广义速度向量。

水下机械臂的动力学方程可以用拉格朗日方程表示为

$$\boldsymbol{M} = \frac{\mathrm{d}}{\mathrm{d}t}\left(\frac{\partial L}{\partial \dot{\boldsymbol{q}}}\right) - \frac{\partial L}{\partial \boldsymbol{q}} \tag{2.6.2}$$

其中，$\boldsymbol{M}$ 为 n 个关节对应的 n 维驱动力矩向量。

3. Morison 方程

Morison 方程是莫里森等在 1950 年提出的，主要适用于海洋工程。对小构件，即构件直径与入射波的波长相比尺度较小的结构物，可以采用 Morison 方程计算波浪力[7]。由于流体具有黏性，所以物体在流体中运动时会带动周围的部分流体一起运动，由此会产生附加质量作用。对于处于海洋中的细长结构，其任意一点的水动力载荷由拖曳力 F_D、惯性力 F_I 及附加质量力 F_A 三部分构成，根据

Morison 方程可以分别表示为 [8]

$$F_\text{D} = \frac{1}{2}\rho D C_\text{D} u_\text{r}|u_\text{r}| \tag{2.6.3}$$

$$F_\text{I} = \frac{\pi}{4}\rho D^2 C_\text{M} \dot{u}_\text{w} \tag{2.6.4}$$

$$F_\text{A} = -\frac{\pi}{4}\rho D^2 C_\text{A} \ddot{q} \tag{2.6.5}$$

其中，C_D，C_M 和 C_A 分别为拖曳力系数、惯性力系数和附加质量系数，而且有 $C_\text{A} = C_\text{M} - 1$；$\rho$ 和 u_w 分别为流体的密度和速度；D 和 $\ddot{q}$ 分别为结构的外径和加速度；u_r 为流体与结构的相对速度，可表示为

$$u_\text{r} = u_\text{w} - \dot{q} \tag{2.6.6}$$

Morison 方程是一个半经验公式，其拖曳力系数 C_D 和惯性力系数 C_M 的取值与许多参数相关，通常不是确定的值，受雷诺数、KC(Keulegan-Carpenter) 数和结构外形等影响。所以，这两个系数通常通过实验的方法获得 [9]。

4. 机械臂关节的水动力

为了描述连杆在运动时的水动力，取一个关节 O 和连杆 OB 进行说明，以 O 为原点，OB 方向为横轴建立平面直角坐标系，如图 2.6.3 所示。其中，杆长为 l，连杆上某点 A 距离关节 O 的距离利用横坐标 x 表示。

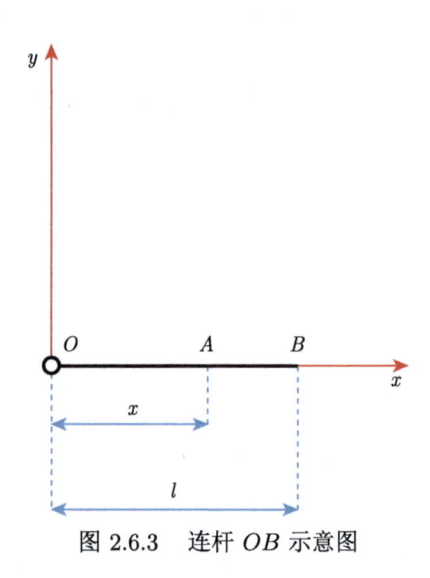

图 2.6.3　连杆 OB 示意图

假设连杆为圆截面的刚体,其水动力的切向作用可以忽略不计,本节只考虑法向作用。在求得连杆上每点的水动力后,可以根据理论力学知识计算机械臂关节的水动力和水动力矩。由于拖曳力、惯性力和附加质量力都是均布载荷,并且分布形式相似,所以本节只介绍关节拖曳力和力矩的计算方法。对于连杆上的 A 点,根据式 (2.6.3),其法向拖曳力可以表示为

$$\mathrm{d}F_\mathrm{D} = \frac{1}{2}\rho D C_\mathrm{D}^n u_\mathrm{r}^n(x)|u_\mathrm{r}^n(x)|\mathrm{d}x, \quad x \in [0, l] \tag{2.6.7}$$

其中,上标 n 表示法向作用,即 C_D^n 为法向拖曳力系数,u_r^n 为海水与连杆的法向相对速度。

根据理论力学中力的平移定理,连杆在 A 点的拖曳力可以转化为作用在关节 O 点处的力和力矩,力的大小和方向与拖曳力 $\mathrm{d}F_\mathrm{D}$ 相同,力矩可以表示为

$$\mathrm{d}M_\mathrm{D} = \frac{1}{2}\rho D C_\mathrm{D}^n x \boldsymbol{u}_\mathrm{r}^n(x)|u_\mathrm{r}^n(x)|\mathrm{d}x \tag{2.6.8}$$

将连杆上所有点的载荷平移到 O 点,可以得到整个关节的拖曳力 $\widehat{F}_\mathrm{D}$ 和拖曳力矩 $\widehat{M}_\mathrm{D}$,分别表示为

$$\widehat{F}_\mathrm{D} = \frac{1}{2}\rho D C_\mathrm{D}^n \int_0^l u_\mathrm{r}^n(x)|u_\mathrm{r}^n(x)|\mathrm{d}x \tag{2.6.9}$$

$$\widehat{M}_\mathrm{D} = \frac{1}{2}\rho D C_\mathrm{D}^n \int_0^l x u_\mathrm{r}^n(x)|u_\mathrm{r}^n(x)|\mathrm{d}x \tag{2.6.10}$$

类似地,关节的其他水动力与力矩同样可以通过积分得到,在此不再赘述。

2.6.3 总结

本节介绍了水下机械臂的动力学与载荷分析方法,根据拉格朗日方程推导了水下机械臂的动力学方程,基于 Morison 方程实现了多连杆简化模型的水动力计算,根据理论力学中力的平移定理计算了机械臂关节的水动力与水动力矩。水下机器人和机械臂等自主可控的灵活机构可以代替人进行操作,省时省力且安全,可以节省大量的成本。实际工程中的水下机械臂是三维结构,具有更高的自由度,同时也会发生变形,具有更为复杂的力学行为。因此,对水下机械臂开展相关的力学研究是未来探索未知海洋领域的必经之路。

参 考 文 献

[1] Dai Y, Yin W, Ma F. Nonlinear multi-body dynamic modeling and coordinated motion control simulation of deep-sea mining system. IEEE Access, 2019, 7: 86242-86251.

[2] 梁辉. 深水 S 型铺设上弯段管道与托管架耦合作用研究. 大连: 大连理工大学, 2019.
[3] 郭锐. 六自由度水下机械臂系统设计及试验. 哈尔滨: 哈尔滨工程大学, 2018.
[4] Sivčev S, Coleman J, Omerdić E, et al. Underwater manipulators: A review. Ocean engineering, 2018, 163: 431-450.
[5] Tang J, Zhang Y, Huang F, et al. Design and kinematic control of the cable-driven hyper-redundant manipulator for potential underwater applications. Applied Sciences, 2019, 9(6): 1142.
[6] https://www.oceaneco.cn/?c=product&m=viewinfo&catid=176&id=185.
[7] 竺艳蓉. 海洋工程波浪力学. 天津: 天津大学出版社, 1991.
[8] Chung J. Morison equation in practice and hydrodynamic validity. International Journal of Offshore and Polar Engineering, 2018, 28(01): 11-18.
[9] Avila J, Adamowski J. Experimental evaluation of the hydrodynamic coefficients of a ROV through Morison's equation. Ocean Engineering, 2011, 38(17-18): 2162-2170.

(本案例由赵岩供稿)

第 3 章 能源动力

3.1 核电结构的抗震性能分析

3.1.1 工程背景

压水堆核电站的燃料传输系统、乏燃料水池吊车及换料机等结构对保障核电站安全运行具有重要的作用。地震环境下系统结构易受到破坏。为减小结构损伤，保障系统安全，对上述结构在地震工况下进行动力计算和强度评定具有重要意义。地震工况主要包括两种，即异常工况 (OBE) 和事故工况 (SSE)[1-3]。其中，异常工况指运行基准地震工况，在该地震工况下核电站继续运行所必需的部件要设计得能保持其功能；事故工况主要指安全停堆地震，在该地震工况下某些结构、系统和部件要设计得能保证反应堆具有安全停堆并能维持这种状态的能力。

频谱分析法在设备抗地震分析中广泛采用，可确定结构上各危险点在整个地震历程中最大的应力和内力。对于三个不同方向输入的地震响应谱，采用平方和的平方根 (SRSS) 方法进行组合。在此基础上考虑自重的最不利影响进行工况组合，并根据得到的当量应力分布进行结构的强度评估。

燃料传输系统 (图 3.1.1) 主要由燃料室结构、转运通道、反应室结构、传输小车、燃料室和反应室的倾翻架、承载器等组成，其功能是在反应堆厂房和燃料厂房之间传送燃料组件。此外，它在反应堆运行期间还可用于隔离反应堆厂房和燃料厂房，以确保安全壳的密封性。燃料传输系统结构复杂，在不同的运行阶段具有不同的结构形态，即构型。

3.1.2 主要结构抗震性能分析

关于抗震强度分析如下。

燃料传输系统在地震条件下会产生复杂的组合变形，主要受地震载荷与自重载荷作用，所以考虑其正负号应使所得的当量应力为最大值。地震反应谱 (图 3.1.2) 取电站反应室 +7.5m 标高处的反应谱 (单层谱包络)，并分别选用了 2% 阻尼比的 OBE(即 0.5SSE) 和 4%阻尼比的 SSE 地震谱[4-6]。针对燃料传输系统的不同构型逐一使用 Block Lanczos 方法进行模态分析[7]，此时一般需要分析参与质量达到 90%以上的振型，由此确定各构型参与质量控制的主模态 (图 3.1.3)。

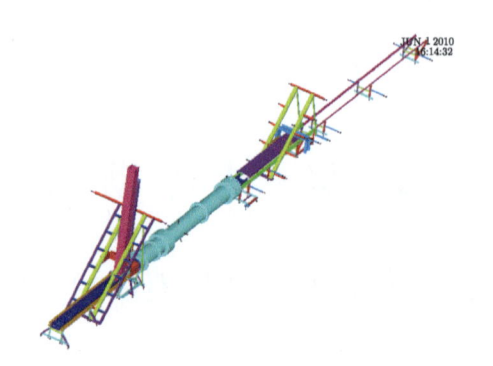

图 3.1.1　燃料传输系统有限元模型

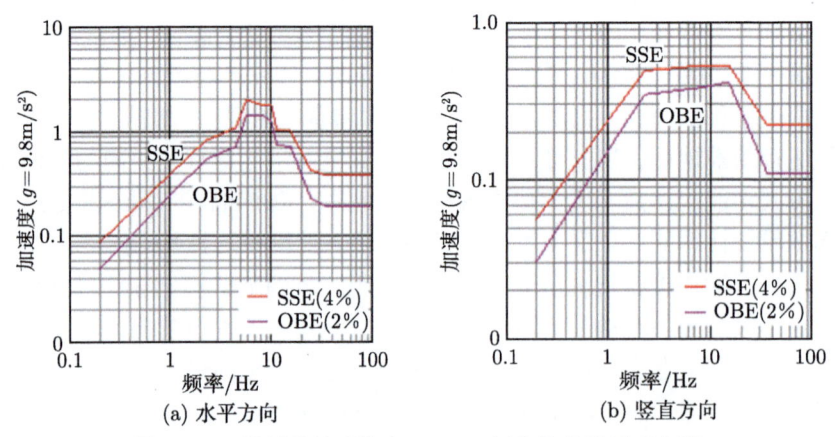

图 3.1.2　燃料传输系统在 +7.5m 标高处的地震反应谱

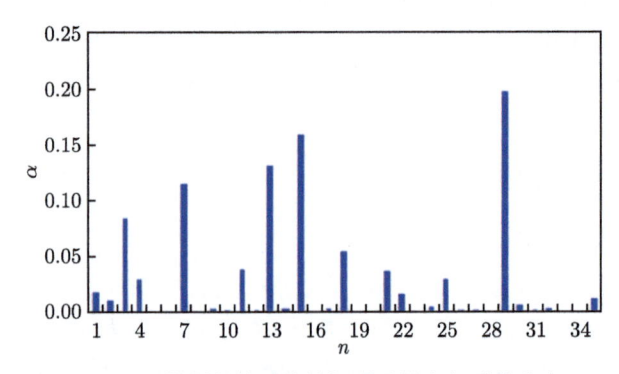

图 3.1.3　燃料传输系统的振型质量参与系数分布

依据 RCCM ZVI2000 弹性分析中的规定，燃料传输系统的当量应力可取为 von Mises 应力，即

3.1 核电结构的抗震性能分析

$$\sigma_{\mathrm{eq}} = \sqrt{\frac{1}{2}\left[(\sigma_1-\sigma_2)^2+(\sigma_2-\sigma_3)^2+(\sigma_3-\sigma_1)^2\right]} \qquad (3.1.1)$$

式中，σ_{eq} 为当量应力；σ_1、σ_2 和 σ_3 分别为第一、第二和第三主应力。

针对异常和事故等不同工况，其强度评定的限值不同，且其当量应力在异常工况和事故工况下应分别小于 $0.3S_{\mathrm{u}}$ 和 S_{y}，其中 S_{u} 为材料的抗拉强度，S_{y} 为材料的屈服强度。与此同时，温度对材料性能的影响也应纳入考虑范围之内。

针对燃料传输系统的不同构型，按照 RG 1.92(地震响应分析的模态响应组合和空间分量组合) 的规定分别对其进行 OBE 和 SSE 工况下的抗震性能计算，确定 OBE 和 SSE 工况下的结构当量应力分布 (图 3.1.4)。结果表明，在异常工况和事故工况下，传输系统各种构型的当量应力均低于其应力限值。这说明燃料传输系统的强度符合 RCCM 的规范要求，结构满足抗震性能。

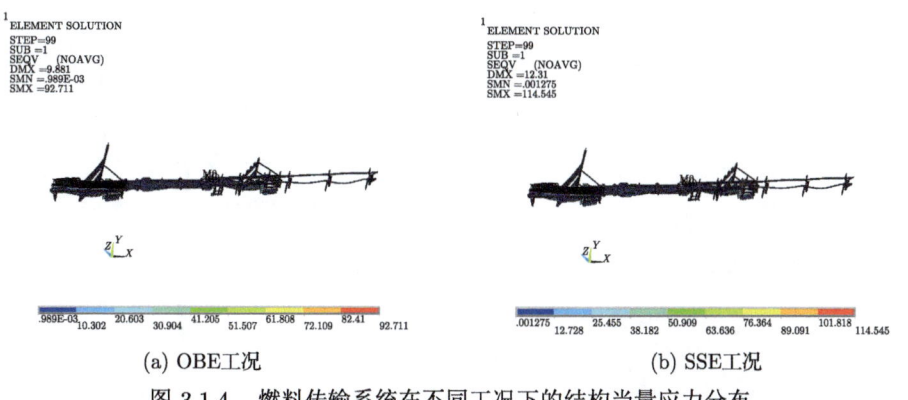

(a) OBE工况　　　　　　　　　　(b) SSE工况

图 3.1.4　燃料传输系统在不同工况下的结构当量应力分布

乏燃料水池吊车 (图 3.1.5) 安装在充满硼酸水的乏燃料贮存水池上方，是压水堆核电站乏燃料厂房内的主要燃料装卸设备，由移动式桥架大车、运行小车、起升结构、驱动机构、定位系统和电气控制设备组成。该结构主要用于吊装、转运新燃料组件和乏燃料组件，更换或抽插控制棒组件、阻流塞组件和中子源组件及其他各种工具。类似于桥式吊车，乏吊安装有起升机构及平动装置，用于在乏燃料厂房中沿三个方向操作燃料组件，并且可接近装在乏燃料水池内的设备。

换料机 (图 3.1.6) 是压水堆核电站装卸核燃料的关键设备之一，主要由移动式桥架大车、运行小车、辅助塔吊和塔座式带抓具的伸缩套筒组成。其基本任务是在安全壳内将新燃料组件装入堆芯的指定位置，将乏燃料组件卸出堆芯运送到装运系统的预定位置，补充新的燃料构件进行燃料循环，排空堆芯中的燃料组件并进行再装料。

(a) 整体结构　　　　　　　　　　　　(b) 有限元模型

图 3.1.5　乏燃料水池吊车

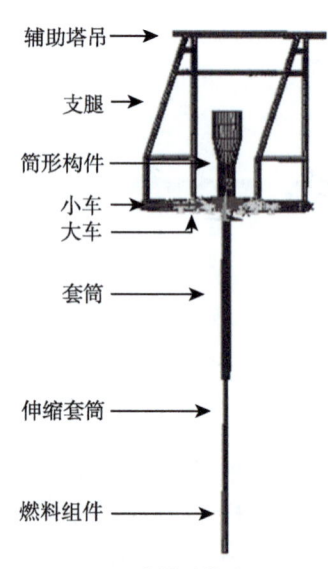

(a) 整体结构　　　　　　　　　　　　(b) 有限元模型

图 3.1.6　换料机及其有限元模型

乏燃料水池吊车和换料机的抗震性能分析与燃料传输系统的做法类似，最终也可得到不同事故工况下的当量应力分布（图 3.1.7）。若各构件的当量应力均低于其应力限值，则说明整个结构的强度符合 RCCM 的规范要求，结构满足抗震性能。

(a) 大车横梁

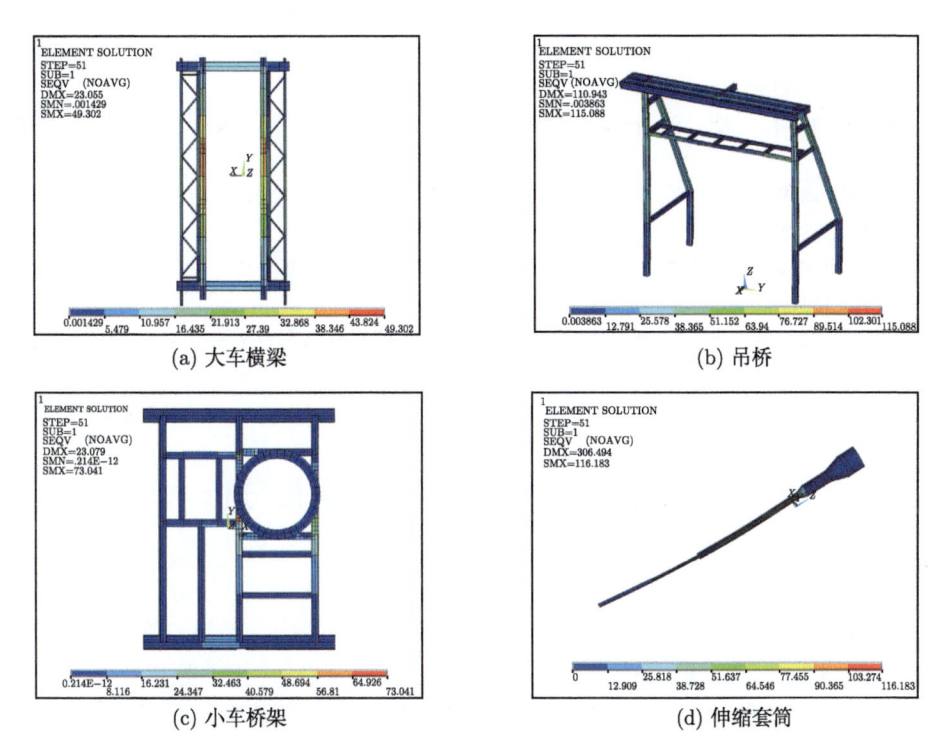

(b) 吊桥

(c) 小车桥架

(d) 伸缩套筒

图 3.1.7　事故工况下乏燃料水池吊车主要结构 Z 向当量应力分布

3.1.3　总结

核电工程结构与机械设备中的许多构件在载荷作用下所发生的变形往往包括两种或两种以上的基本变形，这样的变形就称为组合变形。分析组合变形问题时，可先将外力进行分解或简化，把构件上的外力转化成几组静力等效的载荷，每组载荷对应着一种基本变形[8,9]。对于小变形与线弹性情况，可用叠加原理分别计算每种变形下截面上某点的应力，然后叠加为组合变形时该点的应力。

本节针对核电工程中重要结构的抗震性能，对三个方向地震作用下的应力进行叠加分析，是组合变形分析的典型工程应用。

参 考 文 献

[1] 洪景丰. 核电厂地震分析综述. 核动力工程, 1996, 17(3): 193-198.
[2] 王明弹, 凌云, 王晓雯, 等. 先进核电厂半球顶安全壳抗震分析. 原子能科学技术, 2008, 42(S1): 401-407.
[3] 谭忠文, 王海涛, 何树延. 核电厂大型组合结构的有限元抗震分析方法研究. 核科学与工程, 2008, 28(2): 188-192.
[4] Zhang Z, He S, Xu M. Seismic analysis of liquid storage container in nuclear reactors. Nuclear Engineering and Design，2007, 237(12): 1325-1331.

[5] Sinha J K. Simplified method for the seismic qualification using measured modal data. Nuclear Engineering and Design,2003, 224(2): 125-129.
[6] 李建丰, 徐鸿, 王楠, 等. 设备地震响应的频谱分析法. 北京化工大学学报, 2003, 30(1): 57-60.
[7] 贾晓峰, 周国丰, 毕祥军, 等. 大型压水堆核电站换料机的强度分析. 核科学与工程, 2010, 30(3): 258-265, 271.
[8] 侯硕, 贾晓峰. 压水堆核电站燃料厂房核燃料转运系统的抗震分析. 核科学与工程, 2013, 33(3): 314-320.
[9] 贾晓峰, 刘鹏亮, 毕祥军, 等. 压水堆核电站燃料传输系统抗震性能有限元分析. 核科学与工程, 2012, 32(3): 277-283.

(本案例由季顺迎供稿)

3.2 核反应堆压力容器安全性分析

3.2.1 工程背景

压力容器的前身——蒸汽锅炉、气缸和冷凝室的发明, 是第一次工业革命的开端。20 世纪上叶, 随着第一次世界大战的爆发, 机械、化工等行业快速发展, 压力容器逐渐发展为在高温、高压工作环境下运行的重要载体。然而, 由于缺乏科学理论的指导, 压力容器在运行过程中常常发生爆炸、泄漏等危险事故, 导致生产功能停止。此外, 压力容器失效导致的二次灾害使得人的生命难以得到保证。当时, 美国机械工程师学会 (ASME) 颁布了第一部《锅炉建造规范》[1]。第二次世界大战之后, 科学技术愈发发达, 火力发电已经不能再满足社会电力需求, 随着第一个核反应堆的建造, 人类历史上第一次实现了核能发电。当今世界最先进的核反应堆压力容器的运行压力在 15.5MPa 左右, 工作出口温度为 321.1°C。

我国的核能产业起步于 20 世纪 70 年代。在科研人员的不懈努力下, 我国已经成为全球少有的拥有完整核工业体系的国家。2018 年, 我国首个完全自主知识产权的三代核电创新成果 "华龙一号"(图 3.2.1) 全球首堆在福清核电 5 号机组首次并网发电, 标志着我国跻身核电技术先进国家行列[2]。核反应堆运行期间, 一是需要确保充足的用水量、核电厂混凝土结构及反应堆结构能够承受洪涝灾害; 二是反应堆压力容器能够在严重事故下满足安全性, 预防严重事故下导致的核泄漏、核污染等严重的生态灾害, 保障人民的生命安全, 避免发生类似日本福岛核电站事故。

在压力容器服役期间, 常常需要对堆芯进行操作 (图 3.2.2)。倘若发生严重事故, 裂变反应无法终止, 堆坑注水系统开启, 冷却水的流动与压力容器外壁面的沸腾换热可及时导出堆芯衰变热, 保证熔融物滞留在堆内。然而, 当堆芯熔融物滞留在压力容器下封头时, 高热流密度边界会直接作用在压力容器内壁面, 此

3.2 核反应堆压力容器安全性分析

时衰变热虽可通过压力容器外壁面导出，但内壁面仍不可避免地发生烧蚀现象使其变薄，进而产生巨大的高温应力，最终导致断裂破坏 (图 3.2.3)。为保证压力容器运行过程中的安全性，需要对其变形进行力学分析。然而，压力容器结构庞大，其内部载荷也颇为复杂，实地进行试验往往耗时耗力。因此，从力学理论的角度进

图 3.2.1 "华龙一号"核反应堆压力容器[3]

图 3.2.2 将燃料组件放入堆芯[4]

图 3.2.3 压力容器下封头断裂破坏[5]

行分析是严重事故下压力容器安全性能校核的一个有效途径。

3.2.2 动力学分析

采用力学方法对压力容器进行分析时,一种简便的方法是将压力容器看成由一系列的足够密的物质点组成,每个质点与其相邻的质点之间具有相互作用,同时每个质点也受到温度载荷的影响。结构的变形及运动可以由构成该结构的质点的运动来表征[6],而其运动则由牛顿第二运动定律给出,即

$$m_i \boldsymbol{a}_i = \boldsymbol{f}_i^{\mathrm{D}} + \boldsymbol{f}_i^{\mathrm{T}} \tag{3.2.1}$$

其中,m_i 和 $\boldsymbol{a}_i$ 分别表示第 i 个质点的质量和加速度;$\boldsymbol{f}_i^{\mathrm{D}}$ 与 $\boldsymbol{f}_i^{\mathrm{T}}$ 分别代表由约束及温度引起的质点 i 上的外力。

此外,当堆芯熔融物滞留时,压力容器的安全性分析需要考虑材料的塑性及蠕变行为。结构的断裂安全判定可以由最大伸长线应变理论[7]给出:

$$\varepsilon \leqslant \varepsilon_{\mathrm{u}} \tag{3.2.2}$$

其中,ε_{u} 为压力容器材料的断裂应变。

压力容器一般采用 16MnD5 钢材料制成,其断裂应变可取为 $\varepsilon_{\mathrm{u}} = 0.11$,采用最大伸长线应变理论预测获得的压力容器在堆芯熔融严重事故发生下的断裂分析结果如图 3.2.4 所示。分析表明,压力容器在塑性、蠕变、高温及 24MPa 的内压环境的共同作用下,首先于烧蚀后薄弱区域外壁开始断裂,在短时间内快速延伸至内壁,该数值分析结果与实验结果吻合良好。结构裂纹的扩展导致压力容器结构失效,产生不可逆的破坏及二次灾害。

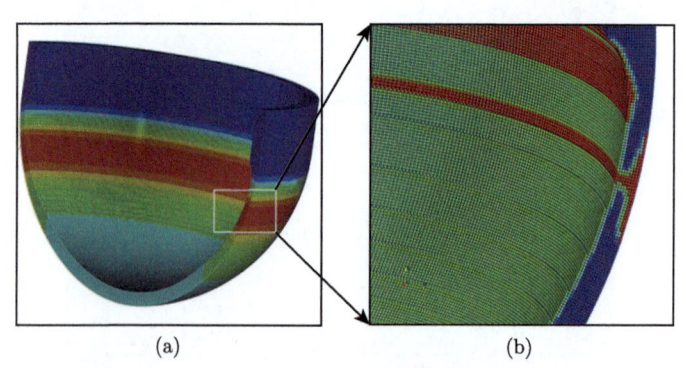

图 3.2.4 压力容器 (a) 堆芯熔融 51h 断裂前位移云图和 (b) 堆芯熔融 52h 后断裂路径

3.2.3 总结

总的来看,采用最大伸长线应变理论的分析方法对压力容器的安全性进行分析具有良好的效果,当结构的某一处应变数值达到临界阈值时,判断其为断裂失

效。该方法简单有效，在面对大型压力容器结构分析时具有简单快捷的优势。但是，这种方法仍然是基于单一的应变变量来进行判断的，而没有深入考虑压力容器在外载荷作用下的复杂应力状态、塑性阶段的损伤表现、蠕变第三阶段的应变加速现象及正常服役情况下的疲劳效应，在断裂准则的选取上偏于乐观，不能完全涵盖压力容器安全性分析的方方面面。因此，研究不同的失效模式，实现全方位压力容器安全性分析理论的研究，仍是需要不断探索的重要方向，也是支撑我国成为核能技术大国的重要保障。

参 考 文 献

[1] 轩福贞, 宫建国. 基于损伤模式的压力容器设计原理. 北京：科学出版社, 2020.
[2] 张延克, 李闽榕, 尹卫平, 等. 中国核能发展报告. 北京：社会科学文献出版社, 2021.
[3] "华龙一号" 全球首堆压力容器成功吊装. http://www.gov.cn/xinwen/2018-01/29/content_5261685.htm#1.
[4] "华龙一号" 示范工程第 2 台机组带核调式. http://www.gov.cn/xinwen/2021-11/07/content_5649641.htm#1.
[5] Mao J F, Zhu J W, Bao S Y, et al. Creep deformation and damage behavior of reactor pressure vessel under core meltdown scenario. International Journal of Pressure Vessels and Piping, 2016, 139: 107-116.
[6] Liu Z H, Zhang J Y, Zhang H B, et al. Time-discontinuous state-based peridynamics for elastic-plastic dynamic fracture problems. Engineering Fracture Mechanics, 2022, 266: 108392.
[7] 王博, 马红艳. 材料力学. 北京：高等教育出版社, 2018.

(本案例由郑勇刚供稿)

3.3 大型压缩机主轴–叶轮装配中的力学问题

3.3.1 工程背景

大型离心式压缩机 (图 3.3.1) 在国家经济发展中扮演着十分重要的角色，涉及动力、能源、制冷、化工、石油、电力、冶炼、采矿等诸多重要工业领域，是真正的国之重器。随着现代工业生产对效率的不断追求，离心式压缩机向着高转速、高压比、大流量的方向发展，即大型化和超大型化是离心式压缩机的发展趋势。然而，大型化和超大型化在提高效率的同时也带来了很多新的技术难题，如叶轮尺寸增加导致的离心力增加，容易引起结构疲劳破坏、叶片断裂、喘振以及可靠性不足等问题。与此同时，大型化导致在制造工艺上也遇到了很大的挑战，如叶轮在加工时的加工误差，装配时的定位误差等，其中最突出的还是叶轮和主轴在热装配时主轴可能发生的弯曲变形问题，而且随着压缩机尺寸的增加，弯曲变形的程度和发生频率也会增加。主轴一旦发生弯曲变形，使用过程中压缩机很容易出现异常震动、产生较大噪声，导致可靠性降低、失稳、与轴承磨损以及疲劳甚至断裂等一系列问题。如果弯曲过大不满足生产工艺的要求，必须返工，甚至直接报废，这必定会影响生产周期和产品进度，增加生产成本，也影响企业声誉。因此，解决大型压缩机主轴-叶轮装配弯曲问题具有重要意义，而其中又涉及诸多材料力学的相关知识。

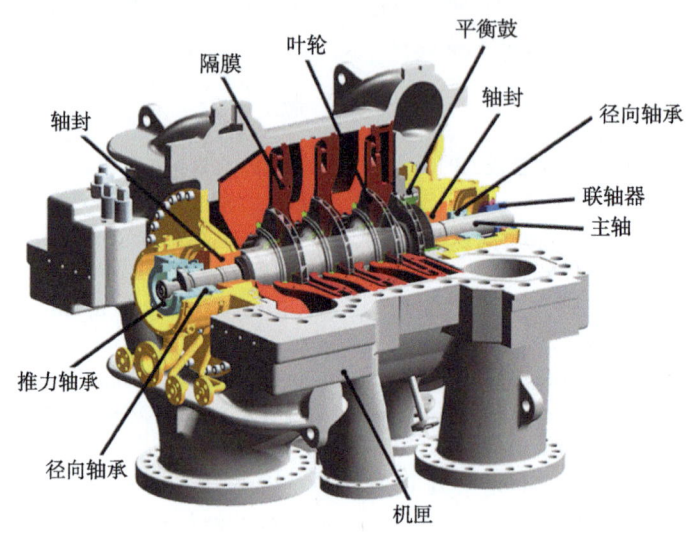

图 3.3.1　压缩机典型结构示意图[1]

3.3.2　主轴弯曲变形分析与解决方案

图 3.3.2 是某压缩机主轴-叶轮装配有限元模型，下面我们将结合图 3.3.2 对主轴弯曲的可能原因进行分析。为了确保叶轮与主轴紧密相连，工程中一般采取过盈装配，即叶轮内孔直径小于主轴外径，两者之差即为过盈量。为了将两者装配上，需要将叶轮加热，根据材料力学的知识可知，叶轮受热后会整体膨胀使内孔扩大，计算好加热温度使内孔直径大于主轴外径后再将叶轮套装到主轴上，待安装到位后使装配好的主轴和叶轮冷却，叶轮会收缩并与主轴紧密配合，此即主轴与叶轮的过盈热装过程。如果叶轮与主轴结构和材料沿周向完全对称、尺寸加工没有误差、降温均匀，叶轮与主轴装配好之后的受力如图 3.3.3 所示，主轴应保持平直。然而，实际装配后的冷却过程往往是不均匀的，如夏天时装配车间一般都会开大功率风扇降温，叶轮热胀冷缩变形沿周向将是不均匀的，主轴必发生弯曲，但如果叶轮内孔与主轴表面没有摩擦力，经过一段时间冷却后叶轮与主轴都全部降至环境温度，初期的不均匀变形将最终消失，轮收缩后产生的周向压力沿周向也将具有对称性，从而会促使主轴弯曲变形完全恢复。整个过程的受力变

3.3 大型压缩机主轴–叶轮装配中的力学问题

化如图 3.3.4 所示。由于界面上的摩擦力总是存在的,所以实际受力如图 3.3.5 所示,界面上的摩擦力将使主轴始终保持弯曲状态。这一变化过程可以通过详细的有限元分析来加以验证,发现当将界面摩擦系数设为零时,无论初始弯曲变形如何,最终都会恢复,但由于其涉及许多材料力学和理论力学以外的知识,本节对此不作详细介绍。总之,实际装配环境的复杂性可能诱发主轴弯曲变形。接下来我们将通过对叶轮进行简单的设计来减小主轴弯曲变形的幅度[2,3]。

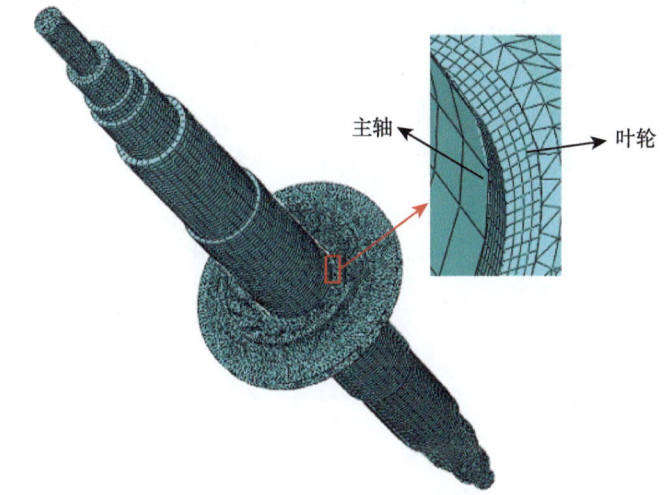

图 3.3.2 某压缩机主轴–叶轮装配有限元模型[2,3]

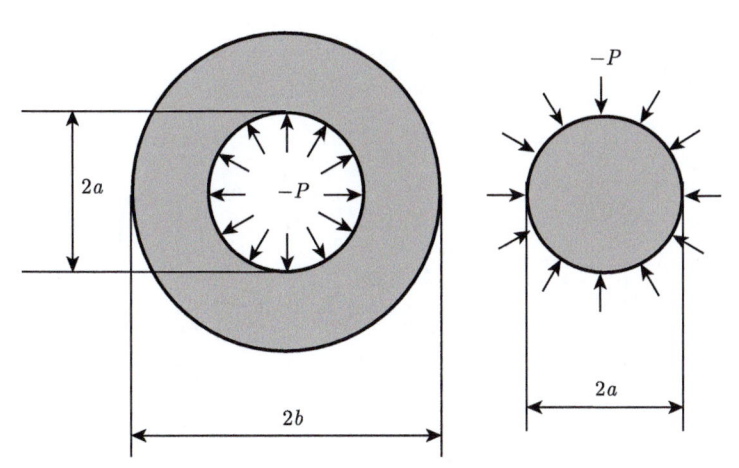

图 3.3.3 主轴–叶轮装配好后的受力示意图

由材料力学知识可知,一定是有垂直于主轴轴线方向的弯矩才能使主轴产生弯曲变形,而从图 3.3.5 可以看出,这一弯矩的大小主要由摩擦力和摩擦力作用区域沿轴线方向的长度共同决定。由于主轴与叶轮界面上必须有足够的摩擦力来传递旋转时的扭矩，所以减小摩擦力可能会带来其他副作用，于是我们尝试减小叶轮与主轴的接触长度。具体设计方案如图 3.3.6 中的插图所示，即在叶轮一侧去掉部分材料，有限元模拟显示该方法的确可以减小主轴弯曲变形，但实际产品还需要考虑其他问题，其中就包括界面接触压力，如果接触压力大于材料的屈服极限，结构就有可能失效，所以必须综合分析上述设计对界面接触压力的影响。经过有限元分析发现，图 3.3.6 中这种设计会在材料去除部位产生严重的应力集中，图 3.3.7 给出了去除材料后界面接触压力的影响结果，图中 δ_L 表示去除材料的相对比例。可以看到去除材料以后，豁口处最大接触压力值大幅增加，是不开口时最大接触压力值的约 2.2 倍，对结构安全产生不利影响，需要提出改进方案，但在此之前我们有必要基于材料力学的知识对此现象产生的原因进行定性分析。

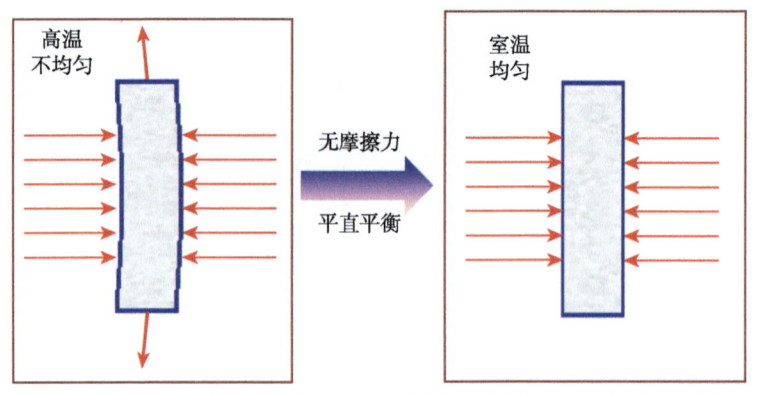

图 3.3.4　主轴–叶轮装配后降温不均时的受力变化示意图 (无摩擦力)

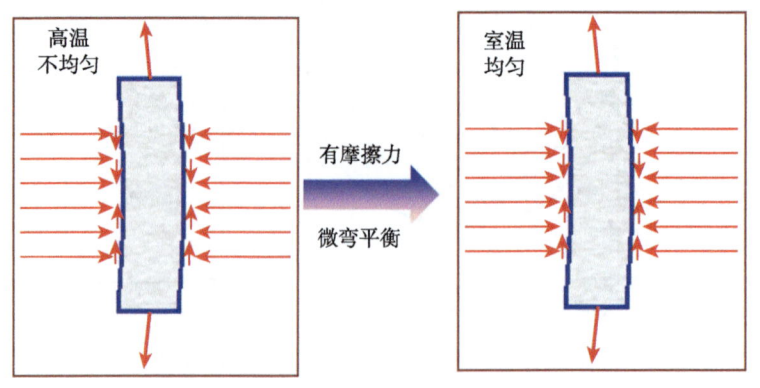

图 3.3.5　主轴–叶轮装配后降温不均时的受力变化示意图 (有摩擦力)

3.3 大型压缩机主轴-叶轮装配中的力学问题

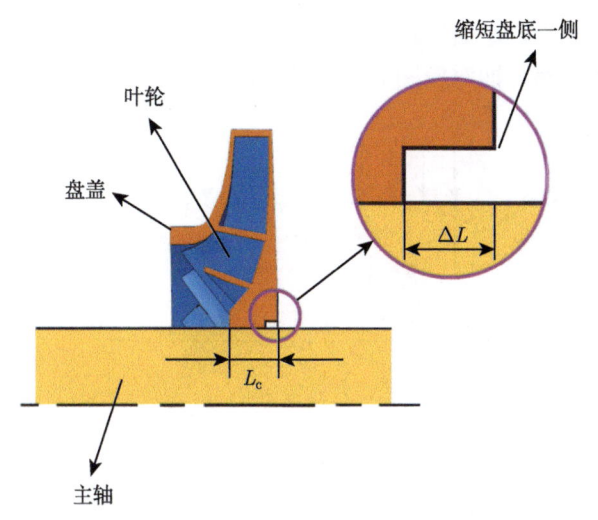

图 3.3.6 在轮盘端部去除部分材料

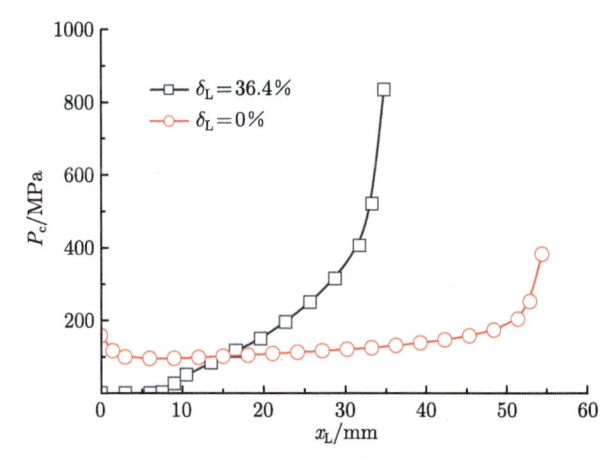

图 3.3.7 去除材料之后主轴沿轴向方向的界面接触压力变化

当叶轮加热装配后，随着温度的降低，叶轮将收缩。如果叶轮没有材料去除，叶轮与主轴接触并产生接触压力，在边缘处需要额外的力使附近未接触区产生变形，所以在接触区边缘会产生应力集中。当去除材料后，去除部分因为没有与主轴接触，所以变形阻力小，将产生更大的收缩变形。此时结构受力可简单用图 3.3.8 来说明，叶轮可以看成一根与主轴有法向相互作用的梁 (可以想象成沿轴向有一串只能受压的弹簧，受拉就意味着界面脱离，不会有力的作用)，轮盘与主轴的接触压力就相当于图 3.3.8 中的支反力，豁口处就相当于一段外伸梁，豁口交界处就相当于一个支点。基于材料力学很容易分析出叶轮与主轴的接触压力的大致分布，在支点处必然支反力最大，而外伸部分的力形成的力矩作用将会使左端有被翘起的趋势，势必导致左端接触压力减小。在理论上，只要去除部分长度足够大，左端将出现界面脱离，即对应图 3.3.7 中接触压力为零的部分。

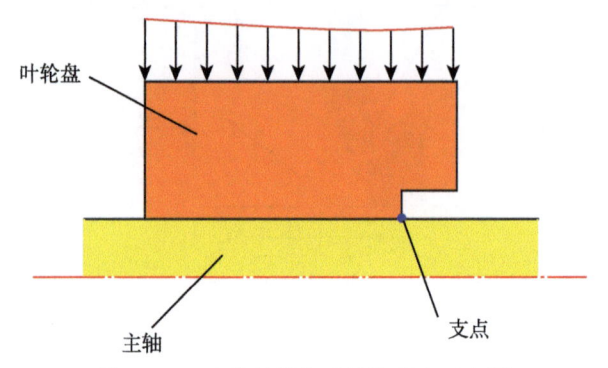

图 3.3.8　去除材料之后结构受力示意图

通过上面的分析可知，去除部分材料可以减小接触区长度，从而减小主轴弯曲变形，但这种设计会引起较大的应力集中，所以具体去除多少长度需要经过精确计算。此外，上述分析都是静态分析，而压缩机是在一定转速下工作的，根据材料力学相关知识可知，叶轮会受到一定的离心力作用，内孔会产生一定的膨胀。根据材料力学相关知识可知，叶轮会受到一定的离心力作用，内孔会产生一定的膨胀。根据材料力学中旋转构件的动应力特点可知，此时叶轮与主轴接触压力会大幅减小，去除材料导致的应力集中程度也大幅减小[3]。此外，除了在接触部分直接去除材料，还可以在叶轮盘端面上设置如图 3.3.9 所示的环形豁口，不仅可以

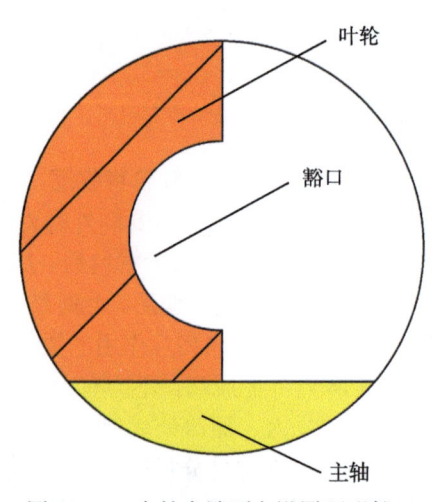

图 3.3.9　在轮盘端面上设置环形豁口

大幅度减小主轴弯曲变形，而且还可以避免出现严重的应力集中现象以及确保可传递扭矩值不减小，起到一举多得的效果[4]，其内在原理也可由简单的材料力学知识推导得出。

3.3.3 总结

通过上述案例可以看出，实际工程问题往往是复杂的，可能涉及多种学科相关知识，本案例的主轴与叶轮装配过程中的弯曲变形问题就涉及传热、接触、摩擦等较为复杂的问题，但仍然可以基于材料力学相关知识进行定性分析，帮助我们理解问题的关键因素，从而指导改进结构设计的方向，最终能够帮助提高结构的综合性能。

参 考 文 献

[1] https://thepipingtalk.com/centrifugal-compressor-parts-their-function/.
[2] 马国军, 高俊福, 郭峰, 等. 压缩机主轴–叶轮摩擦性能及过盈装配主轴弯曲变形研究. 大连理工大学学报, 2015, 55(6): 575-581.
[3] 高俊福. 大型离心压缩机主轴热装弯曲机理研究. 大连：大连理工大学, 2013.
[4] 马国军, 吴承伟, 刘向东, 等. 一种减小主轴–叶轮装配应力和主轴弯曲变形的设计方法. 发明专利, ZL201711154733.0.

(本案例由马国军供稿)

3.4 输电塔架结构分析及设计

3.4.1 工程背景

电力在社会生产和人民生活中具有举足轻重的作用。在电力系统中，输电线路是进行电能传输的关键环节，而塔架结构是输电线路的重要组成部分。塔架不仅需要满足安全性和经济性的要求，还必须适应不同地理和气候条件。力学分析有助于结构设计、风载荷分析和材料选择。通过深入探究塔架结构的力学行为，可以确保结构设计的科学性、可靠性和适应性，以满足现代电力系统的要求。

目前，常用的输电塔架结构形式包括"上"字型、酒杯型、"干"字型、鼓型、V字型等[1]。其中，"上"字型塔架主要用于轻雷及轻冰地区导线截面较小的输电线路，适合110kV及以下电压等级；酒杯型塔架主要用于220kV及以上电压等级的输电线路，特别适合重冰区及多雷区；"干"字型塔架是我国220kV及以上电压等级输电线路的常规塔架（图3.4.1），其受力清晰直接，构造较为简单，造价较低；鼓型塔架应用于覆冰较重地区的输电线路，可以有效避免输电导线脱冰跳跃时发生碰线闪络事故；V字型塔架施工方便，耗钢量低，常用于人烟稀少地域的输电线路，便于利用直升机运输和安装。根据整体稳定受力特点，输电塔架可分为自立式塔架和拉线式塔架。其中，自立式塔架是靠自身基础维持结构稳定性，主要采用"上"字型、酒杯型、"干"字型、鼓型等结构型式；而拉线式塔架主要靠拉线维持整体稳定性，主要采用"上"字型、V字型等结构型式。

图 3.4.1 "干"字型塔架结构[2]

输电塔架服役环境较为复杂，在服役过程中往往承受多种载荷的作用，如永久载荷和可变载荷。其中，永久载荷主要包括设备自重、拉线的初始张力、土压力及预应力等载荷，这些载荷通常是不随时间变化的；可变载荷在结构使用期间其值是随时间变化的，主要包括风载荷、冰(雪)载荷(图 3.4.2)、安装附加载荷、结构变形引起的次生载荷、各种动力载荷(如地震载荷)和导线张力等。

在上述复杂的服役载荷作用下，输电塔架必须具有足够的抵抗破坏的能力，即具有足够的强度，满足一定的承载能力要求，才能保证输电线路稳定可靠运行。如果塔架缺乏足够的强度，就容易发生倒塌事故(图 3.4.3)，造成经济损失和资源浪费。所以，在输电塔架的设计过程中对其进行必要的强度分析是至关重要的。通常输电塔架的强度分析过程为：首先，确定塔架的呼称高度、横担长度、上下横担的垂直距离和地线支架高度等外形尺寸；其次，根据外形尺寸和载荷分布情况计算塔架各构件的内力和应力；最后，根据整体应力分布情况和材料的标准强度来调整塔架外形，直至满足设计要求。

图 3.4.2 输电塔架上的冰(雪)载荷[3]

图 3.4.3 输电塔架倒塌事故[4]

3.4.2 结构分析及设计

1. 结构强度分析

在输电塔架的强度分析过程中，计算内力是至关重要的一步。对于静定的输电塔架而言，目前常采用的计算方法之一是将其简化为由理想铰链连接而成的空间桁架，进而采用理论力学中的节点法建立空间三个方向上的静力平衡方程，并联立求解相关线性代数方程组，从而获得各个构件的内力。对于其中某一节点，其静力平衡方程可写成如下形式：

$$\sum_{i=1}^{N_k} \boldsymbol{F}_i + \boldsymbol{F}_{\text{ext}} = 0, \quad k = 1, 2, \cdots \tag{3.4.1}$$

其中，k 表示节点号；N_k 表示第 k 个节点所连接的杆的数目；$\boldsymbol{F}_i$ 为杆 i 的内力矢量 (即轴向力)；$\boldsymbol{F}_{\text{ext}}$ 为作用在第 k 个节点上的外力矢量。当求出某根杆的内力后，就可以计算出该杆的应力 σ_i，即

$$\sigma_i = \frac{|\boldsymbol{F}_i|}{A_i} \tag{3.4.2}$$

其中，$\boldsymbol{F}_i$ 为杆 i 的内力矢量的大小；A_i 为杆 i 的截面积。当获得应力后，就可以通过与构成该杆的材料的许用应力进行比较判断杆件的安全性。

事实上大多数输电塔架都是 "超静定结构"，即结构中未知的力比由式 (3.4.1) 得出的方程要多，仅靠刚体静力学方法无法求出结构中的所有内力，需要考虑结构受力而发生的变形来补充相应的方程[5]。根据平衡条件和变形协调关系计算超静定空间桁架结构，得出各构件内力分布情况，并进行强度校核。进一步，当结构和载荷较为复杂时，不能简单地将其简化为桁架。在实际的强度分析过程中，可以利用杆系有限元方法建立塔架结构的计算力学模型，在计算各构件内力的同时得出结构的变形情况和应力分布情况，这一过程可借助有限元软件实现，以提高分析效率。

总体来说，输电塔架结构强度分析主要采用极限状态法，即当结构或其一部分超过某一特定状态，而不能满足设计规定值时，则认为结构进入失效状态，该特定状态即为极限状态。利用这种强度分析方法确定结构的极限承载能力，可以契合输电塔架超静定结构的特征，将结构性能尽可能发挥到最大[7,8]。

2. 结构优化设计

在输电塔架的设计中，不仅要考虑结构形式对结构强度的影响，同时也要考虑其对结构经济性的影响，因此通常需要采用优化的方法对塔架结构进行优化设计。针对塔架结构的优化设计，通常选取其总重量作为目标函数，并考虑各个杆件在外载荷作用下的实际应力应小于材料的许用应力以及结构中最大位移应在某一限定范围之内等约束条件，以优化结构的尺寸、空间分布等，从而使得结构的总重量最小。通过这种方法设计出来的结构不仅可满足强度要求，同时还能减少用材，节约成本[9-11]。图 3.4.4 展示了基于杆系有限元静力分析方法及混沌优化方法的塔架结构优化，该塔架由 25 杆组成，其在满足应力和位移等多种约束条件的情况下，通过优化截面尺寸极大地提高了材料的利用效率。

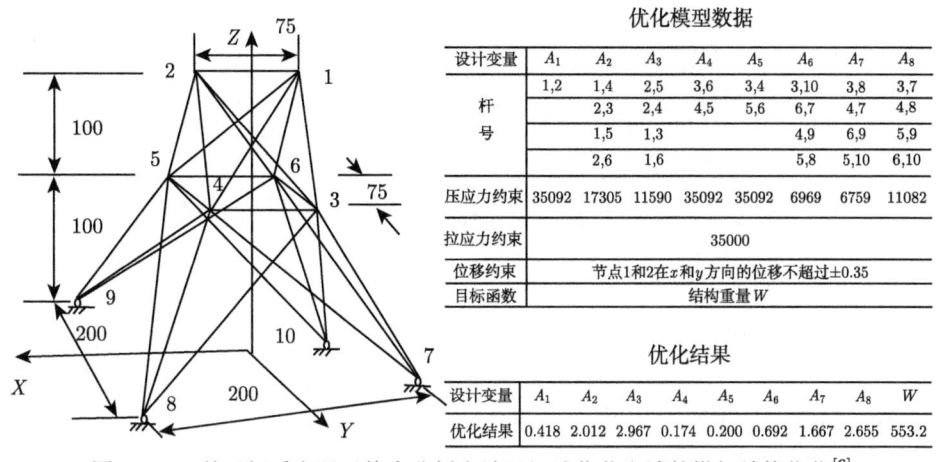

3.4 输电塔架结构分析及设计 · 139 ·

优化模型数据

设计变量	A_1	A_2	A_3	A_4	A_5	A_6	A_7	A_8
杆号	1,2	1,4	2,5	3,6	3,4	3,10	3,8	3,7
	2,3	2,4	4,5	5,6		6,7	4,7	4,8
	1,5	1,3				4,9	6,9	5,9
	2,6	1,6				5,8	5,10	6,10
压应力约束	35092	17305	11590	35092	35092	6969	6759	11082
拉应力约束	35000							
位移约束	节点1和2在x和y方向的位移不超过±0.35							
目标函数	结构重量W							

优化结果

设计变量	A_1	A_2	A_3	A_4	A_5	A_6	A_7	A_8	W
优化结果	0.418	2.012	2.967	0.174	0.200	0.692	1.667	2.655	553.2

图 3.4.4 基于杆系有限元静力分析方法及混沌优化方法的塔架结构优化[6]

3.4.3 总结

本案例展示了基于理论力学静力学知识以及材料力学强度理论的输电塔架的强度分析及校核方法，同时也指出了更为复杂的杆系有限元分析方法的重要性以及基于结构优化思想的输电塔架的结构优化设计。需要指出的是，上述方法主要是建立在静力分析的基础之上，而没有深入考虑输电塔架的动力特性，若在强度设计过程中盲目地选取过大的动载荷影响因子，不仅会增大塔架的重量，而且还不能完全避免由动态应力、应变等动力因素引起的结构破坏。因此，深入研究塔架结构的相关动力特性，实现由静力设计到动力设计的跨越，仍然是目前需要重点考虑的问题。

参 考 文 献

[1] 刘树堂. 输电杆塔结构及其基础设计. 北京: 中国水利水电出版社，2005.
[2] 中华人民共和国中央人民政府. 吉林延边：16万户用户恢复供电. 2020. http://www.gov.cn/xinwen/2020-11/22/content_5563345.htm#1.
[3] 中华人民共和国中央人民政府. 踏雪巡线保供电. 2021. http://www.gov.cn/xinwen/2021-01/13/content_5579472.htm#1.
[4] 中国政府网. 南昌至抚州主干网线铁塔倒塌. 2008. http://www.china.com.cn/photo/txt/2008-02/02/content_9638401.htm.
[5] 哈尔滨工业大学理论力学教研室. 理论力学 (I). 7 版. 北京：高等教育出版社，2009.
[6] 赵国忠，郑勇刚，顾元宪. 结构设计中的混沌优化方法及其改进. 计算力学学报，2005，22(1)：64-68.
[7] 陈祥和，刘在国，肖琦. 输电杆塔及基础设计. 2 版. 北京：中国电力出版社，2013.
[8] 祝贺，王娜. 输电线路工程概论. 北京：中国电力出版社，2016.

[9] 张春阳，邓薇. 输电线路杆塔结构优化设计解析. 中国新技术新产品, 2017, 11：94-95.
[10] 张晓迎. 架空输电线路杆塔结构设计相关问题分析. 民营科技, 2010, 5：53.
[11] 曲以楠. 输电线路杆塔结构优化设计分析. 中国新技术新产品, 2018, 12：116-117.

(本案例由郑勇刚供稿)

3.5 液压往复密封系统中的摩擦力分析

3.5.1 工程背景

摩擦力是多种运动的原因。例如，由于摩擦，我们可以在地面上行走；汽车中的制动器利用摩擦力使汽车停止；由于摩擦，小行星在到达地球之前先在大气中燃烧；当我们搓手时，有助于产生热量。然而，摩擦也会产生不必要的热量，从而浪费能量。因此，在机械运转中，常使用各种方法减少摩擦，如在机器中加润滑油等。但摩擦又是不可缺少的，例如，人的行走、汽车的行驶，都必须依靠地面与脚和车轮的摩擦。在泥泞的道路上，因摩擦太小，走路很困难，且易滑倒，汽车的车轮也会出现空转，即车轮转动而车厢并不前进。所以，在某些情况下又必须设法增大摩擦，如在太滑的路上撒上一些炉灰或沙土，在车轮上加挂防滑链等。

随着工业的不断发展，液压执行机构现已广泛应用于流体动力运输领域，如航空执行机构、采矿工程、自动化工程、生物制药和深海探索等。在工业领域中最常见的是液压往复密封系统，通常包括防尘圈、密封圈和导向环，密封功能需要依靠密封圈来实现（图 3.5.1(a)）。而密封圈的种类多种多样，包括 O 形圈、Y 形圈、X 形圈和格莱圈等（图 3.5.1(b)）[1,2]。其中，在液压密封系统中应用最为广泛的是 O 形圈[3]，其具有制造方便、功能可靠、安装简单和价格低廉等众多优势。密封泄漏是液压系统中一个常见的关键工程问题，其不仅会影响液压系统的使用性能，还会造成严重的安全事故。因此，摩擦研究具有重要的理论和实际意义，一方面可以指导提高密封件的自身性能，另一方面也可以提高整机效率和可靠性。

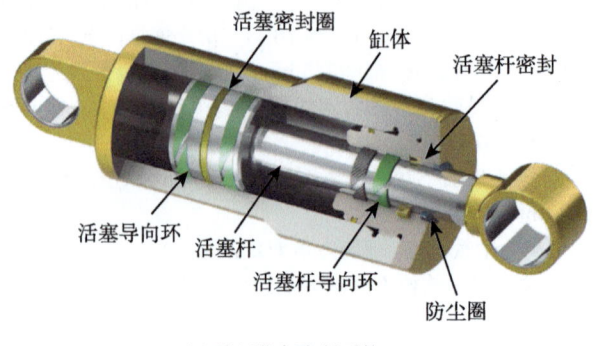

(a) 液压往复密封系统

3.5 液压往复密封系统中的摩擦力分析

(b) O 形圈　　　　(c) Y 形圈　　　　(d) X 形圈

图 3.5.1　液压往复密封[2]

3.5.2 摩擦力分析

1. 基本说明

摩擦力和泄漏量是衡量密封性能的两个关键指标[4]，摩擦力决定了密封圈的使用寿命以及机构的运行效率。若摩擦力过高，密封圈表面会产生严重的磨损，而摩擦力过低则会导致密封介质泄漏[5]。因此，合理地根据密封圈的摩擦力预测值来调整密封圈的设计是十分必要的。本节将以 O 形密封圈为例，主要探讨其在某实际工况下密封圈与活塞杆之间的摩擦力。

O 形圈的选型可按照国家标准 GB3452.1—92 规定的两个参数来表示，常用材料有丁腈橡胶和氟橡胶等，工作压力范围为 0∼30MPa，工作速度小于等于 15m/s，工作温度范围为 −55 ∼ 250°C，硬度标准范围为 70°∼90°，可适用于液压油和水–乙二醇等各种介质。如图 3.5.3 所示，本节介绍的 O 形圈截面线径为 $d = 3.3$mm，内径为 $D_{\text{seal}} = 32.9$mm，活塞直径为 $D_{\text{rod}} = 32$mm，由此可得过盈配合造成的密封圈的径向压缩量为 $\delta = 0.45$mm，液压压力为 5MPa，往复速度为 0.1m/s，密封圈与活塞杆之间的摩擦系数为 0.1。其装配关系和受力如图 3.5.2(b) 和 (c) 所示。

当活塞杆和密封圈之间的相对速度较小时可忽略密封介质润滑的影响，密封圈和活塞杆之间的滑动摩擦力 F_{c} 可通过计算两者接触面间的接触压力 P_{c} 得到，如图 3.5.3 所示。

沿着接触路径积分并结合库仑摩擦定律可得滑动摩擦力

$$F_{\text{c}} = \pi D_{\text{rod}} f \int_{L_{\text{contact}}} P_{\text{c}} \mathrm{d}x = 15.95\text{N}$$

当密封圈和活塞杆之间的相对速度增大时，由于润滑剂的存在，不得不考虑接触区域内的流体动压效应。此外，接触区域处于混合润滑区域，还需考虑密封圈和活塞杆表面的粗糙度，在此不作深入讨论。

(a) O 形密封圈选型参数

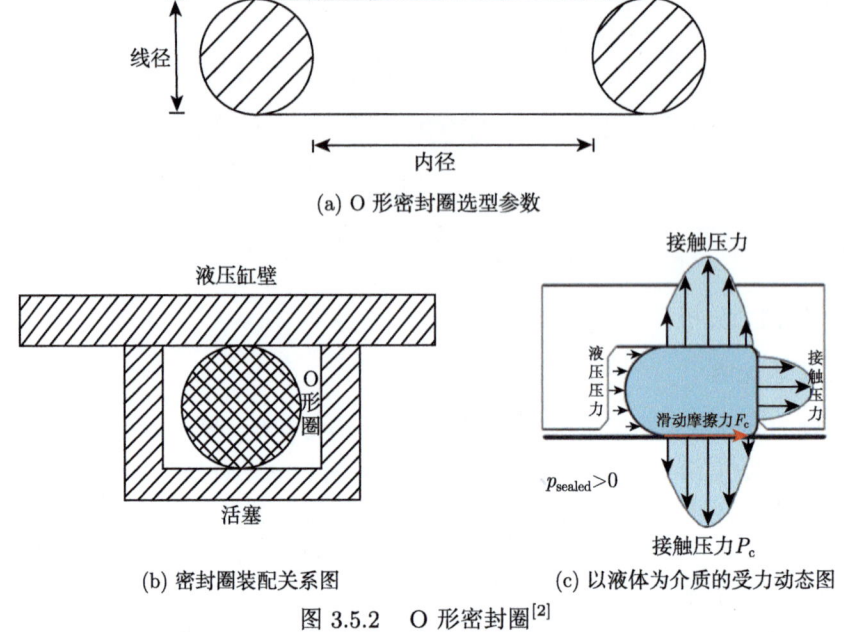

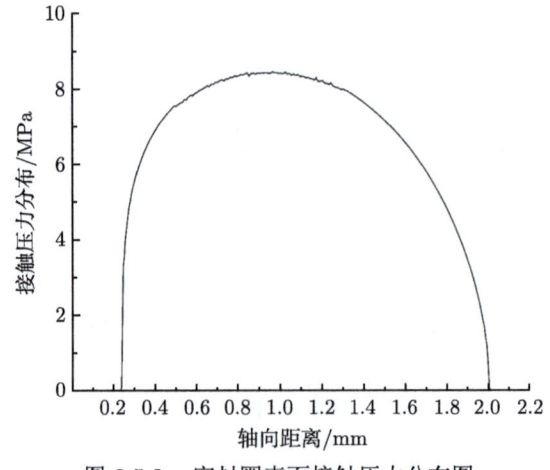

(b) 密封圈装配关系图　　(c) 以液体为介质的受力动态图

图 3.5.2　O 形密封圈[2]

图 3.5.3　密封圈表面接触压力分布图

2. 研究摩擦力的意义

研究摩擦力在各个领域都有重要的意义，有助于提高产品质量、降低成本、保障安全，以及推动科学技术的发展，其主要体现在以下几个方面。

(1) 工程应用：摩擦学原理被广泛应用于各种工程领域，如机械、汽车、航空航天和生物医学等。通过了解摩擦原理，可以设计出更高效、更可靠的机械设备，以提高生产效率和产品质量。

(2) 节能减排：摩擦是能量损失的重要原因之一，因此，研究摩擦学有助于减少能源消耗和排放，对环境保护具有积极意义。例如，通过优化润滑系统可以降低润滑剂的消耗量，减少碳排放。

(3) 生物医学应用：生物体中的摩擦现象也受到广泛关注，因此研究生物体中的摩擦学问题有助于更好地理解生命的本质和运动规律。例如，在人工关节和人工韧带等生物医学工程领域需要深入了解人体关节和韧带等部位的摩擦特性，以提高其使用寿命和安全性。

(4) 基础研究：摩擦学也是物理学、材料科学和化学等多个学科领域的基础研究内容之一。通过对摩擦现象的深入研究，可以发现新的物理规律和现象，推动科学技术的发展。

(5) 安全保障：在某些高安全要求的领域，如航空航天和核工业等，对摩擦学问题的研究也是至关重要的。在这些领域中，微小的摩擦力都可能导致严重的安全事故，因此需要深入研究和控制摩擦因素以确保安全。如1986年，美国国家航空航天局"挑战者"号航天飞机由于密封失效造成了数亿元的财产损失，也使得数位宇航员遇难。费曼教授在他的报告中指出航天飞机发射前一晚的低温环境使得O形密封圈玻璃化从而丧失其密封性能，在起飞一段时间后由于密封工质泄漏而导致飞机爆炸（图3.5.4）[6,7]。

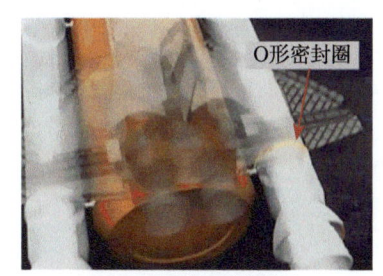

(a) "挑战者"号航天飞机　　(b) 失效的O形密封圈

图 3.5.4　密封失效事故[7]

3.5.3　总结

总而言之，当两个界面之间存在相对运动时会有摩擦力产生，而摩擦力又会引起接触部件的材料磨损，磨损是定义和限制机械元件寿命的主要因素，它花费了全国国民生产总值（GNP）的1%~4%[8]。大多数机器元件，包括轴承、齿轮、人工髋关节或膝关节或密封件，主要是由于磨损和摩擦而失效。因此，准确地预测摩擦配副之间的摩擦力具有重要的意义，可以提高机械设备的性能和寿命、指导材料选择和表面处理、降低能源消耗和排放、保障安全以及促进科学技术发展。

参 考 文 献

[1] 张文华, 赵向宇. 星型密封圈与 O 型密封圈在往复运动密封中使用效果比较. 中国设备工程, 2019, 22: 210-211.
[2] 王冰清. 液压直线往复密封软弹流润滑理论与实验研究. 杭州: 浙江工业大学, 2019.
[3] 张雅芹, 李力强. 液压系统中 O 型密封圈的使用研究. 机械工程师, 2009, 1: 147-149.
[4] 李振涛, 孙鑫晖, 张玉满, 等. O 形密封圈密封性能非线性有限元数值模拟. 润滑与密封, 2011, 36(9): 86-90.
[5] 张屾, 吴振, 尚闫, 等. 旋转轴唇形密封件磨损仿真分析. 润滑与密封, 2021, 46(3): 119-123.
[6] Flitney R K. Redesigning the space shuttles solid rocket motor seals. Sealing Technology, 1996, 1996(26): 10-12.
[7] 王军. 高水基径向柱塞泵往复密封摩擦副润滑与密封性能研究. 太原: 太原理工大学, 2020.
[8] Bayer R G. Fundamentals of wear failures. ASM Handbook Volume 11, Failure Analysis and Prevention, Material Park, Ohio, 2002: 901-905.

(本案例由周震襄供稿)

第 4 章 电子信息

4.1 计算机板卡–卡槽传热结构中的力学问题

4.1.1 工程背景

随着现代武器装备信息化水平的不断提高，计算机在武器系统中的重要性日益凸显。对武器装备而言，高可靠性一直是衡量其总体性能的重要指标，而作为信息"中枢"的计算机，提高其可靠性具有突出意义。已有研究表明，计算机的失效超过 70%与芯片温度过高有关，温度每升高 10℃，可靠性将降低一半[1]，因此如何降低计算机的工作温度十分重要。军用舰载和机载计算机需要在盐雾、霉菌、高温高湿以及振动冲击等恶劣环境中长期可靠工作，必须采用封闭加固型设计[1](图 4.1.1)，如强制风冷、直接液冷、相变冷却、热电冷却等一些芯片散热方式不便使用，芯片工作时产生的热量需要通过一系列的固体接触界面传到机箱导轨(卡槽)上，最终经箱体扩散至周围环境当中，所以界面传热效率对此类计算机的性能有重要影响。然而，微观尺度下固体表面都是非光滑的，当固体与固体发生相互接触时，实际上只是在部分离散的粗糙峰之间发生了真正意义上的接触，致使热流产生收缩，形成所谓的接触热阻 (thermal contact resistance, TCR)，有时也称为界面热阻，或简称为热阻。由于接触热阻的存在会大幅降低传热效率，因此降低界面热阻对提高计算机综合性能具有重要意义。顾名思义，接触热阻一定与表面接触力学行为有关，材料力学的基本原理在此类问题的分析和优化设计中将发挥什么样的作用值得探讨。

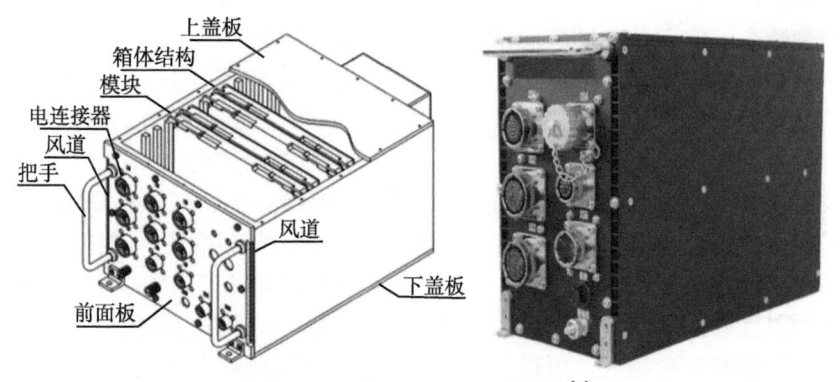

图 4.1.1 典型封闭式计算机图[1]

4.1.2 界面热阻分析与优化

图 4.1.2 是微观尺度下典型的固体表面真实接触状态示意图[2]，热流主要通过局部接触峰进行传播，按照传热学理论可知，接触热阻的定义为

$$R_c = \Delta T/(Q/A) = \Delta T/q \tag{4.1.1}$$

其中，A 为名义接触面积 (单位：m^2)；Q 为通过截面 A 的总热流 (单位：W)；q 为通过 A 的平均热流密度 (单位：W/m^2)；ΔT 为交界面的温差 (单位：°C)，因此接触热阻的常用单位为 $°C \cdot m^2 \cdot W^{-1}$。需要说明的是，也有研究采用接触热阻的倒数来表征界面传热特性，称为接触热导 (thermal contact conductance, TCC)，与接触热阻并无本质差别。

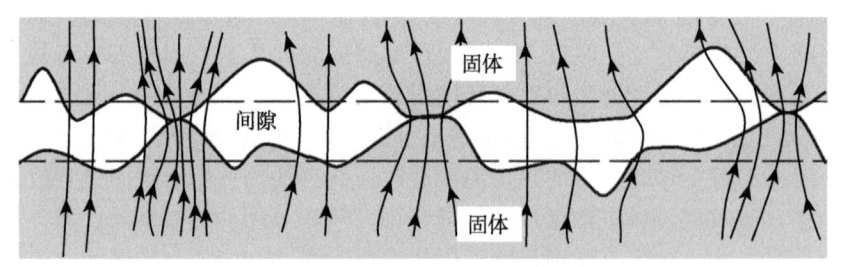

图 4.1.2　微观尺度下固体表面真实接触状态示意图[2]

通过上面的介绍可以看出，界面热阻虽然是传热问题，但本质上是粗糙峰的存在导致真实接触面积减少的结果。从图 4.1.2 可以想到，两个固体表面的初始状态决定了真实接触面积的初值，但实际接触结构一般情况下会受到外部压力作用，受力之后已接触的粗糙峰就会产生变形，增加接触面积，而之前未接触的粗糙峰也可能形成新的接触面。总之，在外部压力作用下真实接触面积会增加，接触热阻会减小，所以从力学的观点来看，凡是影响接触界面粗糙峰变形的参数都会对接触热阻产生重要影响。下面我们将基于材料力学的基本知识分析影响界面热阻的主要参数和大致规律。由材料力学的知识可知，载荷越大，材料变形越大，真实接触面积增加，所以界面热阻会随着外部压力的增加而减小；界面两侧材料的弹性模量和屈服极限是影响粗糙峰变形的重要因素，弹性模量和屈服极限越大，材料的变形能力就小，所以高弹性模量和高屈服极限材料的界面热阻随外载荷增加而减小的幅度小于较软的材料；弹性模量和屈服极限会随着温度的增加而减小，所以界面温度增加一般会导致界面热阻减小；粗糙峰的高度 (粗糙度) 越高，在同等载荷下粗糙峰变形越大，所以粗糙度大的界面热阻随载荷的变化幅度大，但粗糙度大的表面的初始真实接触面积小，所以粗糙度大的表面，界面热阻的绝对值

4.1 计算机板卡–卡槽传热结构中的力学问题

一般会更大。上述规律都是基于材料力学知识得出的，也得到了实验验证，由此可见材料力学作为工科专业基础课的重要作用。

上面是基于材料力学知识对界面热阻进行的总体分析，下面我们将结合具体工程案例来了解力学知识在界面传热结构设计中的重要作用。图 4.1.3 是某三段式计算机板卡锁紧装置的有限元计算模型[3,4]，芯片工作时产生的热量传递至 PCB 板和冷板，然后再经过冷板与箱体导轨传递至机箱，实际使用时需要依靠三段式锁紧装置 (由楔块 1、楔块 2 和楔块 3 以及螺杆组成) 中的楔块和螺杆联动使冷板和箱体上的导轨壁面紧密贴合，从而降低界面热阻，增加传热效率，但这种结构在界面上的真实接触热阻还需要通过详细的计算才能获知。

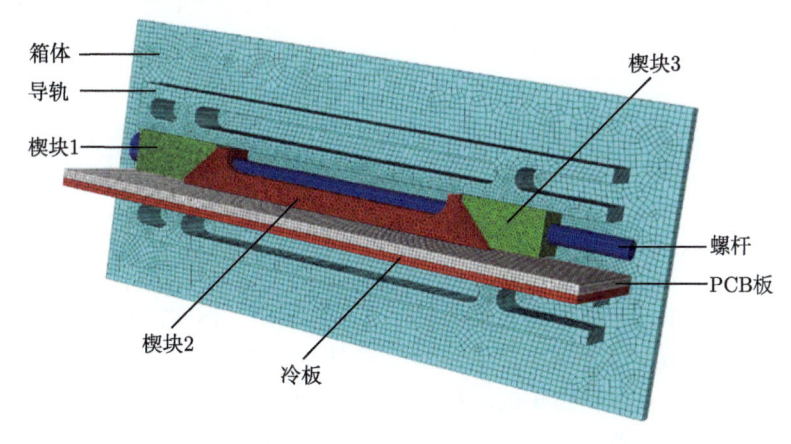

图 4.1.3　某三段式计算机板卡锁紧装置的有限元计算模型[2]

图 4.1.4 是通过有限元计算得到的箱体导轨壁面上的接触压力 (contact pressure, CPRESS) 分布，可以看到在壁面上只有局部区域接触良好，大部分区域甚至发生了分离 (黑色区域)。由之前的介绍可知界面热阻与压力密切相关，所以上述接触状态意味着有很大的接触热阻。在寻求合适的解决方案之前，我们需要对上述结果背后的原因进行分析。图 4.1.3 所示的锁紧装置通过加大螺栓扭矩推动螺杆运动，绿色的楔块 1 和楔块 3 将互相靠近，由于楔块 2 的存在，相互之间发生了挤压作用，楔块 1 和楔块 3 将压向上侧导轨壁面，而楔块 2 将压向下侧导轨壁面。从端面来看，导轨沿高度方向其实是一个悬臂结构，楔块的压力将使导轨产生弯曲变形，此时靠近根部处因为变形小，所以接触良好，而外侧会因为根部的弯曲变形引起附带的位移，自然就会与楔块有脱离的趋势，所以接触压力就小。沿导轨长度方向的情况与此类似，楔块 2 两端因为与楔块 1 和楔块 3 相互挤压也受到较大的力作用，又因为两端面是斜面，楔块 2 两端受到弯矩作用，最终使楔块 2 的中间部分弯曲拱起，最终表现出如图 4.1.4 所示的接触状态分布[2,3]。

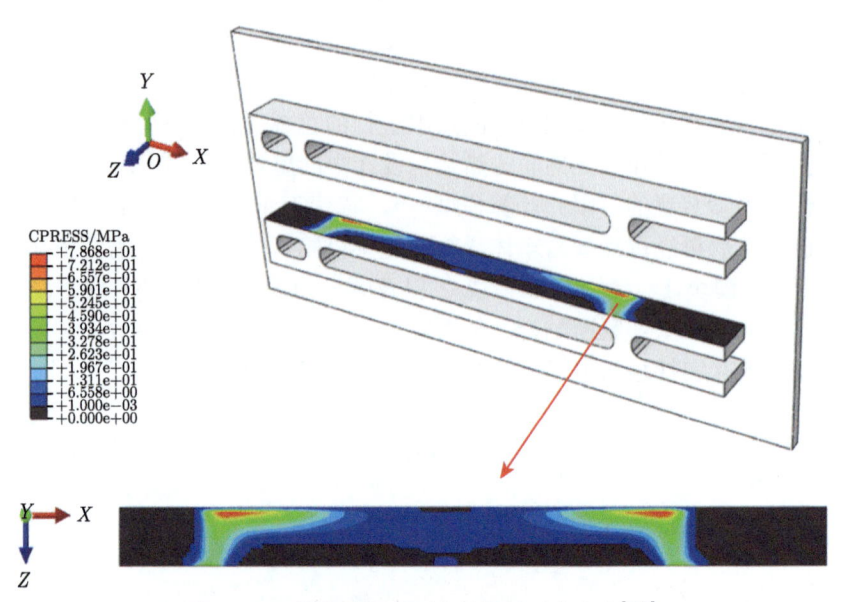

图 4.1.4　箱体导轨壁面上的接触压力分布[2,3]

针对上述问题，一般首先想到的是加大螺杆扭矩，但实际作用效果可能不尽如人意。图 4.1.5 是给螺杆施加不同扭矩后箱体导轨壁面上的接触压力分布图，可以看到接触压力随着螺栓扭矩的增加而增加，但接触区域的形状几乎没有什么变化，其原因仍属于材料力学知识可解释的范畴。随着楔块压力增加，导轨所受力增加，导轨沿高度方向的弯曲变形就会增加，外侧仍然会有分离的趋势，长度方向的变形也有类似结果，所以依靠加大螺杆扭矩来减小接触热阻的效果不佳。由前面的分析可知，既然导轨的弯曲变形是导致界面接触不良的主要因素，而变形主要与材料和结构的刚度有关，航空器中的材料选择一般受到其他条件的限制不宜改变，但我们可以通过结构优化来实现。既然是提高刚度，由材料力学的知识自然想到可以增加导轨的厚度，但在实际型号产品中这种外轮廓尺寸的改变可能引起一系列设计调整，往往无法采用。在这些约束条件下，我们从导轨的空心结构入手，尝试增加导轨内部的填充长度。

图 4.1.6 是改变导轨内部空心部分长度后界面平均接触热阻随 λ 的变化曲线，为了便于描述，引入了参数 $\lambda = l/l_0$，其中 l_0 为初始设计未填充长度，l 为填充长度，见图 4.1.6 中的小图。$\lambda=0$ 时表示完全填充，$\lambda = 1$ 时表示原始设计。从图 1.5.5 所示结果可以看到，$\lambda = 0.28$ 时接触热阻最小。下面我们将解释为何会出现这种现象，尤其当 λ 小于 0.28 以后平均界面热阻为何又增加。为了回答这个问题，图 4.1.7 给出了 λ 值不同时的接触压力分布图。由图可以看出，减小卡槽未填充部分的尺寸可以有效提高导轨沿高度方向的接触区域面积，材料力学的知识告诉我们这得益于导

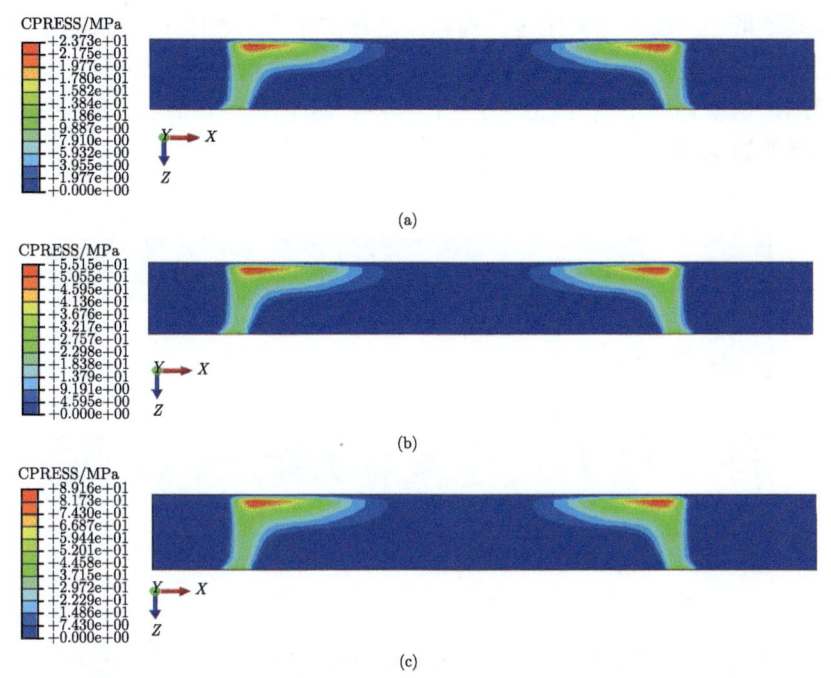

4.1 计算机板卡–卡槽传热结构中的力学问题

图 4.1.5 给螺杆施加不同扭矩后箱体导轨壁面上的接触压力分布图[2,3]

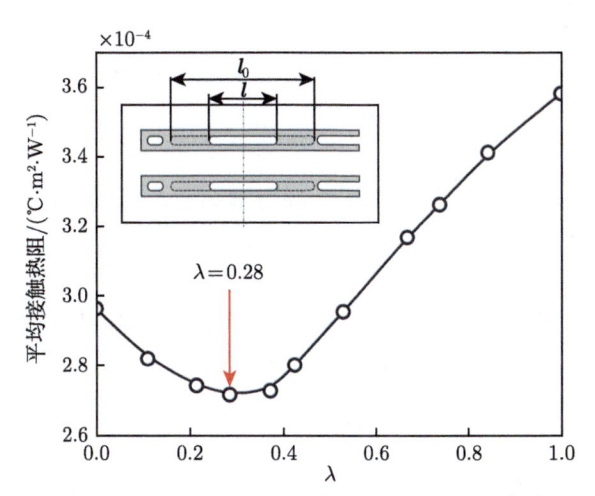

图 4.1.6 界面平均接触热阻随 λ 的变化曲线[2,3]

轨因内部填充导致的刚度提高,从而减小了导轨沿高度方向的弯曲变形。但当镂空部分完全填充后 (此时卡槽结构刚度最大),沿高度方向仍能保持大面积的良好接触,但沿长度方向的接触区域面积却有所减小。这一现象是因为楔块 2(图 4.1.3) 对冷板的挤压作用主要发生于楔 1 和楔块 3 的接触斜面附近。根据材料力学和弹性接触理论可知，随着结构刚度的提高，这种挤压作用越限于局部区域，所以当结构刚度沿长度方向增大到一定程度后，中间部分会产生更大的弯曲变形而发生界面脱离，这就解释了图 4.1.6 中当 λ 小于 0.28 以后平均界面热阻会随 λ 减小又小幅增加的原因[2-4]。

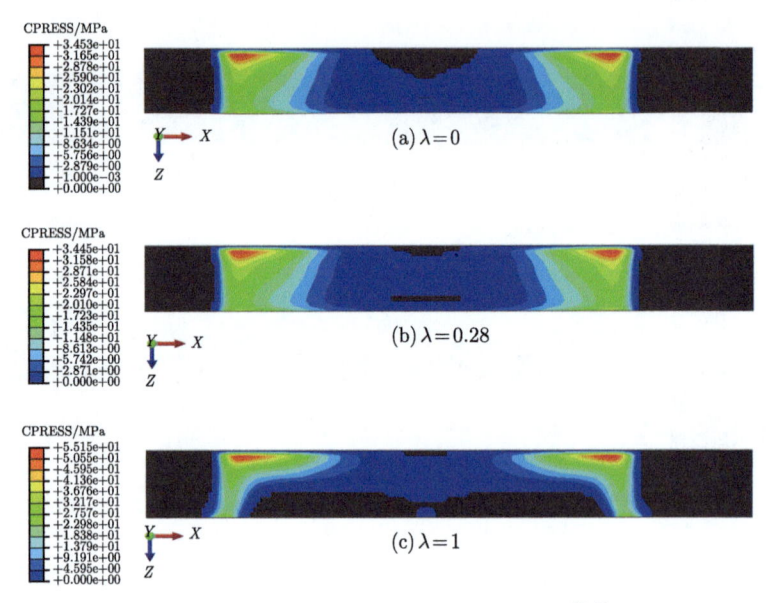

图 4.1.7　λ 值不同时的接触压力分布图[2,3]

4.1.3　总结

通过上面的案例分析我们可以感受到力学知识，特别是材料力学相关知识在其他学科领域的重要作用。本案例只是通过简单的结构优化，就可以在不大幅改变原有结构形状和尺寸的前提下获得良好的效果。材料力学是一门来源于工程、服务于工程、在工程中不断发展的基础学科，工程结构中处处都有材料力学的身影，所以材料力学对工科专业本科生的培养至关重要。

参 考 文 献

[1] 黄江丰. 一种全封闭机载加固计算机的结构设计. 工业控制计算机, 2018, 31(7): 24, 26-29.
[2] 牟翠翠. 界面接触热阻实验分析及参数优化设计. 大连：大连理工大学, 2019.
[3] 马国军, 牟翠翠, 管晓乐, 等. 封闭加固型计算机板卡锁紧结构接触热阻分析. 东北大学学报 (自然科学版), 2020, 41(12): 1747-1753.
[4] 马国军, 牟翠翠, 李威峰, 等. 封闭加固型计算机冷板/卡槽界面热阻分析与优化. 应用力学学报, 2021, 38(4): 1318-1325.

(本案例由马国军供稿)

4.2 可延展周期性蛇形结构的拉伸问题

4.2.1 工程背景

周期性蛇形结构常见于新兴柔性电子器件中，作为互联导线，用于连接器件的各组成电子元件。器件在服役中常承受拉伸等外力作用，此时互联导线能够因其柔性而产生较大的变形，从而帮助整个器件在大变形下仍能够正常服役而不是发生结构失效。

图 4.2.1(a) 和 (b) 分别展示了无支撑及黏合在弹性聚合物脂肪族芳香族无规共聚酯 (Ecoflex) 基底上的多周期蛇形结构的水平拉伸过程。随着拉力的加大，该类结构始终保持周期性蛇形构型，只不过对应的波形幅值逐渐减小，最终趋于直线构型。显然，在整个拉伸过程中，该类结构能够很好地适应较大的拉伸变形，从而助力器件实现可延展性。

对上述结构的拉伸问题开展力学理论研究，获取拉伸过程中结构的精确构型以及最大应变等关键物理量的公式表达，能够定量揭示关键参量之间的关系，对于理解结构的复杂力学行为、开展精细化结构分析和设计都具有重要意义。以下将密切结合材料力学中描述细长弹性杆大变形问题的弹性线理论，建立相关模型，开展可延展周期性蛇形结构的拉伸问题力学分析。

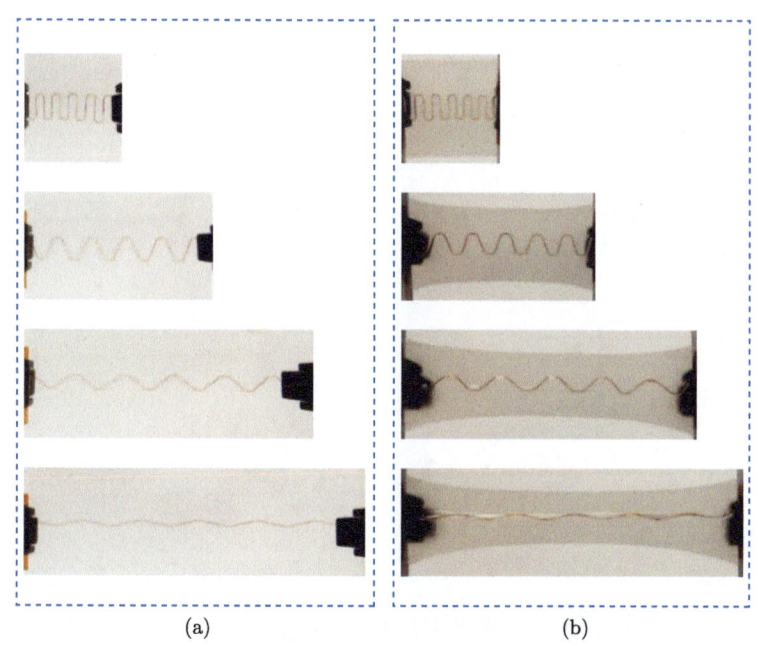

图 4.2.1　(a) 无支撑及 (b) 黏合在弹性聚合物 Ecoflex 基底上的多周期蛇形结构的水平拉伸过程[1]

4.2.2 蛇形结构的拉伸问题分析

图 4.2.2(a) 为承受水平拉伸的多周期蛇形结构示意图。由于对称性，考虑 1/4 周期结构模型：图 4.2.2(b) 为初始无应力状态，图 4.2.2(c) 为变形状态。该模型

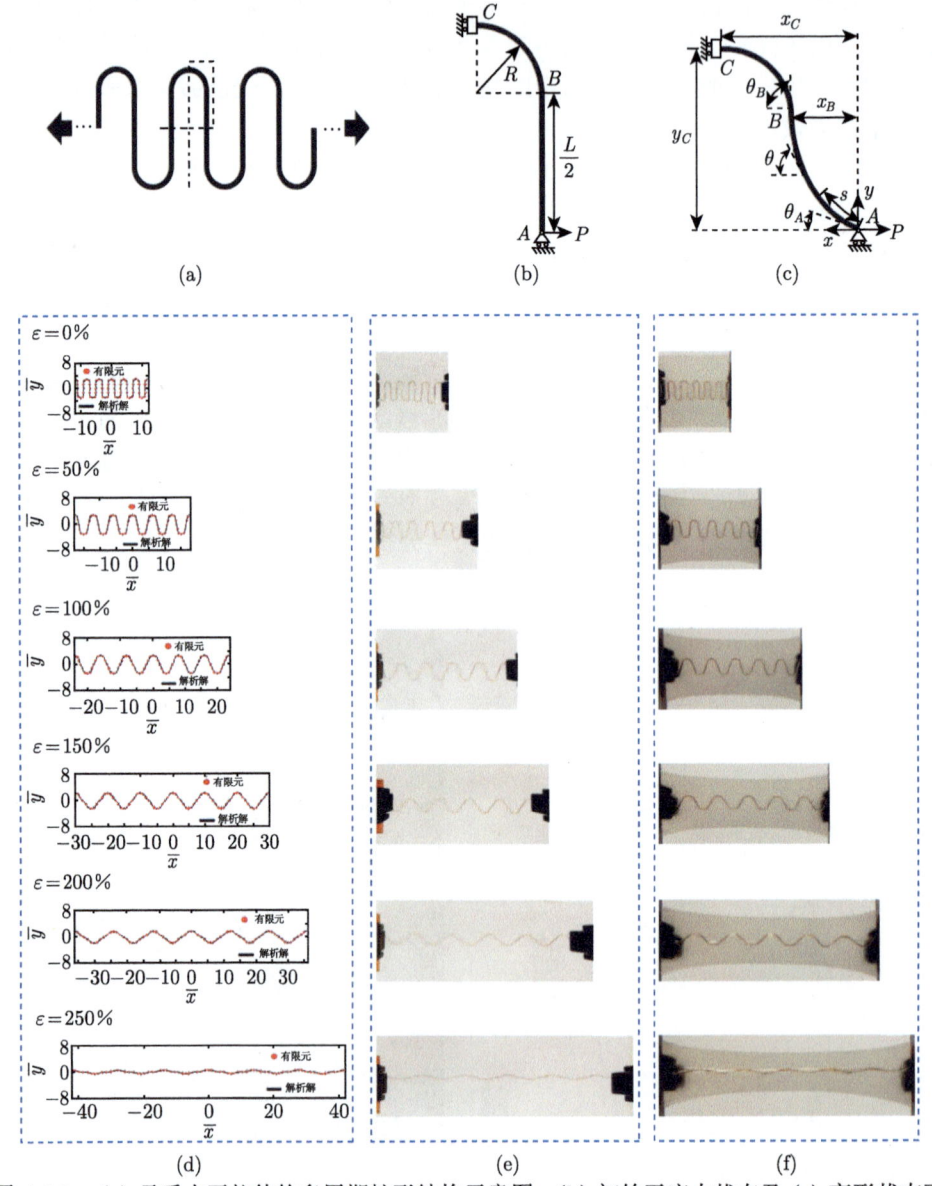

图 4.2.2 (a) 承受水平拉伸的多周期蛇形结构示意图；(b) 初始无应力状态及 (c) 变形状态下 1/4 周期结构模型；(d) 不同加载应变下理论模型与有限元分析所得构型对比；(e) 无支撑及 (f) 黏合在弹性聚合物 Ecoflex 基底上的六周期蛇形 PI 结构实验构型[1]

4.2 可延展周期性蛇形结构的拉伸问题

包含一个半径为 R 的 1/4 圆弧段和一个长度为 $L/2$ 的直线段。显然，实际变形中右端 A 为反弯点，弯矩为零，因此 A 端相当于滑动简支端，仅允许发生转动和沿 x 轴方向的水平位移。左端 C 为滑动固支，仅允许发生沿 y 轴方向的竖直位移，不允许转动。拉伸所对应的水平力 P 施加于 A 端。

基于弹性线理论，可以给出结构的控制微分方程为[2]

$$EI\frac{\mathrm{d}(\theta-\theta_0)}{\mathrm{d}s} = Py \tag{4.2.1}$$

其中，EI 为弯曲刚度；E 为杨氏模量；I 为惯性矩；θ_0 和 θ 分别为变形前后结构上一点处的切线与 x 轴的夹角；曲线坐标 s 表示变形后结构上从 A 点算起沿轴线的距离，如图 4.2.2(c) 所示。注意到 $\mathrm{d}^2\theta_0/\mathrm{d}s^2 = 0$ 且 $\mathrm{d}y/\mathrm{d}s = \sin\theta$，由式 (4.2.1) 可知，$EI\mathrm{d}^2\theta/\mathrm{d}s^2 = P\sin\theta$，积分得到

$$\frac{1}{2}EI\left(\frac{\mathrm{d}\theta}{\mathrm{d}s}\right)^2 = -P\cos\theta + C \tag{4.2.2}$$

其中，C 为待定常数。以下分别考虑 AB 段和 BC 段。

对于 AB 段，将 A 处的边界条件 $\mathrm{d}\theta/\mathrm{d}s = 0$ 代入式 (4.2.2) 得到 $C = P\cos\theta_A$，其中，θ_A 为变形后 A 点处的切线与 x 轴的夹角。由于在 AB 段 $\mathrm{d}\theta/\mathrm{d}s > 0$，因此由式 (4.2.2) 得到 $\mathrm{d}s = \mathrm{d}\theta/\sqrt{2P(\cos\theta_A - \cos\theta)/(EI)}$。$AB$ 段长度为

$$\frac{L}{2} = \int_0^{L/2} \mathrm{d}s = \int_{\theta_A}^{\theta_B} \frac{1}{\sqrt{\dfrac{2P}{EI}(\cos\theta_A - \cos\theta)}} \mathrm{d}\theta \tag{4.2.3}$$

其中，θ_B 为变形后 A 点处的切线与 x 轴的夹角。AB 上一点的坐标为

$$\begin{aligned}x &= \int_0^s \cos\theta \mathrm{d}s = \int_{\theta_A}^{\theta} \frac{\cos\theta}{\sqrt{\dfrac{2P}{EI}(\cos\theta_A - \cos\theta)}} \mathrm{d}\theta \\ y &= \int_0^s \sin\theta \mathrm{d}s = \int_{\theta_A}^{\theta} \frac{\sin\theta}{\sqrt{\dfrac{2P}{EI}(\cos\theta_A - \cos\theta)}} \mathrm{d}\theta\end{aligned} \tag{4.2.4}$$

对于 BC 段，将 C 处的边界条件 $\theta = 0$ 代入式 (4.2.2) 得到 $C = P + EI(\mathrm{d}\theta/\mathrm{d}s|_C)^2/2$。由于在 BC 段 $\mathrm{d}\theta/\mathrm{d}s < 0$，因此由式 (4.2.2) 得到 $\mathrm{d}s = $

$-\mathrm{d}\theta/\sqrt{2P(1-\cos\theta)/(EI)+(\mathrm{d}\theta/\mathrm{d}s|_C)^2}$。BC 段长度为

$$\frac{\pi R}{2} = -\int_{\theta_B}^{0} \frac{1}{\sqrt{\frac{2P}{EI}(1-\cos\theta)+\left(\left.\frac{\mathrm{d}\theta}{\mathrm{d}s}\right|_C\right)^2}} \mathrm{d}\theta \qquad (4.2.5)$$

BC 上一点的坐标为

$$x = \int_{\theta_A}^{\theta_B} \frac{\cos\theta}{\sqrt{\frac{2P}{EI}(\cos\theta_A - \cos\theta)}} \mathrm{d}\theta - \int_{\theta_B}^{\theta} \frac{\cos\theta}{\sqrt{\frac{2P}{EI}(1-\cos\theta)+\left(\left.\frac{\mathrm{d}\theta}{\mathrm{d}s}\right|_C\right)^2}} \mathrm{d}\theta$$

$$y = \int_{\theta_A}^{\theta_B} \frac{\sin\theta}{\sqrt{\frac{2P}{EI}(\cos\theta_A - \cos\theta)}} \mathrm{d}\theta - \int_{\theta_B}^{\theta} \frac{\sin\theta}{\sqrt{\frac{2P}{EI}(1-\cos\theta)+\left(\left.\frac{\mathrm{d}\theta}{\mathrm{d}s}\right|_C\right)^2}} \mathrm{d}\theta$$

(4.2.6)

由 A 至 C 的水平和竖向距离 x_C 和 y_C 分别为

$$x_C = \int_{\theta_A}^{\theta_B} \frac{\cos\theta}{\sqrt{\frac{2P}{EI}(\cos\theta_A - \cos\theta)}} \mathrm{d}\theta + \int_{0}^{\theta_B} \frac{\cos\theta}{\sqrt{\frac{2P}{EI}(1-\cos\theta)+\left(\left.\frac{\mathrm{d}\theta}{\mathrm{d}s}\right|_C\right)^2}} \mathrm{d}\theta$$

(4.2.7)

和

$$y_C = \int_{\theta_A}^{\theta_B} \frac{\sin\theta}{\sqrt{\frac{2P}{EI}(\cos\theta_A - \cos\theta)}} \mathrm{d}\theta + \int_{0}^{\theta_B} \frac{\sin\theta}{\sqrt{\frac{2P}{EI}(1-\cos\theta)+\left(\left.\frac{\mathrm{d}\theta}{\mathrm{d}s}\right|_C\right)^2}} \mathrm{d}\theta$$

(4.2.8)

在 B 处，变形前后由 AB 和 BC 段得到的曲率差保持不变，于是有

$$\sqrt{\frac{2P}{EI}(\cos\theta_A - \cos\theta_B)} + \sqrt{\frac{2P}{EI}(1-\cos\theta_B)+\left(\left.\frac{\mathrm{d}\theta}{\mathrm{d}s}\right|_C\right)^2} = \frac{1}{R} \qquad (4.2.9)$$

引入 $\bar{R} = \sqrt{2P/(EI)}R$，$\bar{\theta}'_C = \sqrt{EI/(2P)}\mathrm{d}\theta/\mathrm{d}s\big|_C$ 和 $\bar{x}_C = x_C/R$，注意到 $\bar{L} =$

4.2 可延展周期性蛇形结构的拉伸问题

L/R,由式 (4.2.3)、式 (4.2.5)、式 (4.2.7)、式 (4.2.9) 得到下列方程:

$$\begin{cases} \int_{\theta_A}^{\theta_B} \frac{1}{\sqrt{\cos\theta_A - \cos\theta}} \mathrm{d}\theta = \frac{\bar{R}\bar{L}}{2} \\ -\int_{\theta_B}^{0} \frac{1}{\sqrt{1-\cos\theta+\bar{\theta}_C'^2}} \mathrm{d}\theta = \frac{\pi\bar{R}}{2} \\ \sqrt{\cos\theta_A - \cos\theta_B} + \sqrt{1-\cos\theta_B+\bar{\theta}_C'^2} = \frac{1}{\bar{R}} \\ \int_{\theta_A}^{\theta_B} \frac{\cos\theta}{\sqrt{\cos\theta_A - \cos\theta}} \mathrm{d}\theta + \int_{0}^{\theta_B} \frac{\cos\theta}{\sqrt{1-\cos\theta+\bar{\theta}_C'^2}} \mathrm{d}\theta = \overline{Rx_C} \end{cases} \quad (4.2.10)$$

在给定水平拉伸位移下,例如给定 $\bar{x}_C$ 时,借助 Matlab 软件,可由上述方程组得到 $\bar{R}$、θ_A、θ_B 和 $\bar{\theta}_C'$,而拉伸过程中结构上任意一点的坐标则可由式 (4.2.4) 和式 (4.2.6) 得出。

上述理论结果的精确性得到了有限元分析的验证: 如图 4.2.2(d) 所示,当前结果与有限元结果吻合得很好 (图中 $\bar{x}=x/R$, $\bar{y}=y/R$)。为了进一步测试当前模型的适用性,采用 PI 材料制备了两种六周期蛇形结构试样,一种无支撑 (图 4.2.2(e)),另一种黏合在 0.5mm 厚的弹性聚合物 Ecoflex 基底上 (图 4.2.2(f)),其中 $R=0.8$mm, $t=w=0.1$mm, $L=3.2$mm。在拉伸试验机上准静态地给结构施加 350% 的应变,记录了变形前以及加载到 50%、100%、150%、200% 和 250% 应变时结构的构型。显然,无论有无 Ecoflex 基底,所有实验结果均与有限元和当前模型结果高度一致,这也证实基底的影响可以忽略。

图 4.2.3 展示了不同初始直线段长度下蛇形结构的变形情况,当前解的精度再次得到了证实。

实验还测得了力-加载应变关系,如图 4.2.4(a) 所示,结果与当前理论结果高度吻合。结构中最大应变发生在产生最大弯矩的 C 处,易知

$$\varepsilon_{\max} = \frac{w}{2}\Delta\kappa = \frac{w}{2}\left(\frac{1}{R} + \left.\frac{\mathrm{d}\theta}{\mathrm{d}s}\right|_C\right) \quad (4.2.11)$$

其中,$\Delta\kappa$ 为与初始构型相比的曲率变化。需要指出,式 (4.2.11) 成立需满足两个条件: 一是在结构变形过程中材料保持线弹性,二是膜应变远小于弯曲应变。在给定加载应变 $\bar{x}_C - 1$ 下,可由式 (4.2.10) 得到 $R\,\mathrm{d}\theta/\mathrm{d}s|_C$,将其代入式 (4.2.11) 的无量纲形式: $R\varepsilon_{\max}/w = (1 + R\,\mathrm{d}\theta/\mathrm{d}s|_C)/2$,可得结构中最大应变随加载应变变化的曲线,如图 4.2.4(b) 所示,其中 $\bar{L}$ 分别取 4、8、12 和 16。为定量表征具有不同直线段的蛇形结构被拉伸至给定加载应变的难易程度,图 4.2.4(c) 给出了与图 4.2.4(b) 对应的力-加载应变曲线。

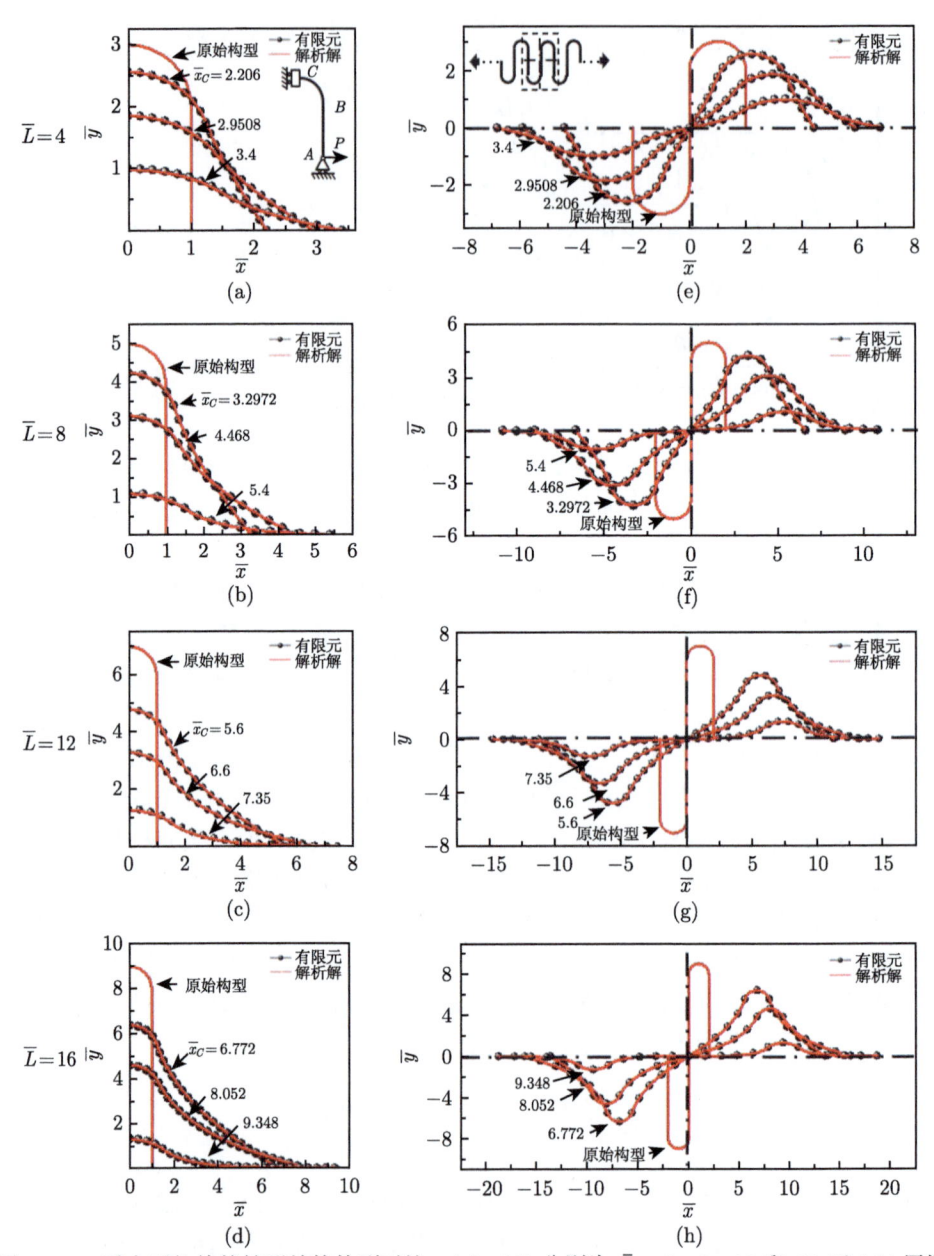

图 4.2.3 受水平拉伸的蛇形结构构型对比：(a)~(d) 分别为 $\bar{L}=4$、8、12 和 16 下 1/4 周期结构；(e)~(h) 分别为与 (a)~(d) 相应的完整周期结构[1]

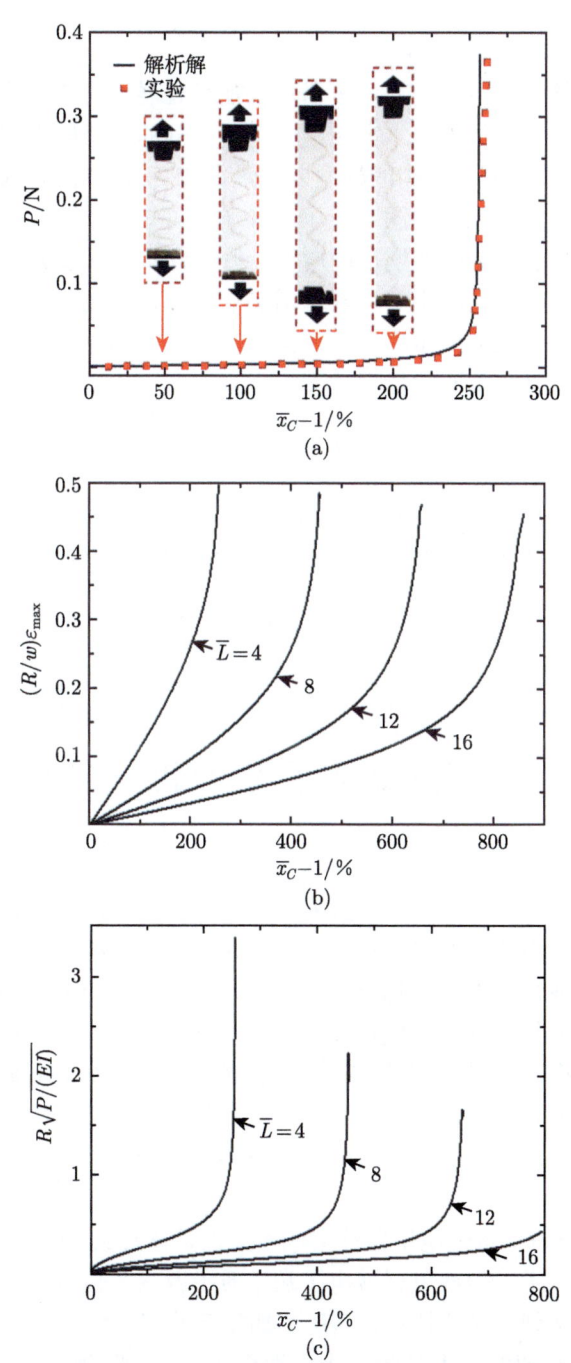

图 4.2.4 (a) 无支撑蛇形结构的力–加载应变关系结果对比；(b) 结构中无量纲最大应变随加载应变变化曲线；(c) 无量纲力随加载应变变化曲线[1]

4.2.3 总结

周期性蛇形结构是新兴柔性电子器件实现可延展性的关键结构，而拉伸变形是该类结构的典型力学行为。本案例建立了受拉伸的可延展周期性蛇形结构的力学模型，获得了拉伸过程中结构的构型以及最大应变等关键物理量的精确描述，并得到了有限元结果的验证。由图 4.2.4(b) 和 (c) 可知，一方面，结构中最大应变和所施加外力均随着加载应变增加而增大；另一方面，随着 $\bar{L}$ 的增加，结构中最大应变和所施加外力均随减小。这表明增加蛇形结构直线段的长度可以同时实现更高的延展性和更低的拉伸难度。上述模型对于实际柔性电子器件蛇形结构的变形分析和优化设计具有重要的指导意义。

参 考 文 献

[1] Liu H, Xue R Y, Hu J Q, et al. Systematic study on the mechanical and electric behaviors of the nonbuckling interconnect design of stretchable electronics. Sci. China-Phys. Mech. Astron., 2018, 61: 114611.

[2] Timoshenko S P, Gere J M. Theory of Elastic Stability. New York: McGraw-Hill Company, 1961.

(本案例由李锐、田阔供稿)

4.3 柔性可延展电子的变刚度多样化设计

4.3.1 工程背景

刚度是指物体在外力作用下抵抗变形的能力，与物体的材料属性和几何参数相关。材料力学考虑的刚度包括抗弯刚度和拉压截面刚度等，其中抗弯刚度是描述物体抵抗弯曲变形的能力，通常使用弹性模量 E 与截面惯性矩 I 的乘积来表示；拉压截面刚度是描述构件抵抗伸长 (缩短) 的能力，使用弹性模量 E 与截面面积 A 的乘积表示。常规设计中多采用均匀刚度设计，如等截面梁等，得到确定的、单一的变形形式。但是，如果我们通过有效调控材料属性和几何形状，从而使得刚度变化时，可产生结构的非均匀、多样化变形，极大地扩展了结构设计的空间。

柔性可延展电子，是将电子器件集成于柔性基体，使之具备可拉伸的特性，是一种新兴的电子技术。柔性可延展电子从本质上改变了传统电子的形态，克服了传统电子固有的又硬又脆的特点，满足更加复杂的使用要求，在医疗健康、能源、显示等方面都有广阔的应用前景，极大地促进了人--机--物三者之间的相互融合。如图 4.3.1 所示，展示了一种表皮温度传感器[1]，它可以直接贴在皮肤上，全天候地进行健康监测。本节将尝试讨论变刚度在柔性可延展电子多样化设计中的应用。

4.3 柔性可延展电子的变刚度多样化设计

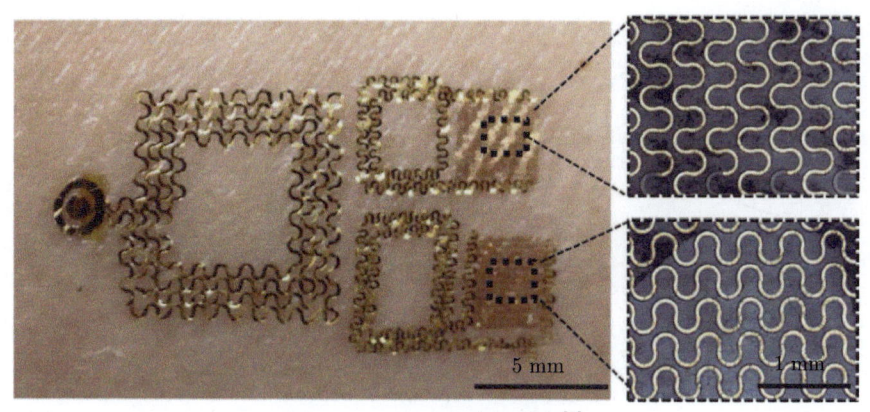

图 4.3.1　表皮温度传感器[1]

4.3.2　柔性可延展电子变刚度设计的力学模型

常规柔性可延展电子设计[2-4]，大多是在柔性基体上实现薄膜的面外弯曲变形设计，如图 4.3.2 所示，将硅条带放置在一个预拉伸的柔性基底上，然后将该基底释放，此时基底上方的硅条带会受到压力的作用而发生屈曲变形，形成波浪状构型。这种弯曲构型使柔性基体承受较大的拉伸变形时硅条带不发生损伤。基于有限变形梁理论 [3] 可知，该弯曲结构的最大应变为

$$\varepsilon_{\text{peak}} = 2\sqrt{(\varepsilon_{\text{pre}} - \varepsilon_{\text{applied}})\varepsilon_{\text{c}}}\frac{(1 + \varepsilon_{\text{applied}} + \varsigma)^{\frac{1}{3}}}{\sqrt{1 + \varepsilon_{\text{pre}}}} \tag{4.3.1}$$

其中，ε_{pre}、$\varepsilon_{\text{applied}}$、$\varepsilon_{\text{c}}$ 分别为基底预应变、屈曲后的施加应变及临界屈曲应变；ς 为与预应变相关的参数。这种预拉伸–弯曲设计较好地降低了电子器件所受应变，隔绝了外部应变，对敏感或脆弱电子器件形成了有效保护，促进了柔性可延展电子的发展。但上述设计方案多采用单一刚度生成唯一的弯曲构型，限制了柔性可延展电子器件的多样化设计。近年来，科研人员[5,6]尝试将变刚度设计引入至柔性可延展电子的多样化设计中。

柔性可延展电子变刚度多样化设计可通过合理调控基底刚度等实现复杂变形形貌[5]，如对柔性基底进行厚度设计，使基底结构具有微图案，并通过调控微图案的几何形状、材料特性及界面黏附强度使得硅纳米条带产生三种不同的屈曲构型：褶皱、向上屈曲、向下屈曲。三种屈曲状态的相图，如图 4.3.3 所示。研究表明：对于厚度足够小或宽度足够大的微图案，此时基底趋近于等厚度构型，纳米条带会产生常规的褶皱 (蓝色区域)；对于厚度相对较大的微图案，纳米条带会发生向上屈曲变形 (绿色区域)；对于厚度相对较小的微图案，通过进一步调控微图

案的宽度,当微图案宽度较小时会使纳米条带产生向上屈曲,当微图案宽度较大时会使纳米条带产生向下屈曲 (黄色区域)。

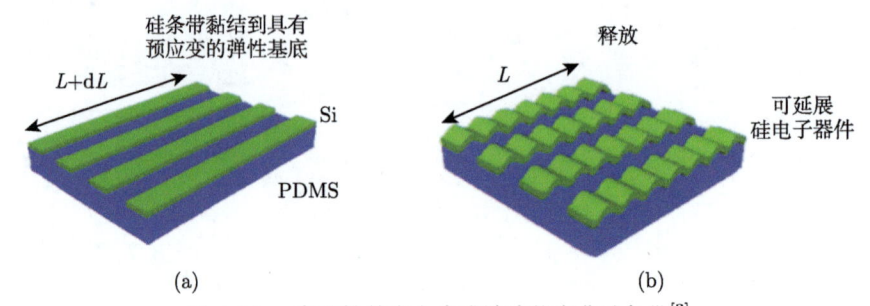

图 4.3.2　在柔性基底上生成波浪状弯曲硅条带[3]

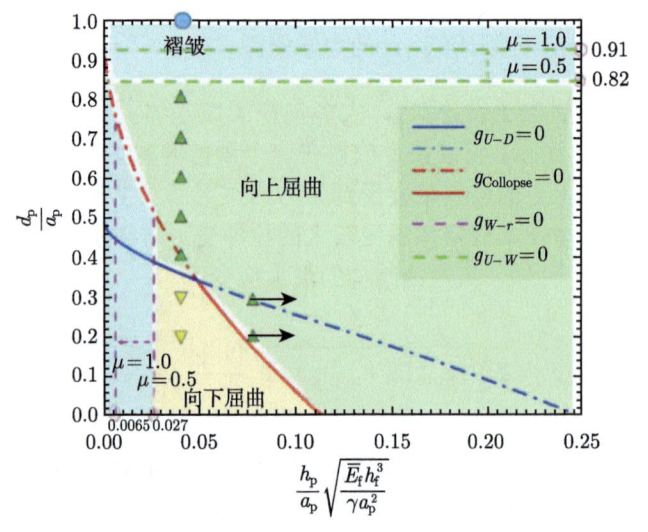

图 4.3.3　不同微图案下可延展电子变形的相图[5]

柔性可延展电子变刚度多样化设计还可通过调控电子器件薄膜刚度实现复杂变形形貌[6],如图 4.3.4 所示,考虑长度为 L_0,厚度为 h 的非均匀薄膜模型,其中非均匀段由厚度比 β 与长度比 α 共同控制。对于如图 4.3.4(b) 所示的多样性屈曲构型,利用材料力学中小变形梁弯曲理论和能量最小原理即可得出屈曲幅值为

$$A = \frac{L_1}{2\pi}\sqrt{\varepsilon_{\text{pre}}(1+\varepsilon_{\text{pre}}) - \frac{\pi^2 h^2}{3L_1^2}(2-3\delta^2)} \qquad (4.3.2)$$

其中,L_1 为薄膜屈曲后的水平方向长度;ε_{pre} 为基底的预拉伸应变;δ 为厚度变化的非均匀薄膜产生的影响系数。当 δ 为 0 时,即忽略非均匀项产生的影响,薄

4.3 柔性可延展电子的变刚度多样化设计

膜的屈曲幅值将退回至均匀薄膜解。进一步，对非均匀薄膜屈曲构型的有限元模拟结果如图 4.3.5 所示，理论模型与有限元模拟的对比结果也证明了该理论模型的准确性。

图 4.3.4 可延展电子器件非均匀薄膜的多样性屈曲构型示意图[6]

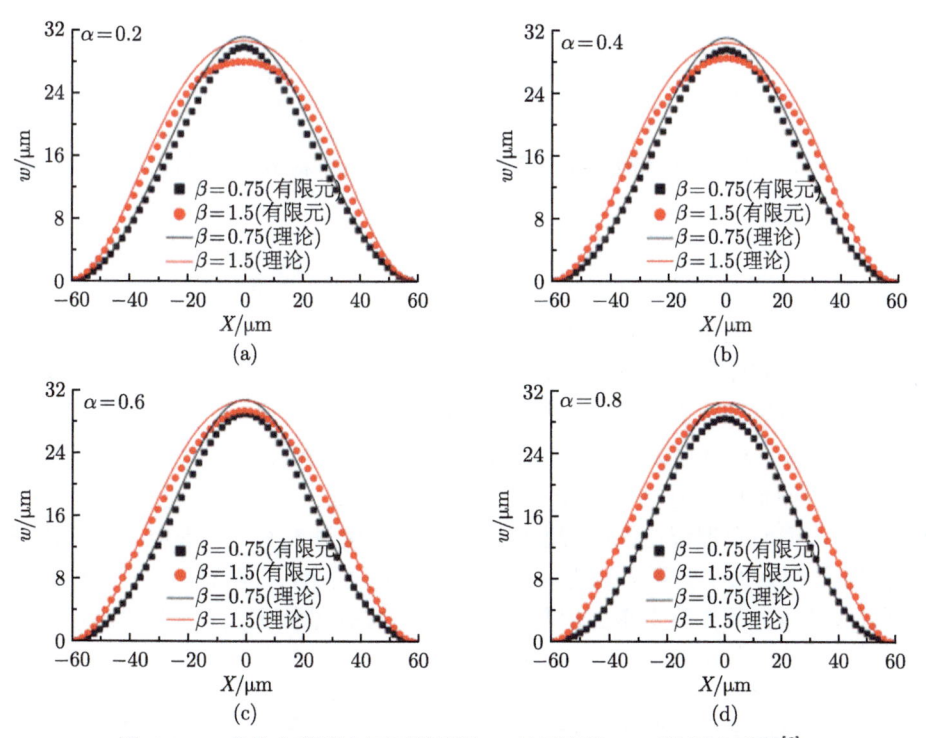

图 4.3.5 非均匀薄膜在不同长度比 α 及厚度比 β 下的屈曲形貌[6]

类似的变刚度设计还可以进一步延伸至纳米柔性电子设计，例如石墨烯在制备过程中极易产生的缺陷[7]，如几何缺陷以及氧化掺杂，使得石墨烯呈现多样性变形。图 4.3.6 给出了有限变形梁理论与分子动力学模拟描述的不同氧化程度下石墨烯的自折叠构型，红点与蓝点分别代表分子动力学中的碳原子与氧原子。通过调控氧原子的比重，可以实现均匀折叠构型和非均匀变形间的转换。

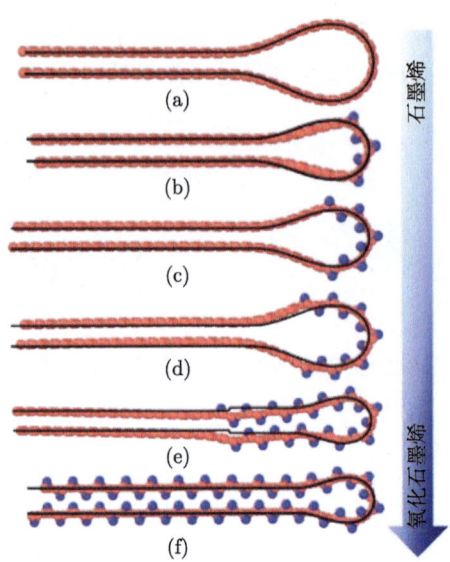

图 4.3.6　有限变形梁理论 (黑线) 与分子动力学模拟 (圆点) 描述的不同氧化程度的石墨烯的自折叠构型[7]

柔性可延展电子变刚度多样化设计还可用于电子制备工艺。科研人员[8] 考虑了柔性可延展电子制备过程中的降低转印难度需求，构建了用于转印的拓扑优化模型，给出转印印章中软硬材料的最优分布，如图 4.3.7(a) 所示，其中灰色表示拉压截面刚度较大的硬材料，红色表示刚度比较小的软材料。可以看出，如图 4.3.7(a) 所示的双材料印章 (中) 在承受 10%的侧向压缩应变时，决定转印界面黏附性能的印章底面垂直位移差值为 1.062mm，远大于单材料印章 (右) 对应的 0.098mm，说明合理调控拉压截面刚度可以有效促进柔性可延展电子转印。基于最优设计，科研人员开展了物理实验，如图 4.3.8 所示，可以看出，变刚度转印印章可以成功将硅片点阵自聚二甲基硅氧烷 (PDMS) 基体上提起，并成功放置于另

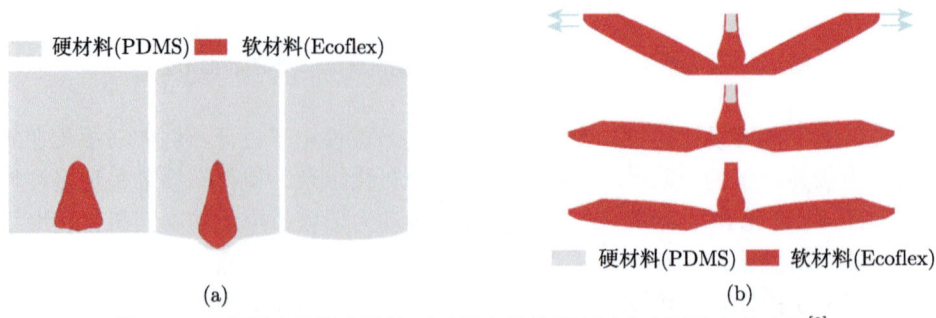

图 4.3.7　变刚度设计在柔性可延展电子的转印及应变隔绝中的应用[8]

4.3 柔性可延展电子的变刚度多样化设计

一块 PDMS 基体上,转印成功率为 100%。同时物理实验也再次验证了,决定转印界面黏附性能的变刚度印章底面垂直位移差可由侧向压缩位移动态调控,有利于工业可编程和大批量转印。

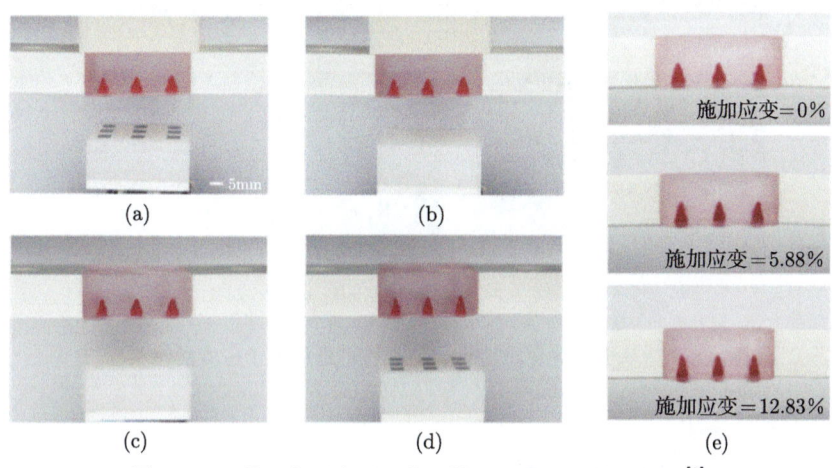

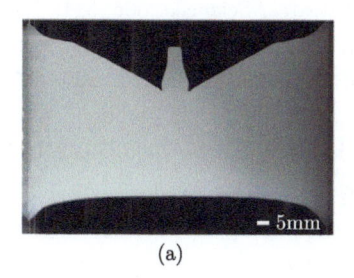

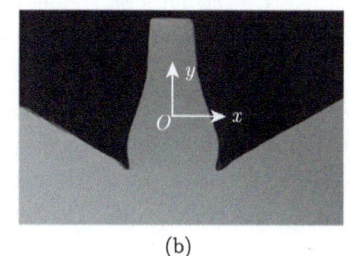

图 4.3.8　基于变刚度设计的柔性可延展电子转印实验[8]

柔性可延展电子变刚度多样化设计还可用于敏感电子器件保护的应变隔绝策略[8]。柔性可延展电子在承受较大的变形时,需要合理降低关键敏感区域的应变水平,从而达到保护电子器件和提高使用寿命的目的。科研人员构建了拓扑优化设计模型,给出了如图 4.3.7(b) 所示的变刚度柔性基底设计。有限元分析结果表明,当柔性基底承受 10% 的拉伸变形时,优化后的变刚度柔性基底变形 (中) 显示,关键敏感区域 (柔性基底上表面中心位置) 承受的应变仅为 1.128×10^{-7},远远小于电子器件的断裂应变,不会发生电子器件的断裂和失效。相应地,基于最优变刚度设计,科研人员开展了如图 4.3.9 所示的柔性可延展电子应变隔绝实验,结果显示,当承受 200% 极限拉伸变形时,承载电子器件的关键敏感区域的应变仅为 0.9%,小于电子器件的失效应变,可以认为变刚度设计为柔性可延展电子的使用提供了有效的应变隔绝手段。

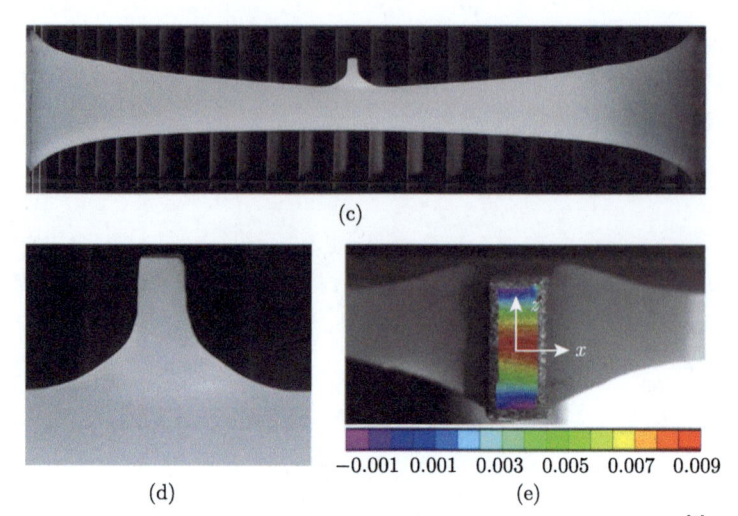

图 4.3.9　基于最优变刚度设计的柔性可延展电子应变隔绝实验[8]

4.3.3　总结

针对面外抗弯刚度和面内抗拉/压刚度进行合理调控是材料力学的典型手段。因此，有效调控结构的刚度，能使结构产生多样化的变形，极大拓宽了材料和结构的应用范围，推动了相关领域的发展。在柔性可延展电子多样化设计中，对柔性基底和电子器件进行合理的厚度设计，可实现复杂变形形貌。在电子制备工艺和敏感器件保护中，通过软硬双材料设计，合理调控拉压截面刚度，有利于促进转印和应变隔绝研究。本案例将变刚度调控设计应用于当前热点和前沿的柔性可延展电子设计，通过非均匀截面设计、微图案制备、软硬双材料制备等手段，实现了柔性可延展电子的多样化变形、高效率转印和应变隔绝等，是经典材料力学知识在新兴学科中的有效应用。

参 考 文 献

[1] Chen Y, Lu B, Chen Y, et al. Breathable and stretchable temperature sensors inspired by skin. Scientific Reports, 2015, 5: 11505.

[2] Khang D Y, Jiang H, Huang Y, et al. A stretchable form of single-crystal silicon for high-performance electronics on rubber substrates. Science, 2006, 311: 208-212.

[3] Song J, Jiang H, Liu Z J, et al. Buckling of a stiff thin film on a compliant substrate in large deformation. International Journal of Solids and Structures, 2008, 45: 3107-3121.

[4] Huang Z, Hong W, Suo Z. Nonlinear analyses of wrinkles in a film bonded to a compliant substrate. Journal of the Mechanics and Physics of Solids, 2005, 53: 2101-2118.

[5] Zhang Y, Wang F, Ma Y, et al. Buckling configurations of stiff thin films tuned by micro-patterns on soft substrate. International Journal of Solids and Structures, 2019, 161:55-63.

[6] Li M, Li X, Che L, et al. Non-uniform global-buckling and local-folding in thin film of stretchable electronics. International Journal of Mechanical Sciences, 2020, 175: 105537.
[7] Li M, Che L, Li F, et al. Non-uniform self-folding of impure graphene. International Journal of Mechanical Sciences, 2021, 193: 106158.
[8] Guo D, Li Y, Zhao Q, et al. Stiffness modulation-driven transfer printing and strain isolation in stretchable electronics. Materials & Design, 2022, 217: 110602.

(本案例由李明供稿)

4.4 柔性电子器件岛–桥结构的屈曲问题

4.4.1 工程背景

柔性电子器件与传统的电子器件相比，最根本的区别在于以柔性基底取代了传统的刚性电路基底，从而实现了产品的柔性。目前已生产的柔性电子器件有柔性显示器[1]、电子眼照相机[2]、柔性传感器[3]、柔性太阳能电池[4]、柔性发光二极管[5]、智能外科手套[6] 以及结构健康监测设备[7] 等。

柔性电子器件的可延展性能可以通过不同的方式实现，具有代表性的是非共面网格化电路结构。设计该结构的基本思路是利用柔性导线 (如金属线) 连通脆性的微电子结构 (通常集成在硅等半导体材料上)，再将它们集成到柔性基底上[2,8–11]，这种结构就像是用一座座桥梁连接起的一个个岛屿，因此被形象地称为"岛–桥结构"。图 4.4.1 展示了可自由变形的柔性互补金属氧化物半导体 (CMOS) 反相器阵列及其中的典型岛–桥结构[2,8,11]。显然，柔性电子器件在工作中面临的最严峻的考验是如何保证其不发生破坏，这就要求作为其核心构件之一的岛–桥结构中产生的应变不能超过破坏应变。然而，想要最大程度地提高电子器件的柔韧性，同时避免其发生破坏，仅凭实验和数值模拟进行设计方案的优选是远远不够的，必须摸清结构变形机制，拿出一套可靠的理论依据和有效的设计原则来量化地指导柔性电子器件的设计[12]。为此，发展解析模型显得十分必要——解析结果的获得，是定量分析和评估岛–桥结构抗变形能力的基础，更是柔性电子器件岛–桥结构优化设计得以开展的前提。

由于岛–桥结构的变形主要由桥结构承担，以下将基于材料力学中的弹性线理论发展相关模型，开展桥结构的力学分析。

4.4.2 岛–桥结构的力学模型

岛–桥结构的制造过程包括岛状半导体设备的制造、设备之间的桥状金属连接、结构向双向预拉伸弹性基底 (如 PDMS 基底) 上的转印[13,14]，以及对基底预应变进行放松以使桥结构屈曲离开基底平面形成拱形结构等步骤。图 4.4.2 以一个有限元模型描述了上述制造过程。

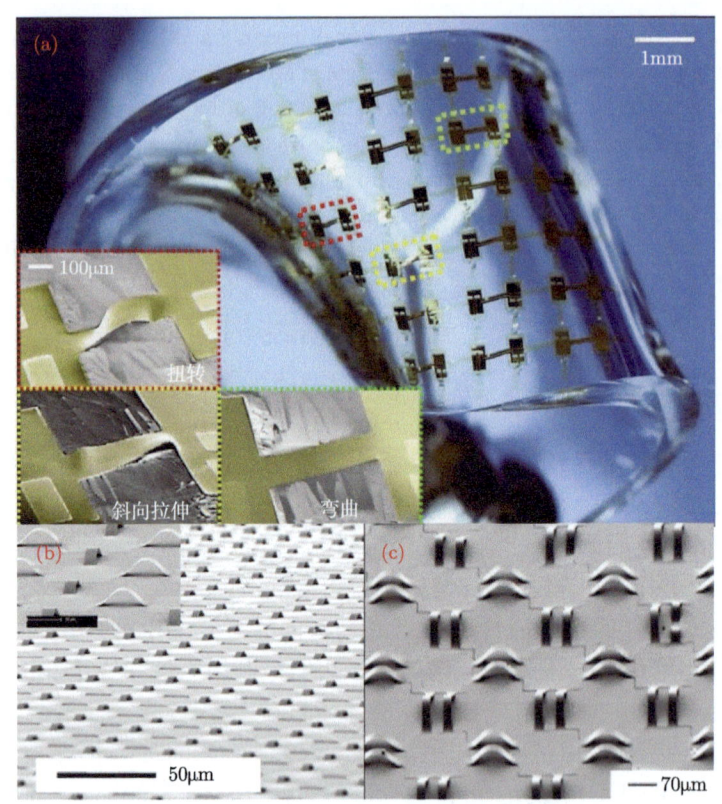

图 4.4.1 柔性电子器件的岛–桥结构实例[2,8,11]：
(a) 柔性 CMOS 反相器阵列；(b) 单桥结构；(c) 双桥结构

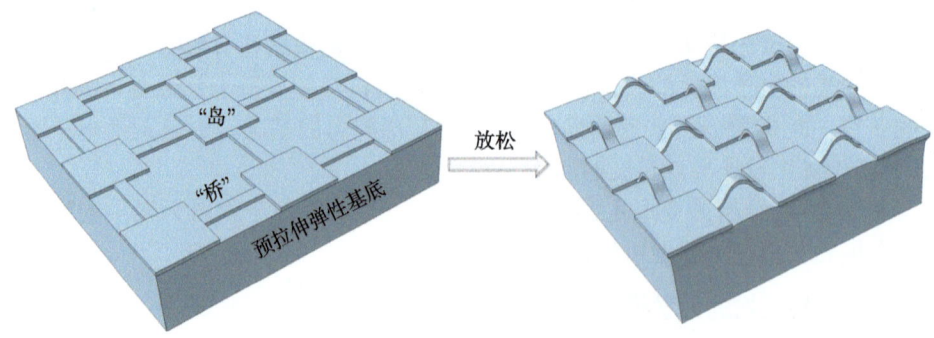

图 4.4.2 岛–桥结构制造过程示意图[16]

已有文献表明，桥结构可以模拟为两端固支的梁，该模型可基于正弦曲线状屈曲构型假设由能量最小化原理求解[2,8,15]。但是，上述解仅在桥发生小挠度变形

4.4 柔性电子器件岛–桥结构的屈曲问题

的前提下才较为精确,而对于大挠度变形,正弦曲线状近似已经不可靠,因而其所得到的解也是不够精确的。以下将舍弃关于桥结构变形的正弦曲线状屈曲构型假设,建立大挠度屈曲梁的力学模型 (忽略其长度改变和端部的转角[2,8,15]),以更好地描述桥的变形。

如图 4.4.3(a) 所示,给定基底拉伸预应变 ε_{pre},当放松基底时,长为 L_{bridge} 的桥结构发生屈曲,屈曲后桥的端部 A 和 E 之间的距离变为 $L_{\text{bridge}}/(1+\varepsilon_{\text{pre}})$。如图 4.4.3(b) 所示,考虑到对称性,仅分析长度为 $L_{\text{bridge}}/4$ 的桥的一部分即可。这实际上是一个弹性线问题[17]。

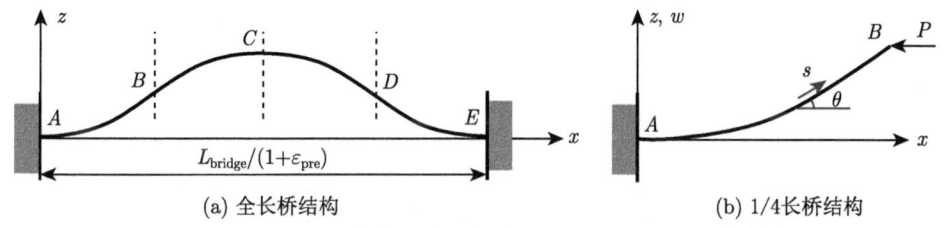

(a) 全长桥结构

(b) 1/4长桥结构

图 4.4.3 基底预应变释放产生的桥结构屈曲模型示意图[16]

桥的控制方程为[17]

$$E_{\text{bridge}}I_{\text{bridge}}\frac{\mathrm{d}\theta}{\mathrm{d}s} = P(w_B - w) \tag{4.4.1}$$

其中,$E_{\text{bridge}}I_{\text{bridge}}$ 为桥的弯曲刚度;E_{bridge} 为杨氏模量,I_{bridge} 为惯性矩;θ 为屈曲后桥 AB 上一点处的切线与 x 轴的夹角;s 为桥曲线上从点 A 算起沿轴向的距离;P 为与 AB 段相邻部分在 B 点处对 AB 所施加的力;w 为 z 方向的挠度;w_B 为 B 点处的 z 方向挠度。

注意到 $\mathrm{d}w/\mathrm{d}s = \sin\theta$,对式 (4.4.1) 关于 s 求导,得

$$E_{\text{bridge}}I_{\text{bridge}}\frac{\mathrm{d}^2\theta}{\mathrm{d}s^2} = -P\sin\theta \tag{4.4.2}$$

利用右端边界条件,即在 B 点处

$$\begin{aligned}\theta &= \alpha \\ \frac{\mathrm{d}\theta}{\mathrm{d}s} &= 0\end{aligned} \tag{4.4.3}$$

并对式 (4.4.2) 积分,得

$$\frac{1}{2}\left(\frac{\mathrm{d}\theta}{\mathrm{d}s}\right)^2 = \lambda^2(\cos\theta - \cos\alpha) \tag{4.4.4}$$

其中，$\lambda^2 = P/(E_{\text{bridge}} I_{\text{bridge}})$。

对于当前模型，从式 (4.4.4) 中容易求得

$$\mathrm{d}s = \frac{\mathrm{d}\theta}{\lambda\sqrt{2(\cos\theta - \cos\alpha)}} \tag{4.4.5}$$

引入 $\beta = \sin(\alpha/2)$，由式 (4.4.5) 得到桥的总长度为

$$L_{\text{bridge}} = 4\int_0^{L_{\text{bridge}}/4} \mathrm{d}s = \frac{4\tilde{K}(\beta)}{\lambda} \tag{4.4.6}$$

其中，$\tilde{K}(\beta)$ 为第一类完全椭圆积分。

从式 (4.4.6) 可知，$\lambda = 4\tilde{K}(\beta)/L_{\text{bridge}}$。

桥曲线上 B 点的坐标为

$$\begin{aligned} \tilde{x}_{\text{bridge}}^B &= \int_0^{L_{\text{bridge}}/4} \cos\theta \mathrm{d}s = \frac{L_{\text{bridge}}}{4}\left[\frac{2\tilde{E}(\beta)}{\tilde{K}(\beta)} - 1\right] \\ \tilde{z}_{\text{bridge}}^B &= \int_0^{L_{\text{bridge}}/4} \sin\theta \mathrm{d}s = \frac{\beta L_{\text{bridge}}}{2\tilde{K}(\beta)} \end{aligned} \tag{4.4.7}$$

其中，$\tilde{E}(\beta)$ 为第二类完全椭圆积分。于是，桥中的最大挠度为

$$w_{\text{bridge}}^{\max} = 2\tilde{z}_{\text{bridge}}^B = \frac{\beta L_{\text{bridge}}}{\tilde{K}(\beta)} \tag{4.4.8}$$

基底的拉伸预应变可以表示为

$$\varepsilon_{\text{pre}} = \frac{L_{\text{bridge}}\left(1 - \dfrac{4\tilde{x}_{\text{bridge}}^B}{L_{\text{bridge}}}\right)}{L_{\text{bridge}}\dfrac{4\tilde{x}_{\text{bridge}}^B}{L_{\text{bridge}}}} = \frac{1}{2\dfrac{\tilde{E}(\beta)}{\tilde{K}(\beta)} - 1} - 1 \tag{4.4.9}$$

桥的端部弯矩为

$$M_0 = P\tilde{z}_{\text{bridge}}^B = 8\beta\tilde{K}(\beta)\frac{E_{\text{bridge}} I_{\text{bridge}}}{L_{\text{bridge}}} \tag{4.4.10}$$

于是可以求出桥中的最大应变

$$\varepsilon_{\text{bridge}}^{\max} = \frac{t_{\text{bridge}}}{2}\frac{M_0}{E_{\text{bridge}} I_{\text{bridge}}} = 4\beta\tilde{K}(\beta)\frac{t_{\text{bridge}}}{L_{\text{bridge}}} \tag{4.4.11}$$

其中 t_{bridge} 为桥的厚度。

式 (4.4.8)~ 式 (4.4.11) 都是参数 β 的方程。给定基底预应变 ε_{pre}，β 可由式 (4.4.9) 得到，将其代入式 (4.4.8)、式 (4.4.10) 和式 (4.4.11) 即分别得到 $w_{\text{bridge}}^{\max}$，M_0 和 $\varepsilon_{\text{bridge}}^{\max}$。

式 (4.4.8)、式 (4.4.10) 和式 (4.4.11) 表明，分别由 L_{bridge}、$E_{\text{bridge}}I_{\text{bridge}}/L_{\text{bridge}}$ 和 $t_{\text{bridge}}/L_{\text{bridge}}$ 进行无量纲化处理后桥的最大挠度 $w_{\text{bridge}}^{\max}$、端部弯矩 M_0 和最大应变 $\varepsilon_{\text{bridge}}^{\max}$ 仅依赖于基底的预应变 ε_{pre}，这是通过式 (4.4.9) 实现的。如图 4.4.4 所示，上述解析结果与有限元解及实验所测得的 14.3% 预应变下 4.76μm 的最大挠度结果均吻合得很好[2,15]。

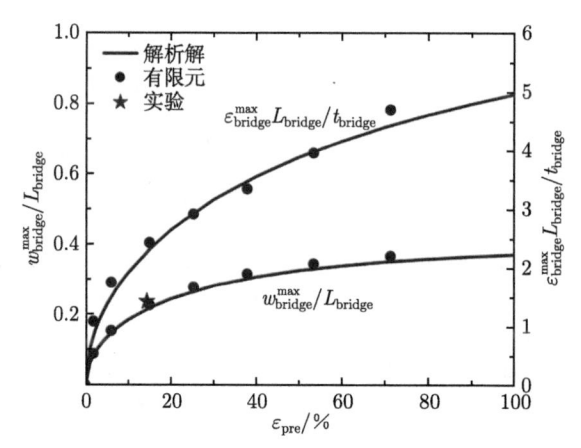

图 4.4.4　桥的无量纲最大挠度和最大应变与基底预应变的关系[16]

在解析模型和有限元数值模拟[18] 中，材料和几何参数都与实验[2,15] 保持一致，即：硅岛边长 20μm、厚 50nm；硅桥长 20μm、宽 4μm、厚 50nm，PDMS 基底厚 1mm；杨氏模量为 $E_{\text{bridge}} = E_{\text{island}} = 130\text{GPa}$，$E_{\text{substrate}} = 2\text{MPa}$，泊松比为 $\nu_{\text{bridge}} = \nu_{\text{island}} = 0.27$，$\nu_{\text{substrate}} = 0.48$[2,15]。

4.4.3　总结

柔性电子器件在工作中面临的最严峻的考验是如何保证其不发生破坏，这就要求作为其核心构件之一的岛-桥结构中产生的应变不能超过破坏应变，为此，发展能够指导结构设计的解析模型显得至关重要。本案例以岛-桥结构为研究对象，聚焦承受主要变形的桥结构的屈曲问题，舍弃了其正弦曲线状屈曲构型假设，从材料力学弹性线理论基本控制方程出发，建立了比传统解析模型更为精确的大变形梁解析模型。分析结果显示，$w_{\text{bridge}}^{\max}$、M_0 和 $\varepsilon_{\text{bridge}}^{\max}$ 分别正比于 L_{bridge}、$E_{\text{bridge}}I_{\text{bridge}}/L_{\text{bridge}}$ 和 $t_{\text{bridge}}/L_{\text{bridge}}$。这表明，薄且长的桥尽管会增加最大挠度，但有助于减小最大应变和端部弯矩集度，从而可以增加结构的延展性。上述模型对于以岛-桥结构为代表的柔性电子器件薄膜-基底结构的力学分析和优化设计具有重要价值。

参 考 文 献

[1] Crawford G P. Flexible Flat Panel Display Technology. New York: Wiley, 2005.

[2] Ko H C, Stoykovich M P, Song J Z, et al. A hemispherical electronic eye camera based on compressible silicon optoelectronics. Nature, 2008, 454(7205): 748-753.

[3] Mannsfeld S C B, Tee B C K, Stoltenberg R M, et al. Highly sensitive flexible pressure sensors with microstructured rubber dielectric layers. Nature Materials, 2010, 9(10): 859-864.

[4] Yoon J, Baca A J, Park S I, et al. Ultrathin silicon solar microcells for semitransparent, mechanically flexible and microconcentrator module designs. Nature Materials, 2008, 7(11): 907-915.

[5] Sekitani T, Nakajima H, Maeda H, et al. Stretchable active-matrix organic light-emitting diode display using printable elastic conductors. Nature Materials, 2009, 8(6): 494-499.

[6] Someya T, Sekitani T, Iba S, et al. A large-area, flexible pressure sensor matrix with organic field-effect transistors for artificial skin applications. Proceedings of the National Academy of Sciences of the United States of America, 2004, 101(27): 9966-9970.

[7] Nathan A, Park B, Sazonov A, et al. Amorphous silicon detector and thin film transistor technology for large-area imaging of X-rays. Microelectronics Journal, 2000, 31(11-12): 883-891.

[8] Kim D H, Song J, Choi W M, et al. Materials and noncoplanar mesh designs for integrated circuits with linear elastic responses to extreme mechanical deformations. Proceedings of the National Academy of Sciences of the United States of America, 2008, 105(48): 18675-18680.

[9] Gray D S, Tien J, Chen C S. High-conductivity elastomeric electronics. Advanced Materials, 2004, 16(5): 393-397.

[10] Lacour S P, Jones J, Wagner S, et al. Stretchable interconnects for elastic electronic surfaces. Proceedings of the IEEE, 2005, 93(8): 1459-1467.

[11] Kim D H, Lu N, Huang Y, et al. Materials for stretchable electronics in bioinspired and biointegrated devices. MRS Bulletin, 2012, 37(3): 226-235.

[12] Cheng K T, Olhoff N. An investigation concerning optimal-design of solid elastic plates. International Journal of Solids and Structures, 1981, 17(3): 305-323.

[13] Li R, Li Y, Lu C, et al. Thermo-mechanical modeling of laser-driven non-contact transfer printing: Two-dimensional analysis. Soft Matter, 2012, 8(27): 3122-3127.

[14] Carlson A, Bowen A M, Huang Y, et al. Transfer printing techniques for materials assembly and micro/nanodevice fabrication. Advanced Materials, 2012, 24(39): 5284-5318.

[15] Song J, Huang Y, Xiao J, et al. Mechanics of noncoplanar mesh design for stretchable electronic circuits. Journal of Applied Physics, 2009, 105(12): 123516.
[16] Li R, Li M, Su Y, et al. An analytical mechanics model for the island-bridge structure of stretchable electronics. Soft Matter, 2013, 9(35): 8476-8482.
[17] Timoshenko S P, Gere J M. Theory of Elastic Stability. New York: McGraw-Hill, 1961.
[18] ABAQUS Analysis User's Manual V6.9. Pawtucket: Dassault Systèmes, 2009.

(本案例由李锐、王博供稿)

4.5 基于能量原理的指套电子器件力学模型

4.5.1 工程背景

由于佩戴于手指上的电触觉刺激器和传感器能够在人与环境之间建立起连接，所以将这类设备设计成超薄的皮肤状，有望大大改善模拟手术、治疗器械以及机器人操作的接口[1-3]。目前，已有相关技术应用于盲文阅读器、显示器以及人体平衡控制等方面[3-7]，而柔性电子器件在这其中也有潜在的功用[8-12]，指套电子器件就是一例：Ying 等[13]研发了这样一类超薄的柔性硅电子传感器件，它们被集成于柔性指套结构的内外表面上，从而可以戴在手指上。

指套电子器件中有效部件必须要能适应使用过程中指套的大变形，同时要能经受住如图 4.5.1 所示制造过程中指套翻转变形所带来的严苛考验。图 4.5.1(a)

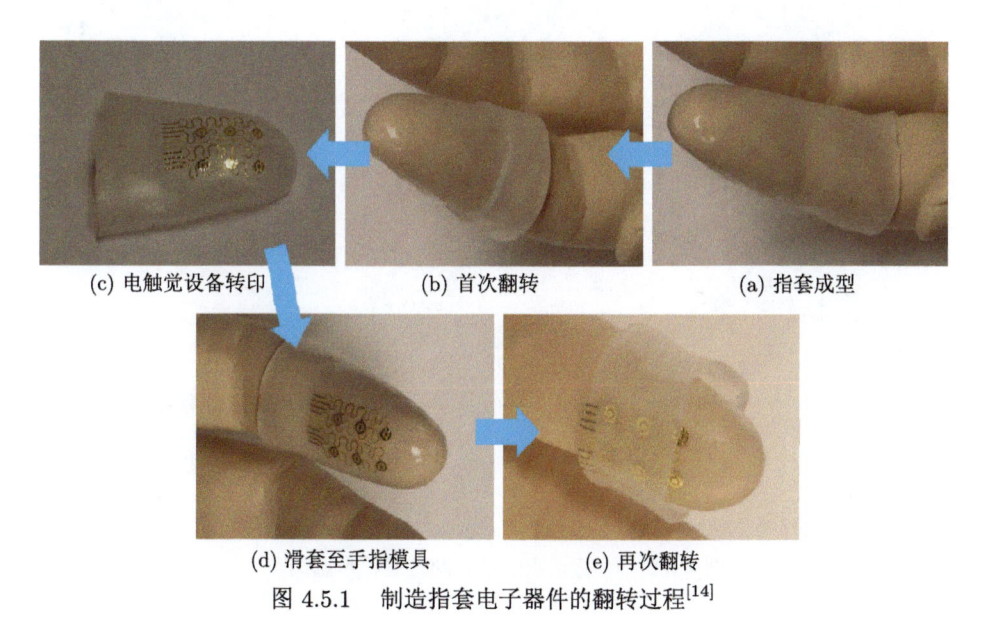

(c) 电触觉设备转印　　(b) 首次翻转　　(a) 指套成型

(d) 滑套至手指模具　　(e) 再次翻转

图 4.5.1　制造指套电子器件的翻转过程[14]

展示了一个由非常软的弹性聚合物 Ecoflex 制成的指套，它可以装配在制成的塑料手指模具上。在指套电子器件制造过程中，关键就是要生成厚度约为 500μm 的软聚合物薄片，而 Ecoflex 正是一种满足要求的材料：它具有很低的杨氏模量 (约 60kPa)，并能承受很大的应变 (约 900%) 而不致断裂。前者允许指套与皮肤的柔性紧密接触，后者使指套的大变形翻转成为可能：如图 4.5.1(b) 所示，先将指套从手指模具上翻转下来；然后利用转印技术将电触觉刺激器转印到翻转后的指套的外表面 (图 4.5.1(c))；再将印有电触觉刺激器的翻转过的指套滑套至手指模具上 (图 4.5.1(d))；最后，通过再次翻转，将电触觉刺激器翻转至指套内表面 (图 4.5.1(e))。

发展指套电子器件的力学模型对于优化器件的设计、使其在翻转中不受破坏十分有用，而结合材料力学中的能量原理，能够建立相关模型，进一步开展指套电子器件力学分析。

4.5.2 指套电子器件的力学模型

示意图 4.5.2 通过标记指套内外表面上 $a\sim h$ 各点的位置变化进一步说明了翻转过程——图 4.5.2(a)~(e) 对应于图 4.5.1(a)~(e)。图 4.5.2(a) 为自然无应力状

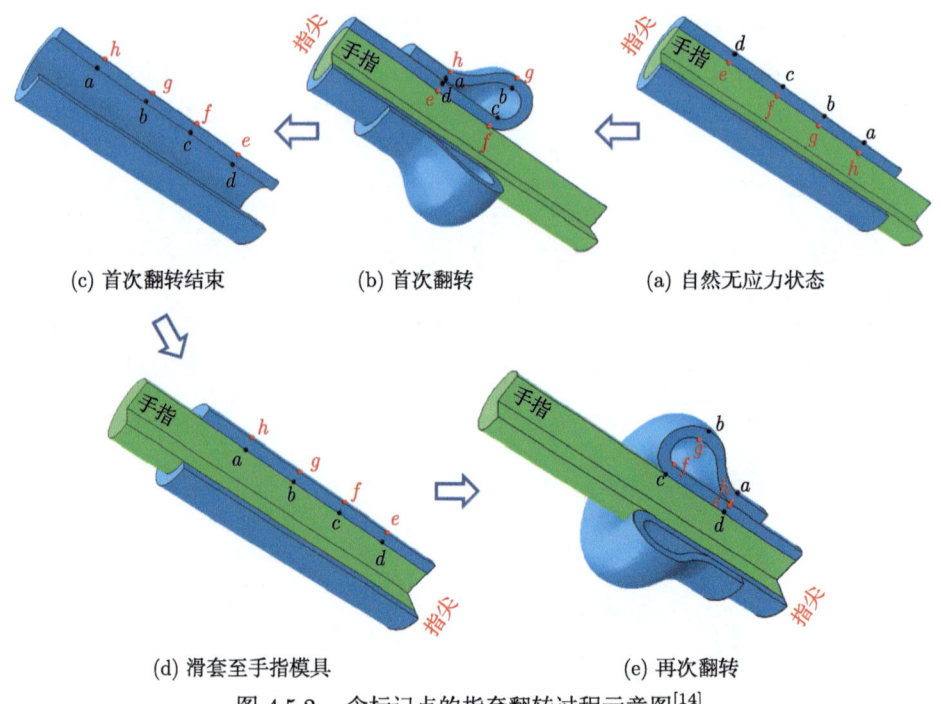

(c) 首次翻转结束　　(b) 首次翻转　　(a) 自然无应力状态

(d) 滑套至手指模具　　(e) 再次翻转

图 4.5.2　含标记点的指套翻转过程示意图[14]

态下的 Ecoflex 指套，点 $a\sim d$ 和 $e\sim h$ 分别位于指套表面的外部和内部；对指套进行第一次翻转 (图 4.5.2(b))，将内表面翻转至外部，形成图 4.5.2(c) 所示的结构，此时点 $a\sim d$ 和 $e\sim h$ 的位置分别由翻转前指套的外表面和内表面转移到翻转后指套的内表面和外表面。而转印到翻转后指套外表面的电触觉刺激器具有很低的刚度，它们对翻转过程的影响很小，因此，在解析模型中忽略了电触觉刺激器；之后，将外表面印有电触觉刺激器的翻转后的指套经滑动套在手指模具上 (图 4.5.2(d))，此时点 $a\sim d$ 和 $e\sim h$ 仍分别位于指套的内表面和外表面上；最后，对指套进行第二次翻转 (图 4.5.2(e))，使电触觉刺激器翻转至指套内部，并将应变计和触觉传感器转印至指套外部。

图 4.5.3 为被翻转指套的轴对称模型，其中 R_{finger} 为手指半径，t 为指套厚度，a 和 d 为接触临界点，(r,z) 为轴对称坐标系。通过该模型来确定指套与手指接触部分的其中一段长度 L、指套的弯曲半径 R 及翻转部分的接触长度 L'。

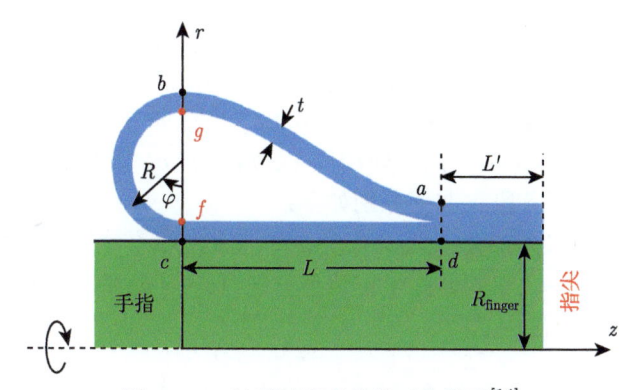

图 4.5.3　被翻转指套的轴对称模型[14]

翻转后的指套由四部分组成，其中平面的构型 $r=r(z)$ 分别如下：

(1) 与手指接触的 cd 以及 cd 以外部分：如图 4.5.3 所示，该部分截面中线为一条直线，$r=R_{\text{finger}}+t/2$，其中 $0\leqslant z\leqslant L+L'$。

(2) bc 部分：该部分截面中线近似为一个半径为 R 的半圆 (R 待定)，其构型表达式为 $[r-R_{\text{finger}}-R-(t/2)]^2+z^2=R^2$ 或 $r=R_{\text{finger}}+R+(t/2)\pm\sqrt{R^2-z^2}$，其中 $-R\leqslant z\leqslant 0$，正负号分别对应半圆的上、下半部分。

(3) ab 部分：该部分截面中线近似为一条正弦曲线，其端部转角与相邻部分保持连续，其构型表达式为 $r=R_{\text{figure}}+R+t+(R-t/2)\cos(\pi z/L)$，其中 $0\leqslant z\leqslant L(L\text{ 待定})$。

(4) a 点以外的直线部分：该部分构型表达式为 $r=R_{\text{finger}}+(3t/2)$，其中 $L\leqslant z\leqslant L+L'$。

指套的总长度为

$$L_{\text{total}} = L + \pi R + \int_0^L \sqrt{1 + \frac{\pi^2}{L^2}\left(R - \frac{t}{2}\right)^2 \sin^2\left(\frac{\pi z}{L}\right)}\mathrm{d}z + 2L' \qquad (4.5.1)$$

式中的积分对应于 ab 段弧线，由积分结果可以解析得到：$(2R-t)E(\zeta)/\zeta$，其中 $E(\zeta)$ 为第二类完全椭圆积分[15]，$\zeta = \{1 + (L^2/\pi^2)[R-(t/2)]^{-2}\}^{-1/2}$。对于给定的总长度 L_{total}，式 (4.5.1) 以 L 和 R 表示出 L'。

1) 曲率及弯曲能

指套表面任意一点 $(r(z),z)$ 处的经线方向主曲率为 $\kappa_s = (\mathrm{d}^2r/\mathrm{d}z^2)/[1+(\mathrm{d}r/\mathrm{d}z)^2]^{3/2}$，沿着圆周方向的另一主曲率 κ_θ 为从点 $(r(z),z)$ 到该点法线与对称轴 $r=0$ 交点的距离的负倒数，即 $-\left[r\sqrt{1+(\mathrm{d}r/\mathrm{d}z)^2}\right]^{-1}$。图 4.5.2(a) 中结构的初始曲率为 $\kappa_{s0}=0$ 和 $\kappa_{\theta 0} = \pm[R_{\text{finger}} + (t/2)]^{-1}$，对于 cd 段和 bc 段的下半部分取正号，对于 bc 段的上半部分以及 ab 段和 ab 之外的部分取负号；这里变号是因为 a 到 b 以及 c 到 d 上各点在图 4.5.2(a) 中弯曲方向相同 (朝向指套)，而在图 4.5.2(e) 和图 4.5.3 中弯曲方向相反 (这归因于 ab 段和 bc 段上半部分的翻转)。由上述构型可得各段主曲率分别如下：

(1) cd 以及 cd 以外部分：$\kappa_s = 0$，$\kappa_\theta = -[R_{\text{finger}} + (t/2)]^{-1}$。

(2) bc 部分：$\kappa_s = \pm R^{-1}$，其中正负号分别对应 bc 的下半部分和上半部分，而 $\kappa_\theta = -\sqrt{R^2-z^2}/(Rr)$。

(3) ab 部分：

$$\kappa_s = -\left(\pi^2/L^2\right)[R-(t/2)]\cos(\pi z/L)/\left\{1+\left(\pi^2/L^2\right)[R-(t/2)]^2\sin^2(\pi z/L)\right\}^{3/2}$$

$$\kappa_\theta = -\{R_{\text{figure}} + R + t + [R-(t/2)]\cos(\pi z/L)\}^{-1}$$
$$\times \left\{1+\left(\pi^2/L^2\right)[R-(t/2)]^2\sin^2(\pi z/L)\right\}^{-1/2}$$

(4) a 点以外的直线部分：$\kappa_s = 0$，$\kappa_\theta = -[R_{\text{finger}} + (3t/2)]^{-1}$。

将指套视为薄壳结构，杨氏模量为 E，厚度为 t，其弯曲能密度表示为[16]

$$u_b = \frac{D}{2}\left[(\kappa_s - \kappa_{s0})^2 + (\kappa_\theta - \kappa_{\theta 0})^2 + 2\nu(\kappa_s - \kappa_{s0})(\kappa_\theta - \kappa_{\theta 0})\right] \qquad (4.5.2)$$

其中，$D = Et^3/[12(1-\nu^2)]$ 为弯曲刚度；ν 为泊松比。壳的弯曲能为 u_b 在指

套表面区域上的积分，其表达式为

$$U_b = 2\pi \left(R_{\text{finger}} + \frac{t}{2} \right)$$

$$\times \left\{ \int_0^{L+L'} u_b^{(cd)} \mathrm{d}z + \int_{-R}^0 \left[u_b^{(bc)\text{lower}} + u_b^{(bc)\text{upper}} \right] \sqrt{1 + \left(\frac{\mathrm{d}r}{\mathrm{d}z}\right)^2} \mathrm{d}z \right.$$

$$\left. + \int_0^L u_b^{(ab)} \sqrt{1 + \left(\frac{\mathrm{d}r}{\mathrm{d}z}\right)^2} \mathrm{d}z + \int_L^{L+L'} u_b^{(\text{beyond } a)} \mathrm{d}z \right\} \tag{4.5.3}$$

2) 膜应变及膜能

指套上任意一点 $(r(z), z)$ 处沿圆周方向的膜应变与半径比的关系为：$\varepsilon_\theta = r/[R_{\text{finger}} + (t/2)] - 1$，于是对于各段分别有：

(1) cd 以及 cd 以外部分：$\varepsilon_\theta = 0$。

(2) bc 部分：$\varepsilon_\theta = \left(R \pm \sqrt{R^2 - z^2} \right)/(R_{\text{finger}} + t/2)$，其中正负号分别对应于上、下半部分。

(3) ab 部分：$\varepsilon_\theta = [R + t/2 + (R - t/2)\cos(\pi z/L)]/(R_{\text{finger}} + t/2)$。

(4) a 点以外的直线部分：$\varepsilon_\theta = t/(R_{\text{finger}} + t/2)$。

有限元数值模拟表明，对于经线方向的膜应变 ε_s，关系式 $\varepsilon_s = -\nu\varepsilon_\theta$ 近似成立。

膜能密度的表达式为[16]

$$u_{\text{m}} = \frac{Et}{2(1-\nu^2)} \left(\varepsilon_s^2 + \varepsilon_\theta^2 + 2\nu\varepsilon_s\varepsilon_\theta \right) \tag{4.5.4}$$

壳中的膜能为 u_{m} 在指套表面区域上的积分，其表达式为

$$U_{\text{m}} = 2\pi \left(R_{\text{finger}} + \frac{t}{2} \right)$$

$$\times \left[\int_0^{L+L'} u_{\text{m}}^{(cd)} \mathrm{d}z + \int_{-R}^0 \left[u_{\text{m}}^{(bc)\text{lower}} + u_{\text{m}}^{(bc)\text{upper}} \right] \sqrt{1 + \left(\frac{\mathrm{d}r}{\mathrm{d}z}\right)^2} \mathrm{d}z \right.$$

$$\left. + \int_0^L u_{\text{m}}^{(ab)} \sqrt{1 + \left(\frac{\mathrm{d}r}{\mathrm{d}z}\right)^2} \mathrm{d}z + \int_L^{L+L'} u_{\text{m}}^{(\text{beyond } a)} \mathrm{d}z \right] \tag{4.5.5}$$

3) 能量最小化

指套总能量 U_total 由弯曲能和膜能两部分组成,依赖于 L 和 R(注意:在给定的指套总长度下,L' 可经式 (4.5.1) 由 L 和 R 表示)。根据能量最小化原理,L 和 R 可由下列方程通过数值求解确定:

$$\frac{\partial U_\text{total}}{\partial R} = \frac{\partial U_\text{total}}{\partial L} = 0 \tag{4.5.6}$$

对于不可压材料制成的指套,其泊松比 $\nu = 0.5$,当 $L_\text{total} \gg L$ 时,经 R_finger 无量纲化的 R 和 L 仅依赖于无量纲厚度 t/R_finger,而与总长度 L_total 无关,如图 4.5.4 所示。

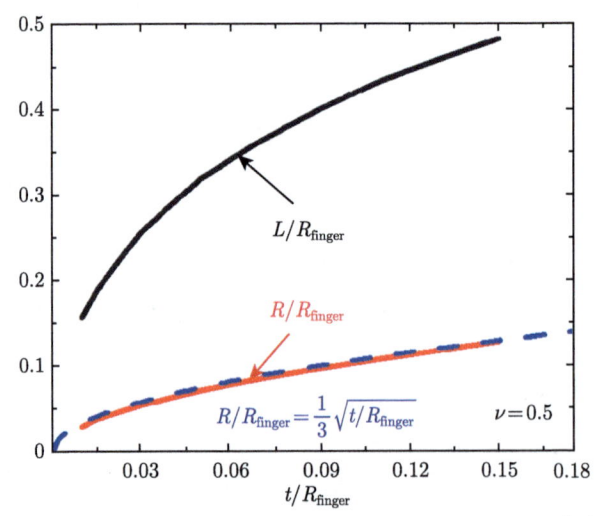

图 4.5.4 指套无量纲长度及半径与无量纲厚度的关系[14]

半径 R 可由下式很好地近似:

$$R = \frac{1}{3}\sqrt{R_\text{finger}\, t} \tag{4.5.7}$$

图 4.5.5 将能量最小化原理得到的指套构型解析解和有限元方法得到的结果进行了对比,与之相应的实验尺寸参数为 $R_\text{finger} = 7.5\text{mm}$,$t = 0.5\text{mm}$[13]。两种构型之间良好的一致性证明了解析模型的正确性。

4) 指套中的最大应变

图 4.5.6 为被翻转指套内外表面经线方向的应变分布有限元云图,其中 $R_\text{finger} = 7.5\text{mm}$,$t = 0.5\text{mm}$。

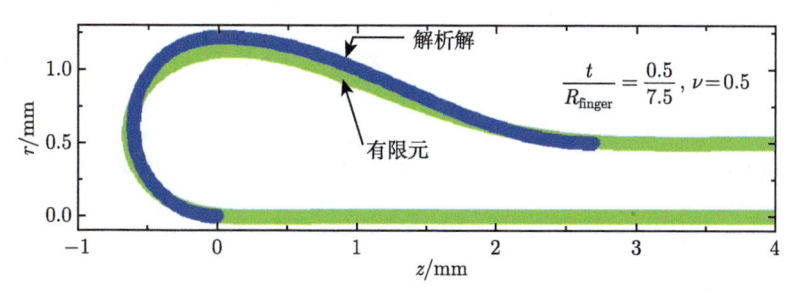

图 4.5.5 指套构型的解析解与有限元方法得到的结果对比[14]

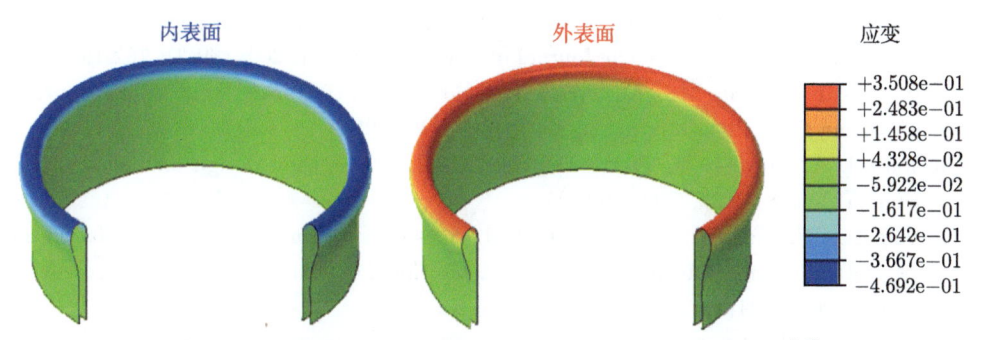

图 4.5.6 翻转指套内外表面经线方向的应变分布有限元云图[14]

有限元给出的指套最大拉、压应变分别为 35.1% 和 −46.9%，而解析结果

$$\varepsilon_{\max} = \frac{3}{2}\sqrt{\frac{t}{R_{\text{finger}}}}$$
$$\varepsilon_{\min} = -\frac{3}{2}\sqrt{\frac{t}{R_{\text{finger}}}} - \frac{2\sqrt{R_{\text{finger}}\, t}}{3(2R_{\text{finger}} + t)} \tag{4.5.8}$$

给出的 $\varepsilon_{\max}$ 及 $\varepsilon_{\min}$ 分别为 38.7% 和 −47.1%，两者结果吻合得很好。

4.5.3 总结

以指套电子器件为代表的柔性电子器件在制造和服役过程中通常涉及非常大的机械变形。为获得承受极端大变形的能力，本案例所展示的聚合物软材料提供了一种理想的选择。基于材料力学中的能量原理，本案例发展了一个描述指套电子器件翻转行为的力学模型，解析地给出了指套无量纲长度及半径与无量纲厚度的关系、指套构型、指套中的最大应变等关键结果。分析表明，最大应变与指套半径的平方根成反比 ($\propto 1/\sqrt{R_{\text{finger}}}$)。所发展模型的正确性得到了有限元数值模拟结果的验证，该模型可以用来指导指套电子器件以及其他相关三维软结构/器件的力学分析和优化设计。

参 考 文 献

[1] Matteau I, Kupers R, Ricciardi E, et al. Beyond visual, aural and haptic movement perception: hMT+ is activated by electrotactile motion stimulation of the tongue in sighted and in congenitally blind individuals. Brain Research Bulletin, 2010, 82(5-6): 264-270.

[2] Sparks D W, Kuhl P K, Edmonds A E, et al. Investigating the MESA (multipoint electrotactile speech aid): The transmission of segmental features of speech. Journal of the Acoustical Society of America, 1978, 63(1): 246-257.

[3] Danilov Y P, Tyler M E, Kaczmarek K A. Electrotactile vision: Achievements, problems and perspective. International Journal of Psychophysiology, 2008, 69(3): 162-163.

[4] Bach-y-Rita P, Tyler M E, Kaczmarek K A. Seeing with the brain. International Journal of Human-Computer Interaction, 2003, 15(2): 285-295.

[5] Jones L A, Safter N B. Tactile displays: Guidance for their design and application. Human Factors, 2008, 50(1): 90-111.

[6] Vuillerme N, Pinsault N, Chenu O, et al. Sensory supplementation system based on electrotactile tongue biofeedback of head position for balance control. Neuroscience Letters, 2008, 431(3): 206-210.

[7] Vidal-Verdu F, Hafez M. Graphical tactile displays for visually-impaired people. IEEE Transactions on Neural Systems and Rehabilitation Engineering, 2007, 15(1): 119-130.

[8] Someya T, Sekitani T, Iba S, et al. A large-area, flexible pressure sensor matrix with organic field-effect transistors for artificial skin applications. Proceedings of the National Academy of Sciences of the United States of America, 2004, 101(27): 9966-9970.

[9] Kim D H, Lu N, Ma R, et al. Epidermal electronics. Science, 2011, 333(6044): 838-843.

[10] Lipomi D J, Vosgueritchian M, Tee B C K, et al. Skin-like pressure and strain sensors based on transparent elastic films of carbon nanotubes. Nature Nanotechnology, 2011, 6(12): 788-792.

[11] Rogers J A, Huang Y. A curvy, stretchy future for electronics. Proceedings of the National Academy of Sciences of the United States of America, 2009, 106(27): 10875-10876.

[12] Kim D H, Lu N S, Ghaffari R, et al. Materials for multifunctional balloon catheters with capabilities in cardiac electrophysiological mapping and ablation therapy. Nature Materials, 2011, 10(4): 316-323.

[13] Ying M, Bonifas A P, Lu N, et al. Silicon nanomembranes for fingertip electronics. Nanotechnology, 2012, 23(34): 344004.

[14] Su Y, Li R, Cheng H, et al. Mechanics of finger-tip electronics. Journal of Applied Physics, 2013, 114(16): 164511.

[15] Gradshteyn I S, Ryzhik I M. Table of Integrals, Series and Products. London: Academic Press, 2007.

[16] Timoshenko S P, Woinowsky-Krieger S W. Theory of Plates and Shells. New York: McGraw-Hill, 1959.

(本案例由李锐、王博、田阔供稿)

4.6 力系平衡在柔性电子湿法转印中的应用

4.6.1 工程背景

力系平衡是经典的理论力学概念，是指作用在某一物体上的力系，向任意点简化的主矢和主矩均为零，从而使物体保持受力平衡状态。刚体的力系平衡条件可简单表示为

$$\sum F_i = 0, \quad \sum M_O(F_i) = 0 \tag{4.6.1}$$

其中，$\sum F_i$ 为力系的合力矢；$\sum M_O(F_i)$ 为力系向任意一点简化的合力矩。力系平衡是求解典型工程应用中静力学问题的基础，在机械、航天、建筑等传统领域扮演着十分重要的角色。

本节尝试将传统的力系平衡概念应用于前沿、热门的柔性电子制备和设计研究中。与刚性、不可变形的传统电子器件相比，柔性电子 (如折叠屏手机等) 能够适应复杂环境而不会发生电学、光学等性能的降低或丧失，被认为是未来电子产品的发展方向。考虑到柔性基体无法承受高温、化学腐蚀等电子器件加工环境，柔性电子的制备多采用如图 4.6.1 所示的转印方法。

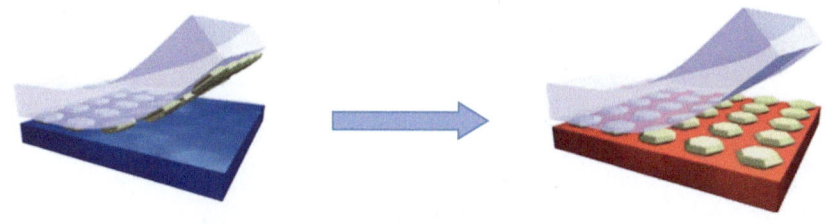

图 4.6.1 柔性电子传统干法转印过程[1]

转印将电子器件制备与集成解耦，从而有效避免了温度等负面因素的影响，又能够与已有传统电子制备技术相兼容，被广泛应用于柔性电子制备。转印方法可分为干法转印和湿法转印。干法转印[1]，如图 4.6.1 所示，利用透明的弹性聚二甲基硅氧烷 (PDMS) 印章将电子器件从生长基体转印至应用基体，但 PDMS 印章与电子器件的接触应力随电子器件变薄逐渐变大，易造成器件制作破坏，不利于超薄柔性电子转印。近年来，科学家发明了一种新型的转印方法——湿法转印，如图 4.6.2 所示。湿法转印利用液体表面张力可以实现超薄电子器件的低应力无

损转印，具有广阔的应用前景。而应用湿法转印工艺需要明确湿法转印的应用界限，即湿法转印成功的临界条件为利用液体表面张力能够转印电子器件的最大重量和最大尺寸。

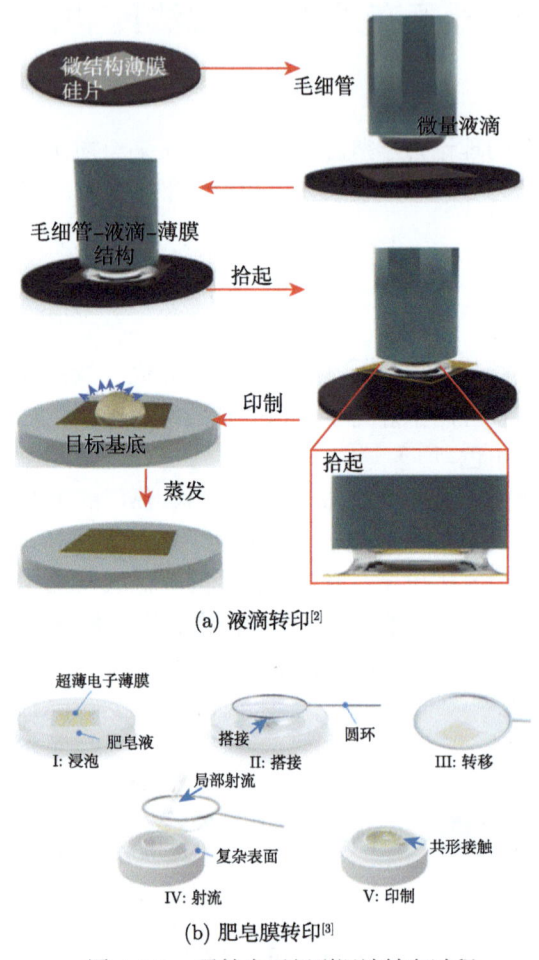

(a) 液滴转印[2]

(b) 肥皂膜转印[3]

图 4.6.2　柔性电子新型湿法转印过程

4.6.2　柔性电子湿法转印应用界限的力学模型

科研人员[2-4]使用理论力学中常见的力系平衡原理来回答湿法转印的应用界限。例如，以液滴为转印印章，通过控制液滴与电子器件间的液桥将电子器件成功提起的湿法转印[2]，科研人员对其拾取力大小进行了力学分析，对应的力学模型如图 4.6.3 所示，液滴所提供的拾取力 F 包括沿接触线分布的表面张力 F_{st} 和

4.6 力系平衡在柔性电子湿法转印中的应用

流固接触界面的拉普拉斯压力 F_p，即

$$F = F_p + F_{st} = \pi r_c^2 \cdot \Delta P + 2\pi r_c \gamma \sin \theta_1 \tag{4.6.2}$$

其中，r_c 为毛细管半径；θ_1 为液滴与毛细管连接处表面张力与水平方向的夹角；γ 为液滴表面张力系数；ΔP 为内部液滴与外部空气之间的压力差，由 Young-Laplace 方程进一步计算可知

$$\Delta P = -\gamma \left(\frac{1}{r_c} + \frac{1}{r} \right), \qquad r = \frac{h}{\cos \theta_1 + \cos \theta_2} \tag{4.6.3}$$

其中，h 为液桥的高度；θ_2 为液滴与电子器件之间的接触角。

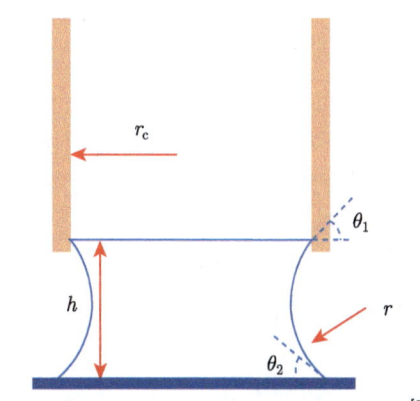

图 4.6.3　基于液滴的湿法转印力学模型[2]

基于力系平衡理论，在给定液滴与电子器件之间的接触角 $\theta_2=79.69°$，毛细管半径 $r_c=1.43$mm 的情况下，科研人员给出液滴的最大无量纲拾取力约为 2.8[2]（约为 0.92mN，与液滴阵列转印方法[4] 获得的 1mN 拾取力相近），而对于常见的商用微型 LED(发光二极管) 芯片，其所需的拾取力约为 1μN。因此，商业 LED 芯片可以很容易地被液滴拾起。同时，需要指出的是，由于常温常压下液滴体积的限制，液滴所能提供的拾取力有限，且当电子器件的弯曲刚度较小时，将出现弹性毛细现象[5]：器件将沿着液滴表面发生弯曲而包裹在液滴上，从而影响转印效果。

考虑到肥皂膜的透明、可控破裂、超薄及可变形等特性，科研人员也尝试使用肥皂膜转印超薄柔性电子器件，形成了一种可控、无褶皱、低应力无损的湿法转印工艺[3]。肥皂膜湿法转印工艺与成熟的微纳制备技术既兼容又相互独立，可以实现具有任意图案和分辨率的大尺寸超薄电子器件的无褶皱转移，以及无需强弱黏附调控的具有复杂表面、紧凑空间及极低黏性基底的共形印制。整个转印过

程清晰透明，以"所见即所得"的方式进行精确定位，且转印之后几乎没有液体残留，无需进行后续的蒸发处理，操作简易。

为了研究肥皂膜湿法转印成功的临界条件及转印应用范围，科研人员进行了相关实验并建立了力学模型，如图 4.6.4 所示，转移过程中超薄柔性电子为了克服自重需要将一部分搭接在圆环上以提供黏附力，通过建立器件自身的受力平衡即可确定器件与圆环的最小搭接面积。如图 4.6.4(b) 的侧视图所示，电子器件共受到四个力的作用，分别为电子器件与塑料圆环间的黏附力 F_a、拉普拉斯压力 F_p、表面张力 F_s 以及器件自身重力 G。根据垂直方向的力系平衡方程可给出器件的最小搭接面积为

$$x = \frac{-\frac{1}{4}L^2\gamma\left(\frac{1}{R_c} + \frac{2\sqrt{2}}{L}\right)\cos\alpha_p + G}{2\gamma(\cos\theta_R - \cos\theta_A)\cos\frac{\pi}{4}\cos\alpha_a} \tag{4.6.4}$$

其中，x 为电子器件与塑料环间的接触边长；L 和 G 分别为电子器件的长度及自重；R_c 为塑料环的半径；α_a 和 α_p 分别为黏附力和拉普拉斯压力与垂直方向所成角度；γ、θ_R 和 θ_A 分别为肥皂液的表面张力以及电子器件上肥皂液的后退角与前进角。当电子器件的长度为 10mm，自重为 2.52×10^{-3}mN 时可确定的最小搭接面积为 0.05mm^2，只占电子器件总面积 (100mm^2) 的 0.05%，说明肥皂膜湿法转印可以在很小的接触面积下轻松地完成。

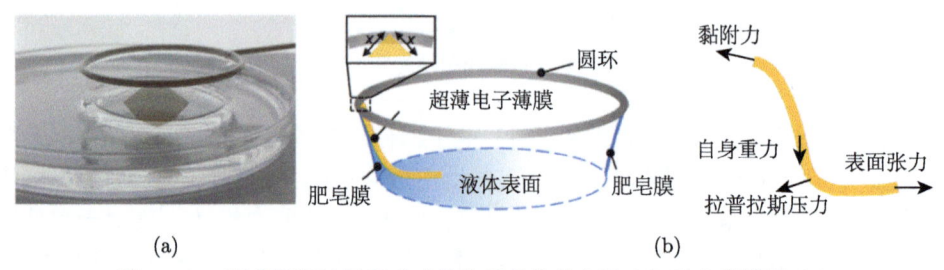

图 4.6.4 肥皂膜湿法转印成功的临界条件的实验 (a) 和力学模型 (b)

为进一步确定肥皂膜湿法转印可转移电子器件的最大尺寸和最大重力，科研人员建立了如图 4.6.5 所示的理论模型。假设肥皂膜的形状为极小曲面，内外压强相等，则拉普拉斯压力为零。因此，肥皂膜所提供的拾取力仅包含沿接触线分布的表面张力，根据力系平衡理论，肥皂膜的拾取力 F 为

$$F = 4\pi R_e\gamma\sin\alpha_1 = 4\pi R_c\gamma\sin\alpha_2 \tag{4.6.5}$$

其中，R_e 和 R_c 分别为电子器件和硬质圆环的半径；γ 为肥皂膜的表面张力系数；α_1 和 α_2 分别为肥皂膜与电子器件和硬质圆环之间的接触角。由上述力系平

衡理论可知，在给定硬质圆环尺寸 $R_c = 15\text{mm}$ 的情况下，肥皂膜的拾取力可达到 5.18mN，约是液滴拾取力的 5 倍，远高于常规电子器件的重量。需要说明的是，肥皂膜的拾取力与硬质圆环半径 R_c 相关，可进一步增大 R_c，提升肥皂膜拾取力。进一步，假设超薄柔性电子厚度为 600nm，密度为 4.29g/cm^3，可知肥皂膜所能转印的电子器件最大允许尺寸约为 255.7mm，属于大幅面转印，是液滴转印不能达到的。

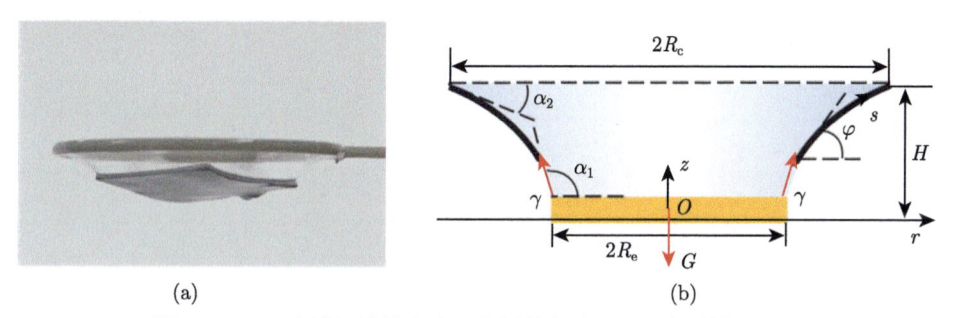

图 4.6.5 肥皂膜湿法转印应用范围的实验 (a) 和力学模型 (b)

4.6.3 总结

本节将理论力学中的经典力系平衡理论应用于前沿热门的柔性电子领域，在柔性电子的湿法转印制备环节，通过建立液体印章及电子器件的力学模型，考虑表面张力、拉普拉斯压力以及器件重力之间的力系平衡关系，以简洁的方式揭示了新型湿法转印工艺的应用界限，从根本上论证了湿法转印可用于商用微型 LED 芯片等常规芯片的拾取和放置工作。需要说明的是，区别于液滴转印，肥皂膜转印通过调控圆环半径有望实现厘米级甚至米级的大幅面电子器件的转印工作，展现了湿法转印在柔性电子的大面积制备上的巨大潜力。综上，可以看出，理论力学中较为基础的力系平衡理论也在柔性电子的制备和设计中扮演着重要的角色，推动了转印工艺和柔性电子的发展。

参 考 文 献

[1] Meitl M A, Zhu Z, Kumar V, et al. Transfer printing by kinetic control of adhesion to an elastomeric stamp. Nature Materials, 2006, 5: 33-38.

[2] Liu X, Cao Y, Zheng K, et al. Liquid droplet stamp transfer printing. Advanced Functional Materials, 2021, 31: 2105407.

[3] Che L, Hu X, Xu H, et al. Soap film transfer printing for ultrathin electronics. Small, 2024, 20: 2308312.

[4] Hwang S H, Lee J, Khang D. Droplet-mediated deterministic microtransfer printing: Water as a temporary adhesive. ACS Applied Materials & Interfaces, 2019, 11: 8645-8653.

[5] Li H, Wang Z, Cao Y, et al. High-efficiency transfer printing using droplet stamps for robust hybrid integration of flexible devices. ACS Applied Materials & Interfaces, 2020, 13: 1612-1619.

(本案例由李明供稿)

第 5 章 生物医学

5.1 青光眼形成的力学机制

5.1.1 研究背景

眼睛是人体唯一的视觉器官 (图 5.1.1)，具有十分重要的作用。在眼科疾病中，青光眼是仅次于白内障的第二大致盲性疾病，总人群发病率为 1%，严重威胁着人类的视觉健康。眼压过高是导致青光眼视神经损害的主要原因，受到损害的主要部位是视神经乳头内的巩膜层[1]。然而，部分患者眼压数值正常却产生了青光眼病理改变。还有部分患者眼压虽得到控制性下降，但视神经损害依旧持续，说明还有其他一些因素 (如眼底筛板组织的力学材料性能) 影响着青光眼发病及进展。

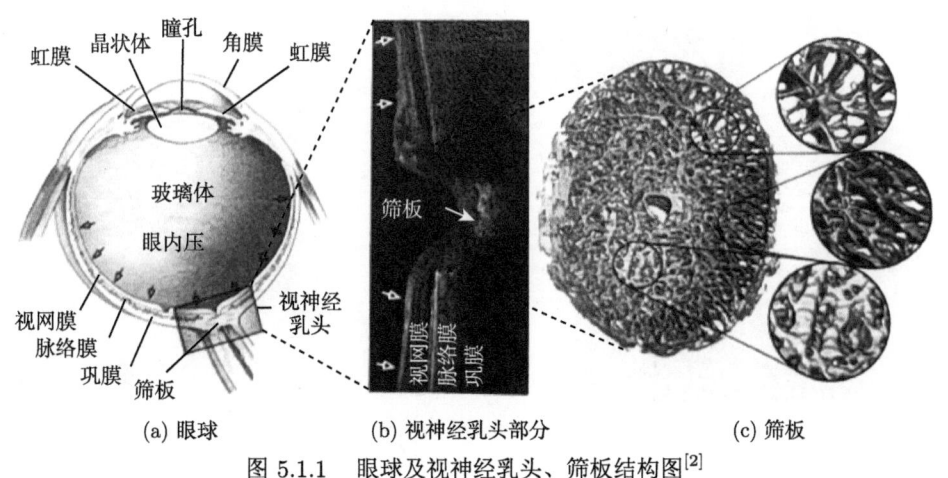

(a) 眼球　　(b) 视神经乳头部分　　(c) 筛板

图 5.1.1　眼球及视神经乳头、筛板结构图[2]

5.1.2 力学分析

对于眼底筛板组织，其杨氏模量等弹性材料参数是非常重要的生物医学指标。由材料力学中的胡克定律可知，一个结构的变形与结构所受到的载荷大小及结构的弹性模量有关。在给定的弹性模量下，载荷越大，结构变形越大；载荷越小，结构变形越小。然而，对于一个弹性模量很大的材料，即使施加很大的载荷，也不会产生明显变形；对于一个弹性模量很小的材料，即使施加很小的载荷，也有可能产生很大的变形。眼底筛板组织的弹性模量因人而异，且差异较大。如果产生很大的变形，将挤压视网膜神经，会导致失明。因此，有部分青光眼患者眼压很高，但没有导致失明；而有部分患者眼压降低了，却导致失明。可见，目前基于眼压大小作为青光眼致失明的风险评估标准精度很低。

然而，相对于眼压在体测量，眼底筛板组织的力学参数的在体测量更加困难。在材料力学中，我们通常采用标准的单轴拉伸实验获取弹性模量。但是生物软组织非常特殊，由于我们无法将患者的软组织取出来做成标准试验件进行测量，所以就需要一种高精度的在体测量方法。现今，眼科医生可以采用光学相干断层扫描 (OCT) 系统对患者的眼底筛板组织进行影像学分析 (图 5.1.2)。目前，OCT 系统通常最多只有 20mm 的成像深度。但由于眼球是透明的，OCT 系统可以获取眼底筛板组织的全场图像。

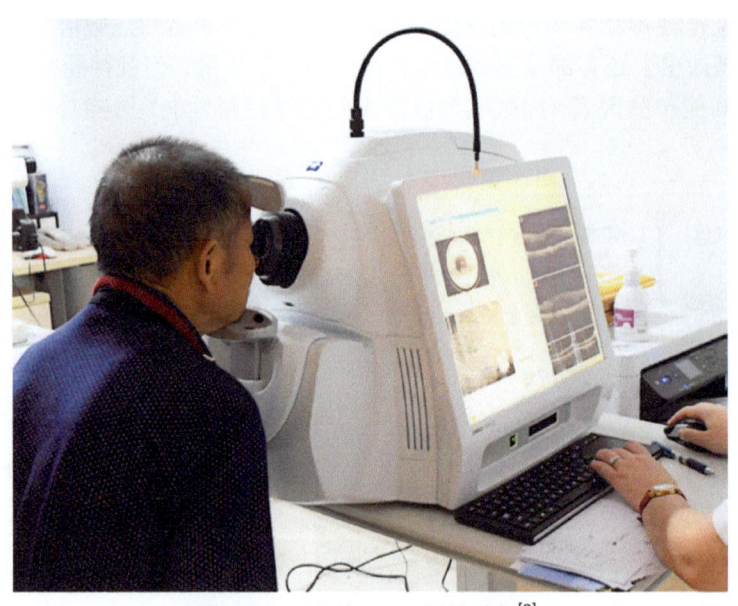

图 5.1.2　眼科 OCT 测量过程[3]

从理论上讲，我们可以获取眼底筛板组织的弹性模量。首先对眼球外部施压，通过 OCT 获取施压前后的筛板图像，然后采用数字体积相关 (DVC) 方法[4] 计算筛板组织的全场变形，继而采用基于有限元的优化反演方法[5] 来获取眼底筛板组织的弹性模量，甚至可以获取其各层的弹性模量 (图 5.1.3)。

然而，目前的研究难点主要在于 OCT 的分辨率不够高，导致计算出来的全场变形精度不高，进而导致筛板组织的弹性模量值的精度很低。此外，由于眼压一直作用于眼球中，筛板组织一直处于预应力状态，因此即使未来 OCT 的分辨率足以获取高精度的全场变形，解决预应力对眼底筛板组织弹性模量的反演结果的影响，同样是一个很有挑战性的问题。

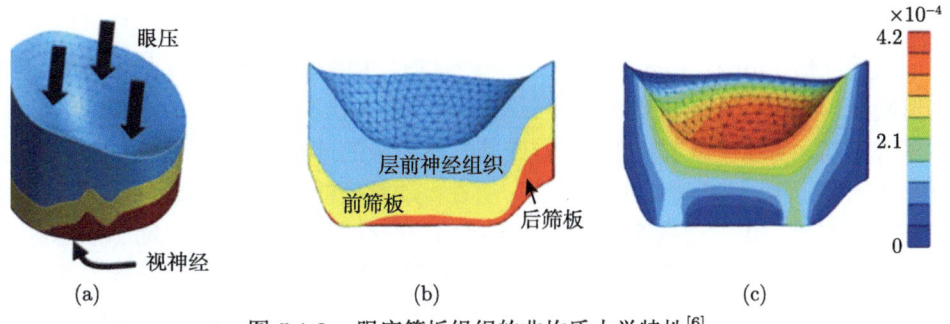

图 5.1.3　眼底筛板组织的非均质力学特性[6]

5.1.3　总结

我们相信，随着实验力学、计算力学、生物力学理论的不断发展，上述问题可以得到解决。医生通过获取患者的眼底筛板组织的弹性模量及眼压值，并进一步结合有限元分析结果及材料力学中的相关知识，可以帮助患者更好地预测由青光眼导致的失明风险，从而避免漏诊或者过度治疗，这对临床具有十分重要的指导意义。

参 考 文 献

[1] Quigley H A, McAllister J A, Wilson P. Pathophysiology of Optic Nerve in Glaucoma. London: Butterworths, 1986.

[2] Girard M J A, Strouthidis N G, Desjardins A, et al. In vivo optic nerve head biomechanics: performance testing of a three-dimensional tracking algorithm. Journal of The Royal Society Interface, 2013, 10(87): 20130459.

[3] http://www.p023.com/article/yydt/p73a1487.html.

[4] 杨鹏. 数字体积相关方法的开发与应用研究. 南京：东南大学, 2015.

[5] Mei Y, Stover B, Kazerooni N A, et al. A comparative study of two constitutive models within an inverse approach to determine the spatial stiffness distribution in soft materials. International Journal of Mechanical Sciences, 2018, 140: 446-454.

[6] Mei Y, Liu J, Guo X, et al. General finite-element framework of the virtual fields method in nonlinear elasticity. Journal of Elasticity, 2021, 145(1): 265-294.

(本案例由梅跃供稿)

5.2 主动脉瘤破坏的力学机制

5.2.1 研究背景

主动脉瘤 (aortic aneurysm)，也称动脉瘤，如图 5.2.1 所示，是一种常见的高风险血管疾病，主要表现为主动脉壁局部呈肿瘤状扩张。对于中老年人，随着血压的升高，动脉瘤急剧扩张 (可看成是气球膨胀的过程)，最终导致动脉瘤破裂。在欧美国家，对于 60 岁以上的女性与男性，动脉瘤的发病率分别为 0.5%~1.5% 和 4%~8%[2]。我国动脉瘤发病率尚无明确的统计数据，据估计，动脉瘤患者总计约 200 万人，并且随着生活水平的提高和人口老龄化的到来，动脉瘤发病率呈逐年上升趋势[3]。动脉瘤的主要威胁在于破裂，年破裂率为 2.2%，其一旦破裂，病死率高达 90%[4]。在美国与欧洲，每年至少有 30000 人死于动脉瘤破裂，在所有疾病导致的死亡人数中位居第十位。

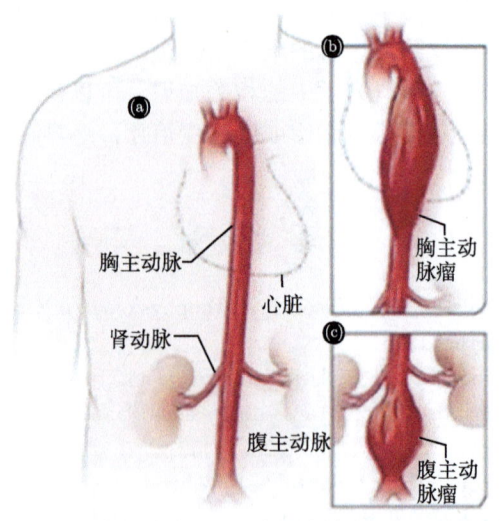

图 5.2.1 (a) 正常主动脉；(b) 胸主动脉瘤及 (c) 腹主动脉瘤[1]

手术是治疗动脉瘤的主要手段，而是否进行手术治疗通常是由破裂风险所决定的。目前临床上判断动脉瘤破裂风险的金标准为血管直径是否达到 5.5cm[2]。一般情况下，更大的直径尺寸意味着更大的破裂风险。然而，临床数据表明，约有 25% 直径小于 5.5cm 的动脉瘤发生破裂，同时约有 60% 直径大于 5.5cm 的动脉瘤却持续无碍。因此，单纯使用动脉瘤直径判断动脉瘤破裂风险是不够准确的。至今仍然没有一个可靠的标准可以准确判断动脉瘤破裂风险，并为针对患者个体化的临床治疗提供实质性的帮助[4]。

5.2.2 主动脉瘤破坏机制

关于主动脉瘤破裂的强度条件叙述如下。

从材料力学的强度条件可知，破裂是由于结构所承受的最大应力大于结构所能承受的应力极限[5]，而结构所受的最大应力是与结构所承受的外载荷及结构本身的材料参数相关的。然而，在考虑人体心血管系统时，我们必须认识到心血管的弹性参数因个体差异而异，而且在年龄、饮食习惯等多种因素的影响下不断改变。因此，根据材料力学的基本原理，仅仅以动脉瘤的直径作为破裂风险评估的唯一标准可能会导致严重误诊。为了更准确地评估动脉瘤破裂风险，我们需要寻找更为精确的方法。此外，需要考虑到血管壁通常是非均质材料(图 5.2.2)，这意味着其力学性能会随着位置的不同而变化。通常情况下，结构中的最大应力很可能发生在材料最薄弱的部分，也就是刚度最小的地方。因此，我们需要在体内确定心血管系统不同位置的材料参数，以更好地理解和评估破裂风险。这可以帮助医学专业人员更准确地诊断和治疗动脉瘤，降低风险，提高治疗的有效性。

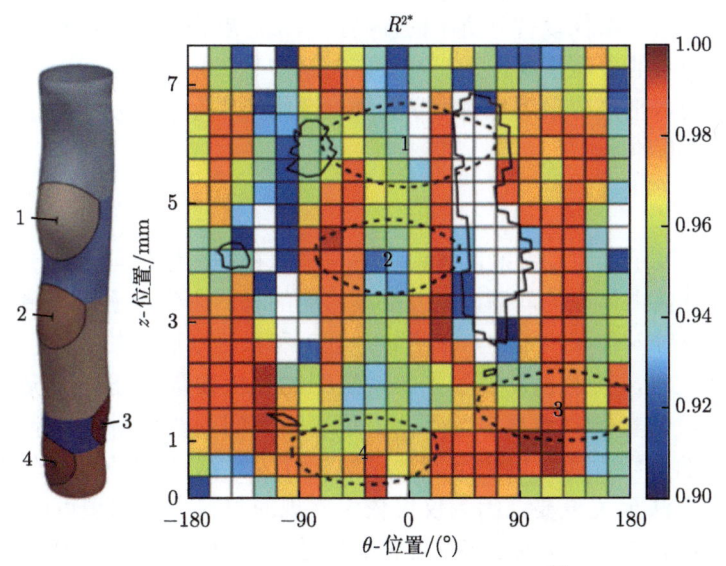

图 5.2.2 老鼠主动脉非均质材料分布[6]

由于生物软组织的特殊性，我们无法采用材料力学中的标准拉伸实验在体确定材料参数。一种理论上可行的方案是，结合生物医学影像数据获取血管瘤在不同内压下的图像，然后根据数字图像相关技术计算出全场变形，继而采用优化反演方法获取主动脉瘤不同位置的弹性参数[7,8]。然而，目前在临床医学上的困境是影像手段目前的分辨率还不足以在体获得高精度的变形场，继而无法获得高精度的主动脉血管的弹性参数的分布。此外，血管的力学行为具有高度非线性，这也增加了反演识别的难度。目前研究进展显示，在离体状态下，我们已经能够获取动脉瘤的材料分布，如图 5.2.3 所示，但距离临床应用依旧有一定的距离。

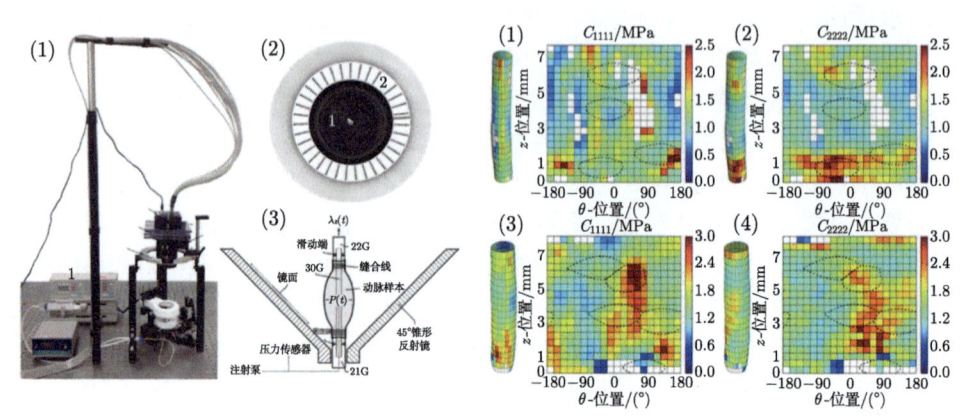

图 5.2.3　老鼠主动脉非线性弹性参数离体采集过程与结果[6]

随着生物医学影像设备分辨率的提高，未来能够在体获取高精度的动脉瘤弹性参数。以患者的血压情况作为工况获取材料参数，采用有限元方法获得动脉瘤的变形与应力水平，并采用材料力学的强度准则，完全可以基于力学开发动脉瘤破裂风险的新标准。

5.2.3　总结

本文深刻展示了主动脉瘤临床诊疗中常被忽视的力学原理，突出了现有动脉瘤破裂风险评估中存在的问题，以及必须考虑的材料力学因素，强调了需要将生物力学的观点融入临床决策中，以更好地理解和预测动脉瘤的行为。在研究动脉瘤的形状特性时，我们也发现了生物软组织的弹性模量表征与传统材料力学课程中的单轴拉伸实验有着显著的不同。这表明我们需要采用更复杂的方法来评估血管组织的力学性质，以更准确地了解其行为。这一发现对于改进动脉瘤破裂风险评估方法至关重要，因为仅仅依赖常规的材料力学知识可能无法完全解释生物体内复杂的力学现象。还需要强调的是，生物力学研究仍然是临床医学领域的前沿问题。通过更深入的生物力学研究，我们可以更好地理解生物体内的各种生理和病理现象，从而为医学诊疗提供更多的信息和指导。这对于改善患者的诊断和治疗以及减少误诊和不必要的手术干预具有潜在的重要意义。因此，更多的跨学科合作和研究将有助于揭示生物体内力学的奥秘，为医学领域的进步铺平道路。

参 考 文 献

[1] http:// jib.xywy.com/il _sii_ 235.htm.
[2] Lu Q, Jiang X, Zhang C, et al. Noninvasive regional aortic stiffness for monitoring the early stage of abdominal aortic aneurysm in mice. Heart Lung and Circulation, 2017, 26(4): 395-403.
[3] 郭伟. 我国腹主动脉瘤发病率尚不清楚. 飞华健康网, 2014-09-26.
[4] 童建华, 王贵学. 腹主动脉瘤生物力学研究的新进展. 医用生物力学, 2016, 31(5): 369-375.
[5] Beer F P, Johnston Jr E R, DeWolf J T, et al. Mechanics of Materials. 7th ed. New York: McGraw-Hill Education, 2014.
[6] Bersi M R, Bellini C, Di Achille P, et al. Novel methodology for characterizing regional variations in the material properties of murine aortas. Journal of Biomechanical Engineering, 2016, 138(7): 071005.
[7] Mei Y, Stover B, Kazerooni N A, et al. A comparative study of two constitutive models within an inverse approach to determine the spatial stiffness distribution in soft materials. International Journal of Mechanical Sciences, 2018, 140: 446-454.
[8] Mei Y, Liu J, Guo X, et al. General finite-element framework of the virtual fields method in nonlinear elasticity. Journal of Elasticity, 2021, 145(1): 265-294.

(本案例由梅跃供稿)

5.3 心血管单轴拉伸力学性能研究

5.3.1 研究背景

近年来，心血管疾病的研究和治疗取得了显著进展，特别是在探索血管的力学性能方面。这些进展不仅有助于更好地了解心血管系统的功能，还为疾病的诊断和治疗提供了更精确的方法。其中，患者特异性的血管支架设计是一个很好的例子[1]。然而，要更准确地模拟血管在不同血压下的变形，必须具备精确的血管力学材料参数。这些参数对于进行后续的流体力学、流体-血管壁耦合分析以及血管支架植入对血管壁力学特性的影响分析至关重要。在心血管的数值研究中，血管的数值建模必须基于准确的血管材料参数，这些参数是确定其力学特性的关键。从宏观角度看，心血管组织具有出色的抗拉伸刚度，但在抗压和抗弯曲方面的刚度较低，同时还表现出明显的黏弹性，其变形与时间相关。这表明心血管组织属于非线性、各向异性和非均质的材料。从材料力学的角度来看，要建立一个确定性的本构方程，需要进行单向拉伸实验（图 5.3.1），以获取材料的应力-应变曲线。因此，将材料力学中的拉伸实验应用于心血管组织，以获取其材料参数，具有极其重要的意义。这些参数的准确性对于模拟心血管系统的力学行为以及制定个体化的治疗方案至关重要。尤其需要强调的是，心血管疾病在不同个体之间的表现和发展方式可能存在显著差异。因此，定制化的治疗方法，如个体化的血管支架设计，需要充分考虑患者的生物力学特性，包括血管材料参数。这些定制化的治疗方法可以提高治疗的效果，减少不必要的干预和并发症的风险，为心血管患者提供更好的护理和康复机会。总之，研究和了解心血管组织的材料参数对于心血管疾病的研究和治疗至关重要。它们为个体化治疗和更准确的疾病模拟提供了基础，有望为未来的医学研究和诊疗带来更多的创新和进步。

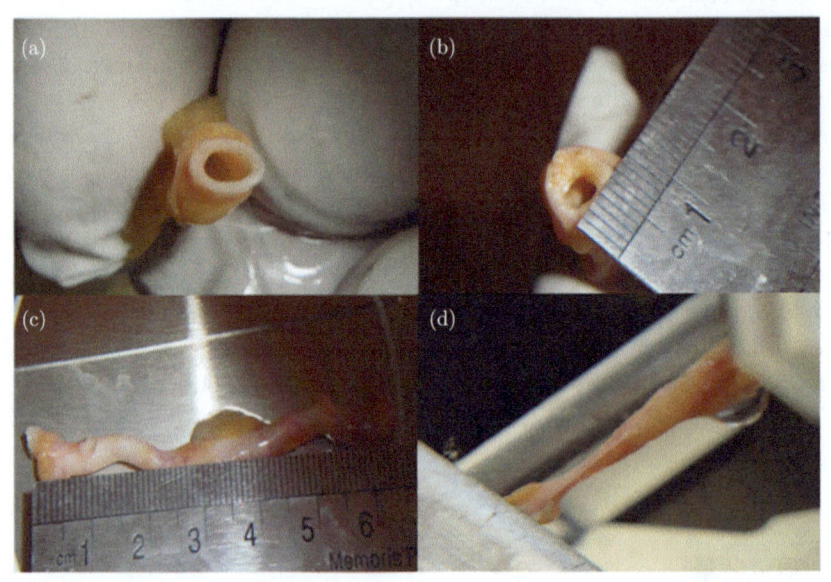

图 5.3.1　人类拉伸前 ((a)~(c)) 和拉伸后 (d) 的心血管[2]

5.3.2　心血管材料力学实验方法

冯元桢作为生物力学学科的奠基人，是世界上最早研究血管力学性能的科学家。他采用材料力学中常用的单轴拉伸实验方法测试不同动物不同位置的动脉血管的应力–应变曲线，并采用数学模型定量描述血管的非线性本构曲线[4]。现有研究已经基于单轴和双轴测试结果建立了 Mooney-Rivlin 等超弹性本构模型用于模拟心血管的力学行为，这些本构模型表明血管组织具有强非线性的应力/拉伸特性。目前商用有限元软件均支持相应本构模型对心血管软组织进行力学分析[5]。由此可见，我们在材料力学中学到的单轴拉伸实验 (图 5.3.2) 在测量血管的力学性能这一生物医学问题中也有广泛的应用。

材料力学中的单轴拉伸实验假设材料是均质材料，然而，从结构上来说，心血管是典型的层状复合材料，血管壁的力学性质主要取决于血管中层，而血管中层的力学性质又取决于胶原纤维、弹性纤维的力学性质。弹性纤维接近线弹性体，应力和应变呈线性关系，满足胡克定律，且弹性模量较小，约为 0.3MPa。胶原纤维

5.3 心血管单轴拉伸力学性能研究

则比弹性纤维刚度大很多，弹性模量约为 100MPa(在材料力学中的金属材料的弹性模量一般为 GPa 量级)。因此，即使很小的应变也会引起血管组织产生很高的应力[6]。

(a) 拉伸前 　　　　　　　　　　　(b) 拉伸断裂时

图 5.3.2　心血管的单轴拉伸实验[3]

与材料力学中学到的金属材料不同，心血管等生物软组织材料的力学性能没有明显的塑性，但具有非常明显的超弹性力学特征，如图 5.3.3 所示。这种超弹性特性来自心血管材料内部的纤维材料。在心血管开始拉伸的时候，纤维材料还没有被完全拉直，而纤维以外的组织非常柔软，弹性模量很低，因此会产生极大的变形，进而导致纤维被拉直。纤维一旦被拉直，就开始承载，而纤维的弹性模量值比其他组织高很多，这就导致需要越来越大的力才能使整个心血管产生进一步的变形 (应力增加，应变变化变小)。这就是心血管的应力-应变曲线呈现出指数形式的原因，又称为香蕉型本构模型。

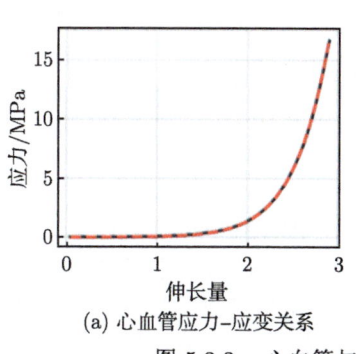

(a) 心血管应力-应变关系 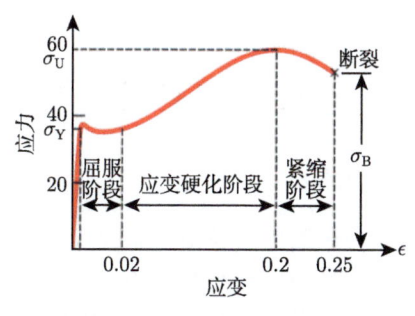　　　　　(b) 韧性材料应力-应变关系

图 5.3.3　心血管与工程材料力学性能区别[2]

通过单轴拉伸测试可以得到血管的应力-应变曲线、弹性模量和极限应力等非常有用的力学信息，为血管生物力学建模提供重要的依据。未来，心血管生物力学的主要研究方向是将生物医学基础研究的精细定量化与力学的模型数字化有机结合，实现医工交叉和学科综合，从而为取得心血管疾病防治的重大突破做出应有的贡献。

5.3.3 总结

本案例介绍了心血管材料力学参数表征方法，因此，了解心血管组织的材料参数对于研究和治疗心血管疾病至关重要。这些参数为个性化治疗和更准确的疾病模拟提供了基础，有望为医学研究和诊疗领域的发展带来更多创新和进步。因此，通过将生物医学研究与力学模型的数字化相结合，可以为心血管疾病的诊疗做出更大的贡献。

参 考 文 献

[1] Pant S, Limbert G, Curzen N P, et al. Multiobjective design optimisation of coronary stents. Biomaterials, 2011, 32(31): 7755-7773.

[2] Karimi A, Navidbakhsh M, Shojaei A, et al. Measurement of the uniaxial mechanical properties of healthy and atherosclerotic human coronary arteries. Materials Science and Engineering: C, 2013, 33(5): 2550-2554.

[3] 王妍, 王婉洁, 陈强, 等. 猪胸主动脉血管各向异性力学性能的实验研究. 医用生物力学, 2015, 30(3): 215-219.

[4] 王妍. 猪胸主动脉血管力学性能的实验研究. 南京: 东南大学, 2015.

[5] Hayashi K. Fundamental and applied studies of mechanical properties of cardiovascular tissues. Biorheology, 1982, 19(3): 425-436.

[6] 陈凌峰, 高志鹏, 安美文. 基于多种测量方法的猪降主动脉近心端和远心端力学性能研究. 医用生物力学, 2019, 1: 90.

(本案例由梅跃供稿)

5.4 微针设计与使用中的力学问题

5.4.1 研究背景

经皮给药是指药物经由皮肤吸收进入人体血液循环并达到有效血药浓度、实现疾病治疗或预防的一种给药方法，与常规口服给药和注射给药(肌肉注射、静脉注射和皮下注射)相比具有以下优点：① 避免了肝脏与胃肠道"首过效应"对药物的破坏作用，提高了药物的生物利用度；② 避免了对胃肠道的刺激作用，降低了药物的毒副作用；③ 对药物具有缓释作用，给药水平稳定，可实现长效可控给药，提高了药物的疗效；④ 可实现无痛、无创或微创给药；⑤ 使用简单方便，无需专业人员操作。

然而，经皮给药时药物需要通过皮肤才能进入人体血液循环，但皮肤作为人体防御外界侵袭的重要屏障，已进化出非常复杂的组织结构，具体见图 5.4.1[1]，其中最外层由 15~20 层已死亡的扁平角质细胞堆叠而成的，厚度为 10~20μm 的、结构致密的角质层是经皮输药的最大障碍，严重阻碍了药物经皮渗透，导致大分子类的药物无法经皮渗透，使经皮给药存在输药剂量较小、输药效率相对较低以及输药品种有限等缺点。为了克服这一缺点，人们发展出一种被称为微针经皮给药的新技术，但该技术也面临一些与力学相关的问题，需要认真分析和研究。

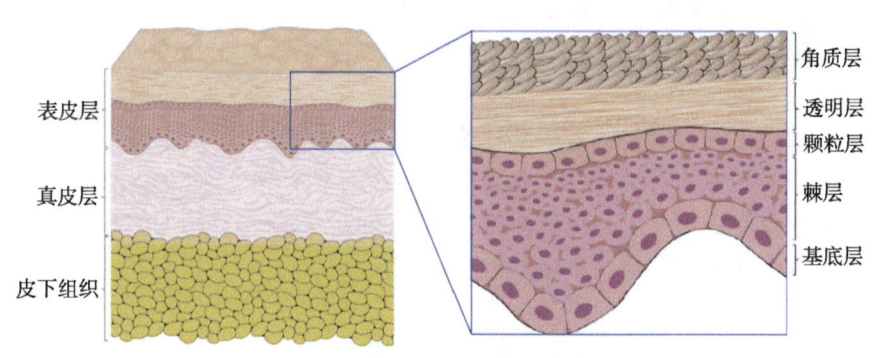

图 5.4.1　人皮肤结构示意图[1]

5.4.2　微针中的力学问题

微针 (microneedle, MN) 一般是指长度在几十微米到几毫米、尖端直径在几十微米以下的微型针头，如图 5.4.2 所示[2]。利用微针对皮肤角质层局部进行破坏，在皮肤表层短暂形成微米级的药物输送微通道 (比一般药物分子尺寸大 1~2 个数量级)，不仅使经皮给药的输药效率显著提高，而且还可以显著增加经皮给药的药物种类[2]。此外，因为微针尺寸非常微小，可以只刺破不含神经的皮肤角质层而不触及富含神经和血管的皮肤深层组织，所以刺入过程产生的疼痛感和创伤都远远小于传统注射给药，从而实现无痛、无创或微创给药。若再结合其他微流体控制系统，微针还可以实现长效可控给药。经过特殊设计后，结合相应的微流体控制和分析系统，微针也可以用于人体无痛微量生化采样分析，具有广阔的应用前景。但对微针来说，在刺入皮肤过程中会受到各种力，有可能发生屈曲或断裂等力学失效，所以需要从设计和使用两方面入手来分析并解决其中的力学问题。

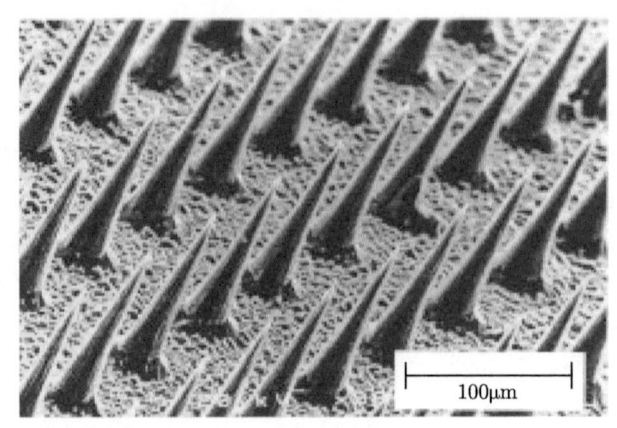

图 5.4.2　佐治亚理工学院研究人员利用深反应离子刻蚀技术加工而成的微针阵列[2]

在理想状态下，微针刺入皮肤时长度方向应该与皮肤表面垂直，由于微针尺寸微小、结构细长，作为受压结构首先要面对的问题就是"屈曲"(或称"失稳")。由材料力学知识可知，结构抗屈曲能力与材料的力学性质和结构的几何形状尺度都有关系，对于细长结构，有预报结构屈曲临界力的欧拉公式如下：

$$F_{\mathrm{cr}} = \frac{\pi^2 EI}{(\mu l)^2} \tag{5.4.1}$$

其中，F_{cr} 为失稳临界力；E 为材料的弹性模量；I 为界面惯性矩；μ 为反映结构约束强弱的因子(两端简支、一端固定一端自由、一端固定一端简支、两端固定时分别为 1/2/0.7/0.5)；l 为压杆长度。显然，弹性模量是影响结构抗屈曲能力的关键因素，弹性模量越大，抗屈曲能力越强。目前用于制备微针的材料主要有硅、陶瓷、玻璃等脆性材料，以及不锈钢、钛合金等金属材料及各种聚合物材料。硅的弹性模量约为 190GPa、氮化硅等陶瓷材料约为 310GPa、不锈钢约为 200GPa、钛合金约为 110GPa，而大部分聚合物材料的弹性模量通常较低，仅有几 GPa 或十几 GPa，不难看出聚合物微针中的屈曲问题最为突出。

材料一旦选定，为了防止微针屈曲，一是可以通过结构几何形状和尺寸的优化设计提高微针临界载荷，二是可以通过对微针刺入方式进行改进来降低微针刺入皮肤的刺入力，从而降低微针屈曲失效的风险。幸运的是这两方面都可以从生物界获得启发。研究表明，毛毛虫身上遍布的刚毛可以轻易刺入皮肤，刺入力也只有几毫牛顿，而研究发现这些毛毛虫刚毛表现为等强度梁的外形结构，即在尖端集中力作用下毛毛虫刚毛外形轮廓恰好可以使各截面处的最大弯曲应力接近相等[3]，具体结构如图 5.4.3 所示。对毛毛虫来说，这些刚毛是其防御或进攻的武器，所以首要问题是确保比较低的刺入力，这就需要针尖呈圆锥形，其纵

5.4 微针设计与使用中的力学问题

剖面呈三角形，但这种结构抗弯性能较差，但图 5.4.3 所示的等强度结构是一种最优的抗弯结构，而压杆失稳本质是弯曲刚度问题，所以这种外形也具有最佳的抗失稳能力，低模量聚合物微针就可以采用这种等强度梁的外形来提高抗失稳能力。经过测试，这种结构刺入小鼠皮肤的刺入力仅约 80μN，远小于一般的人造微针。

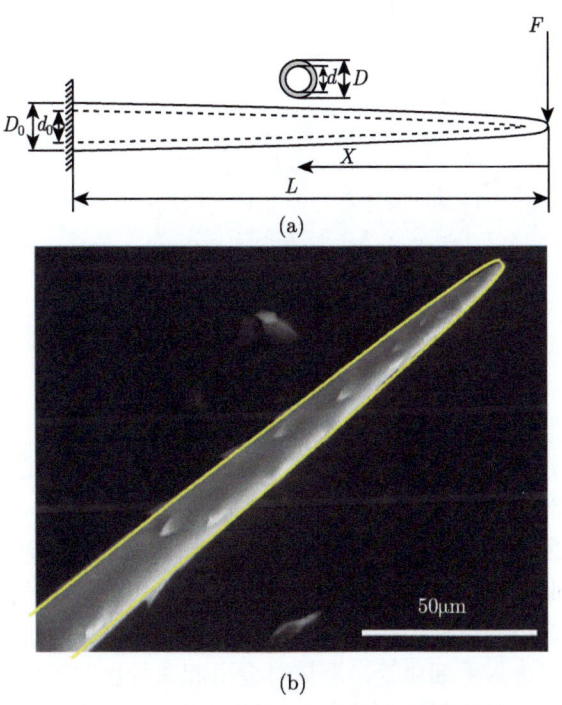

图 5.4.3 毛毛虫刚毛呈现出的等悬臂结构[3]

在刺入方式方面，蚊子为我们提供了有益的参考。众所周知，雌性蚊子主要依靠吸食人或动物的血液来生存，其口针长度达几毫米，而直径只有几十微米，口针材料的模量也只有几 GPa，是典型的柔性细长结构，理论上非常容易失稳，但实际上蚊子不会发生这种问题。大连理工大学研究团队通过细致而深入的研究发现，蚊子口针是由上颚、下颚、上唇、下唇及喉咽道组成，为了防止口针失稳，处于外侧的下唇会包裹住其余部件，而分叉的下唇尖端会使皮肤张紧，然后带有锯齿状的一对上下颚则为上下振动，从而帮助上唇刺入皮肤[4]。概括而言，蚊子口针一是通过提供附加约束 (下唇包裹，见图 5.4.4)，二是通过张紧皮肤，三是通过振动刺入来减小刺入阻力，最终提高抗屈曲能力。数值模拟和实验都表明，上述措施都能用来提高低模量聚合物微针的抗屈曲失稳能力，我国学者在取得上述成果的基础上，进一步开发出了防蚊子口针的振动式切割技术，不仅超级省力，而且切口平整，已在生物组织取样等领域获得应用。

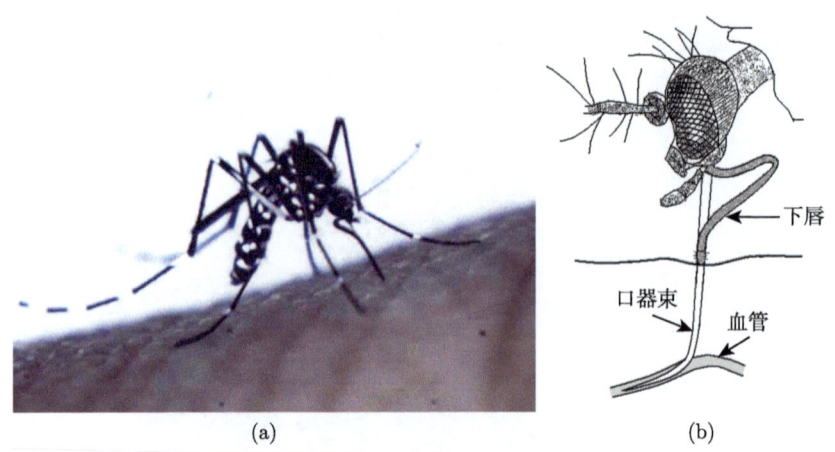

图 5.4.4　蚊子吸血过程[4](a) 及其示意图 (b)

5.4.3　总结

根据前面的分析可以看出，通过仿生设计能大幅改善人造微针的性能，但需要指出的是，微针在实际操作时不可能与皮肤表面绝对垂直，难免有一定的倾斜角度，所以微针还受到一定的弯曲作用，处于材料力学中所述的"压弯组合"状态。一旦存在弯曲变形，对硅和陶瓷等脆性材料来说就相当危险，因为脆性材料抗拉性能不好，细小的微针尖端很容易局部碎裂，而这些微小的碎片如果滞留在皮肤内，将有可能进入毛细血管，严重时会引起血管栓塞等恶劣后果。金属微针具有良好的力学性质，使用安全性高，但其加工手段有限，不宜批量生产。聚合物材料一般具有良好的韧性，不易断裂，而且生物相容性一般都很好，非常适合用来制备微针。但聚合物的弹性模量普遍较低，需要通过前述方法进行结构和刺入方式的优化设计，从而避免微针屈曲失效，达到临床应用的目的。

参 考 文 献

[1] Mohamed S A, Hargest R. Surgical anatomy of the skin. Surgery (Oxford), 2022, 40(1): 1-7.

[2] Henry S, McAllister D V, Allen M G, et al. Microfabricated microneedles: A novel approach to transdermal drug delivery. Journal of Pharmaceutical Sciences, 1998, 87(8): 922-925.

[3] Ma G J, Shi L T, Wu C W. Biomechanical property of a natural microneedle: The caterpillar spine. Journal of Medical Devices, 2011, 3: 034502.

[4] Kong X Q, Wu C W. Measurement and prediction of insertion force for the mosquitio fascicle penetrating into human skin. Journal of Bionic Engineering, 2009, 6(2): 143-152.

(本案例由马国军供稿)

5.5 皮肤组织的单轴拉伸实验

5.5.1 研究背景

皮肤作为人体最大的器官，不仅覆盖于人体表面，还在生理功能和结构上具有重要的复杂性。从复合材料的角度来看，皮肤可以被视为一种多层结构，由不同的组织层构成，包括表皮层、真皮层和皮下组织 (图 5.5.1)。这些不同的组织层共同赋予皮肤独特的性能和功能。首先，表皮是皮肤的最外层，分为角质层和生发层。角质层主要由角质细胞组成，其主要功能是提供保护，防止外部物质进入体内，同时防止水分蒸发。生发层则包含了毛囊和色素细胞，负责毛发的生长和赋予皮肤颜色。其次，真皮位于表皮下方，是皮肤的主要支撑层。它由结缔组织构成，其中包含丰富的胶原纤维、弹力纤维和网状纤维。这些纤维赋予皮肤弹性和韧性，使其能够承受外部压力、拉伸和变形。真皮还包含血管、神经末梢和汗腺，与温度调节、感知外界刺激以及供应皮肤所需的养分等功能密切相关[1]。最后，皮下组织位于真皮下方，是皮肤的最内层。它主要由脂肪组织构成，具有多重功能，包括缓冲机械压力、储存能量、保温以及为皮肤提供支持。这一层的存在不仅赋予皮肤柔软性，还有助于维护体温和储存重要的能量储备。总的来说，皮肤是一个复杂的多层结构，其不同的层次和组织赋予了皮肤多种功能，包括保护、感知、支撑和调节。从材料角度看，皮肤的组织和结构使其具有出色的弹性、韧性和抗压

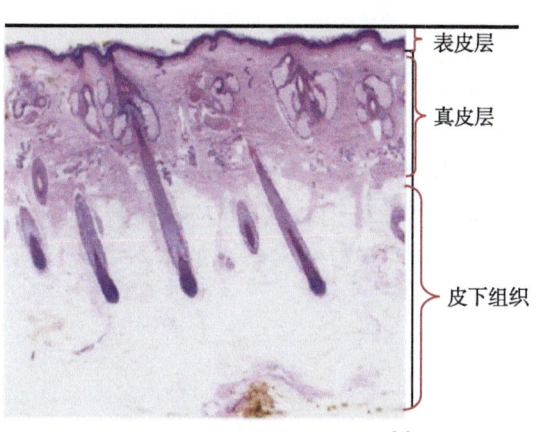

图 5.5.1 皮肤结构示意图[2]

能力，从而能够应对各种外部和内部的生理和环境挑战，这凸显了皮肤作为人体最重要的器官之一的重要性。

5.5.2 皮肤组织力学性能表征

采用力学方法研究皮肤的生物力学特性有着重要意义。为了测量皮肤的力学性能及材料参数，国内外许多学者进行了大量的皮肤生物力学实验。作为生物力学学科的奠基者，Fung 最早开始对皮肤的力学性能进行实验定量分析[3]，他利用二维双轴拉伸实验装置测试了兔子活体皮肤的力学行为 (图 5.5.2)，这些实验观测结果表明皮肤的应力–应变关系呈现指数增长趋势 (香蕉型应力–应变关系)[4,5]。在材料力学中，我们采用了单轴拉伸实验，从而获得工程材料的应力–应变曲线，进而确定材料的弹性模量、屈服强度等材料参数。二维双轴拉伸实验的不同之处在于我们在两个方向上进行拉伸，如图 5.5.3 所示。采用双轴拉伸的优势是可以通过改变两个拉伸方向的应力比来获取材料的各向异性行为。由于纤维的存在，皮肤等生物软组织表现为明显的各向异性。而在材料力学中，我们假设材料是各向同性的，因此并不需要采用双轴拉伸实验。

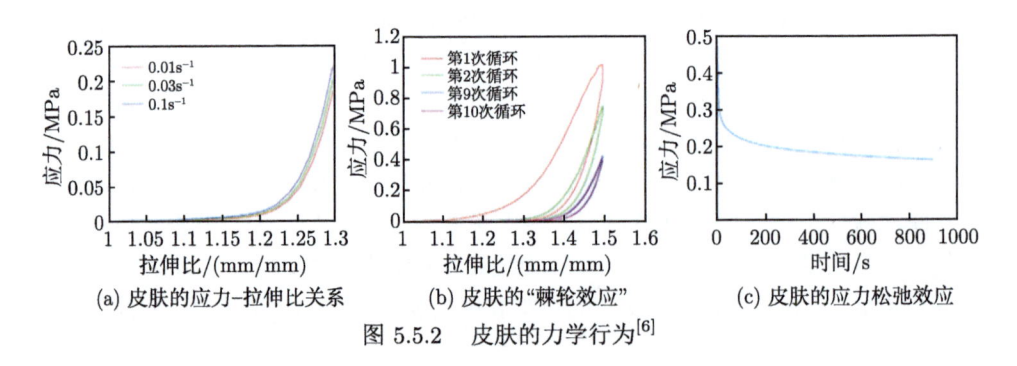

图 5.5.2 皮肤的力学行为[6]

(a) 皮肤的应力–拉伸比关系　(b) 皮肤的"棘轮效应"　(c) 皮肤的应力松弛效应

皮肤指数形式的应力–应变关系与血管的指数形式的应力–应变关系的成因是一样的。当皮肤变形达到一定程度后，随着纤维被拉直，应力将急速上升，该特点在临床应用上具有一定的指导意义。此外，皮肤也具有很强的黏性及非弹性特征。例如，Jiang 等[6] 对老鼠的皮肤开展了双轴拉伸实验、单轴循环加载–卸载实验及应力松弛实验等，分别获取了皮肤的超弹性、各向异性、非弹性以及黏弹性力学特性。由此可见，材料力学中的基本实验及其延伸可应用于生物材料。

(a) 控制系统　　(b) 双轴拉伸系统

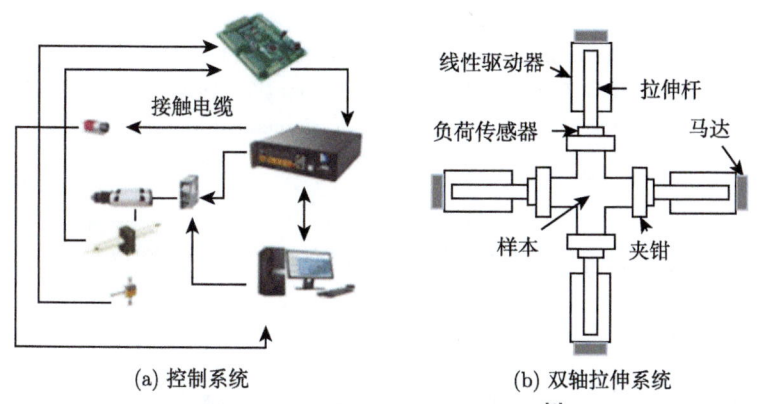

图 5.5.3　双轴拉伸实验系统简图[6]

总而言之，通过大量学者的研究，我们可以发现皮肤组织是高度非线性、各向异性、黏弹性材料。采用材料力学中的单轴拉伸实验及在此基础上更进一步的双轴拉伸实验是研究皮肤非线性力学行为的基本实验手段。通常，软组织不同方向的生物力学特性差异是通过单轴拉伸实验获得的，但其对各向异性充分评估是有限的，不足以拟合成完整的本构方程，这就是采用双轴拉伸实验的原因。通过单轴拉伸实验可以获得弹性模量、拉伸强度、断裂应变、非线性力学参数等描述材料力学性能的基本参数。与我们在材料力学课程中学到的工程材料 (如金属、高分子材料等) 相比，皮肤组织因为具有生命意义，从而与其他被动的、没有生命意义的力学实验对象有着本质的区别。同时，由于生物软组织结构和功能的复杂性以及特殊性，我们需要在传统力学实验基础上进一步优化实验方案与方法，相信在不久的将来能有更加精准的皮肤力学材料测试方法。

5.5.3　总结

本案例总结了皮肤的生物力学特性以及基本的材料表征方法。由于皮肤的结构和力学性能是多层次和多功能的，所以研究皮肤的生物力学特性需要复杂的实验方法。这些研究有助于更好地理解皮肤的性能，为医学研究和临床应用提供基础支撑。

参 考 文 献

[1] 吕营. 应力分布对瘢痕形成的影响. 太原：太原理工大学, 2016.
[2] 尤琳. 大鼠皮肤蠕变及循环变形行为研究. 天津：天津大学, 2014.
[3] Tong P, Fung Y C. The stress-strain relationship for the skin. Journal of Biomechanics, 1976, 9(10): 649-657.
[4] Lanir Y, Fung Y C. Two-dimensional mechanical properties of rabbit skin—I. Experimental system. Journal of Biomechanics, 1974, 7(1): 29-34.

[5] Lanir Y, Fung Y C. Two-dimensional mechanical properties of rabbit skin—II. Experimental results. Journal of Biomechanics, 1974, 7(2): 171-182.
[6] Jiang M, Sridhar R L, Robbins A B, et al. A versatile biaxial testing platform for soft tissues. Journal of the Mechanical Behavior of Biomedical Materials, 2021, 114: 104144.

(本案例由梅跃供稿)

5.6 跳跃过程中膝关节前交叉韧带的保护

5.6.1 研究背景

前交叉韧带 (ACL)，又称前十字韧带，起于胫骨内侧髁间嵴的前方凹陷处，并与外侧半月板前角相连，纤维向上、后、外呈扇形走行，止于股骨外侧髁的内侧面后部，是维持膝关节稳定的重要结构，其主要作用是限制胫骨相对股骨的过度前移，是胫骨前移位的重要约束和胫骨内旋转的二级约束[1,2]。前交叉韧带由胶原纤维组成，分为前内侧束和后外侧束。前内侧束的股骨附着点是前交叉韧带的旋转中心，等长的前内侧束靠近轴向位置，主要限制膝关节屈曲时胫骨在股骨上的前移，它还有助于稳定关节的内、外旋转。后外侧束不等长，其倾斜位置比前内侧束提供了更多的旋转控制，主要限制膝关节的前平移、过度伸展和旋转[3]。当膝关节进行伸展运动时，股四头肌会通过主动收缩产生动力将小腿胫骨向前方拉起，以提供关节向前滑动所需要的动力。由于前交叉韧带纤维在拉伸时所产生的张力可以控制关节向前滑动的幅度，所以前交叉韧带大部分纤维起到阻止胫骨、股骨发生过度向前或向后移动的作用。此外，前交叉韧带还能够阻止膝关节的绕轴旋转、内翻和外翻超出极限，与关节周围的其他韧带共同起着保持膝关节稳定的作用。因此，前交叉韧带损伤后会导致明显的膝关节不稳，严重影响膝关节功能[4]。

前交叉韧带损伤是最常见的膝关节损伤之一，其在普通人群的发病率约为 1/3000，在运动员群体中则具有更高的发病率，中国现役运动员前交叉韧带损伤的发病率更是高达 0.43%[5]。膝关节前交叉损伤分为急性损伤和慢性损伤，核磁共振图像如图 5.6.1 所示。一般来说，当受到急性损伤时，膝关节内会有撕裂样痛感，随之出现膝关节软弱无力、肿胀和关节内积血等问题。前交叉韧带急性损伤通常还会伴有其他复合伤，如半月板损伤、合并内侧副韧带损伤等。前交叉韧带慢性损伤的主要表现为膝关节的不稳定、无力感，具体说来就是感觉腿软，膝盖发不上力、伸不直，个人运动能力明显下降，有些动作不敢发力。造成该现象的主要原因是胫骨相对股骨发生较大位移，引起前交叉韧带损伤或断裂，从而影响膝关节的稳定性。随着科技水平的发展，对前交叉韧带的力学性能研究逐渐深入，前交叉韧带的损伤和预防逐渐成为运动健康学的重要课题。

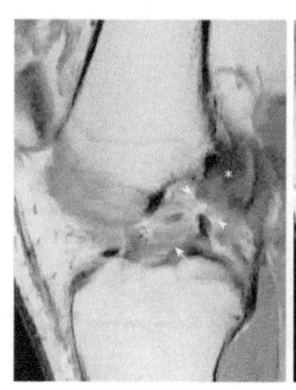

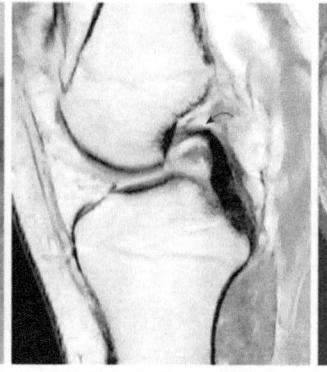

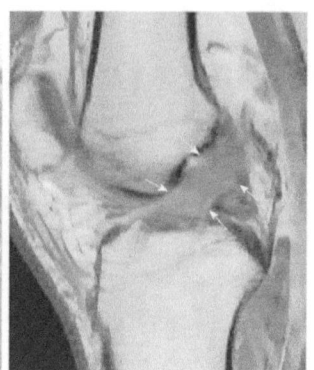

(a) 前交叉韧带中层撕裂　　　(b) 慢性前交叉韧带撕裂　　　(c) 急性韧带撕裂

图 5.6.1　前交叉韧带撕裂的核磁共振图像 [6]

5.6.2　韧带受力分析和力学性能测试

1. 跳跃时韧带受力分析

流行病学调查显示，70%的前交叉韧带损伤是由运动导致的，跳跃运动是最容易造成前交叉韧带损伤的运动形式之一 [7]。在跳跃运动过程中，前交叉韧带经历多次的放松和紧张，因此着地姿势的正确与否对前交叉韧带影响最大。因此，选择正确的起跳和着地姿势对于前交叉韧带损伤的预防有至关重要的作用。

在起跳下蹲过程中，前交叉韧带由紧张状态逐渐过渡到放松状态，张力由最大逐渐减小。研究表明，前交叉韧带在屈膝 50° 左右时张力最小，屈膝 50° 到 90° 的过程中张力几乎无变化；后交叉韧带和前交叉韧带受力情况相反，在屈膝 0° 到 50° 之间几乎无变化，之后张力逐渐增大，屈膝 90° 时达到最大值。

在跳跃离地过程中，膝关节从屈曲到伸直，前交叉韧带逐渐张紧，张力增大。在完全伸直后，受惯性力的影响，前交叉韧带所受到的张力比自由伸直时更大，很容易造成前交叉韧带的损伤。在立定跳过程中，双脚同时发力，双侧膝盖的前交叉韧带受力情况几乎相同；与立定跳相比，在斜跳、侧跳及多段跳过程中，重心支撑腿的前交叉韧带在起跳过程中会受到更大的力，且在伸直后的短时间内所受张力更大，更容易发生韧带损伤。例如，急停跳跃是篮球运动中常见的跳跃形式，运动员会在极短的时间间隔内完成高速运动—停止—起跳的过程。在急停的过程中，若运动员的双腿处于紧绷状态，巨大的惯性力会使得前交叉韧带瞬间承受极大的载荷导致断裂发生；而在后续的跳跃过程中，由于准备时间短，起跳时的加速度大，韧带同样会承受较大载荷。因此，在进行侧跳、斜跳、多段跳和急停跳等极易发生韧带损伤的运动时，要特别注意起跳动作的规范性。

2. 韧带的力学性能

韧带在肌肉骨骼系统中起着稳定关节和引导运动的作用，对关节运动十分重要。韧带断裂是常见损伤，有必要通过生物力学检测研究韧带的力学性能。韧带在运动过程中主要承受如下两种形式的载荷：单向拉伸载荷和横向压缩载荷。在肌腱包裹骨骼处或肌腱在骨骼上的附着点处，横向压缩载荷尤为突出。当韧带承受异常的压缩变形时，如关节运动过程中肌腱被其包裹的骨骼所挤压，其会产生病变或甚至断裂。

下面对新西兰兔的髌韧带的压缩、松弛性能进行量化表征。使用手术刀切出远离近骨端的髌韧带中 1/3 部分，切割出用于压缩实验的方形样本，在 $0.001s^{-1}$、$0.01s^{-1}$、$0.1s^{-1}$、$1s^{-1}$ 应变率下进行韧带压缩和压缩松弛测试。

兔髌韧带在不同应变率下的应力-应变曲线如图 5.6.2 所示。可以看出，随着应变率的增加，兔髌韧带的压缩响应明显增强，且随着应变率的增加，韧带的切线模量也会逐渐增加。

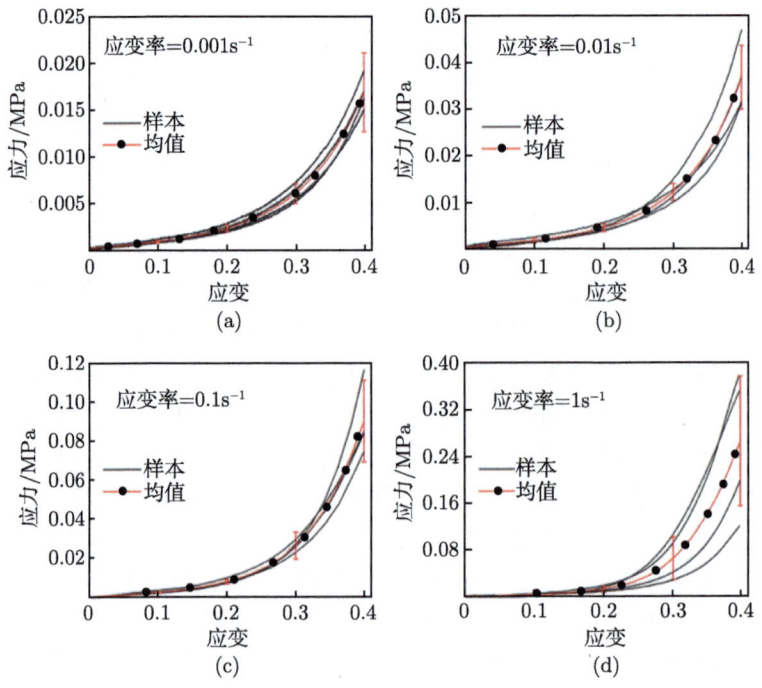

图 5.6.2 兔髌韧带在不同应变率下的应力-应变曲线

将不同应变率下压缩应力松弛曲线分别取平均，放入同一坐标系下进行比较，(图 5.6.3)。取 0s、5s、100s、600s 时不同应变率下的韧带应力列于表 5.6.1 中，并计算其与初始应力的比值。可以看到，4 个应变率压缩后的应力松弛曲线皆表现出以下特征：前 5s 应力下降最快，100s 后应力缓慢趋近于稳定状态，不同应变率下的松弛曲线在稳定时的应力保持在相近水平。

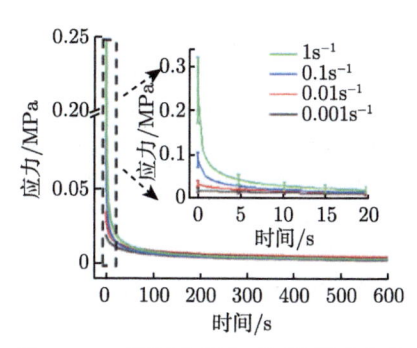

图 5.6.3 不同应变率下压缩松弛曲线

表 5.6.1 不同松弛时间下应力及归一化应力降幅

应变率/s^{-1}	松弛时间/s	0	5	100	600
0.001	应力/MPa	0.0188	0.0156	0.0062	0.0026
	归一化应力降幅	0%	17.02%	67.02%	86.17%
0.01	应力/MPa	0.0350	0.0214	0.0089	0.0050
	归一化应力降幅	0%	38.86%	74.57%	85.71%
0.1	应力/MPa	0.0879	0.0277	0.0071	0.0032
	归一化应力降幅	0%	68.49%	91.92%	96.36%
1	应力/MPa	0.2464	0.0425	0.0083	0.0036
	归一化应力降幅	0%	82.75%	96.63%	98.54%

5.6.3 总结

前交叉韧带损伤是最常见的膝关节损伤之一，跳跃着地是最容易发生韧带损伤的时刻。在着地过程中，如果重心不稳则很容易导致前倾，出现双腿绷直，膝盖无法屈曲卸力的情况，进而导致前交叉韧带断裂。因此，为了预防韧带损伤，运动员应加强重心协调性训练，如果着地时重心失稳，则应当尽量避免双腿紧绷的着地姿势。韧带作为黏弹性生物组织，其压缩力学性能具有应变率相关性，即应变率越大，韧带的压缩响应越大。同时，应变率对韧带的压缩松弛力学性能同样具有显著影响，压缩过程中的应变率越大，松弛阶段的初始应力越大，应力下降速度越快。

参 考 文 献

[1] 李光磊, 王宝鹏, 张汉宽, 等. 前交叉韧带解剖学研究进展. 中国矫形外科杂志, 2021, 29(16):1491-1495.

[2] 丁文龙, 刘学政. 系统解剖学.9 版. 北京: 人民卫生出版社, 2018.
[3] 赵志光. 关节镜下前交叉韧带重建手术治疗进展. 黑龙江医学, 2018, 42(8):836-840.
[4] 许惠春, 陈美珠. 膝关节镜下前交叉韧带重建术的手术护理配合. 中外医学研究, 2019, 17(35):93-95.
[5] Zhao D, Zhang Q, Lu Q, et al. Correlations between the genetic variations in the COL1A1, COL5A1, COL12A1, and β-fibrinogen genes and anterior cruciate ligament injury in Chinese patients. Journal of Athletic Training, 2020, 55(5): 515-521.
[6] Ng W H A, Griffith J F, Hung E H Y, et al. Imaging of the anterior cruciate ligament. World Journal of Orthopedics, 2011, 2(8): 75.
[7] 陈一言, 陆阿明. 预期对下落跳时前交叉韧带损伤生物力学危险因素的影响//中国体育科学学会运动生物力学分会. 第二十一届全国运动生物力学学术交流大会论文摘要汇编, 2021, 2:119-120.

(本案例由张伟供稿)

5.7 机器学习在细胞弹性模量测量中的应用

5.7.1 研究背景

在单细胞层面上进行细胞的弹性模量研究, 对于深入了解细胞的生长分化、衰老死亡等活动的影响机制具有重要作用。目前, 已有研究在探索细胞的病变与其弹性模量之间的关联性[1]。在单细胞层面上测量细胞弹性模量最常用的设备是原子力显微镜, 其能够定量地设计加载过程, 具有较大的力测量范围, 并能够提供力和变形的快速反馈。但原子力显微镜获得的实验曲线是力–位移曲线, 需要借助接触力学公式来计算细胞的弹性模量。

在原子力显微镜探针与细胞相互作用的理论模型方面, 最经典且应用最为广泛的是赫兹接触模型[2]。1882 年, 为了说明两个球体在法向上受力导致相互挤压时的接触问题, 赫兹建立了接触模型, 并提出了赫兹接触理论。赫兹接触理论主要考虑了一个球体为刚体, 另一个球体半径无限大, 成为一个弹性半空间的情况, 如图 5.7.1 所示。赫兹接触理论中存在两个基本假设, 即假设两物体为均匀、连续、各向同性和完全弹性; 假设接触面远小于物体尺寸, 且为理想光滑表面, 不考虑摩擦[3]。

基于完全弹性假设, 赫兹接触理论不考虑黏附力, 即

$$F_{\text{adhesion}} = 0 \tag{5.7.1}$$

根据赫兹接触模型的几何方程、物理方程和平衡方程, 可以推导出施加在刚性球体上的压力与压入深度、弹性半空间的弹性模量之间的关系:

$$F_{\text{Hertz}} = \frac{4}{3} \cdot \frac{E}{1-\mu^2} \cdot \sqrt{R} \cdot \delta^{\frac{3}{2}} \tag{5.7.2}$$

其中，F_{Hertz} 为法向施加的压力；R 为刚性球体的半径；δ 为刚性球体压入弹性半空间的深度；E 为弹性半空间的弹性模量；μ 为弹性半空间的泊松比。

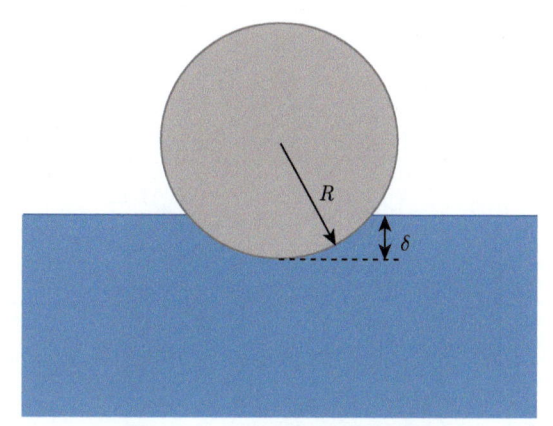

图 5.7.1　赫兹接触理论示意图

虽然赫兹接触理论能够很好地解决工程领域中的诸多问题，但其基本假设在细胞压痕实验中通常难以满足，导致获得的弹性模量出现较大误差。虽然有研究者通过建立理论公式或修改赫兹公式来减小压痕深度和细胞厚度带来的误差，但其忽略了细胞半径和探针半径带来的误差。

5.7.2　机器学习的解决方案

机器学习是人工智能的重要技术基础，能够通过经验自动改进算法，广泛应用于解决工程应用领域和科学研究领域中的复杂问题。通过引入机器学习技术，有望修正赫兹公式，以更准确地提取细胞的弹性模量。在机器学习中建立一个神经网络模型来提取细胞的弹性模量，使用 ABAQUS 有限元分析软件模拟细胞压痕中压痕深度、细胞厚度、细胞半径和探针半径四个变量之间的关系，采用参数化建模方法提供数量可观且准确的数据，并通过机器学习中的神经网络模型训练数据来获得用于计算细胞弹性模量的模型。

所采用的神经网络通过在每次迭代中调整每个节点的权值和偏置来最小化损失函数，以实现精确的预测[4]。该方法的可靠性已在力学[5]、材料科学[6]和生物学[7]中得到证实。因此，神经网络模型可以很好地处理这类问题。前馈全连接神经网络 (FNNs) 是最基础的神经网络模型之一，它采用单向多层结构，每一层包含若干神经元，每个神经元都可以接收上一层神经元的信号，并向下一层产生输出。第 0 层称为输入层，最后一层称为输出层，其他中间层称为隐藏层，如图 5.7.2 所示。该模型的有效性已得到了实验验证，具有应用潜力。通过神经网络模型建立各变量与细胞弹性模量之间的非线性对应关系[8]，不仅可以同时考虑四个变量，还可以避免使用复杂的非线性微分方程，并且不需要大量讨论项的数量、变量的顺序和组合，只需要对无量纲量进行归一化的预处理。

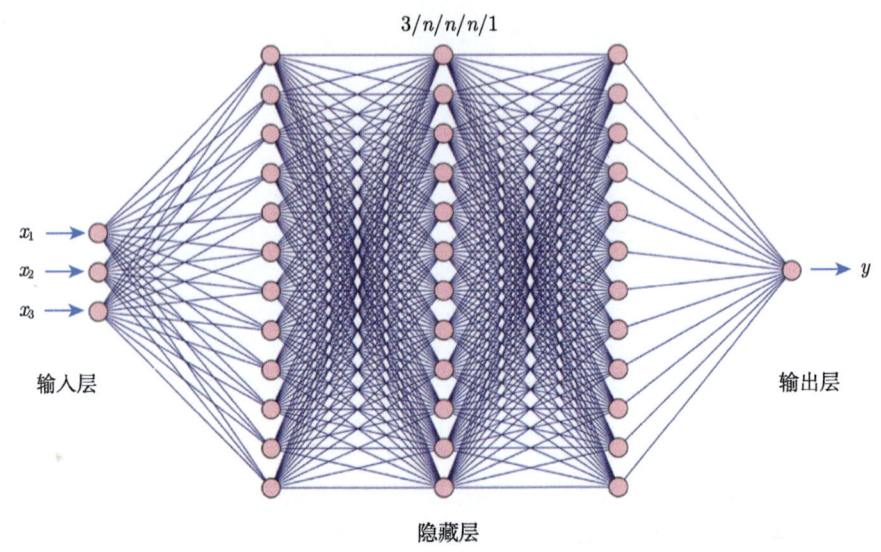

图 5.7.2　前馈全连接神经网络示意图

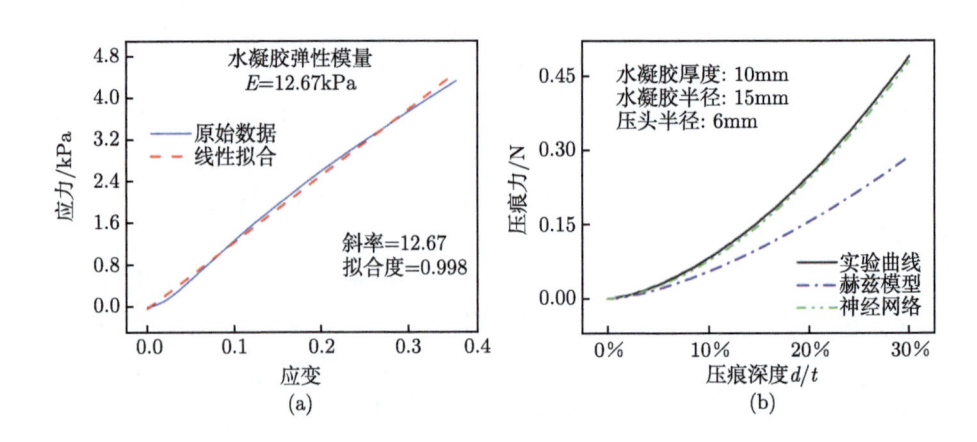

基于无量纲化处理，通过水凝胶压痕实验验证神经网络模型的结果如图 5.7.3 所示，(a) 表示通过平压头所提取的圆柱形聚乙烯醇水凝胶应力–应变曲线近乎为一条直线，符合线弹性变形规律，可以从斜率中得到弹性模量；(b)~(d) 表示通过不同尺寸的压头压痕圆柱形水凝胶得到实验曲线，并与赫兹模型和神经网络模型的计算结果进行对比。很明显，神经网络模型计算结果与实验结果基本吻合，相比赫兹模型有更高的计算精度。

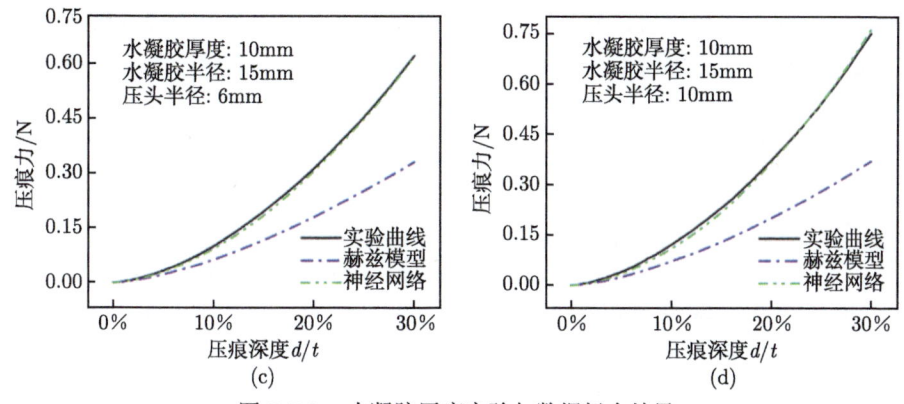

图 5.7.3 水凝胶压痕实验与数据拟合结果

在弹性压痕的前提下，将神经网络模型应用于提取骨肉瘤细胞的弹性模量。如图 5.7.4 所示，相比赫兹模型，神经网络模型所提取的细胞弹性模量随着压痕深度的增加不会发生明显改变，符合弹性模量的本征属性。

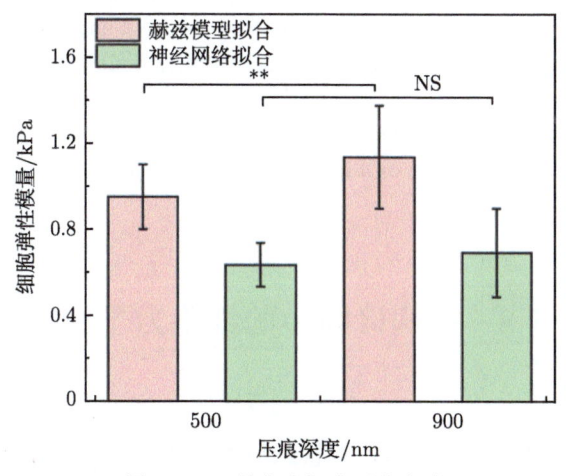

图 5.7.4 骨肉瘤细胞压痕实验

5.7.3 总结

为了减少用赫兹模型计算细胞弹性模量时产生的误差，提出了可用于提取细胞弹性模量的神经网络模型。模型的建立是基于有限元软件 ABAQUS 所提供的压痕数据。模型考虑了压痕深度、细胞厚度、细胞半径和探针半径四个影响变量，可以有效解决小变形假设和半无限空间假设失效带来的误差。在水凝胶压痕实验中，水凝胶压痕曲线与神经网络模型预测曲线几乎吻合。在细胞压痕实验中，通过神经网络模型拟合所得的细胞弹性模量独立于压痕深度的变化，符合弹性模量本征属性。因此，相比赫兹模型，神经网络模型可以更加有效地提取细胞弹性模量。此外，神经网络模型的引入有助于进一步理解细胞的力学行为，具有广泛的应用前景和潜力。

参 考 文 献

[1] Shi L, Shi S, Li J, et al. AFM and fluorescence imaging of nanomechanical response in periodontal ligament cells. Frontiers in Bioscience, 2010, 2(3): 1028-1041.

[2] Hertz H. Über die berührung fester elastischer körper. Journal fuer die Reine und angewandte Mathematik (Crelles Journal), 1882, 92: 156-171.

[3] 刘鸿文. 高等材料力学. 北京: 高等教育出版社, 1985.

[4] Rumelhart D E, Hinton G E, Williams R J. Learning representations by back propagating errors. Nature, 1986, 323(6088): 533-536.

[5] Liu X, Athanasiou C E, Padture N P, et al. A machine learning approach to fracture mechanics problems. Acta Materialia, 2020, 190: 105-112.

[6] Kiyohara S, Oda H, Miyata T, et al. Prediction of interface structures and energies via virtual screening. Science Advcances, 2016, 2(11): e1600746.

[7] Wang Y, Riordon J, Kong T, et al. Prediction of DNA integrity from morphological parameters using a single-sperm DNA fragmentation index assay. Advanced Science, 2019, 6(15): 1900712.

[8] Zhou G, Chen M, Wang C, et al. Machine learning method for extracting elastic modulus of cells. Biomechanics and Modeling in Mechanobiology, 2022, 21(5): 1603-1612.

(本案例由张伟供稿)

5.8 疾病诊断中的细胞力学原理

5.8.1 研究背景

细胞作为生命体的基本单位，其状态与人体健康息息相关[1]。随着生物力学和细胞力学的发展，许多研究开始关注分析细胞力学性质变化与细胞病变之间的关系。研究表明，细胞力学性能的变化与细胞病变的关系是双向的，细胞力学性能的变化会导致细胞生长和分化异常，进而导致疾病，病变细胞也表现出内部结构的变化和力学性能的变化[2]。细胞表现出的变形和黏附能力与细胞的病变状态和迁移能力密切相关。细胞力学性能与癌症的诊断也有密切的关系，首先癌细胞的弹性模量等力学性质与正常细胞有较大差别。研究表明，癌细胞比正常细胞的弹性模量更小，从疑似肺癌、乳腺癌和胰腺癌患者的体液中取出的转移性癌细胞比良性细胞弹性模量降低70%以上[3,4]。此外，不同癌细胞的弹性模量也存在差异，而这种差异可能是致癌物的特征，或是癌细胞适应新环境的生存策略的一部分。同时研究发现，癌细胞在转移过程中会软化[5]，细胞的弹性模量与细胞迁移率相关。比如，卵巢癌细胞比非恶性卵巢表面上皮细胞更柔软，具有更大的侵入性和迁移活力。而细胞的黏弹性特征是近年来大家关注的细胞特性，更能反映细胞的真实力学性能，在疾病诊断中也受到了越来越多的关注。例如，可以通过细胞的松弛模量和蠕变柔量来判断细胞是否病变为肿瘤细胞，利用癌细胞的松弛时间来衡量癌细胞的迁移能力。

为了描述细胞的黏弹性力学特性，研究人员以不同方法构建了多种黏弹性模型，其中受到广泛关注的是弹簧–黏壶模型。细胞中的主要受力结构包括细胞质、微丝、微管、中间丝和细胞核等，细胞主要承载结构示意图如图 5.8.1 所示。

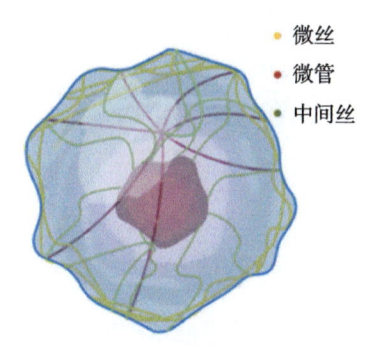

图 5.8.1　细胞承载的细胞骨架示意图

5.8.2　细胞黏弹性分析

细胞的力学性能与疾病的诊断有密切的联系，运用力学知识得到精准的细胞力学模型是诊断的前提，所以我们使用了分数阶导数单元来构建细胞的黏弹性力学模型。分数阶导数是建立复杂现象模型的有力工具，经典导数的概念是经典微积分的主要思想，它显示了函数变化的敏感度，即一个量的速率或斜率。但在许多情况下，微积分不能准确地描述这些复杂的现象。例如，在小变形的情况下，理想弹簧的力与位移的零导数有关，而在理想阻尼器中力与位移的一阶导数有关，但是黏弹性材料的力学性质介于理想弹性体与阻尼器之间，其行为介于纯弹性材料和黏性材料之间，即力与位移的分数阶导数有关，而分数阶微积分恰好可以用来描述这样一种材料，得到更为精准的细胞黏弹性模型，帮助我们诊断疾病。

为了描述细胞的黏弹性力学性能，根据细胞的微观结构构建了细胞的力学模型。首先细胞中的微管、中间丝作为细胞的受力结构如同房子的房梁一样起到支撑作用，但是由于这些梁浸入在细胞质这一液体之中且受其黏性影响较大，所以用同时具有黏性和弹性的分数阶导数单元对其进行等效替代。而细胞核相当于房屋的主梁，受细胞质的黏性影响较小，可以将其简化为弹簧单元。微丝嵌入在细胞膜内，位于细胞的最外层，可以将其视为一个整体进行建模。而其中各个单元的连接方式，可以根据其在细胞内部的具体情况进行等效，例如中间丝连接在细胞核的表面，微管与中间丝共同连接在细胞核上，由此可以确定模型中这三个元件的串并联关系。通过上述方法建立了细胞的黏弹性本构模型，如图 5.8.2 所示。

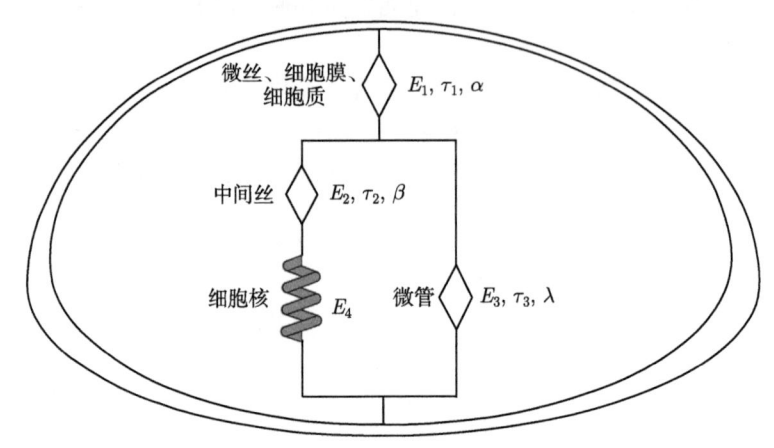

图 5.8.2　细胞的黏弹性本构模型示意图

根据上述模型，可建立细胞的黏弹性本构方程：

$$\sigma(t) + \frac{E_2 \tau_2^\beta}{E_1 \tau_1^\alpha} D^{\beta-\alpha}\sigma(t) + \frac{E_2 \tau_2^\beta}{E_4} D^\beta \sigma(t) + \frac{E_2 \tau_2^\beta E_3 \tau_3^\lambda}{E_4 E_1 \tau_1^\alpha} D^{\beta+\lambda-\alpha}\sigma(t) + \frac{E_3 \tau_3^\lambda}{E_1 \tau_1^\alpha} D^{\lambda-\alpha}\sigma(t)$$

$$= E_2 \tau_2^\beta D^\beta \varepsilon(t) + E_3 \tau_3^\lambda D^\lambda \varepsilon(t) + \frac{E_2 \tau_2^\beta E_3 \tau_3^\lambda}{E_4} D^{\beta+\lambda}\varepsilon(t) \tag{5.8.1}$$

通过整理可以得到细胞的蠕变柔量表达式：

$$J(t) = \frac{1}{E}\left(\frac{t}{\tau}\right)^\lambda \sum_{k=0}^{\infty} \frac{\left[\frac{E_4}{E}\left(\frac{t}{\tau}\right)^\lambda\right]^k}{k!} \left\{ \frac{E_4}{E_0}\left(\frac{t}{\tau}\right)^\beta H_{1,2}^{1,1}\left[\frac{E_4}{E_0}\left(\frac{t}{\tau}\right)^\beta \bigg| \begin{matrix}(-k,1)\\(0,1),[-(k\lambda+\beta+\lambda),\beta]\end{matrix}\right] \right.$$

$$\left. + H_{1,2}^{1,1}\left[\frac{E_4}{E_0}\left(\frac{t}{\tau}\right)^\beta \bigg| \begin{matrix}(-k,1)\\(0,1),[-(k\lambda+\beta),\beta]\end{matrix}\right] \right\} + \frac{E_0^{-1}}{\Gamma(1+\alpha)}\left(\frac{t}{\tau}\right)^\alpha \tag{5.8.2}$$

$$\sum_{n=0}^{\infty} \frac{(-z)^n \prod_{j=1}^{p} \Gamma(a_j+A_j n)}{n! \prod_{j=1}^{q} \Gamma(b_j+B_j n)} = H_{p,q+1}^{1,p}\left[z \bigg| \begin{matrix}(1-a_p, A_p)\\(0,1),(1-b_q, B_q)\end{matrix}\right] \tag{5.8.3}$$

5.8 疾病诊断中的细胞力学原理

由于以上的细胞蠕变柔量表达式中各个参数值具有明确的物理意义，所以可以通过现有的各元件参数对细胞的蠕变柔量随时间变化的曲线进行绘制。具体的参数值如表 5.8.1 所示。

表 5.8.1 初始细胞本构模型各结构参数

细胞膜+微丝+细胞质			中间丝			微管			细胞核
E_1	τ_1	α	E_2	τ_2	β	E_3	τ_3	λ	E_4
500Pa[6]	400s[7]	0.5	1.2GPa[8]	1.4×10^{-8}s[9]	1.0×10^{-3}	2.4GPa[8]	5.6×10^{-9}s[9]	1.0×10^{-3}	1.0kPa[8]

将以上参数代入数学模型中进行计算并用 MATLAB 绘制蠕变柔量-时间曲线，如图 5.8.3 所示。将通用的细胞结构力学参数代入细胞模型后，蠕变曲线的整体趋势及其数量级都比较符合细胞的真实情况。但是，只设置初始的细胞参数并不能得到细胞的蠕变柔量随时间变化的准确关系。例如，上述初始模型中的微管及中间丝的弹性模量是研究人员通过对成束的微管进行力学实验而得出的，然而在细胞中的微管和中间丝往往是以复杂的网络结构存在，所以通过使用细胞蠕变实验数据拟合上述细胞黏弹性模型所得出的细胞骨架组成成分的弹性模量值及黏滞系数应不同于初始模型的值。在图 5.8.4 中，将实验数据与公式曲线进行拟合，得出的各个拟合参数与表 5.8.1 中所给出的数值相近，并且 R^2 值均大于 0.9，拟合度较高，这说明根据细胞内部结构机制建立的分数阶导数细胞黏弹性模型更适合描述细胞在蠕变实验中的力学行为。

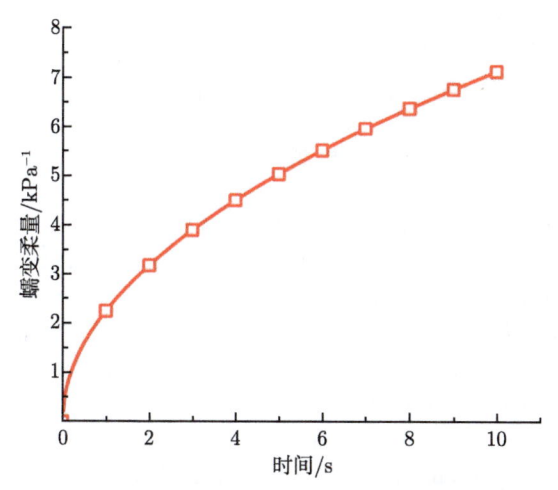

图 5.8.3 初始细胞模型蠕变柔量随时间变化曲线

相比于常见的弹簧-黏壶模型，上文提到的分数阶导数细胞模型中的参数更具有实际的物理意义，因此能够在进行参数拟合时将其取值限制在正确的范围中，不会像 Prony 级数等常见的黏弹性模型一样出现参数拟合不稳定,在数量级之间跳跃的情况。

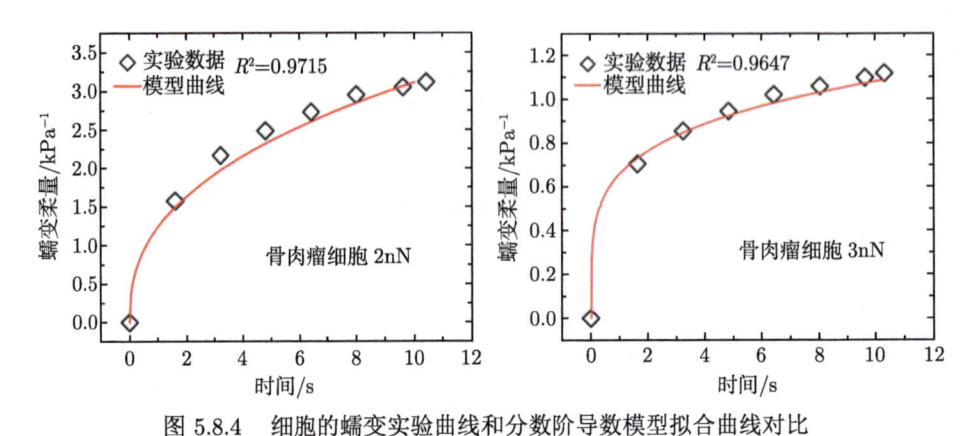

图 5.8.4 细胞的蠕变实验曲线和分数阶导数模型拟合曲线对比

5.8.3 总结

细胞黏弹性等力学特性与疾病的诊断息息相关,比如更大的细胞松弛模量使癌细胞更易于迁移.为了更为准确地获得细胞力学参数,基于同时具有弹性和黏性的分数阶导数,根据细胞内部的主要受力结构及其具体的连接方式构建了细胞的力学模型。通过这种建模方式可以对各个元件的数值进行限制,使其具有合理的数值范围以及变化趋势。除此之外,通过对细胞蠕变曲线的拟合得到细胞各个主要受力元件的大致弹性模量以及动力黏度。这些细胞力学参数的确定,可以帮助我们更好地诊断疾病,使力学应用到生命健康领域。

参 考 文 献

[1] 罗深秋. 医用细胞生物学. 北京: 军事医学科学出版社, 1998.

[2] Liang S, Shenggen S, Jing L, et al. AFM and fluorescence imaging of nanomechanical response in periodontal ligament cells. Frontiers in Bioscience, 2010, 2(3): 1028-1041.

[3] 叶志义, 范霞. 原子力显微镜在细胞弹性研究中的应用. 生命科学, 2009, 21(1): 156-162.

[4] Cross S E, Jin Y S, Rao J, et al. Nanomechanical analysis of cells from cancer patients. Nature Nanotechnology, 2007, 2(12): 780-783.

[5] Roberts A B, Zhang J, Singh V R, et al. Tumor cell nuclei soften during transendothelial migration. Journal of Biomechanics, 2021, 121: 110400.

[6] Kamm R D, McVittie A K, Bathe M. On the role of continuum models in mechanobiology. Proceedings of the ASME 2000 International Mechanical Engineering Congress and Exposition. Mechanics in Biology. Orlando, Florida, USA. November 5–10, 2000: 1-11.

[7] Hang J T, Kang Y, Xu G K, Gao H. A hierarchical cellular structural model to unravel the universal power-law rheological behavior of living cells. Nature Communication, 2021, 12(1): 6067.
[8] Barreto S, Clausen C H, Perrault C M, et al. A multi-structural single cell model of force-induced interactions of cytoskeletal components. Biomaterials. 2013, 34(26): 6119-6126.
[9] Shamloo A, Manuchehrfar F, Rafii-Tabar H. A viscoelastic model for axonal microtubule rupture. Journal of Biomechanics. 2015, 48(7): 1241-1247.

(本案例由张伟供稿)

5.9 水凝胶支架作为生物替代材料的软物质力学原理

5.9.1 研究背景

关节软骨是一种高度特化的白色结缔组织，其位于关节与下位骨的连接处，是下位骨的一个独特的保护界面。软骨具有良好的润滑耐磨损特性，能减轻关节间的摩擦，扩大关节间的负重面积，减缓震荡给关节带来的危害。关节软骨在正常的生理环境中可以承载约 8 倍体重的载荷，对于人体的日常骨骼运动至关重要。关节软骨组织内缺乏血管、淋巴管和神经，相比于人体其他组织具有特殊性。关节软骨一旦受损，由于血液供应不充分，没有足够丰富的细胞外基质，其自愈能力微弱[1]。因此，对于软骨损伤，尤其是大面积骨软骨缺损，如果不进行干预治疗，损伤的骨骼和关节很容易发生慢性退变，机械性能会受到影响，软骨在关节运动过程中提供润滑和分配机械载荷的能力也会减弱，并最终发展为骨关节炎，导致功能障碍。

然而，传统的软骨修复治疗手段仅能起到减轻痛苦和短期治疗的效果，无法完全修复受损的软骨。因此，使用人工支架成为一种治疗软骨损伤的可行方案。人工软骨替代是近年来的一个新兴研究方向。如果能够设计出与关节软骨结构相似，同时具有足够机械性能、润滑性、良好生物相容性和抗磨损抗疲劳特性的长期耐用替代材料，则有望解决骨关节损伤修复的难题 (图 5.9.1)。

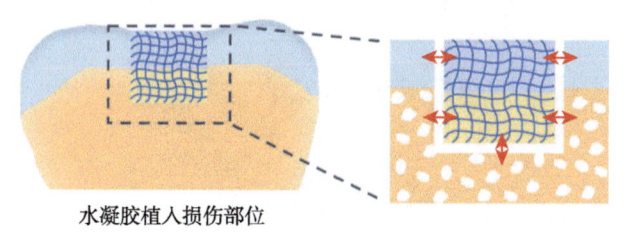

图 5.9.1 关节软骨修复水凝胶示意图

5.9.2 关节软骨和替代水凝胶的力学性能分析

膝关节软骨在日常生理活动中主要承受压缩载荷。在单轴非围限压缩实验中，各区域软骨均表现出典型的非线性应力-应变曲线，各应变下的压缩模量随着应变的增加而增加，并且存在应变率相关性。此外，关节软骨的力学性能表现出区域相关性。根据解剖学结构，膝关节软骨可划分为七个区域：股骨内侧髁，股骨外侧髁，股骨髌骨沟，半月板覆盖的胫骨内侧髁，半月板覆盖的胫骨外侧髁，半月板未覆盖的胫骨内侧中心平台，半月板未覆盖的胫骨外侧中心平台，具体位置如图 5.9.2(a) 所示。研究表明，当压缩应变率为 0.005s^{-1} 时，膝关节软骨在 10% 应变处的压缩模量为 0.10~0.36MPa，其中股骨端软骨的模量普遍高于胫骨端软骨，股骨内侧髁软骨 (FMI) 的压缩模量为 0.31MPa，胫骨内侧中心平台软骨 (TMI) 的压缩模量仅为 0.11MPa (图 5.9.2(b))。对于股骨端的软骨，内侧髁软骨 (FMI) 和外侧髁软骨 (FLI) 之间的压缩模量没有显著差异，表明内外侧髁软骨对软骨性能的影响可忽略[3]。

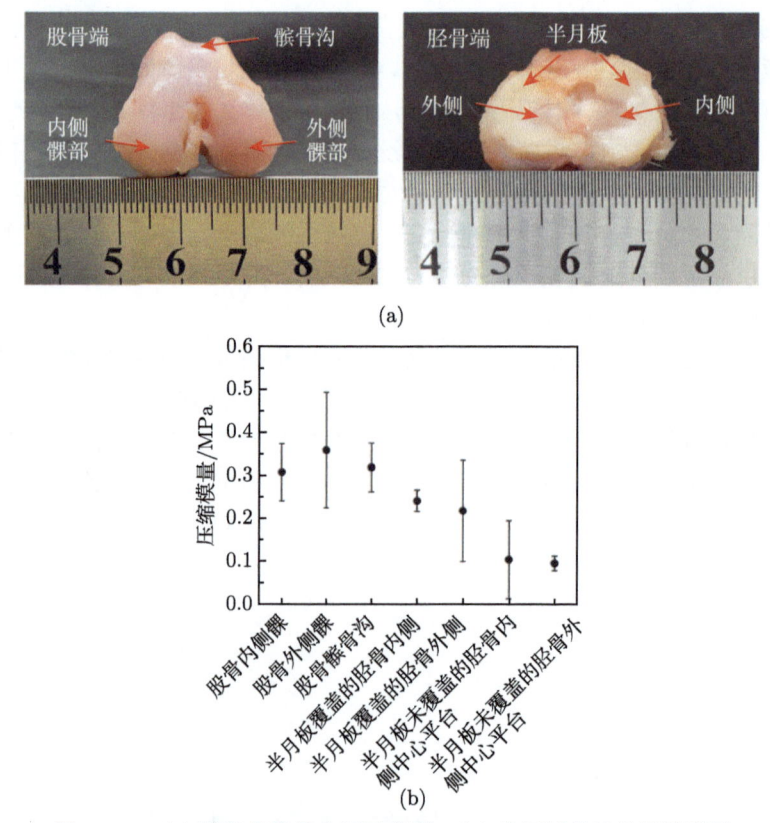

图 5.9.2 (a) 膝关节软骨分区示意图；(b) 各区域软骨的压缩模量

5.9 水凝胶支架作为生物替代材料的软物质力学原理

水凝胶与关节软骨的结构有相似之处，即含有大量水分的高分子链或大分子聚集体，同时具有固、液两相性质。在微观尺度上，水凝胶通常表现为液相行为；而在宏观尺度上，由于高分子链之间以化学键、物理相互作用等形式交联形成网络结构，表现为固相行为[2]。水凝胶的高含水量使其与细胞外基质的组成类似，可以与细胞进行物质交换，控制细胞形态；合适的微观孔径和孔隙率有利于细胞附着、增殖和基质沉积，使得其可以更好地与生物组织贴合，改善材料的生物亲和性，促进软骨修复；高强度的水凝胶可以充当支架承担机械载荷。因此，水凝胶材料有望作为关节软骨的替代材料，具有良好的临床应用前景。

目前，已有各种类型的水凝胶被尝试用于重建软骨界面。例如，天然高分子类水凝胶，如海藻酸、琼脂糖、透明质酸等；蛋白质类水凝胶，如胶原蛋白、蚕丝蛋白等；合成聚合物类水凝胶，如聚乙烯醇、聚乙二醇、聚己内酯等[3]。理想的软骨修复水凝胶应在结构和功能上模拟原生组织，为组织的修复提供合适的微环境。通常应满足以下需求：① 应具有良好的生物相容性和稳定的理化性质，减少植入后的免疫排斥反应；② 应具有合适孔径和孔隙率的多孔结构，为细胞生长提供合适的微环境；③ 应具备适当的生物力学性能以承受外部载荷。但是目前尚未有一种理想水凝胶能够同时满足软骨替换的三个主要需求。

一般来说，水凝胶的力学性能会随着聚合物浓度的增加而增强，但水凝胶的生物相容性和降解性却随之降低，这一矛盾限制了水凝胶在生物医学中的应用。另外，用于关节软骨替代的水凝胶还需具有多孔结构，为细胞繁殖和发育提供适宜环境，但在提升水凝胶孔隙率和孔径的同时会严重影响其力学性能。为了改善这一问题，研究人员利用聚乙烯醇与天然多酚单宁酸之间的分子间氢键，增强了分子链的聚集状态，提高了水凝胶的刚度，同时在低温凝胶过程中诱导了大尺寸冰晶的形成，得到兼具大孔径多孔结构和匹配软骨力学性能的水凝胶材料，如图 5.9.3 所示，其孔径达到 150~250μm，压缩模量达到 0.54MPa，拉伸模量达到 0.70MPa[4]。该水凝胶在满足细胞生长、与组织生物结合的多孔基础上，力学性能显著提升，压缩模量能够与关节软骨各区域的压缩模量匹配。

此外，单一的修复材料很难理想地修复结构复杂的关节软骨。组织学认为，关节组织大致可分为关节软骨和软骨下骨两部分，软骨层与软骨下骨的成分、结构、模量都有很大不同。软骨沿深度方向又主要可分为四个部分：浅表层、中间层、深层和钙化层。从表层到钙化层，水和 II 型胶原含量逐渐减少，蛋白多糖含量逐渐增加，力学性能也逐层变化，最下方的钙化层能够将软骨层固定到软骨下骨。关节损伤和相关疾病常涉及从关节软骨表面到软骨下骨的损伤，当脱离了软骨下骨的支撑，关节软骨的自修复能力十分有限。为了模拟关节软骨的复杂结构、更有针对性地修复软骨，人们开始尝试分层支架。

(a) 微观形貌　　　　　　　　　(b) 力学性能

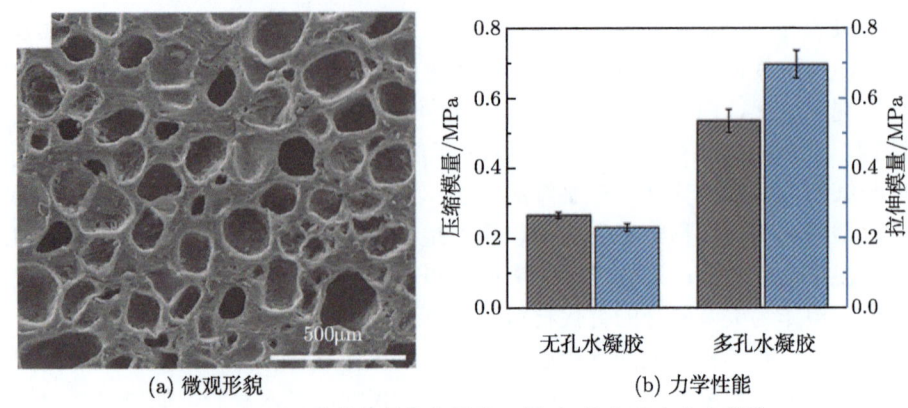

图 5.9.3　用于关节软骨修复的聚乙烯醇–单宁酸大孔水凝胶

相比于结构简单的单层水凝胶，多层水凝胶具有显著优势，但其复杂的结构也带来相应的问题。对于多层水凝胶，由于成分不完全相同、性能差异较大，每层支架往往需要不同的制备方式，如何实现不同层支架之间的稳定结合，是必须解决的问题。学者选用缝合或生物胶黏合的方法来实现不同层支架之间的稳定结合，但两层之间清晰的边界难以模拟关节软骨的实际分级结构和力学性能[5]。

5.9.3　总结

水凝胶由三维亲水聚合物网络组成，其在兼具高含水量的同时具有稳定的结构，在黏弹性方面与软骨相似，被认为是软骨修复的理想材料。水凝胶的三维多孔结构可以为软骨细胞或干细胞生长提供微环境，促进软骨再生和修复。经过不断探索，替代水凝胶的力学性能逐渐与待修复组织匹配，承担该部位的生理载荷。然而，在水凝胶设计和制备中，如何更加精准地模拟软骨分层成分、结构、力学等性能，加速软骨细胞和干细胞长入，形成组织–植入物的稳定生物结合，是科研人员面临的严峻考验，待深入探究。

参 考 文 献

[1] 郭振业, 卫小春, 段王平. 关节软骨细胞在软骨修复中应用新进展. 中华细胞与干细胞杂志(电子版), 2013, 3(1): 39-43.

[2] 杨梅, 姚钧健, 彭雅仪, 等. 智能型高分子水凝胶在药物控释中的应用研究进展. 当代化工研究, 2021, 6: 3-9.

[3] Li H, Li J M, Yu S B, et al. The mechanical properties of tibiofemoral and patellofemoral articular cartilage in compression depend on anatomical regions. Scientific Reports, 2021, 11: 6128.

[4] 陶文娟. 壳聚糖水凝胶用于局部药物控释的研究进展. 中国医药生物技术, 2010, 5(4): 293-296.

[5] Li H, Li J, Li T, et al. Macroporous polyvinyl alcohol-tannic acid hydrogel with high strength and toughness for cartilage replacement. Journal of Materials Science, 2022, 57(17): 8262-8275.

(本案例由张伟供稿)

5.10 基于力学原理的新型头盔内衬结构设计

5.10.1 工程背景

21 世纪以来，由炸药爆炸导致的单兵战斗伤亡的比例不断上升，约占总伤亡人数的 66%~72%[1]。爆炸是指固体或液体物质瞬间转化成高温高压气体释放出巨大能量的过程[2-4]，这些高温高压气体急剧膨胀，迅速压缩四周空气进而形成爆炸冲击波，爆炸物碎裂后在高压能量的推动下形成高速破片。研究发现，爆炸冲击致伤取决于多种因素，包括爆炸类型、装载药量、起爆高度、是否有保护性屏障以及受害者与爆炸物之间的距离等[5,6]。依据损伤机制不同，弹药爆炸冲击致伤被划分为 5 种类型，即冲击波直接作用致伤、破片(弹头)贯穿伤、冲击钝伤(如骨折等)、热(化学)烧伤和战后炎症并发症，其中由爆炸冲击导致的创伤性颅脑损伤(traumatic brain injury，TBI)和肺部损伤尤为严重[7,8](图 5.10.1)。随着爆炸冲击伤的日渐频发，对由爆炸冲击导致的 TBI 等伤情的致伤机制及单兵防护装备抗爆炸冲击波性能的探索已成为近年来的研究热点。如何利用力学原理对原有的单兵头部防护装备进行重新设计来提高其爆炸冲击波防护能力是工程师们需要解决的问题。

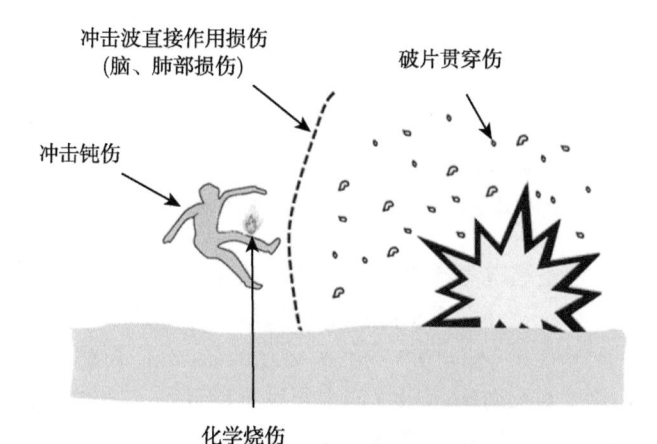

图 5.10.1 爆炸冲击波作用下人体损伤分类

5.10.2 单兵作战头盔内衬防护爆炸冲击波的力学原理

在波动力学中,冲击波在传播过程中遇到刚性壁会发生反射,通常包括三种反射现象:规则反射、斜反射和马赫反射。根据流体力学中激波在刚性壁面上的反射公式,可以得到

$$\frac{p_2-p_0}{p_1-p_0}=2+\frac{\dfrac{\gamma+1}{\gamma-1}(p_1-p_0)}{(p_1-p_0)+\dfrac{2\gamma}{\gamma-1}p_0} \tag{5.10.1}$$

其中,γ 为理想气体常数,设为 1.2;p_1 和 p_2 分别表示激波遇到壁面前后的压力变化。反射峰值超压为

$$\Delta p_{\rm r}=\left(2+\frac{6\Delta p_{\rm m}}{\Delta p_{\rm m}+7p_0}\right)\Delta p_{\rm m} \tag{5.10.2}$$

式中,$\Delta p_{\rm r}$ 为反射压力;p_0 为大气压力;$\Delta p_{\rm m}$ 为入射压力。由式 (5.10.2) 可知,反射压力是入射压力的 2 倍。弱爆炸冲击波的反射系数为 2,强爆炸冲击波的反射系数为 8。在斜反射的情况下,激波遇到楔形时的压力变化如图 5.10.2(b) 所示。

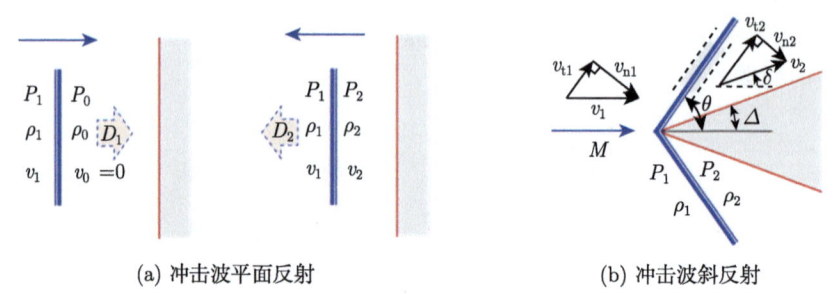

(a) 冲击波平面反射　　　　　　(b) 冲击波斜反射

图 5.10.2　冲击波与结构的相互作用

这里给出的方程是通过考虑可压缩气体的质量、动量和能量守恒并忽略黏性效应而导出的。p_1 和 p_2 分别表示激波遇到楔形前后的压力变化。当初始流动参数为 $M=2.0$,$\gamma=1.3$,$\delta=9.0$,$p_1=200.0\rm kPa$ 时,得到下游斜激波压力为 $p_2=299.4\rm kPa$。激波斜反射的超压远低于正反射的超压。因此,基于斜反射理论,额头位置的衬垫经过设计后从长方体变成了楔形体。由于头盔侧面的垫面面积较大,如果设计成楔形,就会减小尺寸,但会增加运动的不稳定性,所以分为三个部分。剩余的衬垫是根据对称性得到的。衬垫几何形状与冲击波之间的接触角由斜反射理论和实际佩戴的稳定性共同决定。根据模拟的激波速度,在最小激波角

5.10 基于力学原理的新型头盔内衬结构设计

为 45.58° 时，反射系数小于 1.0。为了保持单兵作战头盔的机动性，确定图 5.10.3 所示的新型衬垫的几何形状为 $\theta_1 = 45°$、$\theta_2 = 52°$、$\theta_3 = 50°$ 和 $\theta_4 = 47°$。

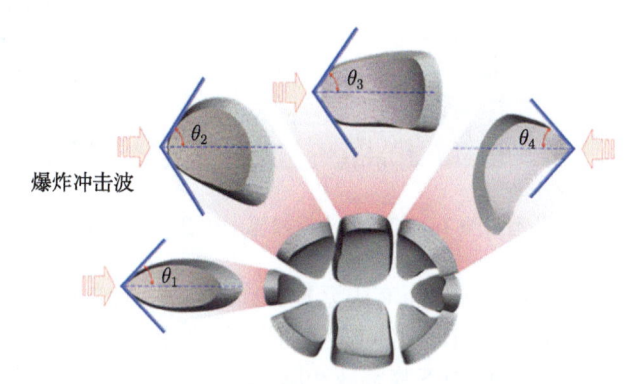

图 5.10.3　基于力学原理重新设计后的新型衬垫

如图 5.10.4 所示，传统 ACH(advanced combat helmet) 头盔的衬垫由五个独立的泡沫组成，分别放置在前额、左侧、右侧、顶部和后侧。ACH 衬垫的几何形状是一个带圆角的长方体。与传统的 ACH 护垫相比，基于力学原理重新设计的头盔内衬在头部顶部没有衬垫，传统头盔衬垫因为在头盔顶部增加了一个护垫，增加了爆炸冲击波的常规反射。

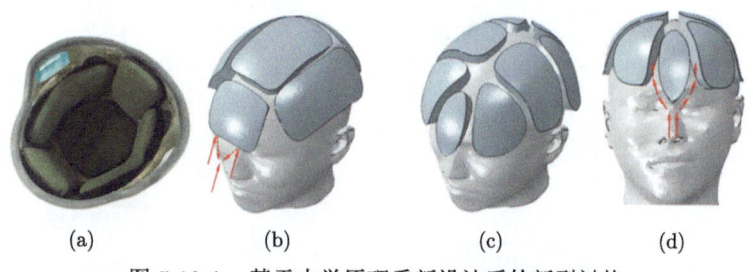

图 5.10.4　基于力学原理重新设计后的新型衬垫

为了评估头盔衬垫的性能，对两种类型的衬垫在正面激波载荷下进行仿真。在 ABAQUS 中使用图 5.10.4(a)、(b) 所示的传统 ACH 衬垫和图 5.10.4(c)、(d) 所示的新的 ACH 衬垫。衬垫由聚氨酯泡沫制成，是一种常见的头盔衬垫材料。正面激波在头盔内部衍射时的流场分布如图 5.10.5 所示，当冲击波绕射时，头盔内压力分布变化不大。垫片与前额之间的前额区域的峰值超压从传统 ACH 头盔衬垫的 526.3kPa 降低到新型衬垫的 309.5kPa，降低了约 41.2%。即使考虑到局部位置的平均压力变化，该数值也大幅下降了 34.4%。

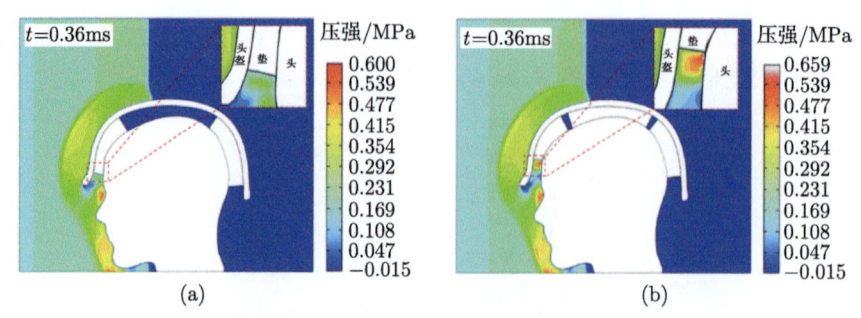

图 5.10.5 传统头盔衬垫 (a) 和新型头盔衬垫 (b) 在冲击波作用时的流场分布

当时间 $t=0.36\text{ms}$ 时颅内压有限元模拟结果如图 5.10.6 所示。当冲击波作用时，额叶首先与冲击波接触，当额叶受到正面激波时，观察到脑组织内部颅内压立即增加。两种头盔衬垫保护下脑脊液和脑组织的压力分布无显著差异，整体压力分布相似，但新型衬垫的颅内压峰值比传统 ACH 垫低 19.6%。结合图 5.10.5 和图 5.10.6，可以观察到冲击波作用时颅内和颅外的压力同步。图 5.10.6 显示了冲击波对大脑的损害不是在一个点上，而是在一个区域。当将新型衬垫与传统衬垫进行比较时，可以得到两个结论：(a) 新型衬垫的形状改变了头盔内冲击波流体的流动方向；(b) 新型衬垫系统显著降低了叠加在前额叶的冲击波的超压。

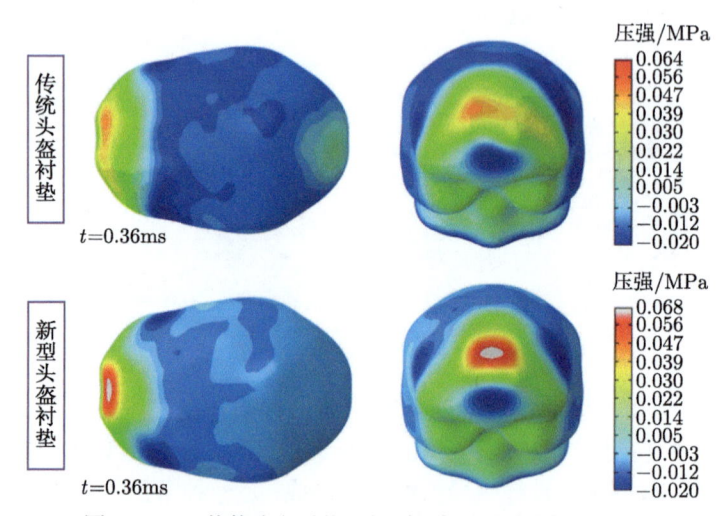

图 5.10.6 传统头盔衬垫和新型衬垫防护下颅内压对比

从上述结果中可以看出，基于力学原理的衬垫可以使冲击波在接触头盔衬垫之后发生斜反射。斜反射所产生的反射激波远小于正反射，使更少的冲击波能量作用到衬垫，进而使通过与头部接触传递到大脑内部的冲击波能量下降，减小了颅内压的峰值。从图 5.10.6 中还可以看出，虽然新型衬垫可以降低冲击波在额头的正反射，但是在头盔其他部位并没有明显的压力变化，这是因为传统衬垫下仅在额头部位冲击波反射压力叠加严重，导致使用新型衬垫后该区域压力下降明显，同时对比头盔外侧，颅内压的超压峰值具有一定的滞后性，而新型衬垫对冲击波作用下颅内压上升的压力并没有影响。

5.10.3 总结

未来高端新型防护结构的发展趋于轻量化、功能化和智能化，新型防护结构的研究和应用是推动重大武器装备跨代提升的关键技术保障。应用冲击波斜反射原理，对传统作战头盔内衬结构的形状进行重新设计，提高了传统头盔内衬结构对爆炸冲击波的防护性能，实现了头盔防护装备的多功能化，改变头盔衬垫的形状可以改变爆炸冲击波作用下颅内压峰值的位置，这意味着头盔衬垫的设计可以有效地保护头部脆弱部位。利用斜反射理论设计的头盔衬垫在正面和侧面冲击波作用下，冲击波超压在头盔内汇聚叠加，超压峰值下降约42%，减轻创伤性脑损伤。基于斜反射原理的头盔衬垫结构在不改变头盔几何构型和增加头盔质量的前提下，能有效提高战斗头盔对爆炸冲击波的防护性能，降低脑损伤风险，为新型作战头盔衬垫的设计提供了重要指导。

参 考 文 献

[1] DePalma R G, Burris D G, Champion H R, et al. Blast injuries. New England Journal of Medicine. 2005, 352(13): 1335-1342.

[2] Moore D F, Radovitzky R A, Shupenko L, et al. Blast physics and central nervous system injury. Future Neurol, 2008, 3(3): 243-250.

[3] Okie S. Traumatic brain injury in the war zone. New England Journal of Medicine, 2005, 352(20): 2043-2047.

[4] Wallsten S, Kosec K. The economic costs of the war in Iraq. AEI-Brookings Joint Center Working Paper, 2005: 5-19.

[5] Taber K H, Warden D L, Hurley R A. Blast-related traumatic brain injury: What is known? The Journal of Neuropsychiatry and Clinical Neurosciences, 2006, 18(2):141-145.

[6] Seal K H, Bertenthal D, Samuelson K, et al. Association between mild traumatic brain injury and mental health problems and self-reported cognitive dysfunction in Iraq and Afghanistan Veterans. Journal of Rehabilitation Research & Development, 2016, 53(2): 185-198.

[7] Hoge C W, McGurk D, Thomas J L, et al. Mild traumatic brain injury in US soldiers returning from Iraq. New England Journal of Medicine, 2008, 358(5): 453-463.

[8] McAllister T W, Sparling M B, Flashman L A, et al. Differential working memory load effects after mild traumatic brain injury. Neuroimage, 2001, 14(5): 1004-1012.

(本案例由张伟供稿)

5.11 电刺激改变细胞排列迁移方向的力学原理

5.11.1 研究背景

最早的生物电书面记录可以追溯到公元前 4000 年的埃及象形文字，描绘了渔民在捕捉鲶鱼时触电身亡的现象。但直到 18 世纪后期，意大利人才首次在青蛙的肌肉中发现并提出了生物电，极大地激发了人们对生物体电信号进行深入研究的兴趣。1840 年后，法国、德国和英国在对生物体进行电刺激的实验研究方面取得了长足的发展[1]。1872 年，美国的托马斯·格林用手持电极对患者的颈部和左胸进行 300V 电压的间歇性电刺激，挽救了 7 名因氯仿麻醉而心脏骤停的患者，首次使用电压刺激在临床实践中救人[2]。1952 年，美国 Zoll 制造了一个 2ms、150V 的脉冲电刺激器，用于房室传导阻滞患者的闭合性胸室起搏[2-4]。后来，植入式起搏器开始商业化，并获得了广泛的临床应用。这激发了人们研究细胞电刺激的众多生物学效应和相应机制的兴趣。然而，由于电极污染培养物、电极引起的氧化还原反应、发热等问题，电刺激细胞的实验进展缓慢。1977 年，Jaffe 和 Nuccitelli 对电刺激动植物细胞的电场装置，以及生物电刺激的现象、生物学机制和应用等进行了总结[4]，此后电场对细胞电刺激的实验研究进入快速发展阶段[5]。

5.11.2 力学分析

对细胞施加直流电刺激的典型装置如图 5.11.1 所示。目前，电场对细胞的作用已被证明可以诱导多种细胞和分子反应，包括微丝重组、细胞表面受体再分布、细胞趋电性迁移定向、神经元生长锥引导、增强干细胞分化和血管生成等[6]。其中基于细胞趋电性迁移的电疗法已成功地应用于临床骨折治疗、伤口愈合、神经纤维修复和软组织再生等领域。

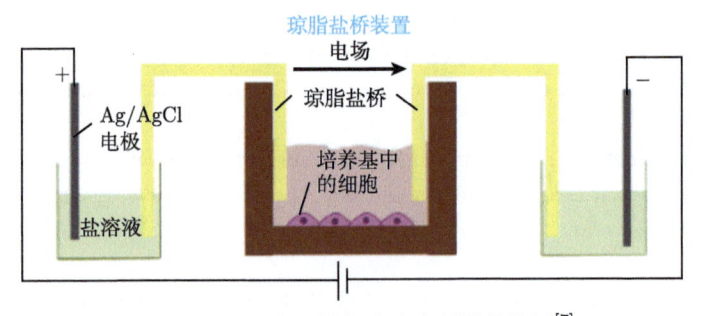

图 5.11.1 对细胞施加直流电刺激的装置[7]

电场通过改变细胞间作用力 (包括牵引力和细胞间应力) 来诱导细胞迁移和排列方向。一个典型的例子是 Cho 等用 0.5V/cm 的直流电场刺激人永生化表

皮细胞 (HaCat)，使得细胞立即以有序定向的方式沿着电场方向向阳极迁移，在 30min 时可达到最大迁移率，且细胞的排列方向在 30min 时开始呈现出与电场方向垂直的趋势，在 100min 时达到最大。这是因为电场改变了细胞间应力和牵引力的方向。细胞的局部迁移方向遵循局部最大主应力方向，即细胞向细胞间剪应力最小的方向迁移。也就是说，每个细胞都倾向于迁移和再生，以保持最小的局部细胞间剪切应力[8]。但是当迁移细胞单层被迫遇到非黏附空腔时，局部速度矢量系统地以接近 90° 角偏离主应力方向，导致主应力方向和局部速度矢量方向垂直排列[9]。细胞伸长和排列方向的变化是同时发生的，细胞在与排列方向相同的方向上拉伸，这是由于该方向的细胞间应力和牵引力最大。基于此原理，对骨折或创伤部位施加恰当的电场刺激，可以促进骨折或受伤部位的细胞迁移，从而促进伤口愈合。

通过对骨肉瘤细胞施加交流电刺激，细胞骨架被解聚，肌动蛋白减少约 15%，弹性模量减少 20%，最终提高了细胞对磁性纳米粒子的内吞作用，如图 5.11.2 所

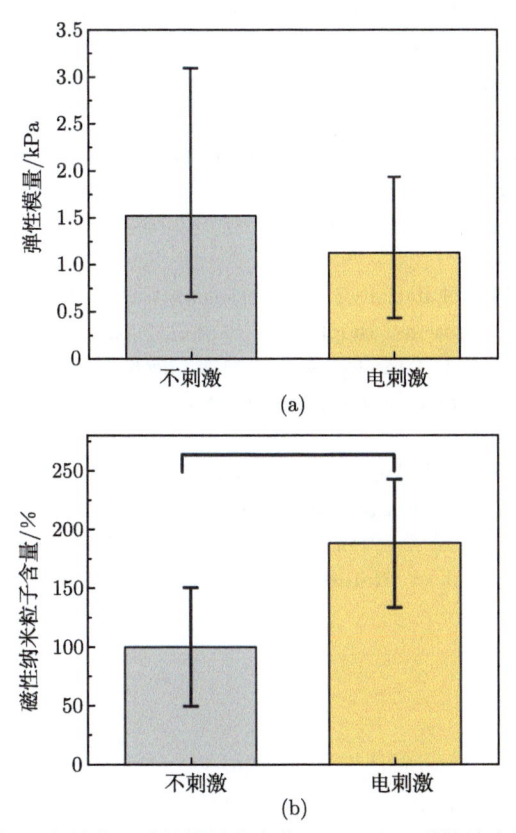

图 5.11.2 骨肉瘤细胞电刺激后弹性模量的变化 (a) 和内吞磁性纳米粒子含量的变化 (b)

示。机制研究显示,电刺激导致磁性纳米粒子内吞作用增加的主要原因是肌动蛋白的解聚和细胞内 Ca^{2+} 浓度的增加。细胞磁热治疗实验表明,电刺激增加了纳米粒子的细胞内吞作用,使磁热疗效果提高了 40%。

5.11.3 总结

电刺激改变细胞排列迁移方向并应用于临床的实践体现了力学知识在解释生物学现象和临床应用方面的价值。随着科学技术的进步,新问题不断出现,对这些复杂生物学问题的探索和解决也推动了力学的发展。"科学技术是第一生产力",只有不断地发展科技、不懈地创新技术,保持强劲的科学技术发展态势,中国才能傲然矗立于世界科技强国之列,才能推动中国综合国力不断提升。

参 考 文 献

[1] Polk C. Biological applications of large electric fields: Some history and fundamentals. IEEE Transactions on Plasma Science, 2000, 28(1): 6-14.
[2] Geddes L A. Historical highlights in cardiac pacing. IEEE Engineering in Medicine and Biology Magazine, 1990, 9(2): 12-18.
[3] Timms D. A review of clinical ventricular assist devices.Medical Engineering and Physics, 2011, 33(9): 1041-1047.
[4] Jaffe L F, Nuccitelli R. Electrical controls of development. Annual Review of Biophysics and Bioengineering, 1977, 6: 445-476.
[5] 孙伟皓, 马建立, 刘海龙, 等. 细胞力学特性对电刺激的响应研究进展. 科技导报, 2020, 38(22): 114-122.
[6] Titushkin I, Cho M. Regulation of cell cytoskeleton and membrane mechanics by electric field: Role of linker proteins. Biophysical Journal, 2009, 96(2): 717-728.
[7] Yizraeli M L, Weihs D. Time-Dependent Micromechanical responses of breast cancer cells and adjacent fibroblasts to electric treatment. Cell Biochemistry and Biophysics, 2011, 61(3): 605-618.
[8] Tambe D T, Hardin C C, Angelini T E, et al. Collective cell guidance by cooperative intercellular forces. Nature Materials, 2011, 10: 469-475.
[9] Kim J H, Serra-Picamal X, Tambe D T, et al. Propulsion and navigation within the advancing monolayer sheet. Nature Materials, 2013, 12: 856-863.

(本案例由张伟供稿)

第 6 章 车辆工程

6.1 汽车吸能盒缓冲吸能的力学机制

6.1.1 工程背景

作为人类出行及货物运输的交通工具，汽车已经成为现代社会中不可或缺的一部分，深刻地改变了人们的生活方式。然而，汽车的广泛使用也会带来各种交通事故，这些交通事故的发生是威胁人们生命安全以及造成财产损失的主要原因之一，因此汽车制造商和工程师们迫切需要找到能够减小碰撞事故对车辆及车内人员伤害的方法。在这种背景下，旨在改善车辆安全性的吸能盒应运而生，它的出现代表了汽车工程学在安全领域的一项革命性创新，不仅提高了乘员的安全水平，也彰显了现代工程学的智慧。近年来，吸能盒的设计和性能不断得到改进，为未来的道路安全提供了更为可靠的保障[1,2]。

吸能盒通常位于汽车发动机舱前以及汽车的后部，在碰撞过程中，这些区域是受碰撞影响最严重的区域[2]。作为汽车安全的关键组成部分，吸能盒的主要作用是在碰撞事故中通过自身的变形来延长碰撞的时间，降低车辆内部的加速度，从而减小碰撞时的冲击力，降低乘员受伤的风险。此外，吸能盒通过吸收碰撞能量将其有效地分散到汽车的各个部分，这有助于防止碰撞产生的能量集中在撞击区域，从而减小了撞击部位的损伤程度 (图 6.1.1)。

图 6.1.1 弓形吸能内构和吸能盒[3]

吸能盒经历了一个不断演化的发展过程，融合了材料、工业设计、计算机技术、自动化以及智能系统等多个关键领域的创新。随着时间的推移，吸能盒的设计不断得到优化，以适应不同构造的车辆以及不同类型的碰撞情况。此外，吸能盒也经历了不断与安全气囊、制动系统和电子稳定控制等其他车辆安全系统整合的过程，以提供更全面的保护，使汽车在碰撞时具有更好的抵抗力。而预测性碰撞感应系统和自适应吸能盒，则能够在碰撞前检测潜在危险并自动调整吸能盒以提供更好的保护。

早在 20 世纪 60 年代，设计较为简单的吸能盒便已经出现。随后，研究人员从材料和结构设计等方面对吸能盒进行改进，其材料由最初的钢材料演变成高强度钢合金、铝合金以及特殊复合材料等能量吸收材料[4,5]，这些材料不仅具备足够的抗弯强度来承受碰撞载荷，同时也具备较好的塑性，以便在碰撞时通过发生塑性变形更好地吸收和分散碰撞能量。随着计算机技术的发展，汽车行业开始采用有限元方法建立吸能盒的数值计算模型，通过数值模拟的手段计算出其塑性变形及应变能，从而优化吸能盒的形状和结构[6,7]。通常，吸能盒的设计遵循的原则为，所选的材料具有较好的塑性，所设计的结构能发生较大的塑性变形，而金属材料的薄壁结构很好地符合吸能盒的设计理念，这种结构在碰撞中往往表现为褶皱变形（图 6.1.2），塑性变形在总体变形中的成分占比极高，而且其强度较大，不容易发生破坏失效。总之，吸能盒的发展经历了材料和结构的不断优化，能更好地适应不同的碰撞情况，以提供更大的安全性。

图 6.1.2　吸能盒在汽车碰撞中的褶皱变形[8]

6.1.2　吸能盒缓冲吸能的力学机制

1. 塑性变形与应变能

物体在受到碰撞、挤压等外力时会发生变形，而变形可以笼统地分为几个阶段：弹性变形、塑性变形及断裂破坏。弹性变形指的是卸载后可以恢复的变形，该

6.1 汽车吸能盒缓冲吸能的力学机制

变形过程中没有能量损失，外力所做的功被转化为应变能存储在变形体内，单位体积的应变能，即应变能密度 W 可表示为

$$W = \int_0^{\varepsilon_{ij}} \sigma_{ij} \, \mathrm{d}\varepsilon_{ij} \tag{6.1.1}$$

其中，σ_{ij} 为应力张量；ε_{ij} 为应变张量。

当碰撞或挤压等外力超过材料的弹性极限时，物体进入塑性变形阶段。塑性变形指的是永久性的变形，即使撤去外力，变形也不可恢复。一般来说，变形进入塑性的标志是材料所承受的应力达到或超过屈服应力。图 6.1.3 所示的一维弹塑性模型解释了这个过程。尽管实际的汽车碰撞过程比这个模型复杂得多，但我们仍可以通过该模型来理解塑性变形过程。该模型主要由三部分组成：代表弹性变形的红色弹簧，代表塑性变形的黄色摩擦片，以及代表强化的蓝色弹簧。

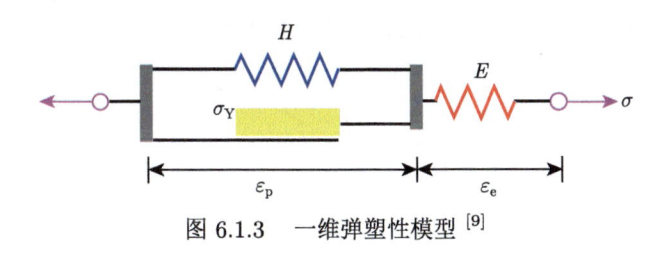

图 6.1.3　一维弹塑性模型[9]

当应力较小，即 $\sigma < \sigma_Y$ 时，只有红色的弹性弹簧变形，此时撤销外力，弹簧会恢复原来的长度。当应力大于屈服极限，即 $\sigma > \sigma_Y$ 时，黄色的摩擦片会发生变形，且这个变形不会随着应力撤销（卸载）而恢复。蓝色的强化弹簧在其中的作用则是在反复的加载卸载中提高屈服极限 σ_Y，该模型也可以解释塑性变形中的能量耗散。当应力超过屈服应力时，模型中的能量被分成了两部分：存储在两个弹簧中的应变能以及摩擦片中耗散的能量。需要指出的是，应变能能够释放和传递，而塑性应变耗散的能量才是真正被吸能盒所吸收的能量。

在某些极端的情况（如爆炸、高速碰撞）下，材料的弹性变形和塑性变形都不足以吸收如此巨大的能量，此时材料会发生断裂破坏，从而快速将能量释放。这是变形的第三个阶段。在该阶段，材料彻底失效，也失去了吸能的作用。汽车发生碰撞时，巨大的能量通过防撞梁传递到吸能盒，在很短的时间内，吸能盒将经历弹性变形和塑性变形，由防撞梁传递来的能量一部分转化为应变能，一部分发生塑性耗散，一部分被传递到车身纵梁以及其他结构和乘员。能量的传递在经过吸能盒时被削弱和延缓，这就是吸能盒缓冲吸能的力学机制。需要指出的是，吸能盒并不是越多越好，原因在于吸能盒对汽车低速碰撞的保护作用明显，且较多数量的吸能盒会使成本提高。然而在高速碰撞中，吸能盒很可能快速进入变形的

第三个阶段而失效。

2. 弹塑性大变形分析

目前，对于汽车吸能盒等部件的研究，更多还是采用数值仿真的方法。通过有限元法建立数值计算模型，可得到不同材料和不同结构设计的吸能盒在不同工况下的性能，从而可根据不同车型或要求来设计合适的吸能盒。在数值计算过程中，弹塑性大变形结构的数值模拟是计算力学中传统而有一定难度的问题。例如，大变形可能导致的网格扭曲问题，而有限元法在扭曲网格下的计算精度严重下降，因此通常会采用其他数值方法来模拟大变形问题，如再生核粒子法、无单元伽辽金法、等几何分析、光滑粒子流体动力学方法以及广义有限元法等。另外，有限元法在模拟塑性变形时往往由于体积不可压缩自锁导致计算结果错误，通常需要选择减缩积分技术来解决这一问题。图 6.1.4 展示了有限元法 (FEM) 和广义有限元法 (GFEM) 模拟螺旋变形梁弹塑性大变形的计算结果。由图可知，广义有限元法可正确模拟这一过程。图 6.1.5 展示了采用传统有限元方法和选择缩减积分法分别计算塑性体积不可压缩自锁问题。由图可知，选择缩减积分法相比传统有限元法，能够得到更为正确的结果。

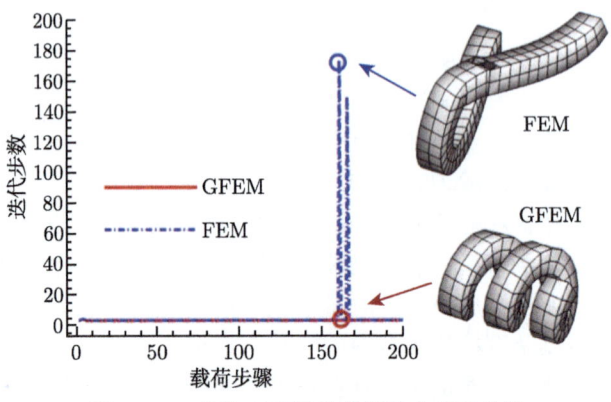

图 6.1.4　螺旋变形梁的弹塑性大变形分析

6.1.3　总结

本案例基于物体弹塑性变形的常见阶段以及应变能理论阐释了吸能盒在汽车碰撞过程中缓冲吸能的工作原理，同时指出了精确计算结构在弹塑性大变形过程中的应力和应变对于吸能盒设计的重要性。然而，上述分析过程仅展示了准静态载荷下结构弹塑性大变形的计算结果，并没有考虑动力载荷对于数值仿真的影响。此外，吸能盒的结构十分复杂，在碰撞过程中必然会存在裂纹萌生、扩展的情况，以及结构内部的相互接触、挤压，并且上述分析仅针对简单结构，仅可对吸能盒所选材料的性能进行初步评估。因此，深入研究吸能盒在不同复杂工况下的力学特性，考虑动载荷、接触等更多工况，发展更为完善成熟的设计理念，仍然是吸能盒设计过程中需要重点研究的问题。

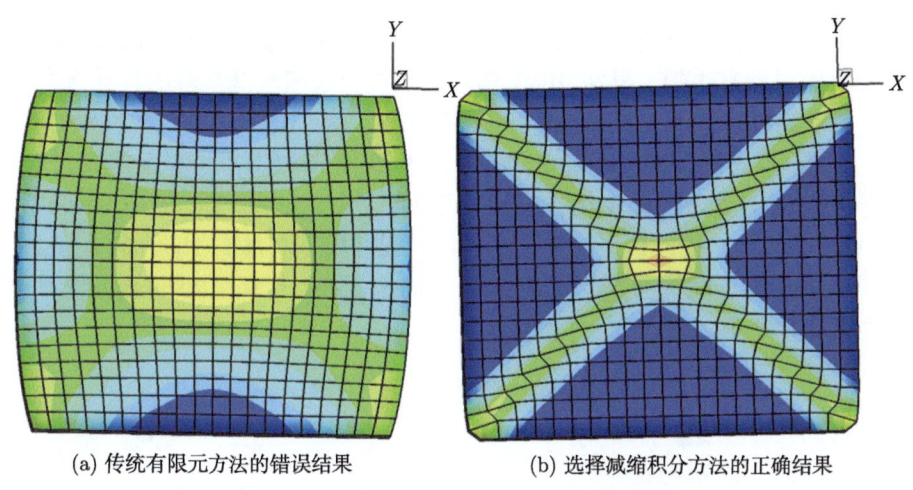

(a) 传统有限元方法的错误结果　　(b) 选择减缩积分方法的正确结果

图 6.1.5　塑性计算的体积不可压缩自锁问题

参 考 文 献

[1] 梁建术, 师光耀, 骆孟波. 汽车吸能盒的结构优化设计. 机械设计与制造, 2016, 9: 16-18.
[2] 张翼. 低速碰撞下汽车吸能盒结构优化设计. 大连: 大连理工大学, 2020.
[3] 易车网. 拆解盘点前后防撞梁结构及吸能盒设计趣谈. 2020. https://news.yiche.com/hao/wen-zhang/32240044.
[4] 顾晗, 王昱豪, 陆振乾. 纺织复合材料在汽车吸能盒上的应用研究进展. 合成纤维, 2023, 2: 36-41.
[5] 肖罡, 郭鹏程, 项忠珂, 等. 汽车铝合金前防撞梁截面的有限空间优化设计. 塑性工程学报, 2023, 8: 146-155.
[6] 孟翔耀, 董万鹏, 杨冬野. 基于 ABAQUS 的汽车吸能盒碰撞研究. 智能计算机与应用, 2020, 5: 191-194.
[7] 任梦, 董万鹏, 李佳意, 等. 基于 ABAQUS 对汽车低速吸能盒的研究. 农业装备与车辆工程, 2021, 12: 135-138.
[8] 易车网. 揭秘汽车吸能盒：保险杠的玄机就在这里. 2016. https://news.yiche.com/hao/wenzhang /54200.
[9] Simo J C, Hughes T J R. Computational Inelasticity. New York: Springer-Verlag, 1998.

(本案例由段庆林供稿)

6.2 汽车侧翻问题分析

6.2.1 工程背景

汽车是具有四个或四个以上车轮,并且由动力驱动的一种非轨道式承载车辆。著名的英国科学家牛顿,早在 1680 年就曾经提出过喷气式汽车的设计方案,他设想可以利用喷射蒸汽去推动汽车行驶,但遗憾的是他的设想在当时并没有实现。两个世纪后,德国的著名工程师卡尔·本茨于 1885 年制造了世界上首辆汽车 (三轮式)(图 6.2.1),该车的配置相当完整,它采用了前轮转向、后轮驱动的模式,把一台 0.89 马力的汽油机作为动力来源。德国曼海姆专利局在 1886 年 1 月 29 日授权了卡尔·本茨的专利申请[1]。因此,人们把 1886 年 1 月 29 日作为世界第一辆汽车的诞生之日。

图 6.2.1　卡尔·本茨与他的汽车[2]

关于汽车有多种分类方式,主要可以分为两大类:乘用车和商用车 [3]。乘用车主要用于载运乘客,常见的有普通乘用车、旅行车等 [4]。商用车主要用于运送人员或者货物,常见的如客车、货车等。随着我国经济的快速发展,人民生活水平不断提高,我国的机动车保有量急速增长,车辆不断增多导致交通状况日趋复杂,车辆侧翻事故频繁发生 [5]。车辆侧翻事故主要与理论力学中的静力学力系平衡方程和动力学质点动力学基本方程相关。

6.2.2 车辆侧翻分析

1. 基本说明

车辆侧翻是使车辆发生绕其纵轴旋转 90° 以上的翻转,以至于车身同地面接触的任何一种操纵。车辆侧翻可以分为两种情况:① 静态侧翻和② 动态侧翻。车辆的静态侧翻是指车辆在斜坡上的侧翻。为了尽量减少静态侧翻的发生并且提高车辆的安全性，在车辆出厂前都会对其进行严格的测试，其中就包括了倾侧稳定性的测试[6](图 6.2.2(a))。通过对车辆进行静力学受力分析[6](图 6.2.2(b))，如果重力沿着斜坡的分力 G_1 产生的力矩大于重力垂直于斜坡分力 G_2 产生的力矩，力系无法平衡，车辆就会发生静态侧翻。

(a) 车辆倾侧实验

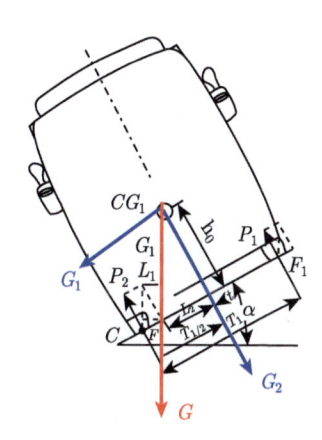

(b) 受力分析

图 6.2.2 车辆静态侧翻[6]

车辆的侧翻还存在的一种情况就是动态侧翻，即车辆在行驶时发生侧翻[7](图 6.2.3)。产生动态侧翻的原因是在侧向离心力（由质点动力学基本方程求解）的作用下，产生的翻转力矩大于自身重力的保持车辆稳定的力矩[8](图 6.2.4)，即

$$\frac{Mv^2}{R} \times H > G \times \frac{W}{2}$$

(a)

(b)

图 6.2.3 汽车侧翻事故[7]

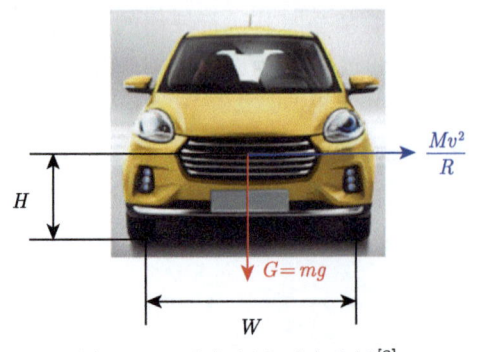

图 6.2.4　车辆侧翻受力分析[8]

2. 防止车辆侧翻方法简介

对于防止车辆侧翻可以从两个方面入手。一方面，就是提高驾驶员安全驾驶的意识，多数车辆侧翻事故与驾驶员不专业驾驶车辆有着极大的关联[9]。转弯操作是汽车驾驶过程中最为常见的操作之一。由于地形因素、行驶路面阻力及交通实际情况的影响，在汽车转向时必须判断好方向盘的转角，避免过分旋转方向盘的角度，并且尽量避免转向时进行制动(尤其是紧急制动)，以免发生侧翻。在汽车行驶过程中，具有安全意识的驾驶员通常会仔细观察路况，随时对车辆的状态变化进行感知，并且在车辆发动之前还会对轮胎进行检查，将车速控制在一个合理的范围之内。而没有安全意识的驾驶员(如醉酒驾驶员或者疲劳驾驶员)等对路况的感知能力会极度下降，对于车辆的操控能力不足，因而会引发侧翻事故。另一方面，就是研究更加先进的防止汽车侧翻的应对方式，许多汽车厂商从不同角度提出了多种方式，以增加汽车操控性，降低汽车侧翻风险[10,11]。

(1) 防侧翻预警系统，主要分为简化预测模型与基于复杂车辆动力学模型侧翻预警模型两种，前者响应速度快，后者有着较高的预警精度。这种预警系统留给驾驶员的反应时间较少，一般会跟其他的措施搭配使用。

(2) 差动制动法。这是一种简单的、低成本的方案，具有非常快速的响应能力。这个方案通过实时调整车轮的刹车力从而调整整体汽车的运动状态，但是存在较大的缺陷，就是在响应之后会产生比较大的冲击力，这对汽车乘坐的舒适性会有很大的影响。

(3) 主动悬架，通过采用 ARBS(主动稳定杆系统) 等措施对侧翻进行防范。该系统还可以提高乘坐舒适性以及车辆的操控感。

(4) 主动转向系统，最初应用于航空航天领域，之后被引入汽车制造领域，防止车辆产生侧翻。它可以通过电子助力转向系统实现。但是利弊参半，优点是实现简单并且成本低，缺点是这个系统会与紧急避障产生冲突。以上叙述的几种防止手段运行机制不同,但都是防止车辆侧翻不错的方案,在应用过程中需要综合各方面进行考量,从而选择出较好的方案组合。

6.2.3 总结

对车辆侧翻进行分析具有重要意义。车辆翻滚事故在所有的交通事故中发生的概率虽然不是最高的,但是其所造成的死亡率是很高的。在快速变线或紧急避让时,车辆就容易发生侧翻,尤其是高重心车辆,如满载的货车,其重心大幅升高,在转弯过程中的翻转力矩极大,极易造成侧翻事故。此外,侧翻也是严重威胁道路交通安全的重大问题,对于侧翻车辆的检测和分析能够帮助相关部门更好地了解事故发生的原因,进而制定出更加合理的交通规则和安全措施,以减少交通事故的发生。因此,对于车辆制造来说,应利用理论力学静力学力系平衡方程和动力学质点动力学基本方程的相关知识对车辆侧翻进行分析,更加清楚地了解车辆的安全性能和设计缺陷,进而采取更加有效的改进措施,提高车辆的安全性能和可靠性。综上所述,对车辆侧翻进行分析具有重要的实际意义和价值。

参 考 文 献

[1] 周昌林. 汽车的发明者—卡尔·本茨. 内燃机, 1987, 4: 43-44.
[2] 李华林. 基于 FLUENT 的汽车外流场的空气动力学仿真及优化设计. 兰州: 兰州交通大学, 2014.
[3] 闫志强. 我国车辆分类方法和标准研究与分析. 大连: 大连理工大学, 2014.
[4] 张翊吾. 汽车驾驶座椅座面人机舒适度设计研究. 西安: 陕西科技大学, 2018.
[5] 高攀, 陈世兴, 邹胤, 等. 车辆侧翻稳定性研究现状与对策. 汽车文摘, 2022, 7: 5-12.
[6] 敖敏. 某变型客车侧倾稳定性的计算分析. 客车技术与研究, 2013, 35(05): 11-13.
[7] 邵可. 汽车侧翻机理及主动转向防侧翻控制理论研究. 合肥: 合肥工业大学, 2019.
[8] 王凯莉. 共享微型电动车造型设计研究. 长春: 吉林大学, 2019.
[9] 严正华. 驾驶员影响汽车侧翻稳定性分析及控制. 南京: 南京航空航天大学, 2020.
[10] 王庆一. 汽车侧翻预警系统的研究. 哈尔滨: 哈尔滨工业大学, 2008.
[11] 方丞. 基于主动转向和差动制动的商用车防侧翻协调控制. 杭州: 浙江工业大学, 2020.

(本案例由周震襄供稿)

6.3 高速列车受电弓机构运动与气动抬升力分析

6.3.1 工程背景

京津城际铁路作为我国内地第一条高速铁路 (350km/h) 于 2008 年 8 月开通运营,突破了世界高铁的最高运营时速。"和谐号"380A 动车组 (图 6.3.1) 在 2010 年 12 月京沪高铁试车时,创造了当时世界高铁最高运行速度——时速 486.1km。

2017 年 6 月，我国独立成功研发"复兴号"高速列车（图 6.3.2）。截至 2021 年底，我国高速铁路运营总里程居世界之首，超过 40000km。

图 6.3.1　"和谐号"380A 动车组[1]

图 6.3.2　"复兴号"高速列车[2]

大多数高速列车都是依靠电力进行工作，通过安装在高速列车车顶的受电弓与接触网接触，从而接收电流，再将获取的电能转化为列车的动能以维持高速运行的状态。受电弓作为高速列车能量接收的重要装备，对列车能否稳定地运行与供电的持续性和可靠性有着直接影响。在列车高速运行的过程中，弓头上部的碳滑板需要与接触网良好地接触，接触不良可能导致供电不稳定，过度接触又会加深碳滑板与接触网的摩擦，减少受电弓的使用寿命。作为高速列车的核心装备，受电弓是改善高速列车综合性能中不可或缺的一环。

6.3.2　高速列车受电弓机构的运动

1. 受电弓机构工作原理

列车在出站启动时，需要将受电弓升起与接触网接触，而在进站停车或制动时则需要使受电弓降落与接触网脱离。这种升弓和降弓过程是受电弓两种主要的

6.3 高速列车受电弓机构运动与气动抬升力分析

运动状态,而其在工作时,需要保持升起的稳定状态。为实现高速受电弓上述性能,受电弓被设计成具有整体单自由度的四连杆机构,各个杆件之间通过铰接方式进行连接。受电弓主要由底架、下臂杆、下导杆、上臂杆、上导杆、弓头等主要部件组成,图 6.3.3 和图 6.3.4 分别给出了某自主化研制高速受电弓结构示意图与机构原理简图[3]。

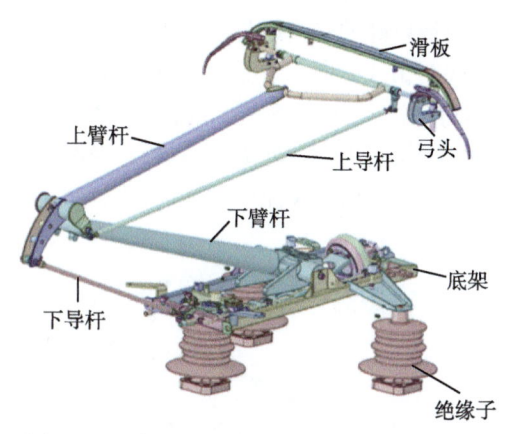

图 6.3.3 自主化研制高速受电弓结构示意图

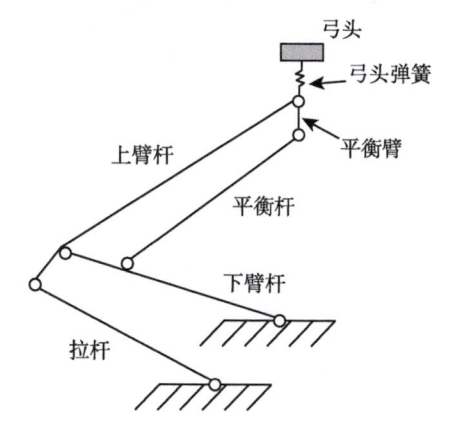

图 6.3.4 自主化研制高速受电弓机构原理简图

高速受电弓升弓时的驱动力来自于压缩空气,简单地说,就是利用多种阀(单向节流阀、精密调压阀等)提供一个可以稳定控制压缩空气的压力,并将其作用于升弓装置系统。升弓时压缩空气,由此提供的力作用于受电弓进行升弓;降弓时释放空气,弓头在重力作用下与接触网分离。升弓时,力作用于下臂杆的钢丝绳,此时相当于给下臂杆施加了力矩,钢丝绳拉拽下臂杆使其绕底座固定轴转动。弓头在下臂杆转动时,在拉杆和上臂杆的作用下抬起。在列车运行过程中,关闭阀门使气压稳定在恒定水平，从而使受电弓维持升起状态。降弓时，阀门开启，压缩空气排出，在重力作用下下臂绕固定轴转动，使受电弓降落。对受电弓进行设计时，合理地选取各连杆的长度，便能保证弓头产生在垂直方向近似直线的运动轨迹[4]。

2. 受电弓气动抬升力的计算

空气动力是决定受电弓与接触线之间平均作用力的重要因素，特别是在速度大于 200km/h 时。为了获得良好的受流质量和碳滑板与接触线的低磨损，必须对接触力进行适当的校准。如图 6.3.5 所示，受电弓在高速气流作用下产生的弓网接触气动抬升力，是受电弓各部件在气动载荷的共同作用下最终在弓头处产生的垂向力。图 6.3.6 中给出了受电弓简化的四连杆模型，可以用于受电弓的升降弓运动分析，既能保证受电弓气动抬升力计算的精度又能极大地简化受电弓气动抬升力的计算。

图 6.3.5 受电弓气动抬升力三维计算模型

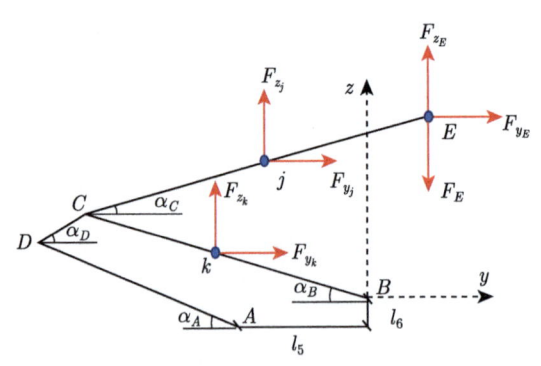

图 6.3.6 受电弓气动抬升力二维计算模型

以图 6.3.6 给出的由气动效应引起的弓网接触力力学模型为例进行分析。作用在受电弓各个部件的气动阻力和气动升力，会使受电弓在竖直方向上产生升弓和降弓趋势，并且对受电弓总的气动抬升力产生影响。换种角度可以说，受电弓气动抬升力 F_E 是所有各部件气动力作用在连杆机构，在弓头位移处的拉格朗日分量，可以运用虚功原理来求解[5]。拉格朗日于 1764 年建立了虚功原理 (也称为虚位移原理)，即具有理想约束的质点系，其平衡的必要与充分的条件是所有作用于该质点系的主动力在任何虚位移中所做的虚功之和等于零。根据虚功原理进行高速受电弓气动抬升力分析，所有阻力和升力所做的虚功等于气动抬升力所做的功，则气动抬升力可以表示为[6]

$$\sum_i F_{y_i} \Delta y_i + \sum_i F_{z_i} \Delta z_i + F_E \Delta z_E = 0 \tag{6.3.1}$$

依据图 6.3.6 所示的受电弓气动抬升力二维计算模型，可以运用虚功原理得到一组平衡方程，这里直接给出气动抬升力 F_E 的表达式为[7]

$$F_E = \begin{bmatrix} r_1(\alpha_B) & 1 & r_2(\alpha_B) & r_3(\alpha_B) & r_4(\alpha_B) & r_5(\alpha_B) \end{bmatrix} \begin{bmatrix} F_{y_E} \\ F_{z_E} \\ F_{y_j} \\ F_{z_j} \\ F_{y_k} \\ F_{z_k} \end{bmatrix} \tag{6.3.2}$$

式中，$\begin{bmatrix} r_1(\alpha_B) & 1 & r_2(\alpha_B) & r_3(\alpha_B) & r_4(\alpha_B) & r_5(\alpha_B) \end{bmatrix}$ 为各个部件气动载荷转换为气动抬升力的传递系数，具体表达式可以根据图 6.3.6 计算得出。当受电弓型号、升弓角 α_B 和各个部件的气动载荷已知后，便可计算出受电弓的气动载荷传递系数和受电弓气动抬升力。

6.3.3 总结

本节介绍了高速列车受电弓机构运动与气动抬升力传递的力学原理，基于简化连杆机构运动学模型和虚功原理对平衡力系 (气动力和弓网接触力) 进行了分析，提供了对基本理论和基础方法的初步认识。对于更为复杂的高速受电弓空气动力学计算及刚柔耦合多体动力学分析，还需要进一步学习并掌握计算流体力学和多体动力学相关的理论和方法。

参 考 文 献

[1] 中车青岛四方机车车辆股份有限公司. CRH380A. 2013. https://www.crrcgc.cc/sfgf/2013-12/05/article_6DE3945F7E2B4887A2D46B0618286261.html.

[2] 中车青岛四方机车车辆股份有限公司. 复兴号智能动车组 (CR400AF-Z). 2021. https://www.crrcgc.cc/sfgf/2021-11/22/article_37881FC7258B4931A76E69A92BDB09EA.html.

[3] 黄思俊, 袁骞, 赵志远, 等. 高速受电弓气动抬升力仿真研究. 轨道交通装备与技术, 2022(04): 10-13, 48.

[4] 吴积钦. 受电弓与接触网系统. 成都: 西南交通大学出版社, 2010.
[5] 阮诗伦, 马红艳. 理论力学. 北京: 科学出版社, 2019.
[6] Carnevale M, Facchinetti A, Rocchi D. Procedure to assess the role of railway pantograph components in generating the aerodynamic uplift. Journal of Wind Engineering and Industrial Aerodynamics, 2017, 160: 16-29.
[7] 李瑞平, 周宁, 张卫华, 等. 受电弓气动抬升力计算方法与分析. 铁道学报, 2012, 34(8): 26-32.

(本案例由赵岩供稿)

6.4 汽车行驶控制的动力学分析

6.4.1 工程背景

自 2010 年以来，我国汽车产销连续 10 年位列全球第一，在经济、科技创新等方面发挥了重要作用。与技术相对成熟的进口汽车品牌相比，近年来红旗、比亚迪、五菱、奇瑞等国产自主汽车品牌得到了迅速的发展，成为我国制造业的主要产业之一，带动了国民经济中众多相关产业的协同发展。值得注意的是，随着能源压力的增加和物联网技术的不断发展，新能源、智能网联汽车得到了很多发达国家的关注，已经成为汽车行业发展的新方向。在此方面，我国涌现了一批优秀的汽车品牌，包括比亚迪、蔚来和理想等。随着越来越多的中国企业在该领域的持续努力，我国有望在新能源、智能网联汽车等汽车行业新领域的竞争中占据引领行业的重要地位[1,2]。

汽车的结构和功能复杂，在使用过程中面临着环境、路况等诸多随机性工况，其设计和生产制造涉及机械、材料、电子、化学等多个学科的交叉融合，具备了很高的科技含量。在这类综合性科技产品中，力学是汽车设计与制造技术中最为依赖的学科之一，例如汽车发动机的主要性能参数是最大功率、最大扭矩和排量，这些都是基本的力学概念：发动机最大功率是指发动机能够输出的极限功率，关系到汽车的最高车速；最大扭矩是指发动机能够输出的极限扭矩，关系到汽车的最大牵引力；排量是指发动机各气缸工作容积的总和，关系到汽车的整体动力性能。发动机启动后，动力通过连杆、曲轴、变速器、传动轴等一系列传动机构传递至车轮，从而驱动车轮转动，其中很多传动机构的简化结构在理论力学课程中有所介绍。此外，汽车行驶过程中动力、转向都属于动力学设计的范围，还有安全性设计、降噪减振的舒适性设计等都与力学知识紧密相关[3]。

6.4.2 汽车动力学分析的二自由度简化模型

以理论力学中的动力学为例，汽车在行驶过程中涉及的动力学问题十分广泛，包括纵向动力学、行驶动力学、轮胎动力学和多体系统动力学等[4]。常用的汽车动力学分析简化模型包括二、三、五、七自由度简化模型，本节以最简单的二自由度模型为例说明汽车转向控制的动力学模型 (图 6.4.1)，其主要假设如下：① 仅以前轮转角作为输入而忽略整体转向系统的影响；② 汽车只有沿 y 轴方向的侧向运动和绕 z 轴的横摆运动；③ 汽车侧向加速度在 $0.4g$ 以下，轮胎侧偏特性在线性范围之内。

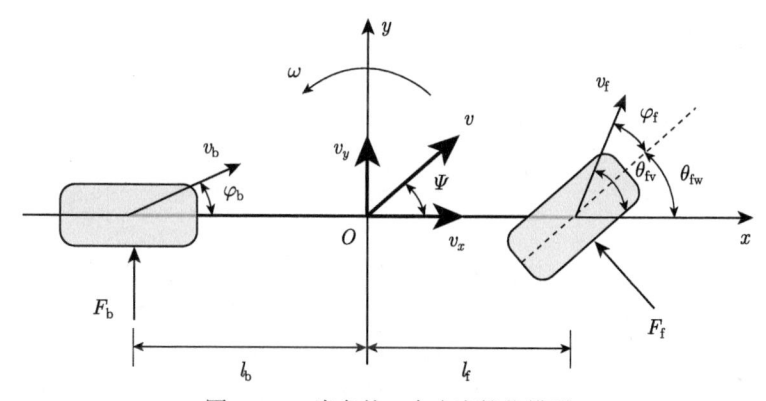

图 6.4.1 汽车的二自由度简化模型

在图 6.4.1 中，v_f 和 v_b 分别为前后轮的速度，φ_f 和 φ_b 分别为前后轮侧偏角 (轮速度方向与轮中心线夹角)，v_x 和 v_y 分别为汽车质心处的纵向速度和侧向速度，Ψ 为质心速度侧偏角，θ_{fv} 和 θ_{fw} 为 x 轴分别与 v_f 和前轮的夹角，ω 为车辆的横摆角速度。假设汽车整体涉及的转向角较小，可得 $\Psi \approx \tan\Psi = v_y/v_x$，$\theta_{fv} \approx \tan\theta_{fv} = (v_y + l_f\omega)/v_x = \Psi + l_f\omega/v_x$。由此，汽车前后轮侧偏角可表示为

$$\begin{cases} \varphi_f \approx \Psi + \dfrac{l_f\omega}{v_x} - \theta_{fw} \\ \varphi_b \approx \Psi - \dfrac{l_b\omega}{v_x} \end{cases} \tag{6.4.1}$$

由受力分析可得沿 y 轴方向的主矢 F_y 及绕 z 轴的主矩 M_z 分别为

$$\begin{cases} F_y = F_f\cos\theta_{fw} + F_b \\ M_z = F_f\cos\theta_{fw}l_f - F_bl_b \end{cases} \tag{6.4.2}$$

其中，F_f 和 F_b 分别为汽车前轮和后轮的侧偏力；l_f 和 l_b 分别为汽车质心到汽车前轴和后轴之间的距离；在侧向加速度不超过 $0.4\,g$ 时，轮胎侧偏力和侧偏角之间呈线性关系，即 $F_\mathrm{f} = k_\mathrm{f}\varphi_\mathrm{f}$ 和 $F_\mathrm{b} = k_\mathrm{b}\varphi_\mathrm{b}$。考虑 θ_fw 较小时 $(\cos\varphi_\mathrm{fw} \approx 1)$，式 (6.4.2) 可表达为

$$\begin{cases} F_y = k_\mathrm{f}\varphi_\mathrm{f} + k_\mathrm{b}\varphi_\mathrm{b} \\ M_z = k_\mathrm{f}\varphi_\mathrm{f}l_\mathrm{f} - k_\mathrm{b}\varphi_\mathrm{b}l_\mathrm{b} \end{cases} \tag{6.4.3}$$

其中，k_f 和 k_b 分别为前轮和后轮的侧偏刚度。假设 $\varPsi$ 很小，则侧向加速度 a_y 可近似为 $v_x\left(\dot{\varPsi} + \omega\right)$。将式 (6.4.1) 代入式 (6.4.3)，结合相对质心的平面运动微分方程，整理可得汽车二自由度动力学模型：

$$\begin{cases} \dot{\varPsi} = \dfrac{k_\mathrm{f} + k_\mathrm{b}}{mv_x}\varPsi + \left(\dfrac{l_\mathrm{f}k_\mathrm{f} - l_\mathrm{b}k_\mathrm{b}}{mv_x^2} - 1\right)\omega - \dfrac{k_\mathrm{f}}{mv_x}\theta_\mathrm{fw} \\ \dot{\omega} = \dfrac{l_\mathrm{f}k_\mathrm{f} - l_\mathrm{b}k_\mathrm{b}}{J_z}\varPsi + \dfrac{l_\mathrm{f}^2 k_\mathrm{f} + l_\mathrm{b}^2 k_\mathrm{b}}{J_z v_x}\omega - \dfrac{l_\mathrm{f}k_\mathrm{f}}{J_z}\theta_\mathrm{fw} \end{cases} \tag{6.4.4}$$

其中，m 为汽车的质量；J_z 为汽车对 z 轴 (质心所在轴) 的转动惯量。从式 (6.4.4) 可以看出，汽车的质量 m、转动惯量 J_z 均与转向速度和加速度成反比，同时如果汽车的行驶速度 v_x 过高也会使得转向速度和加速度降低，这些都显著影响了汽车的操纵性，其与实际生活中的驾驶体验相符。实际上，式 (6.4.4) 应该进一步结合数值求解方法，以获得汽车转向过程的显式动力学描述及控制。

6.4.3 总结

本节结合二自由度简化模型对汽车动力学问题进行了简要的说明，从上述简化模型中可以简单理解汽车在行驶过程中的控制问题。随着数值技术和计算机能力的发展，实际的汽车设计已经完全可以考虑更为复杂的模型，控制的效果也更为精准，汽车的数字化设计水平为其快速发展提供了重要的基础。此外，值得注意的是，不仅在动力学控制方面，力学的很多内容都会对汽车制造提供必要的指导，这对汽车领域愈发重视安全性、舒适性的发展至关重要。

参 考 文 献

[1] 洪琪. 国内外智能网联汽车发展情况. 汽车工程师, 2019(7): 11-14.
[2] 王婷. 我国汽车行业发展现状与趋势. 企业改革与管理, 2020(16): 214-215.
[3] 余志生. 汽车理论. 北京：机械工业出版社，2019.
[4] 安部正人. 汽车的运动与操控. 陈辛波，译. 北京：机械工业出版社，1998.

(本案例由叶宏飞供稿)

6.5 纳米技术在汽车碰撞安全问题中的应用研究

6.5.1 工程背景

近年来 (2015~2021 年),我国汽车年均产量超过 2600 万辆[1],全国机动车保有量已突破 4 亿 (截至 2022 年 9 月),其中汽车保有量超过 3 亿。截至 2023 年,全国已经有 43 个城市的汽车保有量超过 200 万辆,如图 6.5.1 所示[2]。汽车为人们出行带来了方便,但是路面上日益增加的汽车也同时提高了交通事故发生的可能性。仅 2021 年一年,全国因交通事故而死亡的人数超过 6 万,数字触目惊心。据统计,在各类交通事故中,碰撞事故占比最高。为了保护车内人员安全,汽车吸能装置作为一种被动汽车安全装置发挥了巨大的安全作用,是一种必要且有效的保护措施。一般汽车的碰撞时间仅为零点几秒,车辆从高速运动状态减速到静止过程中产生了大量的能量。在碰撞速度较高时,汽车吸能装置并不能完全吸收碰撞能量,汽车其他部分也将发生溃缩变形,这种变形可以继续吸收碰撞能量,但是驾驶室如果轻易变形,就会危害驾驶员及乘客的安全。因此,必须为车上人员保留足够的生存空间,汽车驾驶室的相关结构需要提高抗冲击性能。

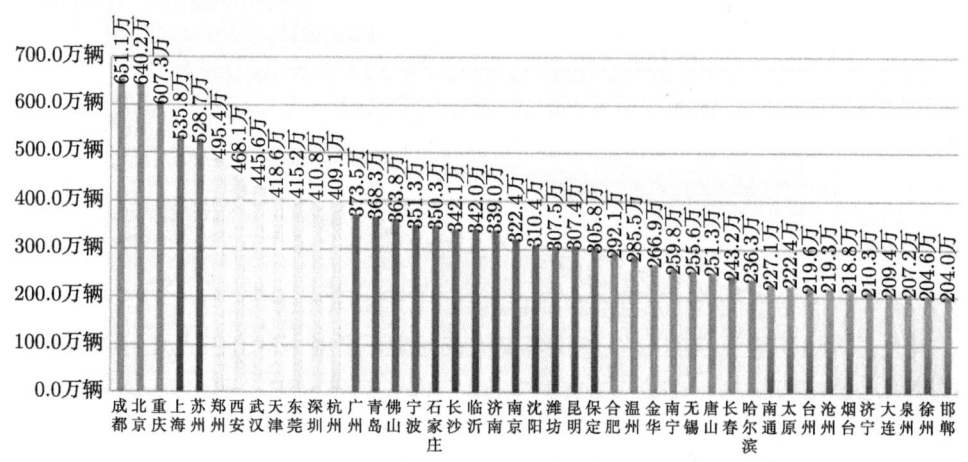

图 6.5.1 汽车保有量超过 200 万辆的城市 (2023 年)[2]

近年来,一类表面纳米化技术可以通过对金属表面进行处理,从而有效提高其屈服强度。例如,超声冲击技术可以令金属材料表面经过高频往复超声冲击后实现表面层的晶粒细化,从而全面提高其屈服应力等力学性能[3]。该技术为汽车抗冲击设计提供了一种全新的方法,可以在不采用高强度钢的前提下使结构具有采用高强度钢时的性能。徐新生等首次研究了金属表面纳米化技术在薄壁方管抗屈曲性能方面的应用 [3-5]。他们利用表面纳米化设备 (图 6.5.2) 将 304 不锈钢的弹性极限由 254.06MPa 提升至 453.67MPa，强度极限由 754.28MPa 增加到 921.32MPa，而泊松比基本保持在 0.3 左右不变。最重要的是，他们利用该技术成功实现了薄壁结构屈曲模态的诱导。该内容与材料力学中的压杆稳定性问题极为相似。

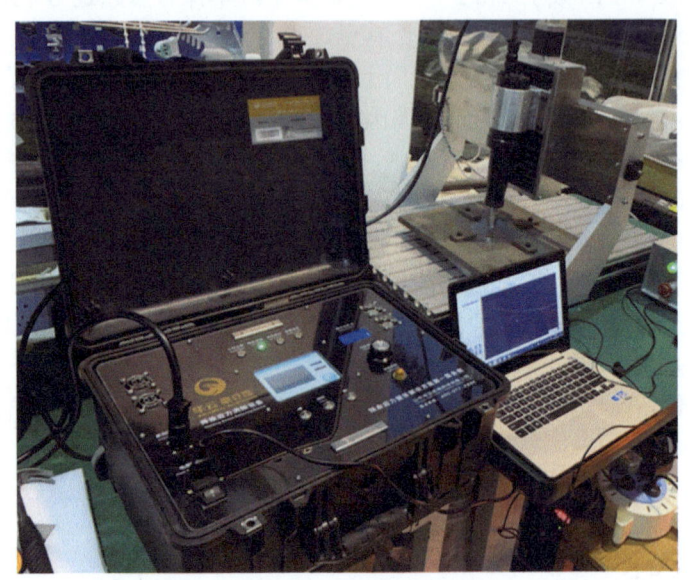

图 6.5.2　HY2050G 表面纳米化处理平台 [3]

6.5.2　薄壁结构屈曲模态诱导分析

1. 基本说明

局部表面纳米化六边形管试件的制作过程如图 6.5.3 所示。

上述六边形管试件的准静态压缩实验在万能试验机 (MTS) 上进行，采用位移控制进行轴向加载，加载位移为 0.0056m (约为试件高度的 70%)，加载速率设置为 0.004m/min。

未纳米化管试件和两条纹纳米化管试件在轴向静态压缩下变形如图 6.5.4 所示，变形截图对应的压缩位移分别为 0、0.0012m、0.0024m、0.0042m 和 0.0056m。可以看出，未纳米化和纳米化试件均从受到压缩的一端开始屈曲变形。在压缩位移为 0.0042m 左右，未纳米化管整体已经发生了渐进的屈曲变形；两条纹纳米化管的未纳米化部分 (上半区域) 也已经发生了褶皱变形，但其纳米化部分 (下半区域) 基本未发生屈曲变形。当压缩位移大于 0.0042m 时，其纳米化区域开始发生屈曲，

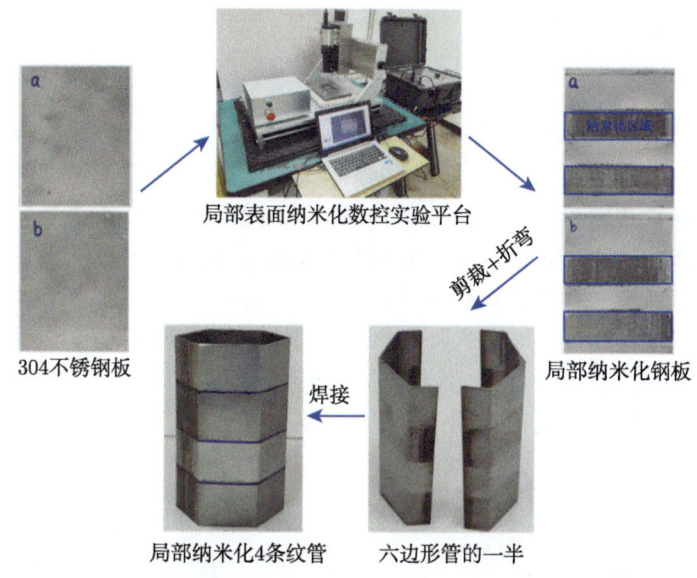

6.5 纳米技术在汽车碰撞安全问题中的应用研究

图 6.5.3　局部表面纳米化六边形管试件的制作过程 [5]

图 6.5.4　六边形管试件在轴向静态压缩下的变形模式 [5]

直至最后进入密实化状态。该现象说明，两条纹纳米管的变形顺序是未纳米化区域先变形而纳米化区域后变形。

该现象与材料力学中的压杆稳定问题类似，材料性能对压杆稳定性具有显著的影响。以钢材为例，中小柔度杆的临界力与材料强度指标高度相关，选用高强度材料能够显著提高压杆的稳定性。同理，表面经纳米化处理以后，不锈钢材料的屈服强度和抗拉强度得到显著的提升，在将管件分成未纳米化区域和纳米化区域后，整体结构在强度上呈现出上弱下强的分布，因此在加载时强度较弱的部分和较强的部分会先后发生变形。

2. 吸能分析

图 6.5.5 给出了未纳米化和两条纹纳米化管试件的载荷-位移曲线以及实验中的最终变形。从图中可以看到，在压缩后半段未纳米化管试件下半部发生了整体屈曲变形，导致其后半段的载荷波动较小；而两条纹管试件在整个变形过程中均发生了渐进折叠的变形，因此其具有明显的波峰状曲线。这种结果表明两条纹管试件形成的变形模式更加稳定和高效。此外，从表 6.5.1 中的数据也可以发现，与未纳米化管试件相比，两条纹纳米化管试件的比吸能提升了 42.97%，且其峰值荷载只有 13.11% 的升高，同时，其载荷效率也提升了 28.40%。这说明通过局部纳米化可以显著地提升六边形管的能量吸收能力。

(a) 载荷-位移曲线　　　　　　　　(b) 压溃模态

图 6.5.5　六边形管试件的压缩实验结果 [5]

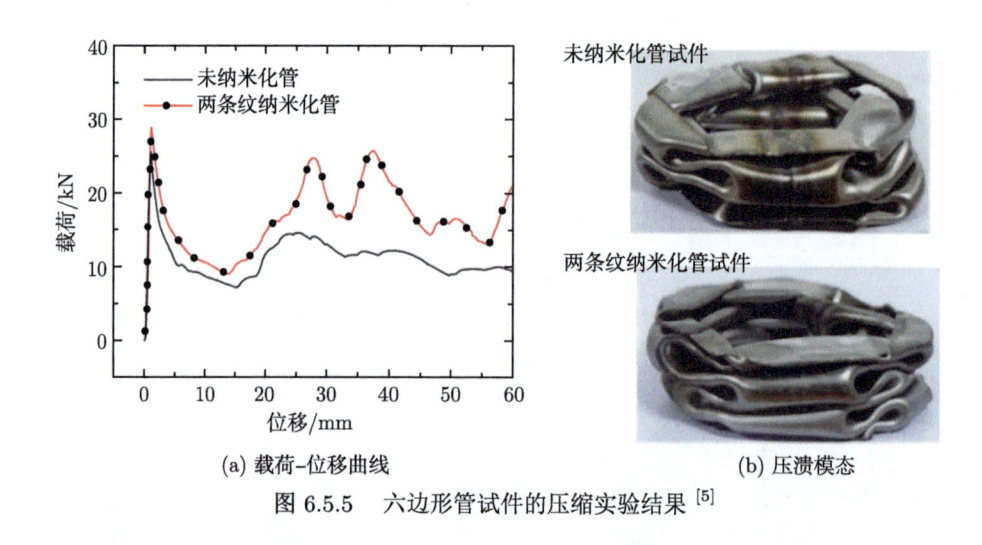

表 6.5.1　未纳米化管试件和两条纹纳米化管试件的压缩试验结果 [5]

试件类型	EA/J	SEA/(J/g)	PCF/kN	MCF/kN	CFE/%
未纳米化管试件	628	9.10	25.55	11.21	43.87
两条纹纳米化管试件	917	13.01	28.90	16.38	56.33

6.5.3　总结

吸能装置是一种被广泛应用于汽车安全领域的被动安全技术，它通过在碰撞时吸收车辆上的能量，进而减缓车辆的撞击力量，保护车辆乘客和行人的安全。汽车吸能盒是汽车保险杠系统中重要的吸能装置，它安装在横梁与车架纵梁之间，作为一种低速安全保护系统而存在。在发生强烈碰撞时，物体会发生塑性变形，而汽车吸能盒可以吸收一部分撞击力，保护车内乘客的安全。同时，吸能盒作为一种金属薄壁构件，在碰撞时容易发生褶皱变形，车辆在低速碰撞时能有效吸收碰撞能量，并尽可能减小撞击力对车身的损害。这样，吸能盒既提高了汽车的被动安全性，又降低了撞击带来的维修成本。本书利用局部表面纳米化可显著提升加工区域强度的特点，通过对六边形薄壁管局部表面纳米化布局设计，改变了薄壁结构的强度分布，从而控制和诱导其发生预设的屈曲变形。该研究充分利用了材料力学中压杆稳定的基本原理，并将其推广至三维薄壁结构中。

参 考 文 献

[1] 汤宏雪. 2022 年我国汽车行业发展及用钢预测. 冶金管理, 2022, 4: 27-31.
[2] 公安部办公厅统计处. 2023 年全国机动车和驾驶人统计分析. 公安研究, 2024, 4: 127-128.
[3] 赵祯. 局部表面纳米化新型吸能薄壁方管设计方法研究. 大连: 大连理工大学, 2021.
[4] Xu X S, Zhao Z, Zhou Z H, et al. Local surface nanocrystallization for buckling-resistant thin-walled structures. International Journal of Mechanics and Materials in Design, 2020, 16: 693-705.
[5] 王伟. 基于局部表面纳米化技术的六边形截面缓冲吸能管设计研究. 大连: 大连理工大学, 2023.

(本案例由周震寰供稿)

6.6 机车碰撞的安全设计

6.6.1 工程背景

车体碰撞下的结构安全是机车设计的重要方面，随着机车向高速和重载方向的不断发展，机车碰撞下能量和惯性不断增大，其危险性也随之不断增加。尽管车体碰撞的情况在现实中很少发生，铁路运输也是最安全的运输方式之一，但是很难绝对避免机车车体碰撞工况的发生。因此，如何通过耐碰撞技术的发展，提升机车运行的被动防护，降低可能发生的事故损失，对于机车高速重载条件下的安全设计具有重要意义。

图 6.6.1 所示为某型机车的碰撞性试验，国外一般都采用这种碰撞性实验来确保机车的运行安全，通常会要求机车在 12km/h 的初始运行速度下，在碰撞中保持结构安全。机车碰撞工况下的安全性主要受到车体前端司机室结构和专用吸能装置的影响，尤其是专用吸能装置的设计，对机车的碰撞安全具有重要意义。在碰撞工况发生时，在碰撞力作用下，车体前端的缓冲器会产生对应的变形，从而延长碰撞的时间，进而降低碰撞力的数值。

6.6.2 力学分析

机车的碰撞事故主要包括两种：机车与车体的碰撞，以及机车与轨道障碍物的碰撞，后者主要涉及排障器的安全设计相关的实验和计算。

图 6.6.1　车体碰撞性试验

在机车碰撞事故中，机车撞击车厢会产生较大的加速度，机车减速与车厢加速同时发生，运动学中的加速度等于速度差与时间差的比，即

$$a = \frac{\Delta v}{\Delta t} \tag{6.6.1}$$

由动量定理可知，碰撞力与碰撞时间、机车和车厢质量及初始碰撞速度密切相关。动量定理是动力学的普遍定理之一，为物体动量的增量等于它所受合外力的冲量，即 $Ft = m\Delta v$，也就是所有外力的冲量的矢量和。其定义为：如果一个系统不受外力或所受外力的矢量和为零，那么这个系统的总动量保持不变，这个结论叫做动量守恒定律。动量守恒定律是自然界中最重要最普遍的守恒定律之一，它既适用于宏观物体也适用于微观粒子，既适用于低速运动物体也适用于高速运动物体。

质量为 m 的物体，在合力 F 的作用下，经过一段时间 t，速度由 v_0 变为 v_1，

$$Ft = mv_1 - mv_0 \tag{6.6.2}$$

测试中，机车质量为 m_1，初始速度为 v_{01}，车厢质量为 m_2，初始速度为 v_{02}，撞击后，机车速度为 v_1，车厢速度为 v_2，即

$$Ft = m_1(v_1 - v_{01}) + m_2(v_2 - v_{02}) \tag{6.6.3}$$

$$F = \frac{m_1(v_1 - v_{01}) + m_2(v_2 - v_{02})}{t} \tag{6.6.4}$$

在进行车体碰撞试验时，机车的初始速度约为 12km/h，车厢静止于铁轨上，在碰撞发生后，两者以相同的速度运行，减速并最终停止在铁轨上。可以采用上述方程估算大概的碰撞力，作为车体碰撞设计的依据。更为详细的结果，可以通过有限元模型进行精细化计算得到，以对设计进行校核。

6.6 机车碰撞的安全设计

图 6.6.2 所示为机车与车厢碰撞试验的有限元模型,重点研究车钩缓冲器在行程下的能量吸收情况,以确保机车司机室的结构安全。当车钩缓冲器不能吸收全部的碰撞能量时,会进一步通过车头的压溃吸能。图 6.6.3(b) 所示为缓冲器简化为

图 6.6.2 车体碰撞试验的有限元模型

(a) 速度变化

(b) 能量变化

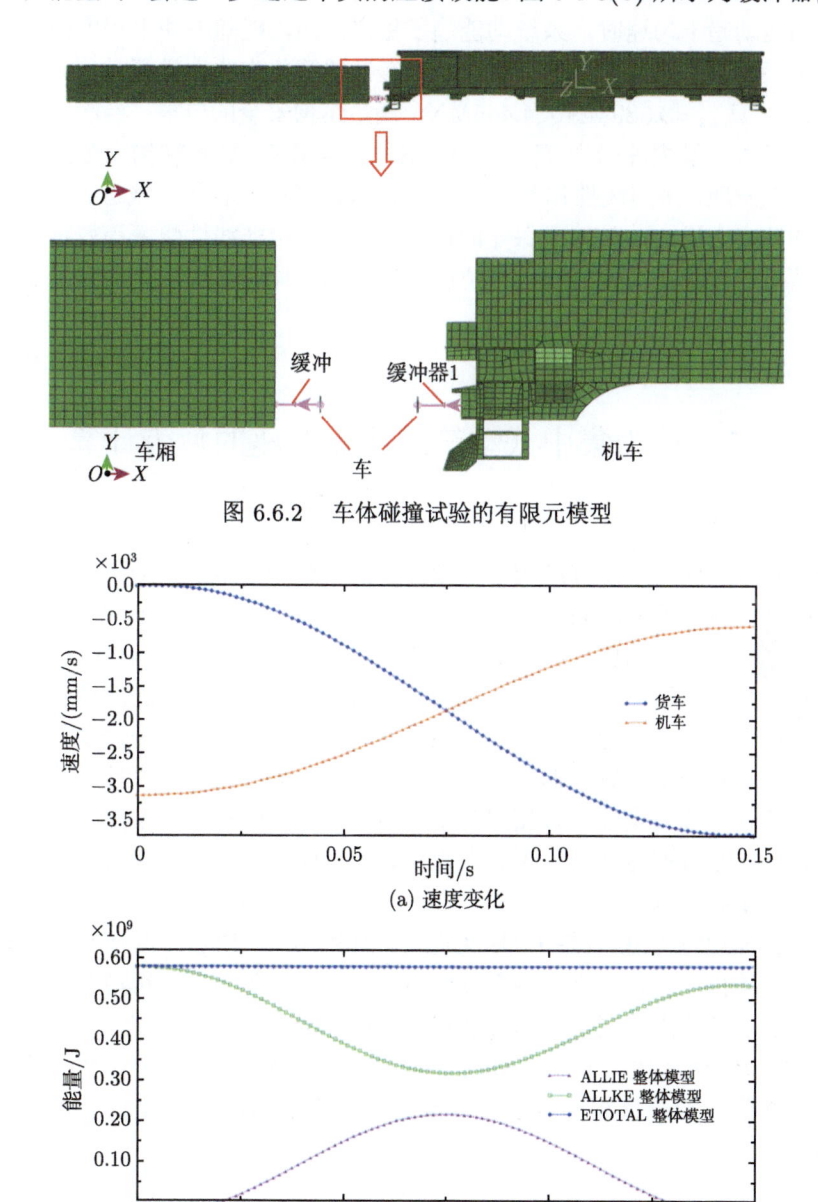

图 6.6.3 缓冲器简化为线性弹簧时的碰撞计算结果

线性弹簧时机车冲击能量-时间曲线,是撞击质量为 126 吨和撞击速度为 3.13m/s 冲击的结果。从图中可知,冲击过程中总能量曲线保持水平,维持在 0.62MJ 左右,动能随着冲击程度的加深而降低,从初始动能 0.62MJ 逐渐降低至 0.35MJ 后增加,当运动趋于匀速时,系统动能趋于稳定;而内能随着冲击程度的加深而增加,从 0 逐渐增加至 0.25MJ 后减小。当缓冲器简化为线性弹簧时,计算得到的最大冲击力 F_{max}=3.589MN <4.445MN,满足结构安全的要求;当缓冲器简化为非线性弹簧时,最大冲击力 F_{max}=1.9MN<4.445MN,满足结构安全的要求。通过对比可以发现,采用线性弹簧时,对实际缓冲器的力-行程曲线进行了简化,计算得到的冲击力更大,是偏于保守的设计,所以采用非线性弹簧等效缓冲器更符合实际情况。无论是简化为哪一种情况,当前的车体碰撞性设计均满足安全设计的要求。

(本案例由张昭供稿)

6.7 动力集中式动车组减振器座的疲劳计算

6.7.1 工程背景

减振器广泛应用于工程结构中的结构减振。在动力集中式动车组中,减振器主要包括横向减振器、纵向减振器和抗蛇形减振器,是保证列车安全平稳运行的重要设备之一。减振器座是减振器的安装座,是连接减振器与车体减振器座梁的重要部件,承受来自减振器的往复作用的载荷,因此,减振器座的全寿命安全服役对车体的振动状态、稳定性和安全性具有重要意义。减振器座是动力车车体结构中连接减振器与车体减振器座梁的重要结构,其服役性能会直接影响车体的振动状态、稳定性和安全性。减振器与车体减振器座梁结构之间主要通过焊接的方式进行连接,在减振器连接位置存在大量焊缝,而焊缝的设计形式会对结构的安全服役产生重要影响。

减振器座通过焊缝与减振器座梁连接,如图 6.7.1 所示。焊接是列车制备中广泛使用的连接工艺,由于焊接会导致材料的局部熔化并在后续冷却过程中凝固结晶,焊缝及其热影响区的材料性能和母材性能会有较大的区别,尽管在焊缝附近的母材和焊缝承受相近的应力变化,其对应的疲劳性能也会有很大的区别,因此,对焊缝的疲劳校核和安全设计是保证结构满足 900 万公里安全运行的前提条件。

6.7 动力集中式动车组减振器座的疲劳计算

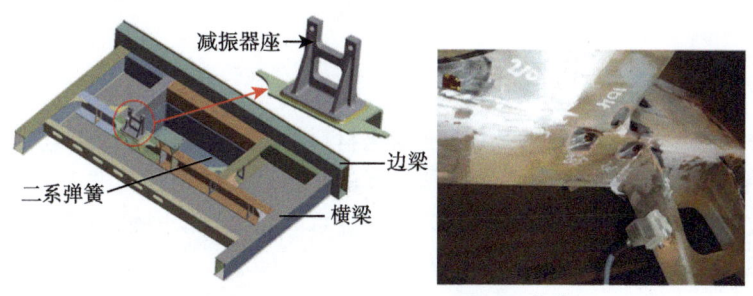

图 6.7.1 减振器座和减振器座梁 [1,2]

6.7.2 减振器座疲劳应力

减振器座及座梁结构承受来自车体的重量，其主要作用在高圆簧上，沿垂向向下，同时承受来自减振器的横向作用力，沿横向往复作用。由图 6.7.2 可知，横向减振器座焊接在减振器座梁上，在承受横向作用力时，可以等效为悬臂梁，自由端承受来自减振器的集中力，因此，在减振器与减振器座梁的连接位置，其应力状态可以简化为单轴应力状态，可以使用 $\sigma = Fl/W$ 来进行简化计算。当然，也可以采用有限元方法来进行详细计算。当进行实验和计算结果对比验证时，由于测量时使用的应变片具有一定的尺寸，并非计算当中的一个简单的点，因此，计算与实验的对比可能存在误差。为了消除这一问题的影响，在计算模型中，在单向应力状态下，可以采用如下公式计算测量点处的应力：

$$\sigma = E\varepsilon \tag{6.7.1}$$

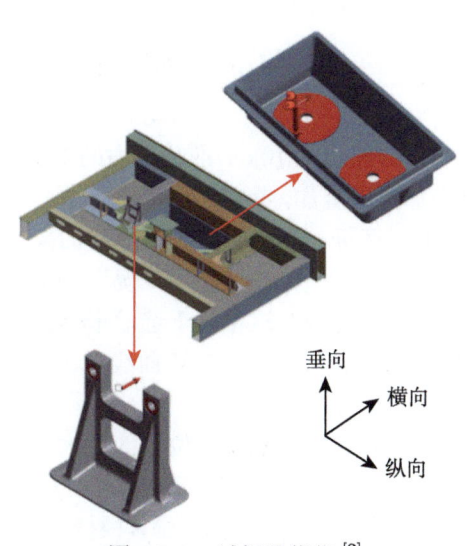

图 6.7.2 减振器载荷 [2]

$$\varepsilon = \frac{u_E - u_S}{L} \tag{6.7.2}$$

式中，σ 为测量点应力值；E 为减振器座材料的弹性模量；u_E 和 u_S 分别为选取路径起始点和终止点的位移；L 为所选择的测量点处的路径长度。

通过应变分析可以获得与水平方向呈任意夹角 ϕ 方向上的应变数值，可得到主应力值及其主方向为

$$\varepsilon_\phi = \frac{\varepsilon_x + \varepsilon_y}{2} + \frac{\varepsilon_x - \varepsilon_y}{2}\cos 2\phi + \frac{\gamma_{xy}}{2}\sin 2\phi \tag{6.7.3}$$

$$\begin{matrix}\varepsilon_1\\\varepsilon_2\end{matrix} = \frac{\varepsilon_x + \varepsilon_y}{2} \pm \sqrt{\left(\frac{\varepsilon_x - \varepsilon_y}{2}\right)^2 + \left(\frac{\gamma_{xy}}{2}\right)^2} \tag{6.7.4}$$

$$\tan(2\phi_0) = \frac{\gamma_{xy}}{\varepsilon_x - \varepsilon_y} \tag{6.7.5}$$

式中，ε_x，ε_y 和 γ_{xy} 分别为测量点处沿 x 和 y 方向的线应变及对应的剪应变；ε_ϕ 为任意角度的线应变；ε_1 和 ε_2 为主应变；ϕ_0 为主方向。

基于线性累积损伤准则 (Palmgram-Miner 准则)，定义损伤和损伤累积分别为

$$D_i = \frac{1}{N_i} \tag{6.7.6}$$

$$D = \sum_{i=1}^{n} D_i \tag{6.7.7}$$

式中，D_i 为某应力水平 S_i 下的疲劳损伤；N_i 为某应力水平 S_i 下的疲劳寿命；D 为损伤累积。

依据动应力测试情况，卸荷力为 10kN，取卸荷力的 1.5 倍，即 ±15kN，垂向载荷为 ±0.25g，并与 1g 重力加速度叠加，考虑二系簧横向力，±5.67kN×2=±11.34kN，惯性载荷取 ±0.2g，从中计算每一种载荷工况下对应的减振器座的主应力，主要是第一主应力 σ_1 和第三主应力 σ_3，依据不同工况下最大的第一主应力和最小的第三主应力，计算应力的变化范围，这相当于选取最恶劣的工况，构成疲劳计算的应力变化范围，如图 6.7.3 所示，并与 S-N 曲线对比，检验减振器及减振器座梁焊缝和母材是否满足安全运行的疲劳要求。

通过应力云图可以获得减振器座测量点位置的最大和最小主应力值，分别为 σ_1 和 σ_3。由于减振器座测量点处于应力循环的状态，从而产生拉应力和压应力，因此，利用 $\sigma_1 - \sigma_3$ 可得到对应的应力变化范围，根据 TB 3548-2019 标准，减振器座母材和焊缝的主应力法疲劳评价如下所示：

6.7 动力集中式动车组减振器座的疲劳计算

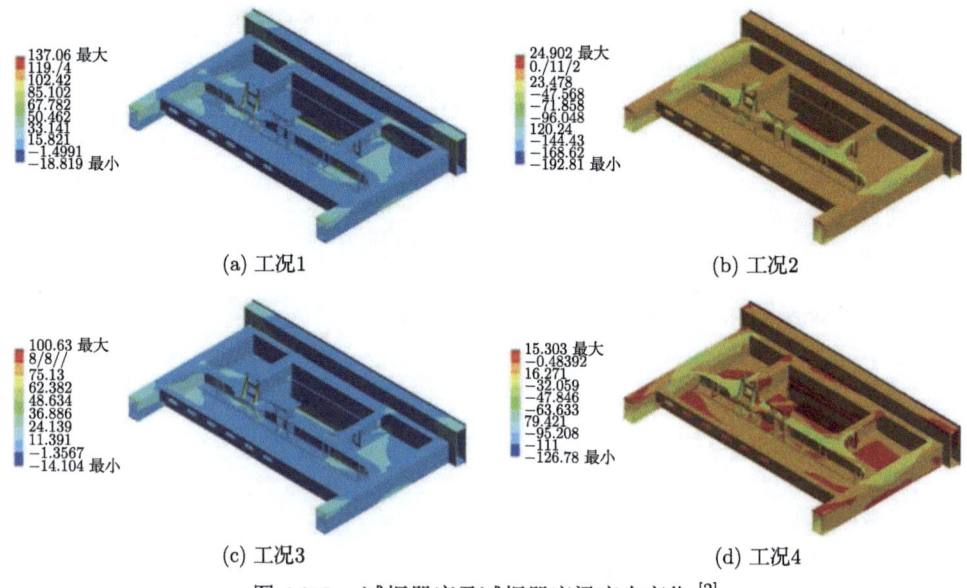

(a) 工况1

(b) 工况2

(c) 工况3

(d) 工况4

图 6.7.3　减振器座及减振器座梁应力变化 [2]

母材：

$$\sigma_1 - \sigma_3 \leqslant 160\text{MPa} \tag{6.7.8}$$

焊缝：

$$\sigma_1 - \sigma_3 \leqslant 90\text{MPa} \tag{6.7.9}$$

6.7.3　减振器座累积损伤

减振器部件的材料为 Q460E，减振器座母材的抗拉强度为 550MPa。对于母材，使用 2×10^6 次循环下疲劳强度极限值为 160MPa 的 S-N 曲线进行累积损伤计算，简称 FAT160，如图 6.7.4 所示，此时，S-N 曲线由 2 段直线表征，2×10^6 次循环对应的 S-N 曲线斜率为 −3，10^7 次循环对应的 S-N 曲线斜率为 −5，可分别得到母材 2 个不同阶段循环次数 N 和疲劳强度 S 之间的关系曲线：

$$\lg N = -3\lg S + 12.9134 \tag{6.7.10}$$

$$\lg N = -5\lg S + 17.3959 \tag{6.7.11}$$

式中，S 为母材材料的疲劳强度；N 为循环次数。

根据标准 TB/T 3548-2019，减振器座焊接接头选择 323 型，对于焊缝，采用 2×10^6 次循环下疲劳强度极限值为 90MPa 的 S-N 曲线进行累积损伤计算，简称

FAT90，此时，S-N 曲线由 2 段直线表征，2×10^6 次循环对应的 S-N 曲线斜率为 -3，10^7 次循环对应的 S-N 曲线斜率为 -5，可分别得到焊缝 2 个不同阶段循环次数 N 和疲劳强度 S 之间的关系曲线：

$$\lg N = -3\lg S + 12.1637 \tag{6.7.12}$$

$$\lg N = -5\lg S + 15.6062 \tag{6.7.13}$$

式中，S 为焊缝材料的疲劳强度；N 为循环次数。

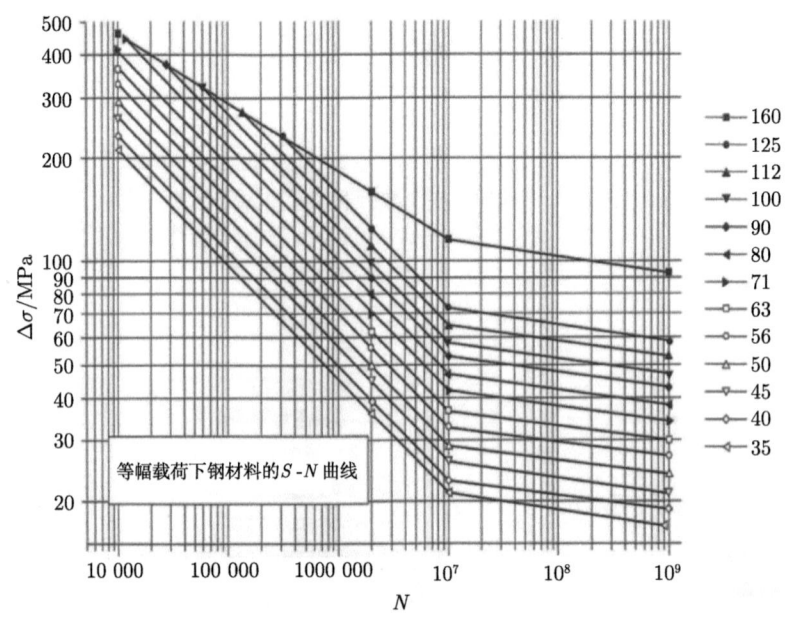

图 6.7.4　疲劳应力曲线 (TB/T 3548-2019)

图中标签数据值对应循环次数为 2×10^6 次

选择北京—杭州 06 车载荷谱 (3200km)，如表 6.7.1 所示，依据载荷谱，得到的各级损伤如图 6.7.5 所示，4~11 级载荷所造成的损伤百分比达到了 93.35%，其他载荷等级所造成的损伤百分比只有 6.65% 左右。结果说明，低应力水平的载荷循环次数多，但是对损伤百分比的贡献很小，而高应力水平的载荷由于循环次数很少，对损伤百分比的贡献同样较低。

表 6.7.1　北京–杭州 06 车载荷谱 (3200km)

载荷级数	名义载荷范围/kN	频次
1	0.6	1275687
2	1.8	99151
3	3.1	28576
4	4.3	11792
5	5.5	5855
6	6.7	3694
7	7.9	2635
8	9.2	1327
9	10.4	645
10	11.6	156
11	12.8	63
12	14	24
13	15.3	7
14	16.5	2
15	17.7	1
16	18.9	1

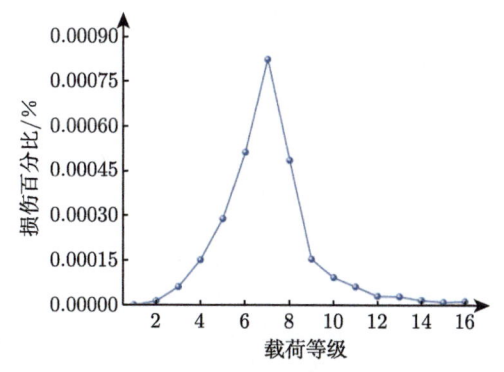

图 6.7.5　载荷谱下各级载荷对应的累积损伤 [2]

6.7.4　总结

车体结构疲劳评估是车体设计的重要方面，对车体的安全运行具有重要意义。疲劳评估的首要问题是疲劳应力的计算和测试，在弹性段单向应力状态下，可以使用简单的胡克定律关联测试的应变与应力之间的关系。对于减振器座而言，应力方向的变化比较明确，因此，可以通过 $(\sigma_1 - \sigma_3)$ 来评估由于载荷方向发生变化导致的疲劳应力的变化范围，并与铁标给定的指标对比，以确定材料和焊缝是否处于合理的应力变化范围，进而进行疲劳安全性设计。在载荷谱已知的情况下，可以计算不同分级载荷下的累积损伤，判断是否满足 900 万公里安全运行的设计目标，同时，可以进一步判断 900 万公里之后的安全裕度，这对于进一步的结构优化有重要参考价值。

参 考 文 献

[1] 柳占宇，项盼，王松，等. 基于累积损伤的减振器座梁寿命分析. 铁道机车车辆，2022, 42(4): 102-107.
[2] 杨帆，柴学彬，高翔，等. 动车组动力车减振器座及焊缝疲劳寿命评估. 中国铁道科学，2022, 43(4): 113-120.

(本案例由张昭供稿)

第 7 章 材 料 性 能

7.1 胶黏剂基本力学性能试验测定方法

7.1.1 工程背景

现有异质材料的连接技术主要有电阻点焊、压力铆接和结构胶接等[1]。采用传统连接方法会带来连接工艺瓶颈、电化学腐蚀和破坏材料本体等诸多问题，容易引起材料内部微小裂纹产生和显著应力集中等现象，从而影响结构在长期服役过程中特别是交变载荷下的疲劳耐久性[2-3]。机械连接方法所使用的大量紧固件也会引起结构重量的显著增加。

结构胶接技术最早应用于航空航天领域，近年来随着新型材料应用领域的逐渐扩展，汽车工业和土木工程领域也兴起了对该技术的研究。与传统连接方法相比，胶接技术具有应力分布均匀、不破坏基体材料、较好的密封、绝缘和抗疲劳特性等优点。因此，有必要对胶黏剂的基本力学性能开展有效准确的试验测定，从而为结构胶接在工程应用中的选型和有限元仿真提供依据。

本案例通过设计制备胶黏剂对接试样、厚基材剪切试样和双悬臂梁试样，并开展准静态加载失效测试，利用材料力学相关知识，帮助我们得到胶黏剂的关键力学参数（如模量、强度、断裂能等），从而为胶黏剂的力学性能评价和数值建模提供必要支持。

7.1.2 测试方案

1. 胶黏剂对接拉离试验

1) 试验步骤

试验所采用的对接接头形式如图 7.1.1 所示。在施胶黏接之前，需要先对被黏接基材进行表面处理，包括喷砂、阳极化等，从而去除基材表面可能的疏松氧化膜，保证胶黏剂与基材之间良好浸润。根据 GB/T 6329 测试标准要求[4]，采用万能试验机进行胶黏剂对接接头的拉离加载试验（图 7.1.2），试验机加载夹头速率设定为 0.5mm/min，以保证准静态加载过程。试验结束后，导出万能试验机记录的载荷和位移数据，用于后续处理和分析。

图 7.1.1　圆柱形胶接对接接头试样

图 7.1.2　胶黏接对接接头拉离加载试验

2) 试验结果和数据分析

某胶黏剂对接接头拉离加载试验的典型载荷–位移曲线，如图 7.1.3 所示，可以看到对接拉离强度测试试件均在 0.75mm 左右发生破坏，符合所采用测试标准 GB/T 6329 要求。观察胶层界面失效样貌（图 7.1.4），对接接头两端基材表面均有较为完整的胶层残留，可以认为 5 组试件均为内聚破坏模式，即所采用表面处理工艺保证了胶黏剂和基材的有效浸润和连接。根据材料力学知识，胶黏剂对接

7.1 胶黏剂基本力学性能试验测定方法

接头拉离强度可以定义为

$$\sigma_\mathrm{t} = \frac{F_\mathrm{max}}{A_\mathrm{adh}} \tag{7.1.1}$$

式中，σ_t 是拉离强度；F_max 是峰值载荷；A_adh 是黏接面积。

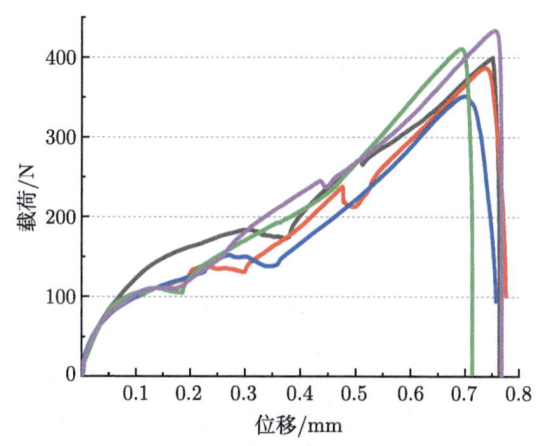

图 7.1.3　胶黏剂对接接头载荷–位移曲线

图 7.1.4　对接接头胶层界面失效样貌

2. 胶黏剂厚基材剪切试验

1) 试验步骤

根据 ISO 11003-2 测试标准[5]，开展准静态厚基材剪切测试，所采用的被黏接基材的单个试件尺寸如图 7.1.5 所示。胶黏剂厚基材剪切试件的具体制备过程(图 7.1.6) 如下[6]：

(1) 在烧杯中将不同胶黏剂组分进行手动搅拌混合；

(2) 将手动混合后的胶黏剂倒入自封袋或自封管中，然后将混合后的胶黏剂自封袋或自封管置于高速离心机中进行离心处理，以去除胶黏剂混合过程中可能引入的气泡；

(3) 将离心后的胶黏剂均匀涂抹于厚基材剪切试件的黏接区域表面；

(4) 将拼装组合好的厚基材剪切试件置于固化夹具中，并随后放入干燥箱，按照工艺要求的固化温度和时间在干燥箱保温固化，随炉冷却至室温，其制备过程如图 7.1.6 所示。

随后采用万能试验机进行厚基材阶梯形搭接试件的剪切加载试验 (图 7.1.7)，

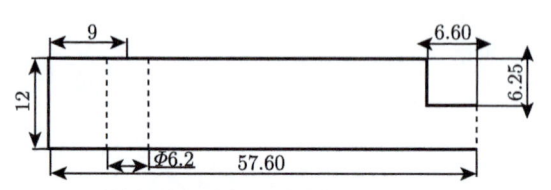

图 7.1.5 厚基材剪切试件的被黏接基材尺寸 (单位: mm)

图 7.1.6 厚基材剪切试样制备过程

图 7.1.7 厚基材剪切试件准静态加载测试装置

加载夹头速率设定为 0.1mm/min，加载过程中采用数字图像相关法 (DIC) 的方式记录胶层区域的剪切应变，同时记录万能试验机得到的载荷和位移数据。

2) 试验结果和数据分析

某胶黏剂厚基材剪切试件在剪切试验过程中没有发生明显的塑性变形，表明该胶黏剂属于脆性胶黏剂。剪切试件的断裂处发生在胶层内部，符合测试标准关于有效试件的内聚失效模式要求，如图 7.1.8 所示。

图 7.1.8 厚基材剪切试件加载断裂样貌

图 7.1.9 展示了某胶黏剂准静态剪切试件应力–应变曲线。从图中可以看出，初始阶段剪切应力随应变呈线性增加趋势，达到峰值载荷后继续加载导致胶层界面失效，载荷骤降至 0，并没有出现塑性阶段变形特点，呈现出典型的线弹性力学行为特性。

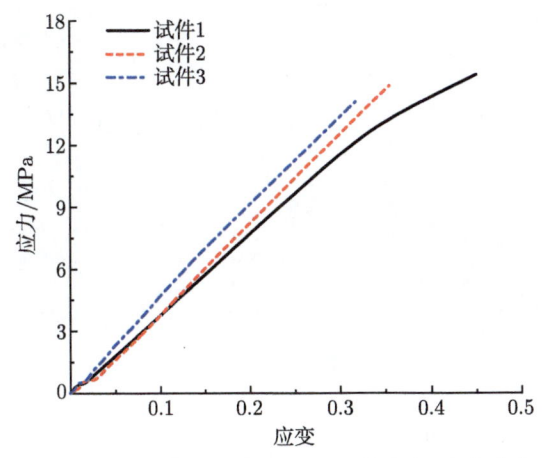

图 7.1.9 某胶黏剂准静态剪切试件应力–应变曲线

3. 胶黏剂 I 型断裂加载试验

1) 试验步骤

I 型断裂能(也称断裂能) 是胶黏剂抵抗断裂能力的主要评价参数。根据 ASTM

D3433 测试标准要求 [7]，采用胶黏剂双悬臂梁黏接试样，如图 7.1.10 所示。采用万能试验机对双悬臂梁黏接试件进行加载 (图 7.1.11)，加载速率为 1.0mm/min，以保证准静态加载过程。试验结束后，导出万能试验机记录的载荷和位移数据，用于后续处理和分析。对双悬臂梁黏接试件开展三次加载 (两次初始阶段预加载、一次加载至失效)，按照由内向外的顺序，对三个加载点依次进行加载。

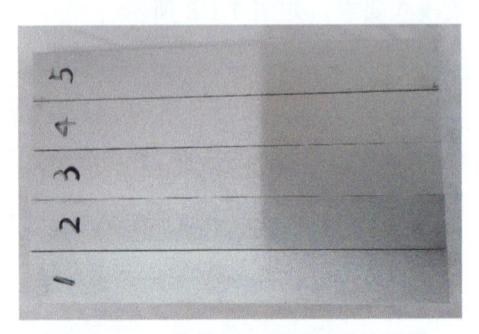

图 7.1.10　胶黏剂双悬臂梁黏接试样

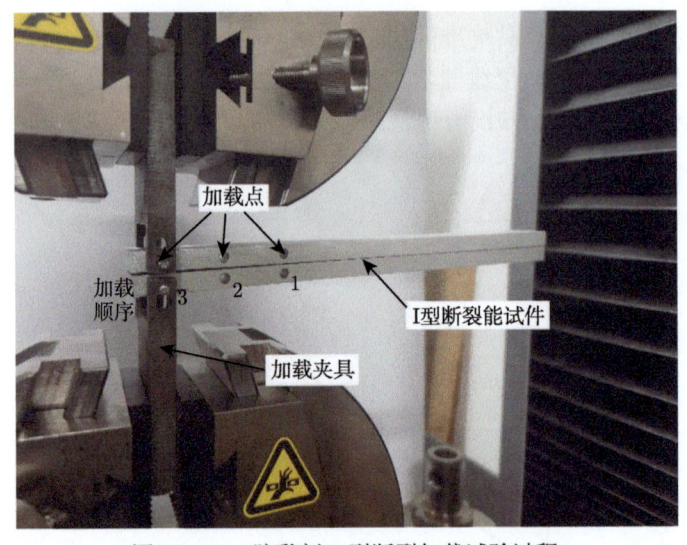

图 7.1.11　胶黏剂 I 型断裂加载试验过程

2) 试验结果和数据分析

观察某胶层失效界面形式 (图 7.1.12)，双悬臂梁黏接试件基材表面均有较为完整的胶层残留，可以认为试样失效模式均为内聚破坏。同时，在整个加载过程中，铝合金基材没有产生塑性变形，证明试验过程中能量耗散全部来源于胶层裂纹扩展，符合 ASTM D3433 测试要求。5 组双悬臂梁黏接试件测试的载荷--位移曲线如图 7.1.13 所示。

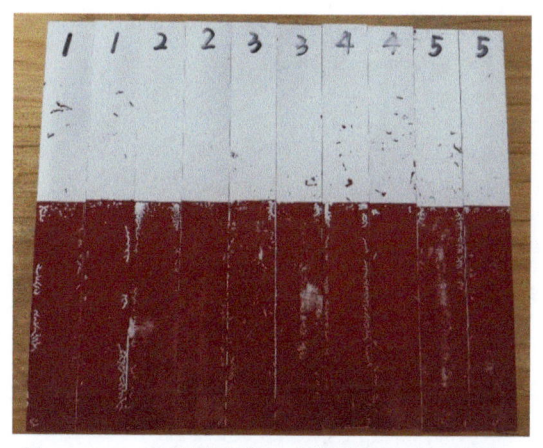

图 7.1.12　双悬臂梁黏接试件断裂界面失效样貌

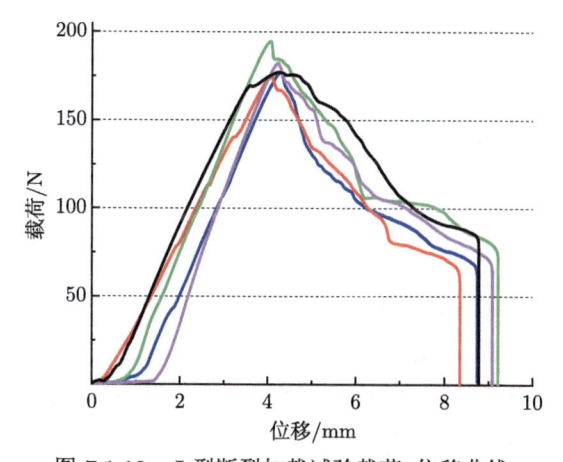

图 7.1.13　Ⅰ型断裂加载试验载荷–位移曲线

通过 CBBM(compliance based beam method) 方法对试验原始数据进行处理[8]，得到 5 组双悬臂梁黏接试件的 R(resistance) 曲线如图 7.1.14 所示，从而得到某胶黏剂的 Ⅰ 型断裂能为 0.627N/mm。

7.1.3　总结

本案例根据相关国家和国际测试标准的要求，制备了胶黏剂对接试样、厚基材剪切试样和双悬臂梁 Ⅰ 型断裂试样，并进行准静态加载破坏试验，得到了结构胶黏剂的拉伸/剪切强度和 Ⅰ 型断裂能等关键力学性能参数，可以为结构胶接数值仿真工作中胶层损伤与失效的准确模拟提供必要的数据支持。

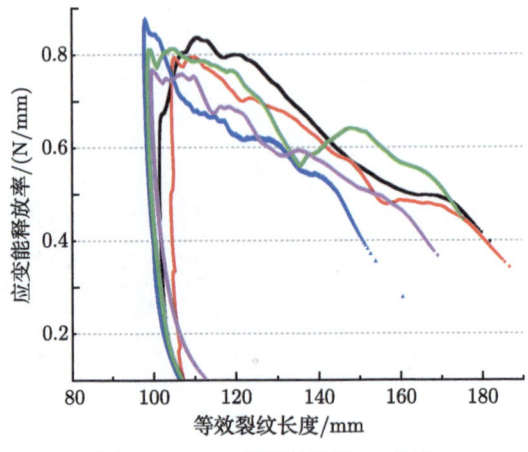

图 7.1.14　I 型断裂能的 R 曲线

参 考 文 献

[1] 高荣新, 王柏龄, 韦安杰. 汽车轻量化的现状及展望 (续 4). 汽车工程师, 2010(5):20-23.
[2] Dano M L, Kamal E, Gendron G. Analysis of bolted joints in composite laminates: strains and bearing stiffness predictions. Composite Structures, 2007,79(4):562-570.
[3] 王华锋, 王宏雁, 陈君毅. 胶接、胶焊与点焊接头剪切拉伸疲劳行为. 同济大学学报 (自然科学版), 2011,39(3):421-426.
[4] GB/T 6329-1996. 胶粘剂对接接头拉伸强度的测定. 1996.
[5] ISO 11003-2. Adhesives - Determination of shear behaviour of structural adhesives - Part 2: Tensile test method using thick adherends, 2001.
[6] 赵振林. 结构胶粘剂断裂特性胶层宽度和环境影响研究. 大连: 大连理工大学, 2020.
[7] ASTM D3433-99(2020). Standard Test Method for Fracture Strength in Cleavage of Adhesives in Bonded Metal Joints, 2020.
[8] 金勇. 结构胶粘剂 I 型断裂性能湿热老化行为研究. 大连: 大连理工大学, 2018.

(本案例由韩啸供稿)

7.2　利用梁模型预测纳米尺度的自折叠现象：小变形和大变形

纳米尺度是指至少有一个维度处于纳米范围 (纳米至百纳米之间), 如碳纳米管、石墨烯和超晶等。材料在纳米尺度下表现出宏观尺度所不具备的独特性能, 如理想材料石墨烯[1] 仅有一层原子厚, 是已知最薄最轻的材料; 石墨烯拉伸强度为 130GPa, 弹性模量为 1TPa, 是钢的 100~300 倍; 石墨烯是已知最好的热与电的良导体，室温下热导率为 $(4.84 \pm 0.44) \times 10^3 \sim (5.30 \pm 0.48) \times 10^3 \text{W·m}^{-1}\text{·K}^{-1}$，电子迁移率高达 $2 \times 10^5 \text{cm}^2\text{·V}^{-1}\text{·s}^{-1}$。

宏观尺度中忽略不计的范德瓦耳斯力 (van der Waals force) 在纳米尺度中变得重要，在范德瓦耳斯力作用下纳米材料会发生一些有意思的现象，如微弱的范德华瓦耳斯力可以用来撕裂公认最强的共价键[2]，从而驱动面外刚度较小的石墨烯发生如图 7.2.1(a) 所示的定向自折叠现象，进而生成三维折叠石墨烯结构。中国科学院科研团队[3]首次实现了如图 7.2.1(b) 所示的石墨烯自折叠可重复性精准操控，被 CCTV 报道[4]。与二维石墨烯相比，三维折叠石墨烯具有承载自旋极化电流、大的永恒电偶极子、强磁光电效应等独特性能[3]，为纳米器件设计提供了新的思路和方法。

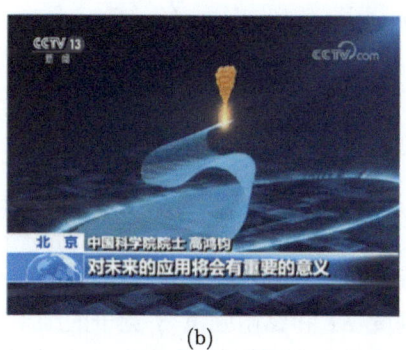

图 7.2.1　(a) 范德瓦耳斯力驱动下的石墨烯定向自折叠组装[2]；(b) 中国首次实现石墨烯自折叠可重复性精准操控被 CCTV 报道[4]

7.2.1　纳米尺度自折叠现象的力学模型

纳米尺度下的石墨烯自折叠现象是典型的力学弯曲问题。如图 7.2.1 所示的石墨烯自折叠主要研究临界条件 (什么时候发生自折叠现象) 和折叠构型 (折叠后变成什么样子)。假设石墨烯在宽度方向上变形一致，可将问题从三维简化至二维层面，进而可使用材料力学中的梁变形理论分析石墨烯自折叠行为。梁受弯曲变形时的微分控制方程[5]为

$$EI\kappa + M = 0 \tag{7.2.1}$$

其中，EI、κ 和 M 分别为梁的抗弯刚度、曲率和弯矩。考虑结构大变形时，梁的曲率 κ 可表示为

$$\kappa = \frac{y''}{[1+(y')^2]^{\frac{3}{2}}} \tag{7.2.2}$$

其中，梁的挠度 y 是位置 x 的函数，上标 $'$ 和 $''$ 分别表示挠度的一阶导数和二阶导数。当梁承受小变形时，高阶项 $(y')^2$ 可忽略不计，曲率可简化为 $\kappa = y''$。需

要指出的是，当使用大变形假设计算弯曲变形时，对曲率 κ 的积分引入椭圆积分，只能获得数值解；使用小变形假设时可利用泰勒展开对解进行截断简化，得到显式的多项式解。但使用小变形假设描述结构非线性大变形时，不可避免地引入误差，需结合具体问题特点而谨慎使用。

石墨烯自折叠区域处的弯曲应变能 $U_{\text{bend}} = \int EI\kappa^2 \text{d}s/2$，贴合区域处的范德瓦耳斯力黏附能 $U_{\text{adhesion}} = -\gamma l$，其中 γ 为石墨烯黏附强度，l 为黏附段长度。弯曲应变能 U_{bend} 和范德瓦耳斯力黏附能 U_{adhesion} 相互竞争控制石墨烯自折叠行为。考虑能量最小化和小变形假设给出石墨烯弯曲变形构型

$$w_{\text{small}} = \frac{5d - \pi^2\sqrt{\frac{EI}{\gamma}}}{2\left(\pi\sqrt{\frac{EI}{\gamma}} - \frac{3d}{\pi}\right)^3} x^3 - \frac{6d - \pi^2\sqrt{\frac{EI}{\gamma}}}{2\left(\pi\sqrt{\frac{EI}{\gamma}} - \frac{3d}{\pi}\right)^2} x^2 + \frac{d}{2} \qquad (7.2.3)$$

和临界总长度

$$L_{\text{total}}^{\text{critical}} = 4\pi\sqrt{\frac{EI}{\gamma}} \qquad (7.2.4)$$

其中，d 为石墨烯黏附贴合段的平衡间距。由式 (7.2.4) 可知，石墨烯稳定自折叠是抗弯刚度 EI 和黏附强度 γ 竞争的结果。

将显式的小变形理论解 (7.2.4) 与大变形数值理论解[6] 进行对比，由图 7.2.2 可知，由小变形理论解可简洁、准确地预测石墨烯自折叠的临界条件，与大变形数值解吻合较好。与之相反，在描述石墨烯稳定折叠构型时小变形理论解表现较差，尤其是在最右端时，小变形假设无法描述转角 $\theta = -\pi/2$ 的情况。因此，在处理

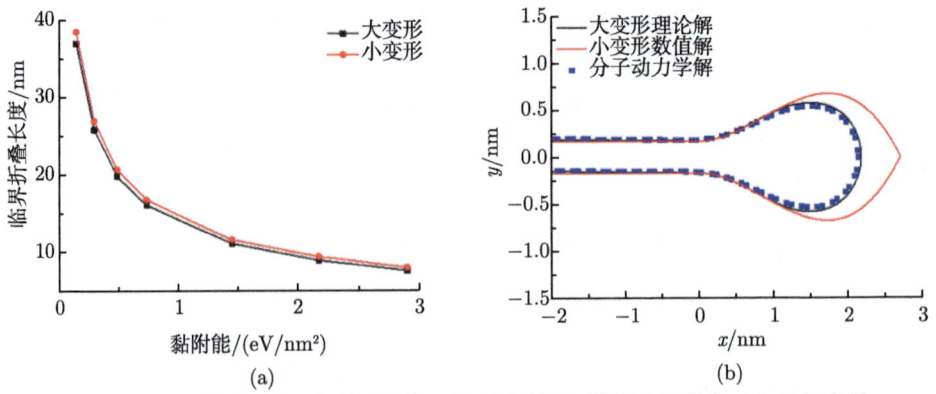

图 7.2.2　小变形假设和大变形假设下梁理论预测石墨烯自组装的 (a) 临界条件和 (b) 稳定构型 [6]

类似问题时,可以使用小变形假设简洁地预测临界条件,但应谨慎使用小变形假设描述结构的非线性大变形形貌。图 7.2.2 的大变形解与分子动力学模拟结果吻合,说明大变形理论模型可准确描述纳米尺度的石墨烯自折叠组装行为。梁理论研究纳米尺度变形行为,有利于揭示自折叠变形机制,可为设计可重构/编程的新型纳米器件提供新的思路和方向。

7.2.2 总结

纳米尺度下结构呈现宏观尺度所不具备的特性,推动着材料设计和力学认知的发展。本案例利用材料力学中的梁弯曲理论研究石墨烯自折叠现象,出于简化考量,忽略了石墨烯在宽度方向上的变形差异,利用小变形假设解析给出了石墨烯自折叠的临界条件和折叠后稳定构型,指出石墨烯自折叠是弯曲能和黏附能相互竞争的结果。与分子动力学模拟和大变形假设解相比可知,小变形假设可简洁、准确地描述自折叠临界条件,但在描述稳定折叠构型时表现较差。因此,应谨慎使用小变形假设描述结构的非线性大变形形貌,而小变形假设预测的自折叠临界条件有效指导了纳米结构设计,是材料力学在纳米领域的有效应用。

参 考 文 献

[1] Graphene-What is it? https://www.graphenea.com/pages/graphene.
[2] Annett J, Cross G L W. Self-assembly of graphene ribbons by spontaneous self-tearing and peeling from a substrate. Nature, 2016, 535(7611): 271-275.
[3] Chen H, Zhang X L, Zhang Y Y, et al. Atomically precise, custom-design origami graphene nanostructures. Science, 2019, 365(6457): 1036-1040.
[4] 世界首次!我国科学家实现原子级石墨烯可控折叠. http://m.news.cctv.com/2019/09/06/ARTIDNdR2Xr423lHOkrp2XyY190906.shtml.
[5] Timoshenko S P, Gere J M. Mechanics of Materials. New York: Litton Educational Publishing, Inc., 1972.
[6] Meng X H, Li M, Kang Z, et al. Mechanics of self-folding of single-layer graphene. Journal of Physics D-Applied Physics, 2013, 46: 055308.

(本案例由李明供稿)

7.3 负泊松比材料及其在平板单轴压屈中的应用

7.3.1 工程背景

众所周知,航空航天领域大量采用薄壁结构,而稳定性是薄壁结构失效的主要模式。因此如何提高其稳定性成为结构设计必须要考虑的关键因素。目前主要通过增加本身的刚度 (如设置加筋、采用三明治结构等) 来提高其临界屈曲载荷。采用负泊松比材料有望成为未来提高矩形平板压缩稳定性的重要途径。

泊松比是指在材料的比例极限内，由均匀分布的纵向应力所引起的横向应变与相应的纵向应变的比值，是反映材料变形的弹性常数。泊松比作为材料的一个重要性能参数，直接影响着材料与结构的力学性能。自然界中常见材料的泊松比均为正值。负泊松比材料是指材料在横向单轴拉伸载荷作用下会引起材料纵向的膨胀，故负泊松比材料又称为拉胀材料。美国科学家 Lakes 等于 1987 年首次制备了具有负泊松比效应的多孔材料，并测得其泊松比值为 -0.7[1]。相比于正泊松比材料，负泊松比材料具有更高的压痕阻力、剪切强度、抗断裂性、吸声特性，更好的减振特性和能量吸收，还具有更宽带隙、更低频段等优异性能。在过去的 30 多年里，大量的负泊松比材料被发现、制备与合成，包括聚合物、复合材料、金属和陶瓷等，涵盖了主要的材料类别。虽然也存在天然的负泊松比材料，但大多数负泊松比材料都是人工制备与合成的，是一类典型的力学超材料 (又称为机械超材料)。这里重点介绍目前常用的负泊松比材料的变形原理及其在矩形平板中的压曲增益分析。

7.3.2　负泊松比材料的变形原理及其在矩形平板中的压曲增益分析

(1) 负泊松比材料的变形原理。如图 7.3.1 所示的内凹六边形蜂窝结构是一种典型的负泊松比材料。从图中可以看出，在承受单向拉伸载荷的同时，内凹六边形蜂窝结构由于肋之间的相互作用，在非加载方向也呈现膨胀的趋势，体现负泊松比材料特有的拉胀性质。负泊松比材料一直是学术研究的热点，目前出现了各种各样结构形式的具有拉胀特性的负泊松比材料，这里就不再一一列举。

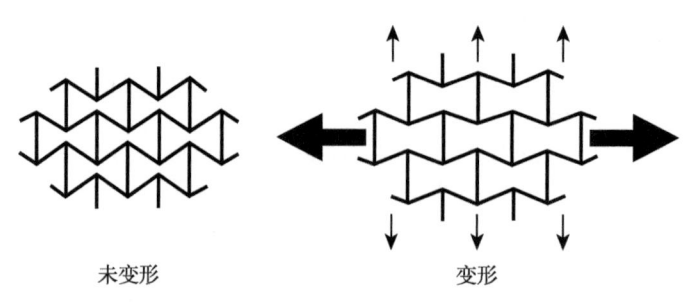

未变形　　　　　　变形

图 7.3.1　内凹六边形蜂窝结构

(2) 负泊松比矩形平板的压曲性能分析。如图 7.3.2 所示，长为 a，宽为 b 的矩形板在 x 方向承受均布压缩载荷 N_0，同时在 y 方向承受均布压缩载荷 γN_0。若 γ 为 0，则表示为单轴压缩载荷；若 γ 为负，则表示在 y 方向承受均匀拉伸载荷。假设所用材料的弹性模量为 E，泊松比为 ν，板厚为 h。在四边简支条件下，方形板 ($a=b$) 的临界屈曲因子可表示为[2]

7.3 负泊松比材料及其在平板单轴压屈中的应用

$$N_{\text{cr}} = \begin{cases} \dfrac{2\pi^2 Eh^3}{12a^2(1-\nu^2)}, & \gamma = 1 \\[2mm] \dfrac{4\pi^2 Eh^3}{12a^2(1-\nu^2)}, & \gamma = 0 \\[2mm] \dfrac{7.1429\pi^2 Eh^3}{12a^2(1-\nu^2)}, & \gamma = -0.5 \end{cases} \qquad (7.3.1)$$

从表达式 (7.3.1) 可以看出，与 y 方向零载荷 ($\gamma = 0$) 相比，若在 y 方向施加与 x 方向相同的均布压缩载荷 ($\gamma = 1$)，则临界屈曲因子会减少为原来的 $1/2$；若在 y 方向施加 x 方向 $1/2$ 的均匀拉伸载荷 ($\gamma = -0.5$)，则临界屈曲因子会提高约 75%。这些数据表明：在单轴压缩 (x 方向) 条件下，若在横向 (y 方向) 施加拉伸载荷，则能够有效提高临界屈曲因子；相反，若在横向同时施加压缩载荷，则会大幅度降低临界屈曲因子。

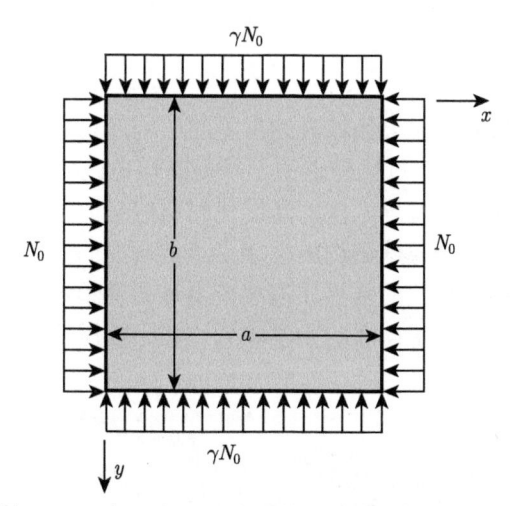

图 7.3.2 在 x 与 y 方向受均布压缩载荷的矩形板

图 7.3.3 给出了在单向轴压 (x 方向) 条件下，非加载边完全自由时，材料泊松比分别为正值和负值时方形板的变形图[3]。从图中可以看出，由于泊松比效应，在压缩载荷条件下材料泊松比为正时横向为膨胀变形，材料泊松比为负时横向为收缩变形。若在非加载边存在一定的面内约束，限制材料的膨胀或收缩变形，泊松比为正则边界会产生等效的压缩载荷，从而降低其临界屈曲载荷，泊松比为负则边界会产生等效的拉伸载荷，从而提高其临界屈曲载荷。因此，在矩形板单向轴压载荷条件下，若在非加载边有一定的面内约束，采用负泊松比材料比正泊松比材料应该具有更高的临界屈曲载荷。实际上，在航空航天结构中，很少单独存在一个面板，通常在周围布置加强筋支撑，以每个小区域的面板作为一个平板进

行单独校核，它们之间相互连接，提供了较大的面内约束力，是典型的弹性支撑。因此，负泊松比材料面板能够提升其临界屈曲载荷，在未来具有一定的应用潜力。

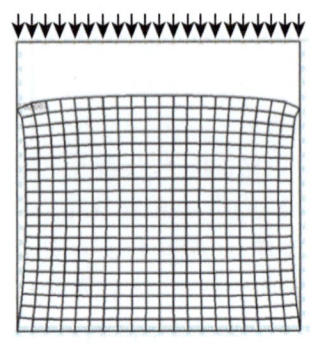

(a) 正泊松比材料　　　　　　　　(b) 负泊松比材料

图 7.3.3　非加载边完全自由的单向压缩方形板变形示意图

7.3.3　总结

薄壁结构是目前航空航天领域最为常见的结构形式 (图 7.3.4)，而屈曲是其主要的失效模式。随着结构轻量化需求的不断提高和先进制造工艺技术的不断进步，通过人工设计具有特定或特异性能的结构化材料应运而生。如何利用这种特异性能的力学超材料设计提升薄壁结构的性能是当前研究的热点。本节所介绍的利用负泊松比材料提升矩形平板的临界屈曲载荷是该研究领域的一个普通案例。获得其灵感的关键是要深度理解问题的力学本质，即平板压曲的临界屈曲载荷与边界条件密切相关。

图 7.3.4　实际航空航天结构现场图[4]

参 考 文 献

[1] Lakes R S. Foam structures with a negative Poisson's ratio. Science, 1987, 235(4792): 1038-1040.
[2] Zhang Y C, Li X B, Liu S T. Enhancing buckling capacity of a rectangular plate under uniaxial compression by utilizing an auxetic material. Chinese Journal of Aeronautics, 2016, 29(4): 945-951.
[3] 李晓彬. 基于负泊松比效应的薄板结构稳定性增益分析与设计. 大连: 大连理工大学, 2015.
[4] 国产世界最大水陆两栖飞机机射下架. https://www.chinanews.com.cn/mil/hd2011/2014/12-29/459352.shtml.

(本案例由张永存供稿)

7.4 "热缩冷胀" 神奇超材料的力学原理

7.4.1 工程背景

在航空航天等领域中一些高端精密装备 (如空间光学相机) 在服役过程中受到剧烈的环境温度变化, 同时本身又要求非常高的几何稳定性。因此, 设计和制备极小甚至零膨胀的材料具有极高的应用价值。热胀冷缩是自然界中大多数材料的基本物理属性。少数材料表现出低热膨胀特性, 但由于其本身固有的属性限制, 难以满足实际工程需要。如陶瓷材料虽然热膨胀系数低, 但材料本身脆, 断裂韧性低, 加工难度大; 殷钢仅能够在较窄的温度范围 (约 100°C 以下) 内表现出低热膨胀特性。科学家们通过两种不同的正热膨胀材料在单胞尺度上进行复合, 可实现宏观等效的零膨胀和负膨胀的材料, 即材料受热不变形, 甚至 "热缩冷胀" 的特殊现象, 这种具有自然界材料无法实现的特殊性质的人造材料又称为超材料。力学无处不在, 这种神奇的 "热缩冷胀" 超材料同样也离不开力学。这里简单介绍目前常见的几种 "热缩冷胀" 超材料的力学原理。

7.4.2 热缩冷胀超材料的力学原理

需要特别说明的是, 该种材料通常由两种或两种以上不同热膨胀系数的材料组成, 通过单一材料无法实现。

(1) 拉伸主导型的点阵超材料。该种类型材料实现热缩冷胀的力学原理可通过图 7.4.1 所示的热变形进行解释 [1]。其中, 底边红色杆件表示材料的热膨胀系数较大, 斜边蓝色杆件表示材料的热膨胀系数较小。当温度环境升高时, 斜边低膨胀系数的杆件由于热胀冷缩会使得杆件变长, 高度增加, 同时底边高膨胀系数材料使得杆件边长增加, 从而带动两侧杆件旋转而使得高度减小。显然, 通过精细的设计, 可以实现三角形顶点位置的控制, 从而实现三角形点阵材料在特定 (竖直) 方向的宏观膨胀系数的调控。当温升时, 若三角形单胞的高度不仅没有增大,而是减少,则会在宏观上呈现出热缩冷胀的现象;如果三角形的高度不变,则会在宏观上表现为零膨胀。利用这个原理可以组成各式各样的具有零膨胀或负膨胀的点阵超材料。该类材料在制备时仍存在一些难点,例如由于连接处的热胀冷缩,会出现一些热应力集中现象,为该类材料的实际应用增加了困难。拉伸主导型的点阵超材料及加工见图 7.4.2。

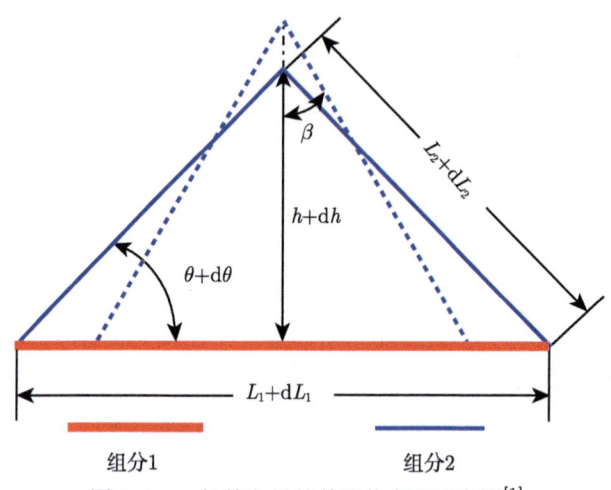

图 7.4.1 拉伸主导的单胞热变形示意图[1]

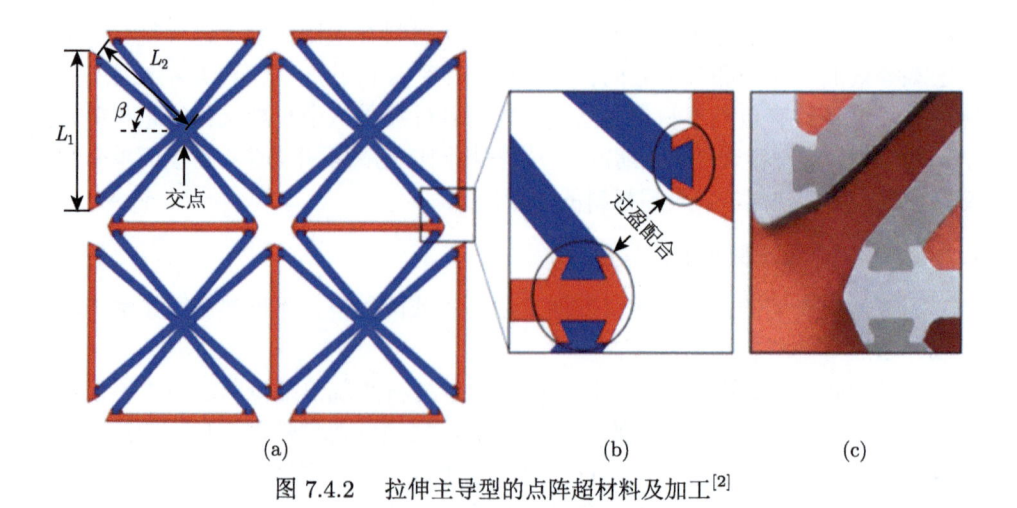

图 7.4.2 拉伸主导型的点阵超材料及加工[2]

(2) 弯曲主导型点阵超材料。该机制是通过特殊的杆件设计实现的。首先该杆件一定要包含具有两种不同热膨胀系数的双层材料,同时该部分应该具有一定的曲率,如图 7.4.3(a) 所示,红色代表高热膨胀系数材料,蓝色代表低热膨

7.4 "热缩冷胀"神奇超材料的力学原理

胀系数材料。当环境温度升高时,由于双层材料部分上下两层的热膨胀系数不同,杆件会发生完全变形,从而缩短两端点的距离。通过精细设计,可以弥补由温升膨胀导致的构件两端距离的伸长,实现特定(弦长)方向的宏观膨胀系数的调控。通过基本杆件的组装,可以形成任意的点阵超材料。值得说明的是,由于该类材料的杆件存在一定的曲率,材料的力学性能减弱,比拉伸主导的点阵超材料的力学性能要差。然而,由于双层材料区域的曲率能够极大地调控其弯曲变形能力,因此理论上能够实现任意大的负膨胀材料。此外,由于两种材料有较大的接触面积,因此能够大幅度降低热应力水平,而且有利于 3D 制造,如图 7.4.4 所示[2]。

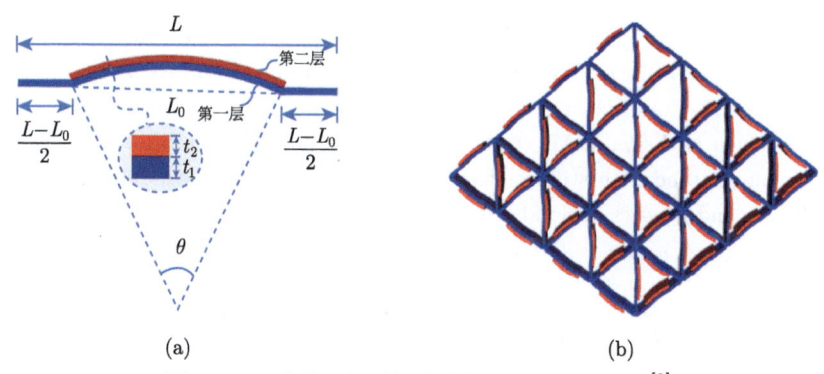

图 7.4.3 弯曲主导型的点阵超材料结构示意图[2]

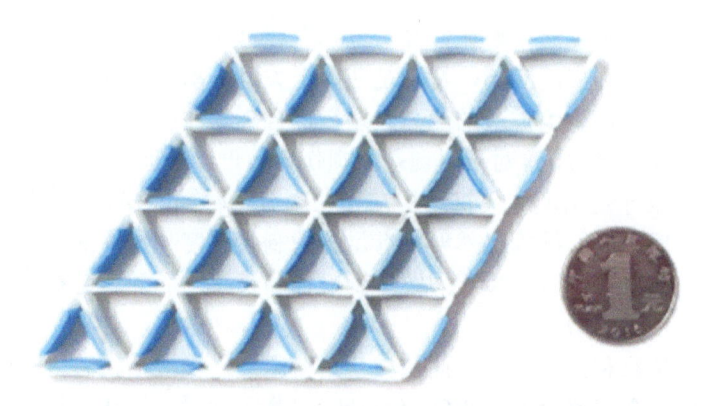

图 7.4.4 3D 打印的弯曲主导型的点阵超材料[2]

除了上述两种实现机制外,还有一些不同的实现机制。如针对柱壳杆,在内部分布一些更高膨胀系数材料的圆环,当温度升高时,内部圆环则会产生对外部柱壳的径向压力,由于泊松比效应在轴向方向的缩短,该变形有望在精细设计的条件下补偿温升膨胀导致的轴向伸长,从而实现柱壳杆轴向零膨胀或负膨胀。又如大多数两种材料复合的界面黏结完好，若两种材料的部分界面可以自由滑动，也可以设计出具有负膨胀的材料，这里就不再赘述。

7.4.3 总结

超材料作为目前材料领域最具潜力的科研前沿，已经出现了百花齐放的态势，包括电磁超材料、力学超材料、声学超材料和热学超材料等。然而，神奇的背后离不开最基础的科学原理。万丈高楼平地起，虽然前沿方向花团锦簇，眼花缭乱，力学超材料却离不开基础力学的土壤。

参 考 文 献

[1] Zhang Y C, Liang Y J, Liu S T, et al. A new design of dual-constituent triangular lattice metamaterial with unbounded thermal expansion. Acta Mechanica Sinica, 2019, 35(3): 507-517.

[2] Wei K, Chen H S, Pei Y M, et al. Planar lattices with tailorable coefficient of thermal expansion and high stiffness based on dual material triangle unit. Journal of the Mechanics and Physics of Solids, 2016, 86: 173-191.

(本案例由张永存供稿)

7.5 残缺之美：谈钛合金增韧机制

7.5.1 工程背景

钛合金具有比强度高、耐久性强、抗蠕变和可焊接性好等优异的品质，因此在航空航天领域得到广泛应用，特别是应用于关键主承力部件。虽然钛合金具有众多优点，但其抵抗裂纹扩展的能力较弱，钛合金制件中一旦出现疲劳裂纹，制件的裂纹扩展寿命极短，这对于目前基于损伤容限设计的航空结构是难以接受的。所谓损伤容限设计是指现代飞机结构在存在疲劳、腐蚀等损伤，直至损伤被检测或进行结构修理之前，结构仍然要具有足够的剩余强度和足够的剩余寿命。也就是说，当存在疲劳裂纹时，疲劳裂纹达到可检测长度之后的疲劳扩展寿命应该足够长。

为此，科学家和工程师一方面从材料角度出发，发展损伤容限型的钛合金材料，包括改变合金间隙元素 (如 C，Si，N，O 等) 含量，寻找可提高钛合金损伤容限性能的配比，改进钛合金的热处理工艺，以使得材料产生特定形式的微结构，从而增加钛合金的材料韧性；另一方面，也从结构设计的角度来提高损伤容限。例如，在结构上布置一些刚度突变区域，如加强筋、止裂孔等，当裂纹扩展至刚度突变区域时会发生转向，从而实现对裂纹扩展路径的控制。这里重点介绍在钛合金层合结构中人为引入缺陷，来提高钛合金结构的损伤容限。众所周知，缺陷的

7.5 残缺之美：谈钛合金增韧机制

存在会降低结构的承载能力，但特殊的缺陷能够抑制裂纹的扩展，大幅提高结构的疲劳裂纹扩展寿命，充分体现了缺陷之美。

7.5.2 含非焊合区的开孔钛合金层合板增韧分析

开孔钛合金层合板试件如图 7.5.1 所示。该层合板由多个单层板通过扩散连接焊接而成，为提高损伤容限，故意在开孔区附近预留一些非焊合区，即人为缺陷。详细的数值仿真结果如图 7.5.2 所示[1]。表面裂纹的扩展表现出三个阶段：初

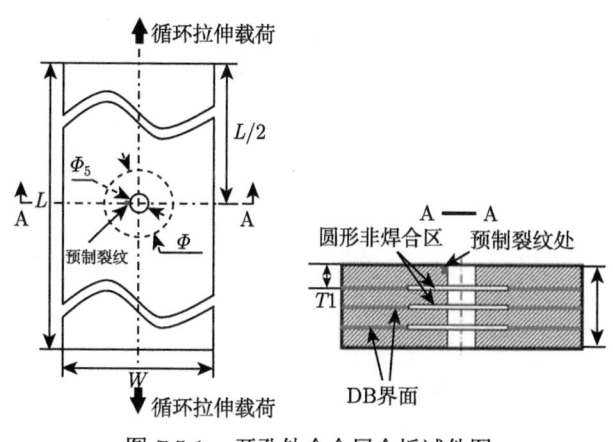

图 7.5.1 开孔钛合金层合板试件图

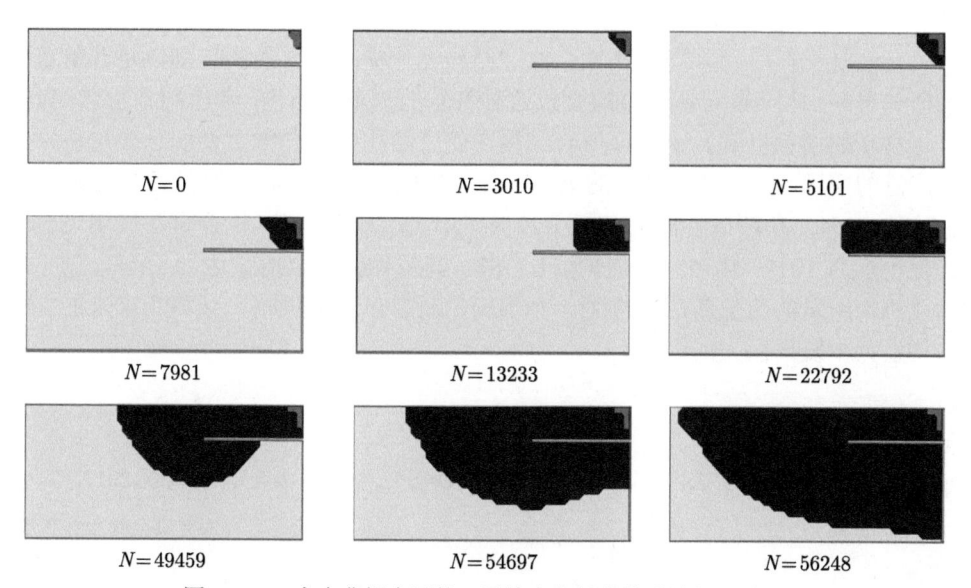

图 7.5.2 内含非焊合区的双层钛合金板疲劳裂纹扩展过程

始扩展阶段，在止焊区边界附近扩展阶段及越过止焊区边界后的扩展阶段。在第一阶段，裂纹扩展速率随着疲劳裂纹长度的增加而增加，当疲劳裂纹扩展到止焊区时，裂纹扩展进入第二阶段，表面裂纹的扩展速率也开始降低，说明止焊区对裂纹扩展有明显的抑制作用。当疲劳裂纹面前缘绕过非焊合区边界时，裂纹扩展速率迅速增加，结构剩余强度急剧下降。

如果没有非焊合区，如图 7.5.3 所示。在完整板材内孔边角裂纹迅速向厚度方向扩展，近 19239 次就穿透板材厚度。相比之下，在含非焊合区的层板内疲劳裂纹首先扩展至非焊合区位置，进而沿着非焊合区边界扩展，最后绕过非焊合区才会向试件厚度方向继续扩展，在最后穿透试件厚度时扩展寿命为 54500 次，比完整板内情况扩展寿命提高近两倍。另外，由于含非焊区域首先在第一层扩展，虽然结构的强度降低不多，但裂纹长度较大，相比不含非焊合区更容易进行监测。

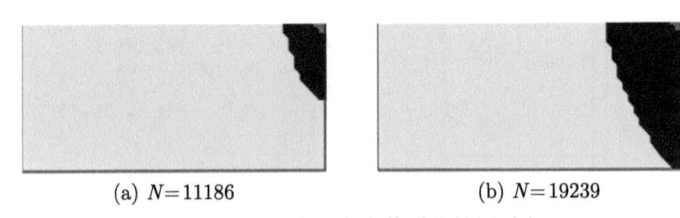

(a) $N=11186$　　(b) $N=19239$

图 7.5.3　完整板内疲劳裂纹扩展过程

7.5.3　总结

韧性是材料的一种固有属性。通过结构设计提高材料的断裂韧性是非常重要的研究思路。本节针对钛合金层合板这种特殊的材料和结构，考虑制备工艺，讨论了一种新的增韧机制。钛合金层合结构在航空结构中是非常重要的一类材料，具有广泛的应用。如钛合金制作的承载部件及机械接头件在美国新型战斗机 F35 中占比约 20%，在超高性能战斗机 F22 中占比达 39%之多。钛合金在民用飞机上的使用量为 10%~15%，特别是波音 787，其机体钛合金用量达到 15%，创下民用飞机使用量的历史新高。作为一种增韧的新思想和新机制，必将在未来的航空结构设计中发挥巨大的作用。

参 考 文 献

[1] 刘扬. 基于预设非焊合区的钛合金层板增韧方法研究. 大连：大连理工大学，2017.

(本案例由张永存供稿)

7.6 碳纤维增强复合材料基本力学性能测试方法

7.6.1 工程背景

碳纤维增强复合材料 (carbon fiber reinforced polymer，CFRP) 以其轻质特性和优越力学性能广泛应用于航空航天、载运工具和土木工程等领域。在长途客机波音 787 中 (图 7.6.1(a))，纤维增强复合材料重量占机体重量的 50%，用于构成机舱和机翼结构，金属材料中占比最大的则是铝合金 (20%)，以避免复合材料在高能冲击下解体引发灾难性事故 [1]。复合材料在各工业领域的应用，也带来了其与金属之间的连接问题。传统连接方法会带来工艺瓶颈、电化学腐蚀和破坏基底材料等诸多问题，容易引起材料裂纹萌生和应力集中等现象 (图 7.6.1(b))，影响结构复杂工况服役性能耐久性 [2,3](图 7.6.1(c))，而机械连接引入的大量紧固件也会引起结构重量显著增加。综上所述，有必要对 CFRP 的关键力学性能进行有效和准确的试验测定，从而为后续结构设计和有限元仿真提供有效输入依据。

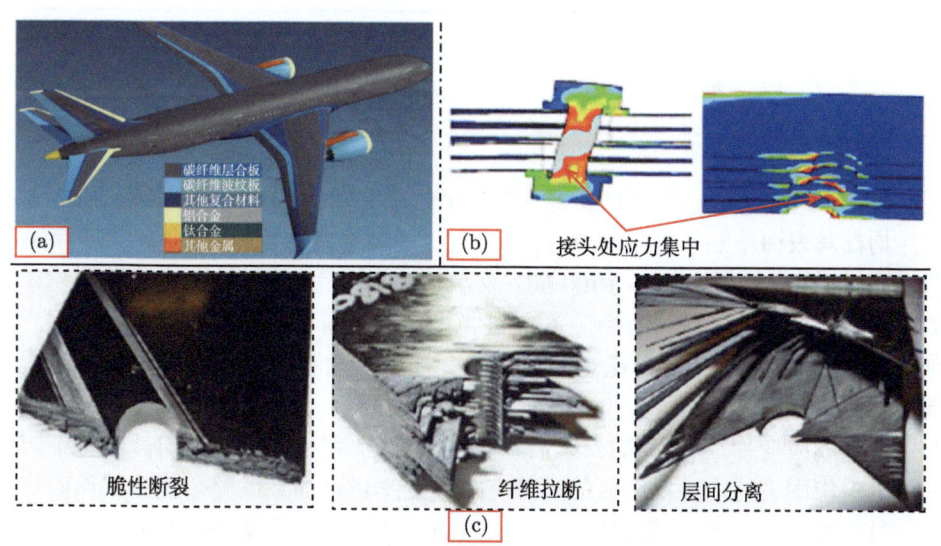

图 7.6.1　(a) 客机波音 787 的材料分布; (b) CFRP 螺栓接头应力集中; (c) 螺栓连接典型失效模式

在碳纤维增强复合材料的实际应用中，其在典型加载工况下的力学性能受到了广泛的关注，包括拉伸、压缩和剪切 3 种典型加载工况。具体来说，通过开展 CFRP 在 3 种典型工况下准静态加载失效试验，测定不同载荷工况下的 CFRP 模量、强度和泊松比，可以帮助评价其在具体工程结构中的承载能力。本案例通过参考 ASTM 相关测试标准，介绍了试件尺寸、夹具设计、数据处理方法等多方面试验细节。

7.6.2 测试方案

碳纤维增强复合材料 (CFRP) 基本力学性能测定试验中，所采用的目标参数、测试标准和相关试验设备及用途如表 7.6.1 和表 7.6.2 所示。

表 7.6.1　CFRP 基本力学性能测试的目标参数和测试标准

目标参数	常用单位	测试标准[4-6]
拉伸模量	GPa	
泊松比	—	ASTM D3039
拉伸强度	MPa	
压缩模量	GPa	ASTM D6641
压缩强度	MPa	
剪切模量	GPa	ASTM D5379
剪切强度	MPa	

表 7.6.2　CFRP 基本力学性能测试的试验设备

设备名称	用途
万能试验机	进行准静态加载，并记录载荷数据
静态应变分析系统	对应变数据进行采集分析
电阻应变片/花	多向应变监测

图 7.6.2 展示了 CFRP 的准静态拉伸、压缩和剪切试件形式，可以看到，3 种试件均在其表面粘贴了电阻应变片/应变花。安装电阻应变片/应变花的过程如下：① 涂抹丙酮清洁试件表面；用② 502 胶水粘贴应变片/应变花与应变端子；③ 焊接引线；④ 连接应变采集系统。需要注意的是，随着电阻应变片技术的发展，现在市面上不少应变片/应变花已省去了应变端子粘贴和焊接引线的步骤，有效提高了试验效率。

在完成应变片/应变花的安装后，将 CFRP 的拉伸/压缩/剪切试件置于万能试验机中稳固夹持，并以较低的准静态加载速率进行加载试验，直至试件破坏失效。对于拉伸、压缩、剪切试件的"失效点"的判定，不同研究人员提出了不同的判定方式，主要分为样貌判定和载荷位移曲线判定两种方式[7]。通常来说，当试验机导出的载荷–位移曲线数据中载荷数值出现了突降，则意味着 CFRP 试件中发生了断裂 (如纤维拉伸、纤维压缩、基体拉伸、基体压缩等)，即可判定试件失效。

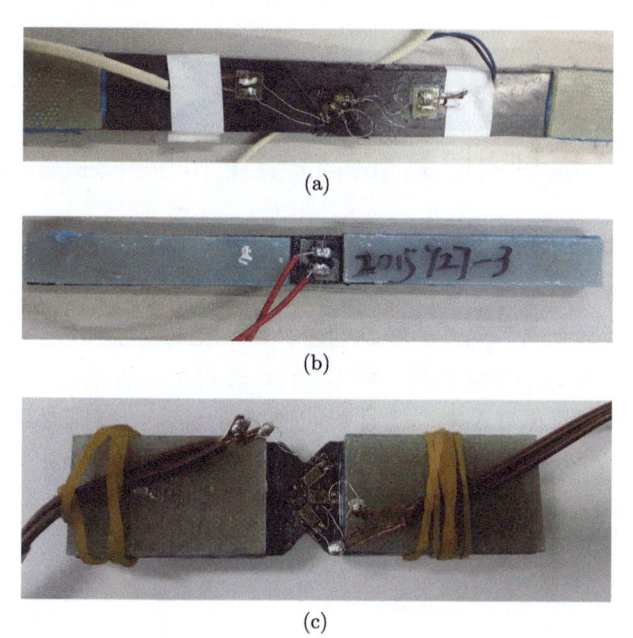

图 7.6.2　安装好应变片/应变花的 CFRP (a) 拉伸试件、(b) 压缩试件和 (c) 剪切试件

7.6.3　总结

本案例介绍了碳纤维增强复合材料 (CFRP) 在准静态拉伸、压缩、剪切工况下的加载失效试验的试件制备和测试过程，可以为 CFRP 在航空航天、土木和汽车等实际工程结构的设计、应用和数值仿真等工作提供所需有效评价标准和关键材料参数。

参 考 文 献

[1] 刘坤良. 复合材料连接结构强度研究与失效分析. 郑州: 郑州大学, 2014.

[2] Dano M L, Kamal E, Gendron G. Analysis of bolted joints in composite laminates: Strains and bearing stiffness predictions. Composite Structures, 2007, 79: 562-570.

[3] 王华锋, 王宏雁, 陈君毅. 胶接、胶焊与点焊接头剪切拉伸疲劳行为. 同济大学学报 (自然科学版), 2011, 39: 421-426.

[4] ASTM D3039/D3039M-14 Standard Test Method for Tensile Properties of Polymer Matrix Composite Materials, ASTM International, West Conshohocken, PA, 2014.

[5] ASTM D6641/D6641M-14 Standard Test Method for Compressive Properties of Polymer Matrix Composite Materials Using a Combined Loading Compression (CLC) Test Fixture, ASTM International, West Conshohocken, PA, 2014.

[6] ASTM D5379/D5379M-12 Standard Test Method for Shear Properties of Composite Materials by the V-Notched Beam Method, ASTM International, West Conshohocken, PA, 2012.

[7] 侯少强. 结构胶接 CFRP 帽形薄壁梁压溃性能分析及优化. 大连: 大连理工大学, 2018.

(本案例由韩啸供稿)

7.7 电子灌封用胶黏剂弹性模量和拉伸强度测定方法

7.7.1 工程背景

灌封是一种常用的电子器件及组装部件的保护手段，即将液态聚合物用机械或手工方式灌入装有电子元件、线路的器件内，在常温或加热条件下固化成为性能优异的热固性高分子绝缘材料 (图 7.7.1)。灌封可以有效地提高电子元器件的绝缘性、导热性、抗振性及对恶劣环境的抵抗能力等，同时防腐防潮防尘，增强使用的可靠性，延长电子器件的使用寿命，利于器件的小型化和轻量化，并通过灌封材料有效地改善结构性能及稳定参数。随着电子产品的发展，工程中对电子元器件的灌封需求与要求也在逐渐提高。

图 7.7.1 电子器件中的胶黏剂灌封过程 (图片来源于网络)

目前常用的电子灌封材料通常包括环氧树脂、聚氨酯和有机硅[1]。不同类型的灌封胶黏剂在力学性能上通常差异显著，需要对其主要材料力学参数进行准确测定，从而为电子器件灌封中的胶黏剂选型和性能评价提供支撑。本案例通过设计制备某胶黏剂哑铃形模具及模压成型试件，并开展准静态拉伸加载测试，利用材料力学相关知识，帮助我们得到其关键材料参数 (如弹性模量、拉伸强度等)，可以为胶黏剂的拉伸力学性能评价和建模提供必要支持。

7.7.2 测试方案

1. 试件制备

采用 ISO 527-2 测试标准的相关要求[2]，通过在胶黏剂哑铃形试件表面夹持引伸计，对其拉伸过程的轴向应变数据进行监测记录，最后所测得的黏接剂准静

7.7 电子灌封用胶黏剂弹性模量和拉伸强度测定方法

态拉伸材料参数将用于后续的数值仿真。通过该试验可以测得的胶黏剂主要力学参数如表 7.7.1 所示。

表 7.7.1 准静态拉伸加载下胶黏剂材料参数

材料参数	常用单位
弹性模量	GPa
拉伸强度	MPa
失效应变	%
真实应力–应变曲线	MPa-%

根据设计制备的哑铃形试件模压固化模具[3]，制备胶黏剂哑铃形标准试件，所采用模具的形式如图 7.7.2 所示。

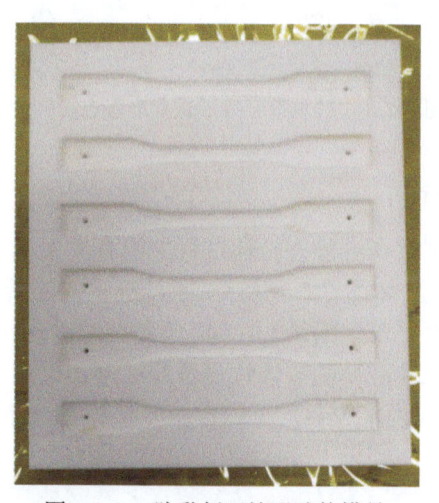

图 7.7.2 胶黏剂哑铃形试件模具

结合图 7.7.2 所示胶黏剂哑铃形试件模具，其主要制备工艺流程包括：① 在自封袋或自封管中按工艺要求将多组分胶黏剂进行均匀混合；② 将混合后的胶黏剂自封袋或自封管置于高速离心机中进行离心操作，以去除可能残留在胶黏剂中的气泡；③ 将模具预先涂好脱模剂，便于固化之后试件的脱模，将离心后的胶黏剂倒入哑铃形试件模具中；④ 根据所使用胶黏剂的固化时间和温度要求，在鼓风干燥箱或真空干燥箱中进行固化，自然冷却后取出。

2. 准静态拉伸加载

根据 ISO 527—2 测试标准要求，采用万能试验机进行哑铃形试件的拉伸试验 (图 7.7.3)，同时记录万能试验机得到的载荷和位移数据及引伸计导出的轴向变形数据。

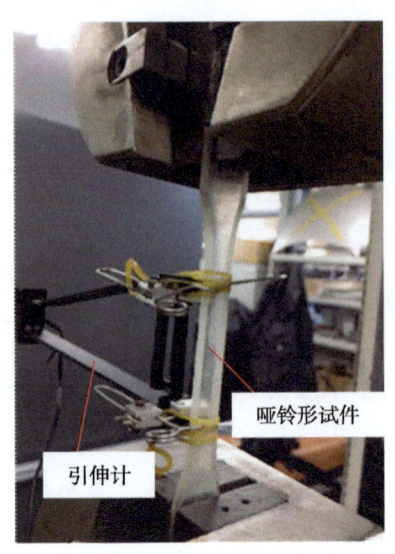

图 7.7.3　胶黏剂哑铃形试件准静态拉伸测试

3. 试验结果和分析

某胶黏剂哑铃形试件在准静态拉伸过程中没有发生明显的塑性变形，表明该胶黏剂属于脆性胶黏剂。如图 7.7.4 所示，哑铃形试件的断裂处发生在平行段，符合测试标准的有效试件要求。图 7.7.5 为某胶黏剂准静态拉伸载荷–位移曲线，从图中可以看出胶黏剂拉伸载荷随拉伸位移呈线性增加，当达到最大载荷时哑铃形试件发生断裂。图 7.7.6 为某胶黏剂哑铃形试件准静态拉伸的真实应力–应变曲线，

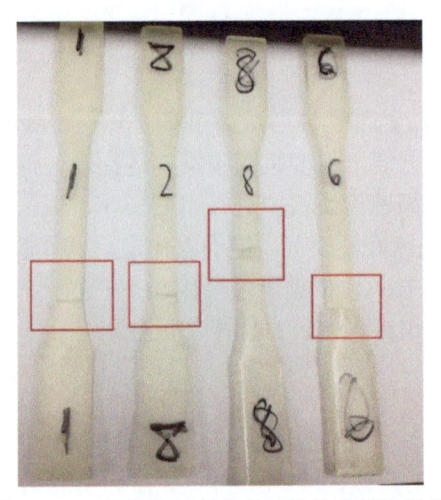

图 7.7.4　某胶黏剂哑铃形试件拉伸断裂样貌

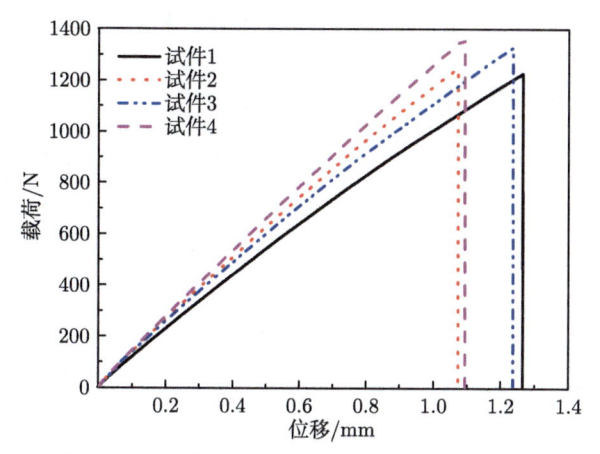

7.7 电子灌封用胶黏剂弹性模量和拉伸强度测定方法

图 7.7.5　某胶黏剂准静态拉伸载荷–位移曲线

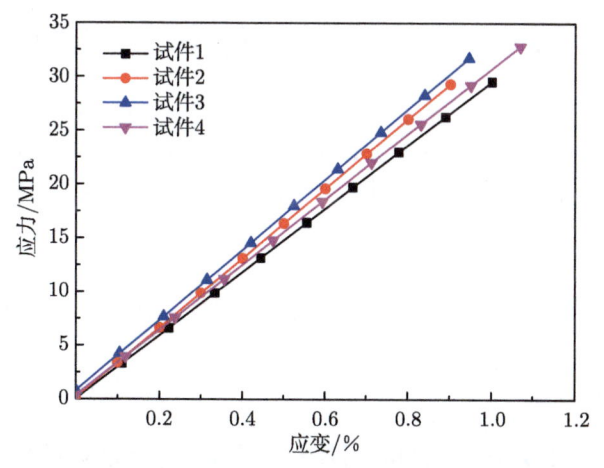

图 7.7.6　某胶黏剂哑铃形试件准静态拉伸的真实应力–应变曲线

从图中可以看出胶黏剂在拉伸过程中只存在线弹性阶段。进而根据真实应力–应变数据，可以得到胶黏剂准静态拉伸力学材料参数，如表 7.7.2 所示。需要说明的是，图 7.7.6 使用的是真实应力–应变曲线。由材料力学相关知识，可以得到胶黏剂的名义应力–应变与真实应力–应变的关系如下所示：

$$\varepsilon = \ln(1 + \varepsilon_{\text{nom}}) \tag{7.7.1}$$

$$\sigma = \sigma_{\text{nom}}(1 + \varepsilon_{\text{nom}}) \tag{7.7.2}$$

式中，σ 和 ε 分别是真实应力、真实应变；σ_{nom} 和 ε_{nom} 分别是名义 (工程) 应力、名义 (工程) 应变。

表 7.7.2　某胶黏剂准静态拉伸力学材料参数

材料参数	试件 1	试件 2	试件 3	试件 4	平均
弹性模量/MPa	2946.82	3235.33	3267.94	3037.52	3121.90
拉伸强度/MPa	29.54	29.33	31.71	32.83	30.85
失效应变/%	1.00	0.90	0.94	1.07	0.98

7.7.3　总结

本案例根据 ISO 527—2 测试标准制备了某胶黏剂的哑铃形标准试件，并进行了准静态拉伸加载失败测试，得到了胶黏剂的弹性模量、拉伸强度和失效应变，可以为电子灌封的数值仿真工作提供必要的材料力学参数。

参 考 文 献

[1] 罗刚. 电子器件灌封材料的现状及发展趋势. 实验科学与技术, 2010, 8(3): 20-23.
[2] ISO 527—2. Plastics - Determination of tensile properties - Part 2: Test conditions for moulding and extrusion plastics, 2012.
[3] Han X, Jin Y, Zhang W, et al. Characterisation of moisture diffusion and strength degradation in an epoxy-based structural adhesive considering a post-curing process. Journal of Adhesion Science and Technology, 2018，32(15): 1643-1657.

(本案例由韩啸供稿)

7.8　声子晶体超材料的制备工艺与带隙特征的关联性

7.8.1　工程背景

作为一种超材料，声学超材料也称为声子晶体，在波调控领域展现出了超出常规材料的力学性能，通过人工设计声子晶体的结构——单胞的周期性阵列，可以在 Hz 到 THz 频率范围内对波进行人工控制，设计具有独特物理性能的人工晶体，实现波的禁带、波的负折射、波的负反射、波的自准直等超常规性能，以此为基础，设计和制备基于波控制的新型元器件，包括声学二极管、声学斗篷、热力学斗篷等。半导体会产生电子的能带结构，光子晶体会产生光子的能带结构，与之类似，声子晶体会产生声子的能带结构，从而产生波的禁带，而对应的周期性材料/复合材料介质称为声子晶体。声子晶体属于超材料的一种，超材料中"meta"一词来源于希腊语，表示超越，即超材料产生了超越常规材料的独特性能，这不仅取决于其材料本身，更重要的影响因素源于对人工设计的微结构的精巧设计。超材料的分类如图 7.8.1 所示。超材料的主要功能集中在 6 个方面：声、热、光、电、磁、力 [1]。

7.8 声子晶体超材料的制备工艺与带隙特征的关联性

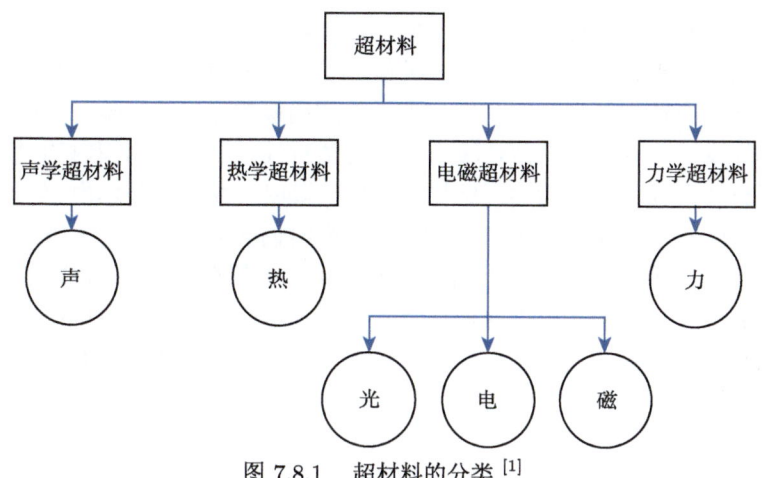

图 7.8.1 超材料的分类[1]

7.8.2 超材料结构带隙特性

声子晶体主要分为布拉格 (Bragg) 散射型和局域共振型两种类型，在布拉格散射型声子晶体中，要在声子晶体中实现布拉格带隙，晶格大小应至少等于弹性波波长的一半[1-3]：

$$a = \frac{n\lambda}{2} \tag{7.8.1}$$

式中，n 为整数；a 为晶格常数；λ 为波长。

波长与频率之间满足以下公式[1-3]：

$$c = \lambda f \tag{7.8.2}$$

式中，c 为波速；f 为频率。

由此得到[1-3]

$$f = \frac{nc}{2a} \tag{7.8.3}$$

因此，对于布拉格散射型声子晶体，第一带隙中心频率通常位于 $c/2a$ 附近。

局域共振型声子晶体由 Liu 等[4]提出，通过设计局域共振型声子晶体，使带隙控制范围较布拉格散射型声子晶体低 1~2 个数量级，实现了小尺寸控制大波长。声子晶体可以在 Hz 到 THz 频率范围内实现对波的控制，其频域变化如图 7.8.2 所示。

作为一种人工设计的周期性结构材料，超材料展现出与常规材料不同的性能。在常规材料中，材料的化学成分、晶粒特征等形成了材料力学性能的关键性影响因素，而超材料的性能更多地取决于结构的拓扑形貌和周期性排布。典型的超材料包括左手材料、声子晶体、光子晶体、金属水、钙钛矿、气凝胶等，能够实现超出常规材料的物理特性。和光子晶体类似，研究发现弹性波在密度和弹性常数呈周期性分布的介质中传播时会产生与光子带隙相似的弹性波带隙，由此产生了声子晶体的概念。声子晶体在波传输中具有带隙特性，在带隙范围内的对应频率的波无法通过声子晶体，从而实现结构的减振和降噪。受声子晶体内部周期结构的影响，弹性波在带隙频率范围在声子晶体内部不能传播。与带隙对应的为通带，通带对应频率范围内的弹性波可以通过声子晶体[1]。声子晶体是超材料的一种，以弹性波控制为主要目的，可以实现声学斗篷等声学隐形功能，也可以实现对工程结构的减振、降噪，通过周期性结构的排布和设计，也能够实现对建筑物的地震保护。

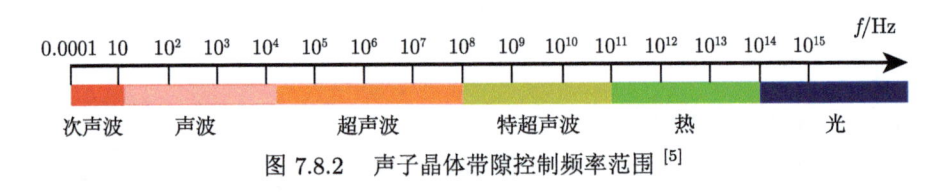

图 7.8.2 声子晶体带隙控制频率范围 [5]

7.8.3 增材制造结构变形特性

声子晶体的单胞可以通过拓扑优化、后屈曲分析等方式获得其拓扑形貌，通常声子晶体单胞的拓扑形貌较为复杂，采用传统的制备工艺耗时耗力，而增材制造技术可以通过计算机模型与制备工艺的直接结合，从数字模型通过逐一分层方式实现物理产品的制备，为声子晶体的制备提供了合适的制备工艺。增材制造可以分为多种类型，包括直接能量沉积、粉床熔融、薄板叠层、立体光固化成型、材料喷射、黏结剂喷射、熔融挤压等[2]，均需要热源对不同分层进行逐一扫描，从而实现材料的逐层累积，通过增材而非传统的减材方式，实现材料的制备。在这个过程中，热源会加热增材层，由于不同部位的温度不同，结构的再平衡过程中会出现应力和对应的变形，因此，制备的产品与理论设计往往存在偏差，而这种偏差如何影响制备产品的性能，是值得关注和深入研究的。

图 7.8.3 所示为某型声子晶体单胞的搅拌摩擦增材制造工艺过程[6]，搅拌摩擦增材制造工艺是在搅拌摩擦焊接的基础上发展起来的叠板增材制造工艺，通过金属板的直接叠加实现增材，通过程序控制搅拌头的移动轨迹实现不同层之间的连接，从而实现金属材料在固态下的增材。与熔融增材相比，由于材料不需要熔化，因此，通过再结晶实现的不同层之间的连接中材料的晶粒更为细密，也不存在气孔等缺陷。搅拌摩擦焊接增材制造区域的形成是一个复杂的热力耦合过程，整个工件根据材料塑性变形程度分为四个部分：搅拌区、热力影响区、热影响区和母材区。搅拌区 (stirring zone，SZ) 又称为核心区 (nugget zone，NZ)，该区

7.8 声子晶体超材料的制备工艺与带隙特征的关联性

域的材料经过搅拌针的直接搅拌作用，经历剧烈的塑性变形，原有的晶粒会破碎，并在温度的作用下进行再结晶，最终形成细小的等轴晶。热力影响区 (thermal-mechanically affected zone, TMAZ) 是搅拌区向热影响区过渡的区域，宽度较小且不易观测，其内部材料有一定程度的塑性变形，但不如搅拌区内材料变形的程度大，因此该区域内晶粒大小不一。热影响区 (heat affected zone, HAZ) 中材料不经历塑性变形，但是此区域材料仍经历相对较高的温度历程，同样会导致微观结构的改变。母材区 (base metal, BM) 离焊缝位置较远，不经历塑性变形和高温过程，因此母材区的微观结构在搅拌摩擦增材制造中保持不变。通过搅拌摩擦增材制造制备的金属板达到规定的高度后，进一步通过减材实现最终的声子晶体单胞的形貌[7]。

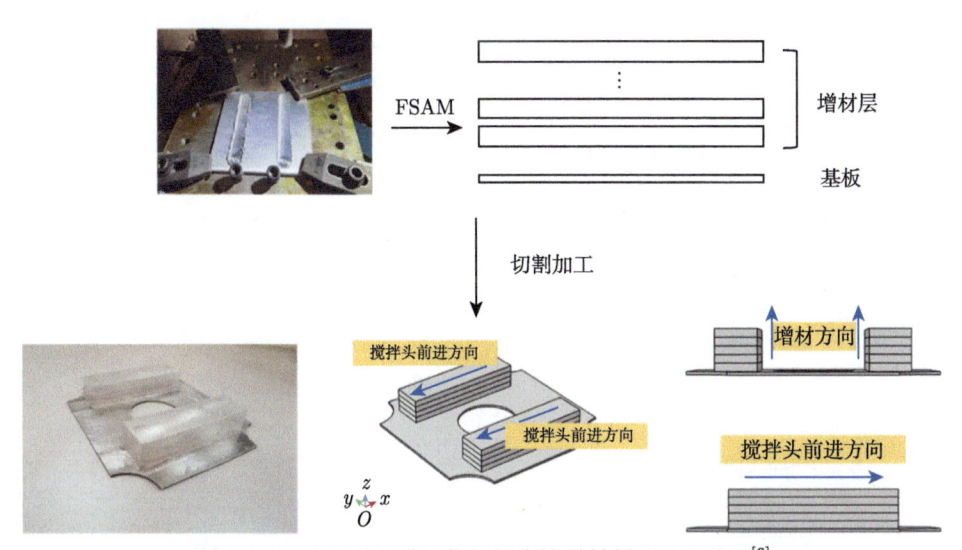

图 7.8.3　声子晶体单胞的搅拌摩擦增材制造工艺过程[6]

搅拌摩擦增材制造的关键在于搅拌头，通过搅拌头轴肩在平板表面的摩擦生热使材料进入塑性流动状态，通过搅拌针的搅拌作用，在热和变形共同作用下，实现搅拌区材料的再结晶，从而实现不同层之间的高质量连接。从这个工艺过程可以发现，搅拌摩擦增材制造过程中存在热量输入，也会导致结构在热的作用下出现截面应力的再平衡，产生残余应力和结构的热变形，如图 7.8.4 所示。

热变形声子晶体的带隙特征与理论设计相比有比较明显的差异，如图 7.8.5 所示，黄色部分为单胞结构的带隙，在此频率范围内的波无法通过声子晶体进行传播，而这种差异是结构的截面在热变形作用下的几何性质的变化造成的。结构的几何截面的惯性矩为

$$I_z = \int y^2 \mathrm{d}A \tag{7.8.4}$$

式中，y 为离开中性轴 z 轴的距离。

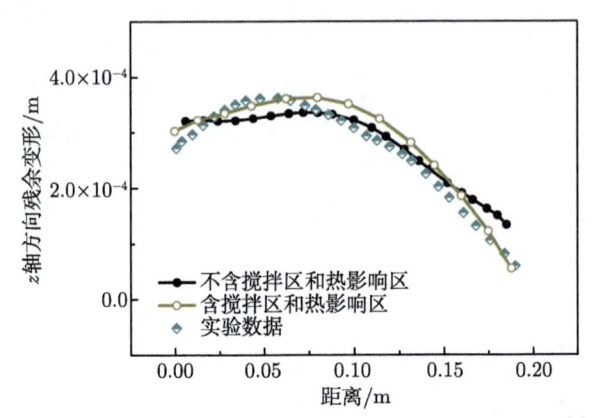

图 7.8.4　声子晶体搅拌摩擦增材制造热变形工艺过程[7]

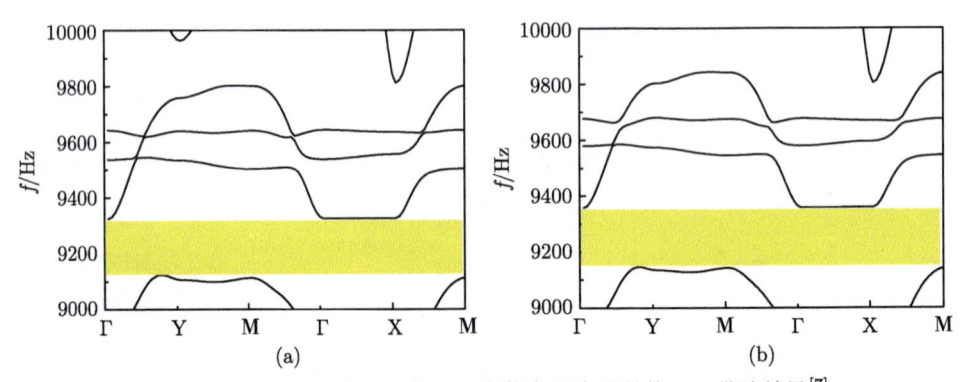

图 7.8.5　理论设计声子晶体 (a) 和热变形声子晶体 (b) 带隙差异[7]

随着声子晶体基板的变形，如图 7.8.6 所示，形心主惯性矩会随之增大，(a) 理论设计中，基板没有变形，形心主惯性矩为 320mm^4，随着增材制造变形量的出现，(b) 的实际热变形基板的形心主惯性矩增加为 582.09mm^4，形心主惯性矩的增加会导致弯曲刚度（EI）变大，如下式所示，从而使对应的频率特征值增加，导致结构带隙上移。

$$\omega_i = \left(\frac{\mathrm{i}\pi}{l}\right)^2 \sqrt{\frac{EI}{\rho A}}, \qquad i = 1, 2, \cdots \tag{7.8.5}$$

式中，EI 为弯曲刚度；ρ 为密度；A 为面积；l 为长度。

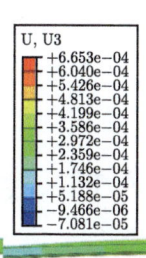

图 7.8.6　理论设计声子晶体 (a) 和热变形声子晶体 (b) 基板的变形[7]

7.8.4　总结

制备工艺不仅影响材料的力学性能，也会影响结构的服役性能。在声学超材料的设计和制备中，由工艺导致的结构变形使声学超材料的带隙特性产生了明显变化。性能变化的主要原因在于加工产生的变形影响了截面的几何特性，从而使对应的频率特征值增加，导致结构带隙上移。截面的几何特性是影响声子晶体超材料性能的重要指标，与声子晶体的结构设计密切相关，同时，不同的声子晶体结构受到加工工艺的影响程度也会不同，因此，将截面几何特性与声子晶体超材料的设计和制备相关联，对评估声子晶体超材料服役特性具有重要意义。

参 考 文 献

[1] 张昭，张磊，郭江川，等. 声子晶体增材制造的研究进展. 电焊机，2021, 51(8): 11-22.
[2] 韩星凯. 基于带隙和波调控的声子晶体设计. 大连：大连理工大学，2020.
[3] Zhang Z. A review on additive manufacturing of wave controlling metamaterials. International Journal of Advanced Manufacturing Technology, 2023, 124: 647-680.
[4] Liu Z Y, Zhang X X, Mao Y W, et al. Locally resonant sonic materials. Science, 2000, 289 (5485): 1734-1736.
[5] Maldovan M. Sound and heat revolutions in phononics. Nature, 2013, 503: 209-217.
[6] Tan Z J, Zhang Z. Band gap characteristics of friction stir additive manufactured phononic crystals. Physica Scripta, 2022, 97: 025702.
[7] 谭治军. 搅拌摩擦增材制造中材料微观结构和力学性能数值模拟. 大连：大连理工大学，2022.

(本案例由张昭供稿)

第 8 章 连 接 构 件

8.1 摩擦自锁与螺栓法兰结构预紧状态的分析

8.1.1 工程背景

在飞机、船舶和钢框架建筑等工程结构中，螺栓法兰结构因具有零件装配工艺简单、可替换、检查维修便利等优点，成为被大量采用的构件装配连接方式。在很多情况下，这类连接零件不但要承受较大的静力载荷，来满足结构强度设计的要求，还要承受反复加载卸载的交变载荷，以确保结构具有足够的疲劳寿命。比如，波音 747 飞机的主承受力结构部位上有高锁螺栓 4 万件、锥形螺栓 7 万件；如图 8.1.1 所示，F-35 等战斗机的机身隔框两半部连接也采用螺栓预紧装配，以确保振动时不致松动。螺栓法兰连接结构失效的主要原因是各种作用下螺栓丧失

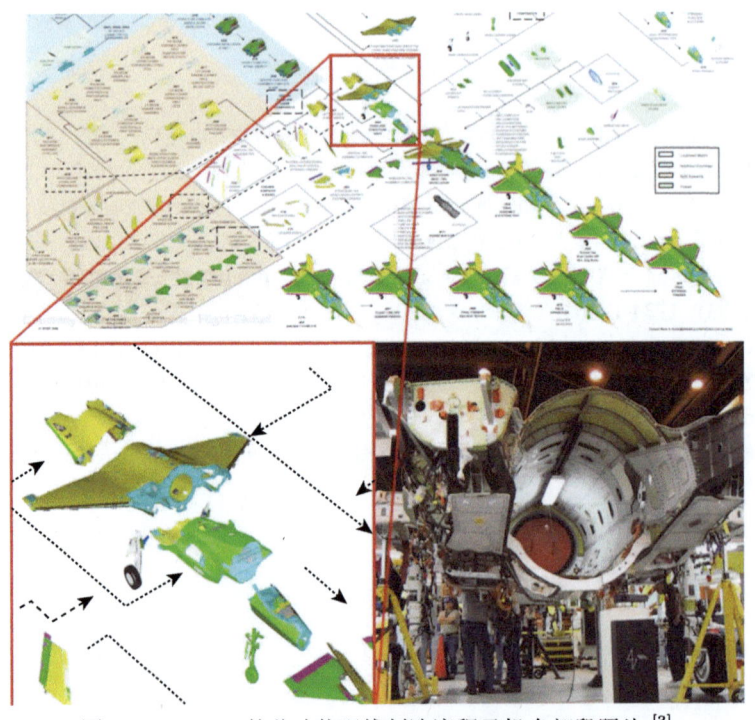

图 8.1.1 F-35 的移动装配线制造流程及机身部段照片 [3]

预紧力,而拧紧状态的螺栓在其螺纹斜面上受到接触面压力和摩擦力的共同作用才能形成有效的预紧状态(与螺栓法兰结构弹性变形产生的预紧拉伸力平衡)。在设计中为了计算效率,通常忽略螺栓和螺母处的螺纹细节,将螺栓简化为工字形结构[1]。因为忽略了局部摩擦的影响,所以对复杂工况下整体结构动力学响应的分析精度不足。螺栓法兰连接的局部面压力通常用于模拟螺栓预紧力[2],而在忽略螺栓预紧过程的情况下,仅靠施加压力模拟预紧力加载无法表征整个连接结构中的复杂现象。由此可见,若不考虑预紧过程,就无法准确再现螺栓松动的复杂动态特性。随着航空航天等领域向着模块化装配等方向发展,如何利用摩擦自锁原理提高结构连接性能是设计人员需要不断深入解决的问题。

8.1.2 螺栓螺纹斜面的摩擦自锁原理

根据理论力学中的库仑摩擦定律可知,对于含有摩擦力的静力平衡问题,静摩擦力都应满足如下关系:

$$F_s \leqslant F_{\max} = f_s F_N \tag{8.1.1}$$

在如图 8.1.2 所示的桌面上,作用在木块上的约束反力包括摩擦力 F_s 和法向约束反力 F_N,其合力称为全约束反力或全反力,与主动力 P 形成平衡力系。当摩擦力达到最大摩擦力 $F_{\max}$ 时 (静摩擦系数为 f_s),全反力 R 和约束面法向 n 的夹角称为**摩擦角**,记为 φ_f。而在三维空间中,如果以约束面法向为中心轴,那么以 $2\varphi_f$ 为顶角的正圆锥叫做**摩擦锥**。

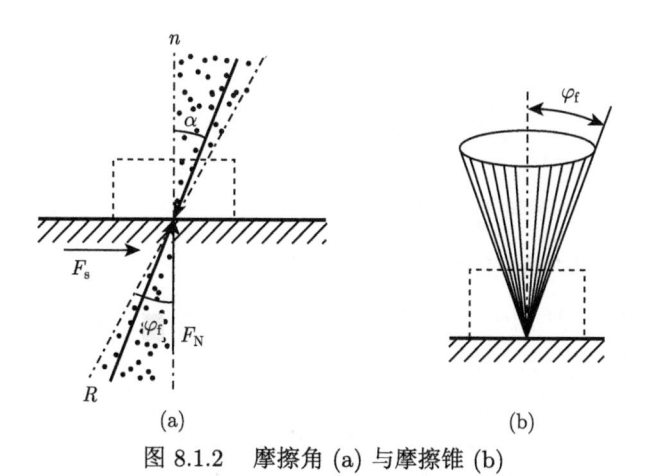

图 8.1.2 摩擦角 (a) 与摩擦锥 (b)

由静力平衡条件,可以很容易地发现静摩擦系数与摩擦角的关系为

$$f_s = \tan \varphi_f \tag{8.1.2}$$

同时，可以得到两个有用的结论：① 在含摩擦力的平衡问题中，摩擦面的全约束反力 R 的作用线一定位于摩擦锥内；② 含有摩擦力的静力平衡的充要条件是主动力作用线在摩擦锥内且方向指向接触点。后一条结论表明，如果主动力作用线落在摩擦锥之内且方向指向接触点，则无论主动力有多大，都不能使物体运动，这种现象叫做**摩擦自锁**。这时，主动力的变化虽然会随时带来接触面上法向载荷和静摩擦力的变化，但是只要静摩擦力没有增大到超出最大静摩擦力，物体将始终处于受力平衡状态。

斜面平衡力系问题是理论力学中的一类典型问题，而基于这类问题的摩擦自锁原理在实际工程技术中也有着广泛的应用。比如，在螺钉或螺栓上，斜面的自锁特性更是被发挥得淋漓尽致。如图 8.1.3 所示，螺钉和螺栓加工时的螺旋线如同将一个斜面盘旋于中轴而上，斜面的底边长度等于圆柱体的周长，斜面高度与其底边长度之比等于螺旋角的正切值，这样只要螺旋角小于螺栓与螺母之间的摩擦角，就可以让这个螺纹连接实现自锁。而现实中螺旋角通常根据接触面材料的摩擦角进行设计，这样保证了在没有额外力矩作用下，不会因自动松开而使连接失效。

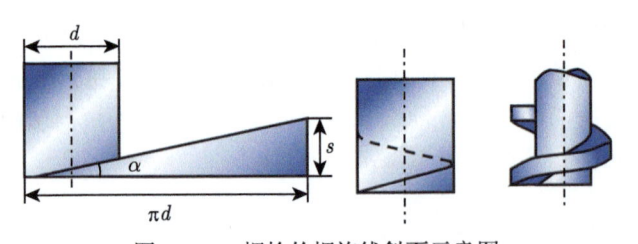

图 8.1.3 螺栓的螺旋线斜面示意图

可见，根据螺栓法兰结构中的螺纹几何形状特点，可以发现螺栓和螺母的螺纹对合面形成了典型的斜面摩擦状态，拧紧状态的螺栓在其螺纹斜面上受到接触面压力和摩擦力的共同作用，才能与螺栓法兰结构弹性变形产生的预紧拉伸力平衡。

8.1.3 工程中的螺栓法兰结构预紧状态分析

由于实际工程应用中螺栓连接结构具有非常多的细节和局部工艺特征，所以当考虑零件弹性变形时，螺纹接触面的有效接触位置和范围都发生了变化。摩擦接触分析的复杂程度不断提高，需要对螺栓法兰连接结构高精度地仿真建模来开展深入研究。比如，Wileman 等[4] 通过有限元方法分析了螺栓连接结构的局部刚度问题；Schiffner 和 Helling[5] 通过一维接触单元将连接结构接触分析引入有限元分析模型中，并且计算了螺栓的初始应力；Yorgun 等[6] 将材料非线性和实际接触单元引入到有限元计算模型中，分析了螺栓法兰连接结构在平面内的弯曲和剪切变形行为；Zhang 和 Poirier[7] 开发了螺栓连接结构的新模型，来考虑预紧下残余应力所导致的刚度降低和压缩变形；Kim 等 [8] 建立了单个螺栓连接结构的有限元仿真模型，通过弹簧耦合方式提出了几种不同的简化计算方法，并通过实验进行了验证；Abidelah 等 [9] 设计了 T 型螺栓法兰连接结构的有限元模型，分析了结构弯曲刚度和弯矩作用下的应力分布状态；Pavlovic 等 [10] 提出了一种新的装配接头设计，建立了包含螺纹细节的螺栓法兰连接结构三维有限元模型，并考虑接触面摩擦来分析其失效模式；Jamia 等 [11] 通过螺栓连接结构精细有限元模型研究连接接触面的微滑移行为，建立了等效预测模型及参数识别框架；Beaudoin 和 Behdinan[12] 为止口法兰结构建立了机理分析模型和精细有限元模型，通过仿真分析和实验对机理分析模型有效性进行了验证 (图 8.1.4)。

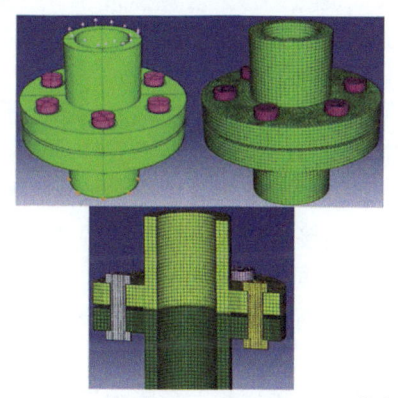

图 8.1.4　环形螺栓法兰连接结构 [12]

为了能够更好地模拟螺栓在连接面上的装配过程，在此考虑螺纹和螺母的精细几何特性和接触关系，需要基于精细几何特征的螺纹部分网格处理过程来开展有限元分析。因此，利用 Fukuoka 和 Nomura[13] 研究中提出的将含有螺纹细节的螺栓连接结构模型精细地剖分为全六面体单元的方法，通过将螺纹纵剖面的平面几何构型进行四边形网格剖分，再将其沿着螺纹升角旋转复制，进而得到整体螺栓的全六面体网格划分模型。与实验研究对比发现，在考虑装配过程的多螺栓连接结构中，通过施加扭转角位移来模拟施加螺栓预紧力，可以由有限元分析结果直接得到许多有价值的结论。比如，在完成螺栓扭转预紧过程加载后的瞬时状态，令不同扭转角位移下的预紧力分别为 2592N、5405N 和 8148N；继续进行螺栓连接的静置状态分析，释放部分预应力效果后，预紧力会有所下降，这和实验中的实际情况相符；分析得出静置完成后剩余预紧力为 2445N、5098N、7663N，与最初的预紧力状态相比，不同扭转角位移下的预紧力下降幅度分别为 5.95%、5.68%、5.67%，下降比例几乎相同，这也和实验十分符合。这意味着静置状态的螺栓预紧力下降比例不会因为预紧力大小的提高而大幅度改变。

随着预紧程度的提高，在螺纹接触面上，黏滞摩擦接触区域的面积逐渐增大

(如图 8.1.5 所示红色区域); 最初预紧力较小时, 黏滞接触摩擦区域呈现离散的扇形分布, 而随着预紧力增大逐步扩大为环形黏滞面, 且发生摩擦滑移的区域面积相应减小。

图 8.1.5 不同预紧程度下的螺纹接触状态 (由左至右预紧力取值增大)

实际工程中摩擦因素是装配工艺中一项重大的影响因素, 但是由于摩擦力作为静力平衡问题中典型的被动力, 其取值很难直接标定。为了开展定性分析, 可以对不同摩擦系数下的预紧过程开展仿真研究, 探索在静力学预紧工况下螺纹接触面摩擦系数的提高对螺栓连接的影响。计算结果表明, 当螺纹接触面摩擦系数分别为 0.2、0.3、0.4 时, 在相同的扭转角位移下, 初步加载结束瞬时的预紧力分别为 5405N、5312N、5205N, 而在完成静置后剩余预紧力分别为 5098N、5025N、4939N, 下降幅度分别为 5.68%、5.40%、5.11%。可见, 随着摩擦系数提高, 施加同样的扭转角位移进行螺栓预紧加载, 预紧力反而会降低, 但是在静置卸载阶段, 较大的摩擦系数会减小预紧力降低幅度。由此可知, 增加螺栓连接接触面摩擦系数, 虽然不利于螺栓预紧力初始加载 (影响同样扭转角位移下的预紧力最大值), 但是有利于对螺栓松弛问题的防护。此外, 随着摩擦系数提高, 无论是螺栓螺母的整体装配, 还是螺纹处的 von Mises 应力都会发生明显升高, 以摩擦系数 0.2 为基准, 当摩擦系数分别提高为 0.3 和 0.4 时, 螺纹处的的 von Mises 应力提高幅度分别为 24.1% 和 50.5%, 这意味着虽然提高摩擦系数对于螺栓防松有一定的帮助, 但是同时也大幅度增加了的 von Mises 应力, 对螺栓的材料强度标准提出了更高的要求。

8.1.4 总结

连接装配是各种装备和机械结构无法回避的工艺流程, 正如螺栓法兰连接结构在各种飞机机身、船舶与海洋工程结构等场景的大量应用, 都离不开高可靠性的连接零件预紧结构设计。面对不同的载荷作用环境, 需要有效地分析螺栓的螺纹接触面上实际摩擦接触位置和状态, 才能真实地预测出预紧效果的实现是来自哪个位置上的摩擦自锁作用, 只有避免结构应力集中于局部接触面, 才能提高连接预紧的可靠性。因此, 只有不断深入地研究摩擦接触机制, 才能进一步提升螺栓法兰结构这类机械连接方式的实用性和工艺价值，为各种重要工程装备结构的模块化装配设计提供了重要的技术支撑。

参 考 文 献

[1] Liu X C, He X N, Wang H X, et al. Bending-shear performance of column-to-column bolted-flange connections in prefabricated multi-high-rise steel structures. Journal of Constructional Steel Research, 2018, 145: 28-48.

[2] 孙衍山, 曾周末, 杨昊. 航空发动机机匣螺栓连接结构力学特性影响因素. 机械科学与技术, 2017, 36(12): 19694-19695.

[3] Http://www.360doc.com/content/18/0408/21/52146682_744011902.shtml.

[4] Wileman J, Choudhury M, Green I. Computation of member stiffness in bolted connections. Journal of Mechanical Design, 1991, 113(4): 432-437.

[5] Schiffner K, Helling C. Simulation of prestressed screw joints in complex structures. Computers & Structures, 1997, 64(5-6): 995-1003.

[6] Yorgun C, Dalci S, Altay G A. Finite element modeling of bolted steel connections designed by double channel. Computers & Structures, 2004, 82(29/30): 2563-2571.

[7] Zhang O, Poirier J A. New analytical model of bolted joints. Journal of Mechanical Design, 2004, 126(4): 721-728.

[8] Kim J, Yoon J C, Kang B S. Finite element analysis and modeling of structure with bolted joints. Applied Mathematical Modelling, 2007, 31(5): 895-911.

[9] Abidelah A, Bouchair A, Kerdal D E. Influence of the flexural rigidity of the bolt on the behavior of the T-stub steel connection. Engineering Structures, 2014, 81: 181-194.

[10] Pavlovic M, Heistermann C, Veljkovic M, et al. Friction connection vs. ring flange connection in steel towers for wind converters. Engineering Structures, 2015, 98: 151-162.

[11] Jamia N, Jalali H, Taghipour J, et al. An equivalent model of a nonlinear bolted flange joint. Mechanical Systems and Signal Processing, 2021, 153(25-26): 107507.

[12] Beaudoin M A, Behdinan K. Analytical lump model for the nonlinear dynamic response of bolted flanges in aero-engine casings. Mechanical Systems and Signal Processing, 2019, 115: 14-28.

[13] Fukuoka T, Nomura M. Proposition of helical thread modeling with accurate geometry and finite element analysis. Journal of Pressure Vessel Technology, 2008, 130(1): 135-140.

(本案例由曾岩供稿)

8.2 基于柱壳纵剖面梁模型的箭体螺栓法兰连接刚度分析

8.2.1 工程背景

为满足多级运载火箭承载和分离功能的需要，螺栓法兰连接成为国内外多级运载火箭级间装配的主流设计方案 [1](图 8.2.1)。螺栓法兰连接由于具有构造简单、易操作性好以及可靠性较高等特点 [2]，被美国国家航空航天局兰利研究中心 (NASA Langley Research Center) 视为一种低成本、短周期的结构技术，同时也被纳为未来航空航天系统结构技术规划的六大方向之一 [3]。由于螺栓法兰装配结构存在从柱壳到法兰盘面的几何突变，并且法兰盘面和螺栓布局相对于柱壳表面存在偏置特性，柱壳轴向拉伸会影响法兰盘间接触状态，即当拉伸载荷过大时，法兰装配接触面将发生局部分离 (即接触退化问题)，造成连接结构刚度损失 (已有研究发现极端载荷下航天结构连接刚度会降低 35%~45%[4])。为了预测接触退化程度分析接触压力及接触范围，一般需要建立关于接触压力及接触范围的积分方程组 [5-7]，其常规解法难以应对复杂载荷工况。因此，如何通过合理的模型简化获得更加方便求解的方程，就成为解决此问题的关键。

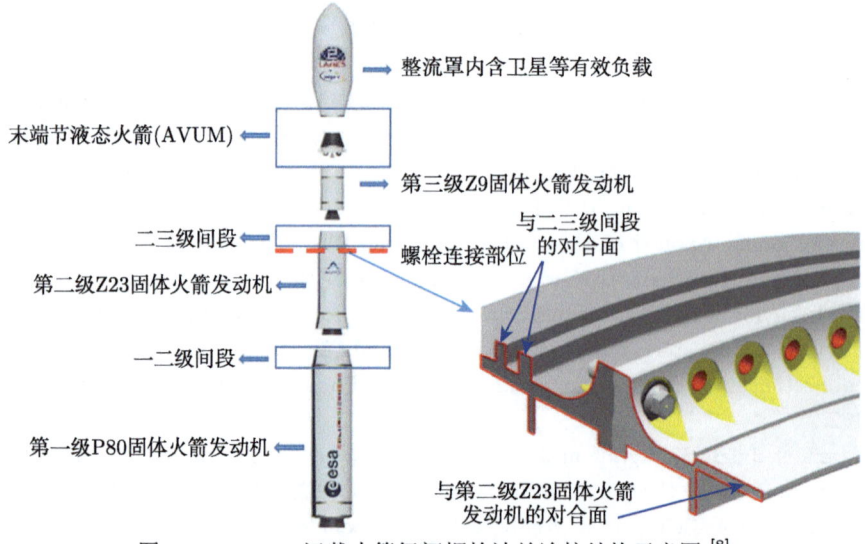

图 8.2.1 Vega 运载火箭级间螺栓法兰连接结构示意图 [8]

8.2.2 柱壳纵剖面梁模型的理论分析

Couchaux 等 [9] 基于考虑侧向应力及剪应力的高阶改进梁理论 [10]，对偏置拉伸载荷作用下连接结构装配法兰间的接触压力分布进行了研究，认为法兰盘发生局部分离时，接触范围存在于自由端与螺栓紧固区域之间 (图 8.2.2)，且接触压力分布高度依赖于接触区域长度与法兰厚度的比值。这一模型未考虑螺栓装配预紧力对法兰盘接触压力分布的影响，导致偏置载荷的幅值远大于螺栓预紧力，这种加载条件对于航天器等结构的工程设计而言是不允许出现的结构破坏性载荷。

8.2 基于柱壳纵剖面梁模型的箭体螺栓法兰连接刚度分析

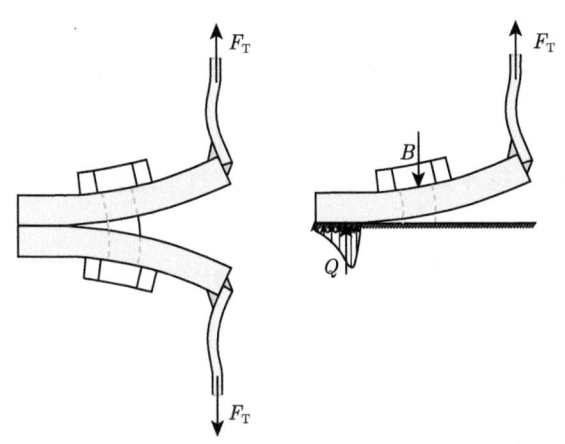

图 8.2.2 极端偏置拉伸载荷下的连接结构变形[9]

因此，本节从理论的基本假设开始，重新研究了螺栓法兰装配的柱壳连接结构 (图 8.2.3)。设加载端面上的轴向载荷无偏置，柱壳作为传力结构将此均布载荷传递到螺栓法兰连接结构。由于法兰盘面上螺栓位置的偏置特性，拉伸载荷将影响法兰盘接触压力分布，导致局部分离；同时法兰盘端截面的变形转角与圆柱壳段相应交界截面变形转角协调，使柱壳靠近法兰盘处局部翘曲。由此可知，可以对模型做如下假定：① 柱壳段法兰盘加载端截面的平均变形转角与相应柱壳段端面的变形转角保持协调；② 加载端面上的轴向载荷不受翘曲影响，柱壳段高度远大于法兰盘高度；③ 柱壳承载时材料恒处于线弹性状态，柱壳壁厚为常量且远小于其直径，即认为线弹性薄壳理论可用于柱壳建模分析。

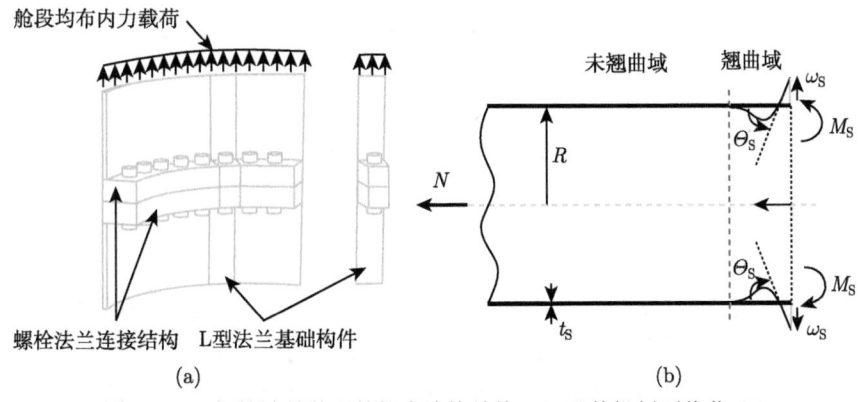

图 8.2.3 螺栓法兰装配的柱壳连接结构 (a) 及其纵剖面载荷 (b)

考虑结构对称性，柱壳受到图 8.2.3 所示无偏置的轴向拉伸载荷时，其柱坐标系下挠度方程为[11]

$$D\frac{\mathrm{d}^4\omega}{\mathrm{d}x^4} + \frac{E_\mathrm{S}t_\mathrm{S}}{R^2}\omega = -\frac{\mu_\mathrm{S}N}{2\pi R^2} \tag{8.2.1}$$

式中，$D = E_\mathrm{S}t_\mathrm{S}^3/12(1-\mu_\mathrm{S}^2)$，$E_\mathrm{S}$、$\mu_\mathrm{S}$、$t_\mathrm{S}$ 及 R 分别为柱壳弹性模量、泊松比、壁厚及半径；N 为轴向拉伸载荷合力幅值。此方程的通解为

$$\omega = \mathrm{e}^{-\beta x}(C_1\cos\beta x + C_2\sin\beta x) + \mathrm{e}^{\beta x}(C_3\cos\beta x + C_4\sin\beta x) - \frac{\mu_\mathrm{S}N}{2\pi E_\mathrm{S}t_\mathrm{S}} \tag{8.2.2}$$

式中，$\beta = \sqrt[4]{3(1-\mu_\mathrm{S}^2)}/\sqrt{Rt_\mathrm{S}}$；因靠近法兰端的柱壳局部翘曲，其截面变形转角与法兰盘端截面平均转角协调，设为 $\varTheta_\mathrm{S}$；远离法兰端的柱壳无翘曲，故 C_3、C_4 常量为零。由法兰盘对称性，图 8.2.3 中 L 型法兰基础构件侧边无切应力，由平衡关系判断柱壳相应交界截面无剪切内力，由此补充边界条件

$$Q_\mathrm{S} = -D\frac{\mathrm{d}^3\omega}{\mathrm{d}x^3}\bigg|_{x=0} = 0, \qquad \frac{\mathrm{d}\omega}{\mathrm{d}x}\bigg|_{x=0} = \varTheta_\mathrm{S} \tag{8.2.3}$$

由式 (8.2.2) 和式 (8.2.3)，柱壳挠度为

$$\omega(x) = \frac{\mathrm{e}^{-\beta x}}{2\beta}(\varTheta_\mathrm{S}\sin\beta x - \varTheta_\mathrm{S}\cos\beta x) - \frac{\mu_\mathrm{S}N}{2\pi E_\mathrm{S}t_\mathrm{S}} \tag{8.2.4}$$

与之对应的柱壳与法兰交界端截面挠度及弯矩分别为

$$\omega_\mathrm{S} = \omega|_{x=0} = -\frac{\varTheta_\mathrm{S}}{2\beta} - \frac{\mu_\mathrm{S}N}{2\pi E_\mathrm{S}t_\mathrm{S}} \tag{8.2.5}$$

$$M_\mathrm{S} = M|_{x=0} = D\beta\varTheta_\mathrm{S} \tag{8.2.6}$$

由式 (8.2.6) 可知，当柱壳翘曲发生时，法兰盘加载端面的内力弯矩与其平均变形转角成正比。

如图 8.2.3(a) 所示，对较大直径的柱壳连接结构，可以针对每个螺栓所在位置进行纵切，获得与螺栓个数相同的 L 型法兰基础构件，来实现建模分析。因此，可以将 L 型法兰基础构件上的法兰面简化为考虑侧向应力及剪应力的梁模型，同时不考虑螺栓孔影响且不计螺栓头与螺母形貌差异；由于在本节所考虑的工况条件下，螺栓–法兰盘装配结构的各力学参量关于法兰盘接触面对称，可知装配体在法兰盘接触面内任一点的挠度及摩擦力为零，如图 8.2.4 所示。

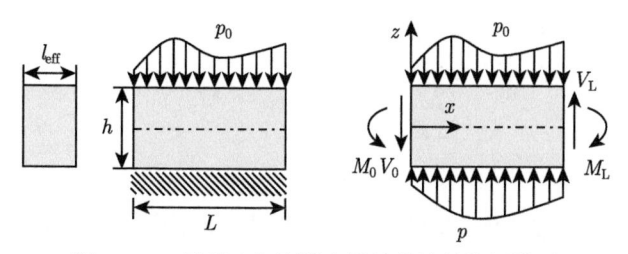

8.2 基于柱壳纵剖面梁模型的筒体螺栓法兰连接刚度分析

图 8.2.4 法兰盘与刚性光滑地基接触的梁模型

对侧底面与光滑刚性地基接触的梁段，Couchaux 结合平面应力问题平衡方程及梁理论[12]，给出如下截面内力表征的改进梁平衡方程弱形式：

$$F(x) = \frac{\mathrm{d}M(x)}{\mathrm{d}x}, \quad p(x) = p_0(x) - \frac{\mathrm{d}F(x)}{\mathrm{d}x} \tag{8.2.7}$$

式中，$F(x)$ 为截面剪力；$M(x)$ 为截面弯矩；$p(x)$ 及 $p_0(x)$ 分别为梁侧底面接触压力及梁侧顶面分布载荷。由平面应力问题几何条件、物理条件及梁侧底面接触面挠度约束条件，可得与刚性光滑地基接触的梁段弯矩方程为

$$\frac{\mathrm{d}^4 M}{\mathrm{d}x^4} - \frac{84}{13h^2}\frac{\mathrm{d}^2 M}{\mathrm{d}x^2} + \frac{420}{13h^4}M = \frac{35}{26}\frac{\mathrm{d}^2 p_0}{\mathrm{d}x^2} \tag{8.2.8}$$

当法兰盘接触面不分离时（图 8.2.5），依据法兰盘上表面是否存在分布载荷，将其虚拟分割为 3 个计算域 R_1、R_2 和 R_3。对于以上三个计算域，式 (8.2.8) 弯矩方程右端恒为零。

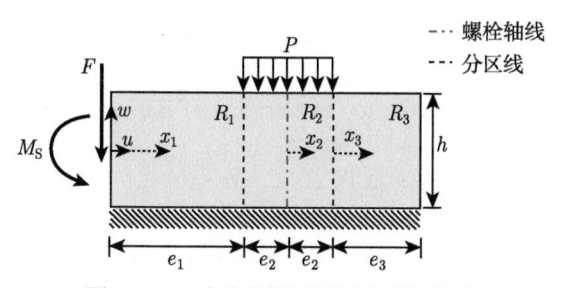

图 8.2.5 法兰盘接触面不分离的情形

当偏置拉伸载荷幅值大于临界载荷时，法兰盘发生局部分离，一般在非极端拉伸载荷下，分离域位于偏置拉伸载荷端面与螺栓紧固域之间。因此，将法兰盘虚拟分割为如图 8.2.6 所示四个计算域：保持接触的计算域 R_1、R_2 和 R_3 仍然适用式 (8.2.8) 的梁截面内力弯矩方程；分离域 R_S 因侧底面挠度为零的约束条件不成立，故式 (8.2.8) 截面内力弯矩方程不再适用。

最后，由平衡关系，R_S 分离域内的弯矩为

$$M_R(x_R) = Fx_R + M_S \tag{8.2.9}$$

8.2.3 总结

上述基于弹性薄壳理论和 Couchaux 改进梁理论构造的螺栓法兰装配柱壳连接结构理论模型，通过与有限元模型对比，验证了其可以在一定精度下高效预测分离阶段柱壳螺栓法兰连接结构刚度的非线性变化规律[13]，即能够准确描述法兰盘分离过程中带来的连接刚度损失；由此理论模型不但可以考虑预紧力的影响，亦可以有效提高采用此类柱壳连接方式的航天器等的结构设计效率。

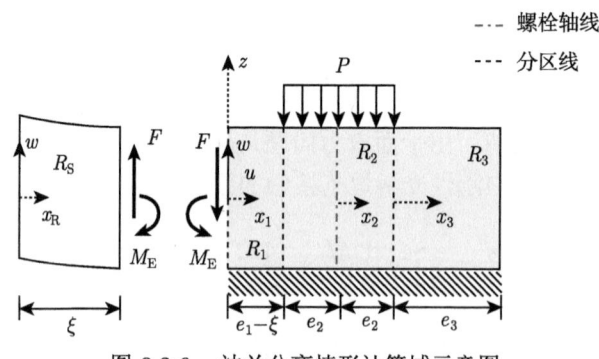

图 8.2.6　法兰分离情形计算域示意图

参 考 文 献

[1] 李福昌, 余梦伦, 朱维增. 运载火箭及总体设计要求概论 (二)——运载火箭总体设计. 航天标准化, 2002, (6): 36-43.

[2] Bickford J H. An Introduction to the Design and Behavior of Bolted Joints. 2nd ed. New York: Marcel Dekker Inc., 1990.

[3] Noor A K, Venneri S L, Paul D B, et al. Structures technology for future aerospace systems. Computers and Structures, 2000, 74(5)：507-519.

[4] 张相盟, 王本利, 刘源. 含迟滞力约束悬臂梁的非线性振动研究. 航空学报, 2013, 34(11): 2539-2549.

[5] Comez I, Birinci A, Erdol R. Double receding contact problem for a rigid stamp and two elastic layers. European Journal of Mechanics-A/Solids, 2004, 23(2)：301-309.

[6] Yaylaci M, Birinci A. The receding contact problem of two elastic layers supported by two elastic quarter planes. Struct. Eng. Mech., 2013, 48(2): 241-255.

[7] Adiyaman G, Birinci A, Öner E, et al. A receding contact problem between a functionally graded layer and two homogeneous quarter planes. Acta Mechanica, 2016, 227(6): 1753-1766.

[8] Gori F, de Stefanis M, Worek W M, et al. Transient thermal analysis of Vega launcher structures. Applied Thermal Engineering, 2008, 28(17-18): 2159-2166.
[9] Couchaux M, Hjiaj M, Ryan I, et al. Effect of contact on the elastic behaviour of tensile bolted connections. Journal of Constructional Steel Research, 2017, 133: 459-474.
[10] Baluch M H, Azad A K, Khidir M A. Technical theory of beams with normal strain. Journal of Engineering Mechanics, 1984, 110(8): 1233-1237.
[11] Timoshenko S P, Woinowsky-Kreiger S. Theory of Plates and Shells. New York: McGraw-hill Companies, 1959.
[12] Couchaux M, Hjiaj M, Ryan I. Enriched beam model for slender prismatic solids in contact with a rigid foundation. International Journal of Mechanical Sciences, 2015, 93: 181-190.
[13] 潘嘉诚, 关振群, 曾岩, 等. 柱壳结构螺栓法兰连接非线性刚度分析. 机械工程学报, 2021, 57(1): 28-39.

(本案例由曾岩供稿)

8.3 基于静力平衡的螺栓法兰连接结构等效弹簧建模方法

8.3.1 工程背景

螺栓法兰连接结构作为管道装配 (图 8.3.1) 和箭体结构连接 (图 8.3.2) 的常规手段，由于在连接部位的螺栓孔间距必须满足装配工艺要求 (比如装配时扭转螺母所需的预留空间等)，所能采用的螺栓个数受到直接限制，导致连接部位的结构动力学特性往往具有非线性和不确定性等性质。然而，在早期的螺栓法兰连接结构动力学设计中，往往忽略了上述问题。比如，对于火箭舱段间的连接部位和级间分离部位等连接面，传统设计中的动力学模型默认螺栓法兰结构始终是紧密连接的，即连接面两端部件的位移始终协调[1]，由此就能采用等效线性化方式进行动力学分析[2]。然而，当连接结构受到较大横向载荷时，连接面会出现局部分

图 8.3.1 管道结构的螺栓法兰连接

图 8.3.2　美国民兵 I 号导弹舱段装配照片 [3]

离导致紧密连接假设不再成立。此时，如果仍使用等效线性化的建模方法，会导致航行体的结构动力学设计不合理。大尺寸连接结构的动力学试验往往非常复杂，成本高昂，而静力试验更加简单便捷。因此，如果能设计一套利用静力平衡关系来建立螺栓法兰连接结构动力学模型的方法，将在各类工程连接结构设计中发挥重要的技术支撑作用。

8.3.2　静力平衡条件下的箭体柱壳螺栓法兰连接等效弹簧建模

在箭体主承力柱壳结构中，其动力学响应的非线性特性主要来源于连接结构，而各舱段一般仍为线性结构，因此建立局部连接结构的非线性模型与舱段线性模型相结合的总体动力学分析模型是有效的解决方案 [3,4]。对于通过螺栓法兰连接的两段柱壳结构，可将其分为三段分别进行建模，如图 8.3.3 所示。

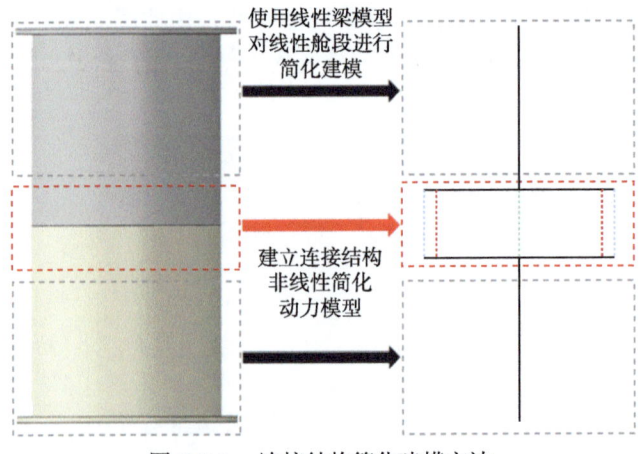

图 8.3.3　连接结构简化建模方法

8.3 基于静力平衡的螺栓法兰连接结构等效弹簧建模方法

远离连接结构的柱壳采用线性梁模型进行简化建模；在连接结构附近将结构断开，使用非线性弹簧组合对连接结构进行简化，如图 8.3.4 所示。连接结构简化建模具体步骤如下：① 以线性梁表征线性结构，靠近连接结构对接面两侧分别创建距离 L_0 的节点 O 和 O'，两点间距需大于法兰总厚度来减少局部变形影响，在两节点间建立连接结构简化动力学模型；② 以 O 和 O' 为中心分别用 n 个刚性梁构成刚性平面，刚性梁上距中心点半径 R_c 和 R_t 处分别生成节点对 $A_i(A_i')$ 和 $B_i(B_i')$，接入压缩弹簧和拉伸弹簧，R_c 和 R_t 为待定参数；③ A_i 和 A_i' 间以压缩刚度为 k_c 的压缩弹簧连接，B_i 和 B_i' 间以拉伸刚度为 k_t 的拉伸弹簧连接，并在 O 和 O' 间加入刚度为 k_s 的剪切弹簧，k_c、k_t 和 k_s 为待定参数；④ 由结构静力分析获取模型待定参数。

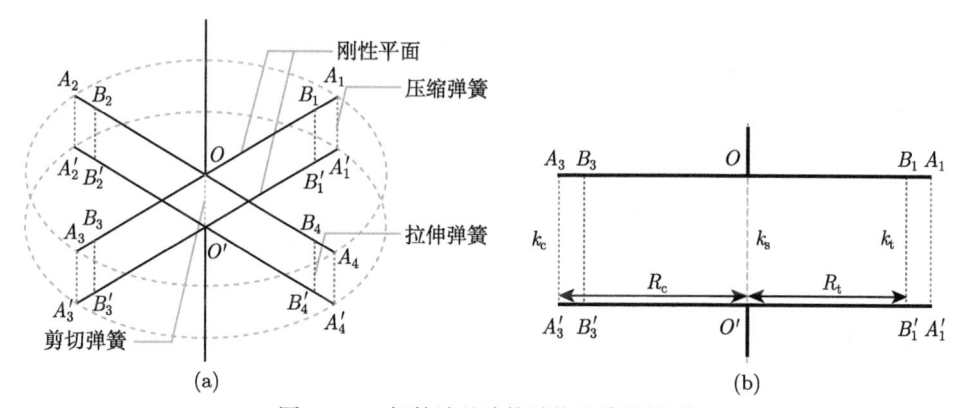

图 8.3.4 螺栓法兰连接结构非线性模型

此模型有 7 个待定参数：对接面距离 L_0，刚性梁数量 n，压缩弹簧分布半径 R_c 及其刚度 k_c，拉伸弹簧分布半径 R_t 及其刚度 k_t，剪切弹簧刚度 k_s。各参数确定流程如下：根据结构形式确定对接面距离 L_0 和刚性梁数量 n。L_0 要尽量小，从而既不影响线性结构动力学特性，又要足够大来消除局部变形影响。当螺栓数量 n_b 较多时 ($n_b \geqslant 12$)，刚性梁数量 n 一般可直接取连接结构的螺栓数量，此时拉伸弹簧的数量 n_t 以及压缩弹簧的数量 n_c 与刚性梁数量 n 相同。当螺栓数量 n_b 较少时 ($n_b=4, 6, 8$)，拉伸弹簧的数量 n_t 仍与螺栓数量一致，而压缩弹簧数量 n_c 则建议取螺栓数量的整数倍，以保证结构横向响应的均匀性，此时刚性梁的数量 n 与压缩弹簧的数量 n_c 相同。确定拉伸弹簧刚度 k_t 和压缩弹簧刚度 k_c。分别计算拉压静载荷下结构相对变形 (图 8.3.5～图 8.3.7)，由式 (8.3.1) 和式 (8.3.2) 计算拉伸弹簧刚度 k_t 和压缩弹簧刚度 k_c。

$$k_t = \frac{F_t}{(L_t - L_0)n} \tag{8.3.1}$$

$$k_{\mathrm{c}} = \frac{F_{\mathrm{c}}}{(L_{\mathrm{c}} - L_0)n} \tag{8.3.2}$$

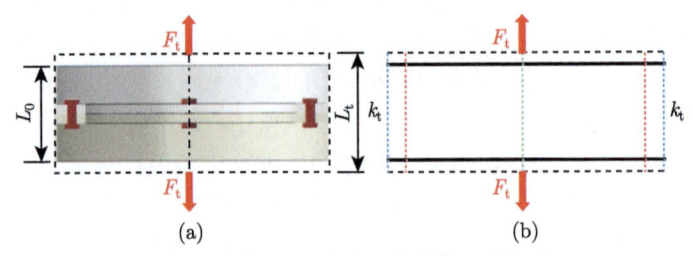

图 8.3.5　连接结构在拉伸载荷下的变形

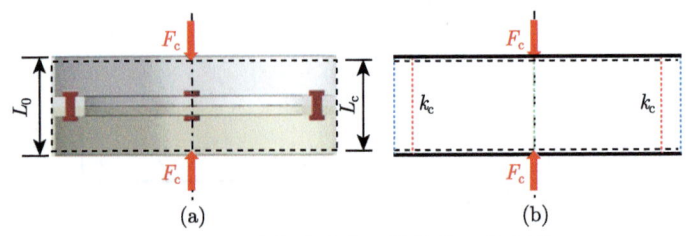

图 8.3.6　连接结构在压缩载荷下的变形

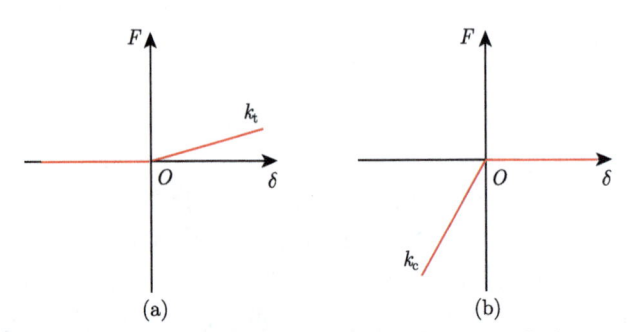

图 8.3.7　拉伸弹簧和压缩弹簧的载荷–位移曲线

确定拉伸弹簧分布半径 R_{t} 和压缩弹簧分布半径 R_{c}。第 i 号刚体梁与第 1 号刚体梁间的夹角为 α_i。由弯曲载荷下结构静力响应，得到连接结构相对转角 θ 和轴向位移 u_{a}（图 8.3.8）。$\delta_{\mathrm{t}i}$ 和 $\delta_{\mathrm{c}i}$ 分别代表第 i 号刚体梁上的拉伸弹簧和压缩弹簧的变形量，可以用式 (8.3.3) 表示，此时对应的拉伸弹簧刚度 k_{t} 和压缩弹簧刚度 k_{c} 如式 (8.3.4) 和式 (8.3.5) 所示。由弯矩平衡建立式 (8.3.6)，联立求解如下各式可得 R_{t} 和 R_{c} 取值。

$$\begin{cases} \delta_{\mathrm{t}i} = u_{\mathrm{a}} + \theta R_{\mathrm{t}} \cos \alpha_i \\ \delta_{\mathrm{c}i} = u_{\mathrm{a}} + \theta R_{\mathrm{c}} \cos \alpha_i \end{cases} \tag{8.3.3}$$

8.3 基于静力平衡的螺栓法兰连接结构等效弹簧建模方法

$$k_\mathrm{t} = \begin{cases} k_\mathrm{t}, & \delta_{\mathrm{t}i} > 0 \\ 0, & \delta_{\mathrm{t}i} \leqslant 0 \end{cases} \tag{8.3.4}$$

$$k_\mathrm{c} = \begin{cases} 0, & \delta_{\mathrm{c}i} \geqslant 0 \\ k_\mathrm{c}, & \delta_{\mathrm{c}i} < 0 \end{cases} \tag{8.3.5}$$

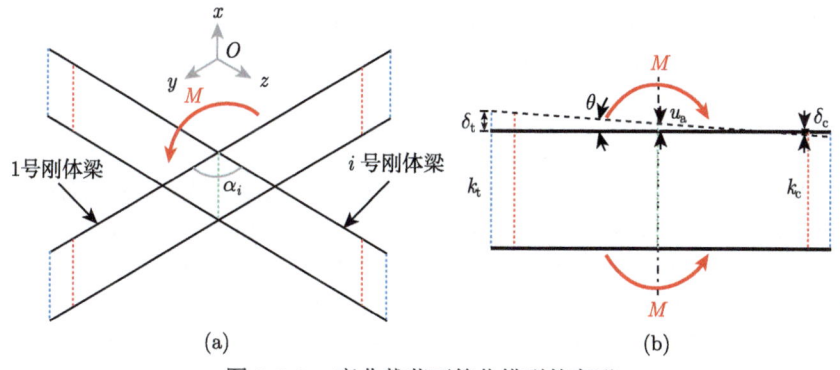

$$\sum_{i=1}^{n}(k_\mathrm{t}\delta_{\mathrm{t}i}R_\mathrm{t}\cos\alpha_i + k_\mathrm{c}\delta_{\mathrm{c}i}R_\mathrm{c}\cos\alpha_i) + M = 0 \tag{8.3.6}$$

图 8.3.8 弯曲载荷下简化模型的变形

根据横向剪切载荷 F_s 下结构的相对横向位移响应 u_t(图 8.3.9),使用式 (8.3.7) 计算剪切弹簧刚度 k_s。

$$k_\mathrm{s} = \frac{F_\mathrm{s}}{u_\mathrm{t}} \tag{8.3.7}$$

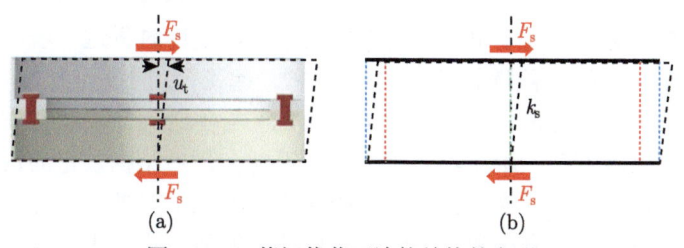

图 8.3.9 剪切载荷下连接结构的变形

需要注意的是,此处使用线性拉伸弹簧和压缩弹簧模拟结构的轴向刚度。在螺栓预紧力的作用下,结构的轴向刚度存在一定的非线性特性。但实际结构受到的横向载荷很大时,预紧力载荷所带来的非线性特性对整体结构动力特性影响不大,因此仍可以使用拉伸弹簧和压缩弹簧进行近似。此外,在获得结构模态实验结果的情况下，可以由轴向频率修正简化模型拉压刚度，由横向频率可修正弹簧分布半径参数，从而获得更精确的结构动力学模型。

8.3.3 总结

由上述流程可以看出，虽然面对复杂的螺栓法兰连接结构动力学建模问题，往往会遇到难于直接采用动力学试验或有限元仿真的方法获得所需的动力学特征参数，但是利用理论力学中的静力平衡关系，配合适当的模型假设，就能发挥重要的工程技术价值，用最简单的技术流程在工程误差许可范围内快速实现模型的参数辨识和更新迭代，有力地推动相关设计方案的动力学响应预测和修正。只有切实将所知所学应用到实际工程设计需求中，才能学有所用、学以致用，在发挥想象力的同时，使所掌握的理论方法落地发芽！

参 考 文 献

[1] 邱吉宝. 结构动力学及其在航天工程中的应用. 合肥：中国科学技术大学出版社, 2015.
[2] 李为, 陈国平. 含转动连接的平面梁结构连接刚度修正. 江苏航空, 2008, (S1): 23-25.
[3] http://www.360doc.com/content/17/1115/09/39482574_703964392.shtml.
[4] Sim C H, Kim G S, Kim D G, et al. Experimental and computational modal analyses for launch vehicle models considering liquid propellant and flange joints. International Journal of Aerospace Engineering, 2018, (2): 1-12.

(本案例由曾岩供稿)

8.4 三级箭体螺栓法兰双连接面动力学简化模型

8.4.1 工程背景

第二次世界大战结束后，美国继承了德国的研究成果，于 1949 年研制了第一枚多级火箭，这种将几个单级火箭连接在一起、发射时每过一段时间将不再有用的部分抛弃掉(无需再消耗推进剂来带着它一起飞行)的设计方式，逐渐占据了太空运载工具的主体地位。多级火箭(图 8.4.1)与单级火箭相比有如下优点：每级火箭工作结束后可抛，避免随着燃料不断消耗，最后结构重量的占比增加，由此确保获得良好的加速性能；独立工作的各级火箭发动机处于最佳状态，可以灵活地选择每一级推力的大小和工作时间，以适应发射轨道要求。但是，多级火箭也有缺点，除了其结构复杂且发动机数量多导致的可靠性低之外，串联级间段连接的结构细长、弯曲刚度差等情况也是在研究火箭发射过程的动力学响应时需着重研究的问题。另外，螺栓法兰对接面的存在令舱段结构间丧失了连续性，导致整体结构动力学特性复杂[1,2]，因此需要开展不同动力学载荷工况下螺栓法兰连接结构的非线性振动分析，以便获得更精确的整体结构动力学特征。因此，面向

8.4 三级箭体螺栓法兰双连接面动力学简化模型 · 307 ·

常见的三级串联运载火箭结构,为快速掌握不同设计方案的动力学特征,需要解决箭体螺栓法兰双连接面耦合动力学简化建模问题,才能通过箭体简化模型进行结构非线性动力学响应分析,实现高效率的结构设计方案迭代。

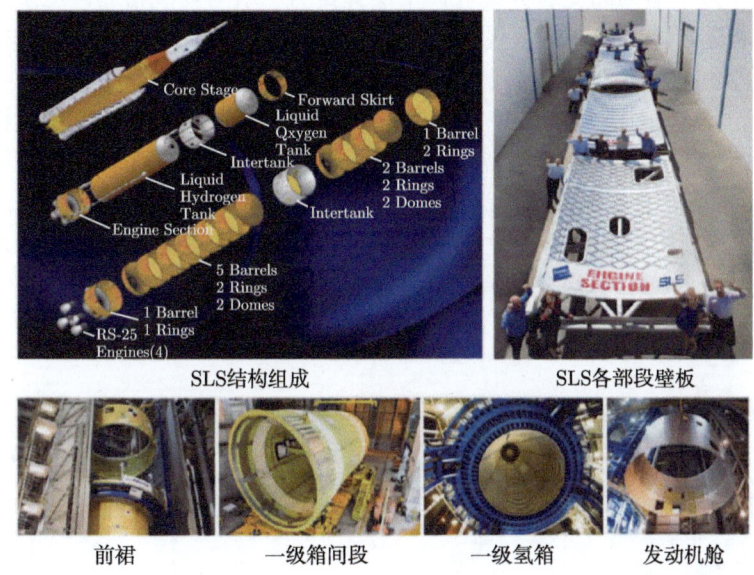

图 8.4.1 空间发射系统 (space launch system,SLS) 及级间段图 [3]

8.4.2 基于机械能守恒定律的三级箭体螺栓法兰双连接面动力学模型

在建立三级箭体结构 (比如图 8.4.2 所示的长征六号运载火箭) 的等效动力学模型之前,需要引入如下假设:① 忽略箭体舱段部分的变形,因此可以将舱段部分等效为刚体;② 螺栓法兰连接部分采用弹簧模型来代替实际机械结构,并令弹簧选取与实际螺栓法兰结构有相同的连接刚度。

图 8.4.2 长征六号运载火箭

为便于研究如图 8.4.3 所示的典型双连接面的螺栓法兰连接结构动力学特性，考虑到主要关注的是结构在螺栓法兰连接部位的相对变形，因此不妨将舱段一端固支，得到双连接面的螺栓法兰连接结构四自由度简化动力学模型 (图 8.4.4)。其中，下层弹簧下端为固支边界条件，下层弹簧另一端与部段相连，上层弹簧两端均与部段相连，并引用如下假设：弹簧变形始终为弹性小变形；部段近似为刚体，连接面为刚性面；部段质心位于图 8.4.4 所示连接面中心点，且连接面中心仅有纵向位移。各部段刚体质量为 M_1、M_2，转动惯量为 J_1、J_2；第 1 个连接面为下连接面，两个弹簧刚度为 k_{11}、k_{12}；第 2 个连接面为上连接面，两个弹簧刚度为 k_{21}、k_{22}；各连接面上弹簧间距为 b；下连接面中心点 O_1 纵向位移为 u_1、相对中心点 O_1 的下连接面转角为 θ_1，上连接面中心点 O_2 纵向位移为 u_2、相对中心点 O_2 的上连接面转角为 θ_2。因弹簧刚度非线性，结构在横向冲击下，两侧弹簧变形不同会引起刚体转动。

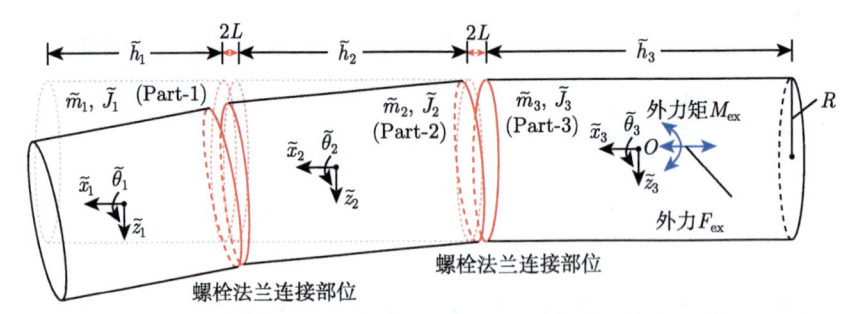

图 8.4.3　无约束状态下的双连接面 (红色区域) 螺栓法兰连接结构模型示意图

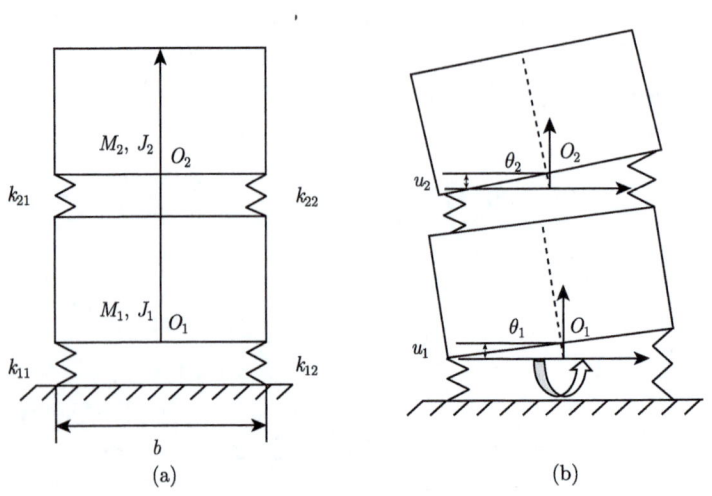

图 8.4.4　施加固定约束后的双连接面螺栓法兰连接结构四自由度质量–弹簧系统模型

8.4 三级箭体螺栓法兰双连接面动力学简化模型

根据理论力学中的动能和势能定义可知,这一系统的动能和势能可分别表示为

$$T = \frac{1}{2}m_1\dot{u}_1 + \frac{1}{2}m_2(\dot{u}_1 + \dot{u}_2)^2 + \frac{1}{2}J_1\dot{\theta}_1^2 + \frac{1}{2}J_2(\dot{\theta}_1 + \dot{\theta}_2)^2 \tag{8.4.1}$$

$$U = \frac{1}{2}\sum_{i=1}^{2}\sum_{j=1}^{2}k_{ij}\delta_{ij}^2 \tag{8.4.2}$$

$$\delta_{ij} = u_i + (-1)^j \frac{b\theta_i}{2} \tag{8.4.3}$$

由保守系统的机械能守恒定律,考虑非保守力只有阻尼力,可得如下动力学方程:

$$\boldsymbol{M}\ddot{\boldsymbol{y}} + \boldsymbol{C}\dot{\boldsymbol{y}} + \boldsymbol{K}(\boldsymbol{y})\boldsymbol{y} = 0 \tag{8.4.4}$$

其中,$\boldsymbol{y} = [u_1, u_2, \theta_1, \theta_2]^{\mathrm{T}}$;假设系统阻尼项为阻尼系数 ζ 的线性模态阻尼,且第 i 阶自由度主频为 ω_i,则有

$$\boldsymbol{M} = \begin{bmatrix} M_1 + M_2 & M_2 & & \\ M_2 & M_2 & & \\ & & J_1 + J_2 & J_2 \\ & & J_2 & J_2 \end{bmatrix} \tag{8.4.5}$$

$$\boldsymbol{C} = 2\zeta \begin{bmatrix} M_1\omega_1 & & & \\ & M_2\omega_2 & & \\ & & J_1\omega_3 & \\ & & & J_2\omega_4 \end{bmatrix} \tag{8.4.6}$$

$$\boldsymbol{K} = \begin{bmatrix} K_1 & 0 & \dfrac{-bK_3}{2} & 0 \\ 0 & K_2 & 0 & \dfrac{-bK_4}{2} \\ \dfrac{-bK_3}{2} & 0 & \dfrac{b^2K_1}{2} & 0 \\ 0 & \dfrac{-bK_4}{2} & 0 & \dfrac{b^2K_2}{2} \end{bmatrix} \tag{8.4.7}$$

$$K_i = \begin{cases} k_{j1} + k_{j2}, & j = i,\ i = 1, 2 \\ k_{j1} - k_{j2}, & j = i - 2,\ i = 3, 4 \end{cases} \tag{8.4.8}$$

由上述公式可知，质量阵 (8.4.5) 有多个质量耦合项，且刚度阵 (8.4.7) 各元素需要通过式 (8.4.3) 和式 (8.4.8) 计算，其非线性特征源于弹簧刚度，且与多个位移响应耦合。

最后，考虑连接模型的弹簧刚度形式。栾宇等将拉压双线性刚度弹簧引入到螺栓法兰连接结构模型中，将复杂的模型简化为两自由度弹簧-质量系统，发现螺栓法兰连接结构横纵耦合振动关系，并由此阐释纵向和横向运动耦合的机制[4]。在此基础上，芦旭等引入横向自由度研究弯扭剪耦合作用下含剪力销的螺栓法兰连接结构刚度模型[5,6]。潘嘉诚等建立考虑局部接触分离的螺栓法兰连接结构模型，研究螺栓法兰连接结构分离阶段的刚度非线性特征[7]。李刚等提出可表征箭体舱段连接结构非线性特征的模型，由此基于静力分析或静载试验识别参数，建立火箭结构总体的横纵耦合动力学分析模型[8]。上述对连接弹簧的刚度建模方法可以应用于前面所述的简化模型中，比如假设弹性小变形阶段的螺栓法兰连接结构刚度具有拉压不同的双线性特征。设连接面处于纵向拉伸状态时，此弹簧形变 δ 大于 0、刚度为 k_t；而连接面处于压缩状态时，此弹簧形变 δ 小于 0、刚度为 k_c，可见第 i 个连接面处的第 j 个弹簧刚度 K_{ij} 可表示为

$$K_{ij}(\delta_{ij}) = \begin{cases} k_{ti}, \delta_{ij} \geqslant 0 \\ k_{ci}, \delta_{ij} < 0 \end{cases}, \quad i = 1, 2, j = 1, 2 \qquad (8.4.9)$$

8.4.3 总结

通过简化模型的动力学分析发现，在初始角速度作用下，两部段刚体都出现纵向位移响应，体现了连接结构非线性导致的横纵耦合响应特征[9]，即横向冲击 (以初始角速度描述) 引起纵向响应。O_2 的纵向位移幅值比 O_1 的纵向位移幅值更大，表明下部段的横向冲击能导致上部段更大的纵向响应幅值。在各连接面非线性刚度的影响下，不但连接面自身的纵向位移与转角位移相互影响，而且两个连接面之间的位移响应也相互耦合。下部结构受横向激励时，上部结构出现与下部结构相比更大的纵向位移响应。可见，多连接面非线性的螺栓法兰结构设计时不能仅考虑载荷作用处的响应，其远端结构的响应放大效应也必须考虑。由此可知，针对箭体复杂结构的动力学响应分析问题，只要找准结构简化策略要点，就可以通过理论力学的基础知识建立方便快捷的分析模型，在定性分析中掌握其动力学行为的显著特征。

参 考 文 献

[1] 栾宇, 刘松, 关振群, 等. 小变形下螺栓法兰连接结构的静刚度非线性特性. 强度与环境, 2011, (03): 29-35.

[2] 芦旭, 王平, 王建男, 等. 含剪力销 (锥) 螺栓法兰连接结构非线性特性. 计算力学学报, 2015, (4): 503-511.

[3] 王国辉, 曾杜娟, 刘观日, 等. 中国下一代运载火箭结构技术发展方向与关键技术分析. 宇航总体技术, 2021, 5(5):1-11.

[4] Luan Y, Guan Z, Cheng G, et al. A simplified nonlinear dynamic model for the analysis of pipe structures with bolted flange joint. Journal of Sound & Vibration, 2012, 331(2): 325-344.

[5] Lu X, Zeng Y, Chen Y, et al. Transient response characteristics of a bolted flange connection structure with shear pin/cone. Journal of Sound & Vibration, 2017, 395: 240-257.

[6] 芦旭, 张宇航, 陈岩, 等. 含剪力销 (锥) 螺栓法兰连接结构弯剪扭耦合振动研究. 振动与冲击, 2017, (2): 139-146.

[7] 潘嘉诚, 关振群, 曾岩, 等. 柱壳结构螺栓法兰连接非线性刚度分析. 机械工程学报, 2021, (1): 28-39.

[8] Li G, Nie Z, Zeng Y, et al. New simplified dynamic modeling method of bolted flange joints of launch vehicle. ASME Journal of Vibration and Acoustics, 2020, 142(2): 021011.

[9] 孙伟程, 关振群, 潘嘉诚, 等. 螺栓法兰结构双连接面耦合振动分析. 振动与冲击, 2022, (11): 210-216.

(本案例由曾岩供稿)

第 9 章 结构设计

9.1 变刚度设计方法在抗冲击高防护头盔中的应用

9.1.1 工程背景

自从北京冬奥会申办成功，冰雪运动在我国掀起了一番热潮，成功实现了"带动三亿人参加冰雪运动"的目标[1]。滑雪头盔作为冰雪运动的重要装备，其主要功能是吸收碰撞冲击力以发挥保护作用，为运动参与者的生命安全提供保障。然而，随着冰雪竞技体育(自由式滑雪、速滑、大跳台等)的跨越式发展，用户对头盔的防护性能提出了更加苛刻的要求。

头盔作为保护头部的重要防护装备，可以有效降低尖锐物体穿刺、高速物体冲击对佩戴者头部的伤害。头盔通常由坚硬外壳、缓冲层、泡沫衬垫、面罩及佩戴装置组成，如图 9.1.1 所示。其防护性能主要取决于坚硬外壳和缓冲层设计，外壳作为头盔的"骨骼"，与外部冲击直接接触，因此需要一定的强度、刚度和冲击韧性；缓冲层可有效耗散冲击过程中的碰撞能量，吸收头部动能，缓冲碰撞过程，

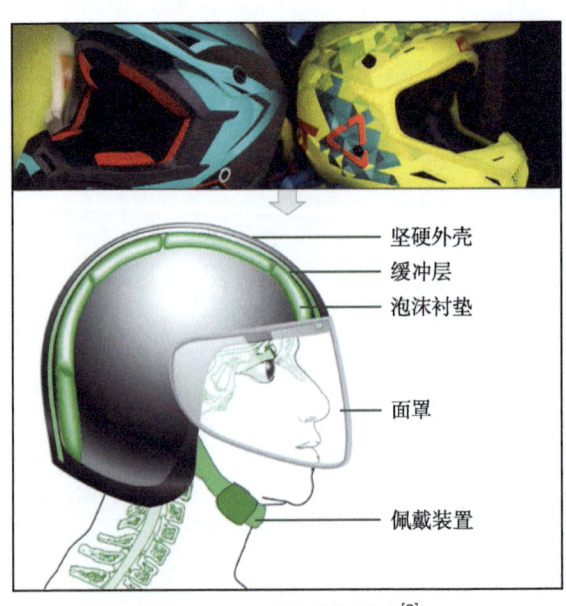

图 9.1.1 头盔结构组成[2]

进而降低碰撞对头部造成的伤害。现有的滑雪头盔外壳多采用丙烯腈-丁二烯-苯乙烯共聚物 (ABS)、聚碳酸酯 (PC) 等工程塑料作为基础材料，为了节约制造成本、降低制造复杂程度，大多使用注塑或者吸塑成型工艺来对头盔外壳进行注塑。虽然此类材料同时具备较低的密度与较好的耐冲击韧度，但普遍存在刚度低的缺点，无法同时满足高端滑雪头盔的高刚度和高耐冲击韧度需求。

9.1.2 变刚度设计在抗冲击高防护头盔中的应用

1. 冲击载荷作用下的头盔防护性能分析

头盔在极短时间内受到高速物体的冲击，冲击加速度难以精确确定，在冲击下的受载区域应力状态非常复杂，并且应力往往随着时间剧烈变化，难以精确分析计算。在此，采用能量法对受到冲击的头盔进行近似计算。将冲击物和被冲击物看成一个系统，冲击物接触被冲击物后，附着在一起运动，当冲击物的速度降至零时，被冲击物受到的载荷和变形均达到最大，在这个过程中该系统的机械能保持恒定[3]。根据能量守恒原理：

$$E_k + E_p + E_{\varepsilon 0} = V_{\varepsilon d} \tag{9.1.1}$$

其中，E_k 为冲击物的动能；E_p 为冲击物的势能；$E_{\varepsilon 0}$ 为被冲击物的初始应变能；$V_{\varepsilon d}$ 为冲击后的被冲击物应变能。一般情况下被冲击物无初始变形，即 $E_{\varepsilon 0} = 0$，冲击物的动能和势能全部转换为被冲击物的应变能。为了简化分析，将被冲击物假设为线弹性物体，冲击后的应变能可以表示为

$$V_{\varepsilon d} = \frac{1}{2} F_d \Delta_d \tag{9.1.2}$$

其中，F_d 和 Δ_d 分别为冲击过程中的被冲击物的最大载荷和位移。另外，根据动量守恒定理：

$$FS = mu_1 - mu_2 \tag{9.1.3}$$

其中，S 为冲击过程的时间；F 为冲击物受到的载荷大小，是关于冲击时间的复杂函数。

根据作用力和反作用力之间的关系，被冲击物上的受力大小同样为 F。因此，根据能量守恒定理和动量守恒定理，可以通过增大受冲击作用时间 S 和变形位移 Δ_d，来提高冲击过程中的能量吸收比例。防护头盔内部的缓冲层在受到外壳传来的作用力时，发生变形并吸收了大量的冲击能量，进而减少传递到人头部的能量。头盔缓冲层的吸能过程如图 9.1.2 所示，可以分为三个阶段：弹性阶段 $0 < \varepsilon < \varepsilon_1$、平台阶段 $\varepsilon_1 < \varepsilon < \varepsilon_2$ 和致密化阶段 $\varepsilon_2 < \varepsilon$,其中平台阶段吸收了大部分的能量[4]。

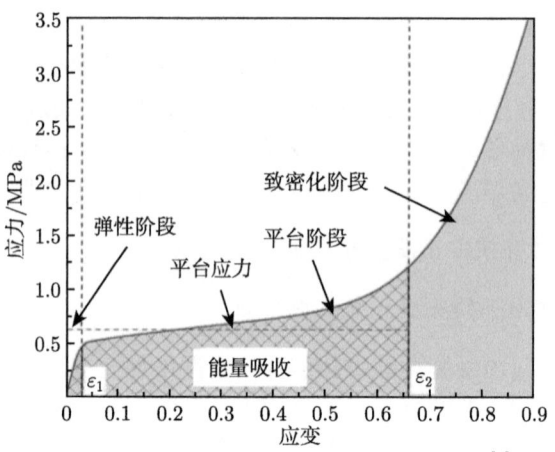

图 9.1.2　缓冲层的受载压缩应力-应变曲线[4]

在发生碰撞或跌落事故过程中，若冲击载荷过大或头盔防护性能不足，则头盔发生贯穿性的破坏，这种情况对佩戴者已失去保护作用，因此对于头部的防护研究往往是非贯穿性损伤分析[5]。头盔非贯穿性损伤是指子弹、石块等冲击物未能穿透头盔，但是由于头盔的冲击受载和变形，对防护人员造成后续的伤害。为了降低高速冲击载荷对头部的非贯穿伤害，头盔外壳需要在不被贯穿的基础上尽可能地将集中冲击载荷扩散到大片区域，进而降低冲击期间的集中载荷/应力。复合材料头盔可以实现集中冲击载荷的有效扩散，如图 9.1.3 所示，在集中冲击载荷作用下，复合材料头盔中的铺层纤维可以产生纵向拉力，将冲击横向波转化为沿着纤维的纵向波，进而将集中载荷转移至远离冲击的部位，引起头盔的较大区域横向变形，降低冲击载荷集中作用效应，减少对佩戴者的伤害[6]。

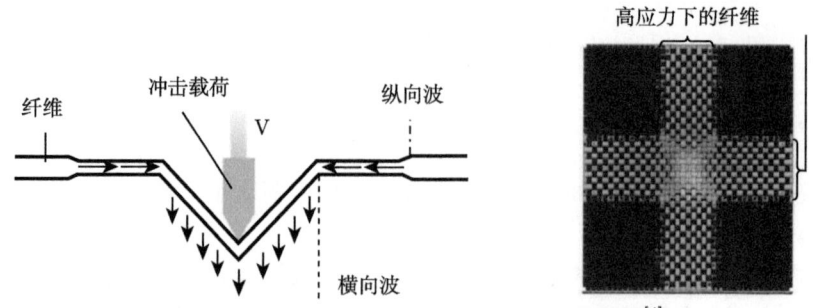

图 9.1.3　冲击载荷作用下的复合材料纤维变形[4]

2. 抗冲击高防护头盔变刚度设计

为了进一步提高头盔的吸能与抗冲击防护性能，需要对头盔外壳和缓冲层结构进行设计。目前复合材料头盔外壳常采用裁减铺层方式制备壳体预成件，虽然这种工艺方式操作简单、经济，相较于钢盔具有更轻的质量，但是所获得的头盔外壳层次单一，缺乏灵活设计。针对极端冲击载荷，若整体加厚铺设层，则会使头盔质量增加，并不能充分地发挥每一块区域的材料效益。

头盔的外壳和内壳为典型的薄壁抗冲击结构，航空航天结构中也存在大量的薄壁结构。近些年在航空航天结构设计中，为了提高舱段薄壁结构承载性能，研究学者提出了蒙皮-加筋的设计构型，对结构的刚度分布和承载路径进行灵活调整，实现结构极致轻量化设计。如图 9.1.4 所示，加筋结构通过不同路径的筋条将集中载荷传递到别的区域，减少局部应力集中，以避免结构的局部破坏[7]。

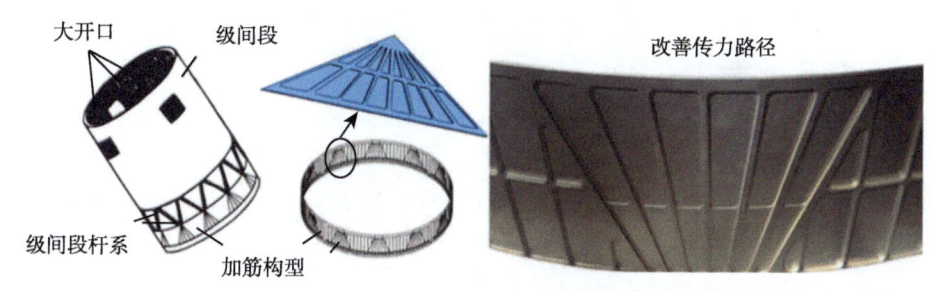

图 9.1.4　航天舱段中加筋设计[7]

相较于传统的直线常刚度加筋构型，曲线加筋结构作为一种新型的变刚度承力结构，可以对筋条方向、间距、位置和曲率等特征进行调整，显著地扩展了加筋布局的优化设计空间[8]，具有更大的承载潜力，可以实现结构刚度的"按需分配"[9]。大连理工大学工程力学系的科研团队自主研发了一款高防护性能变刚度曲线加筋滑雪头盔，这款滑雪头盔运用了航天薄壁结构设计黑科技，该技术曾为我国体积最大的运载火箭——长征五号运载火箭"胖五"成功减重 1145kg，如图 9.1.5 所示。

在这款头盔的设计研发中，其关键技术在于坚硬变刚度外壳和高缓冲吸能层。针对头盔外壳材料的设计，团队以 ABS 材料为基体材料，以长玻璃纤维及短碳纤维为增强材料，综合考虑头盔外壳所需要的刚度及韧度，对不同纤维组分增强 ABS 复合材料进行冲击试验，以获得最优的材料组分配比。首先，为了提升复合材料的刚度，团队精心制备了 4 种不同纤维比例的复合材料，包括一定比例的碳纤维、玻璃纤维以及长玻璃纤维。经研究发现，当碳纤维含量较高时，材料的耐冲击断裂韧度较小，在受到冲击时，材料更容易发生破坏，而当增强材料只有长玻璃纤维时，相比于增强材料为长玻璃纤维和碳纤维，材料的强度和模量有所降低。综合考虑材料的高刚度和高耐冲击韧度需求，最终选定头盔外壳材料为碳纤维和长玻璃纤维增强的 ABS 复合材料，其耐冲击断裂韧度与 ABS 材料基本一致，拉伸强度较 ABS 材料提高了约 3 倍，弯曲强度提升了约 2.3 倍，弯曲模量提升了约 4 倍，大大改善了头盔的抗冲击吸能性能。

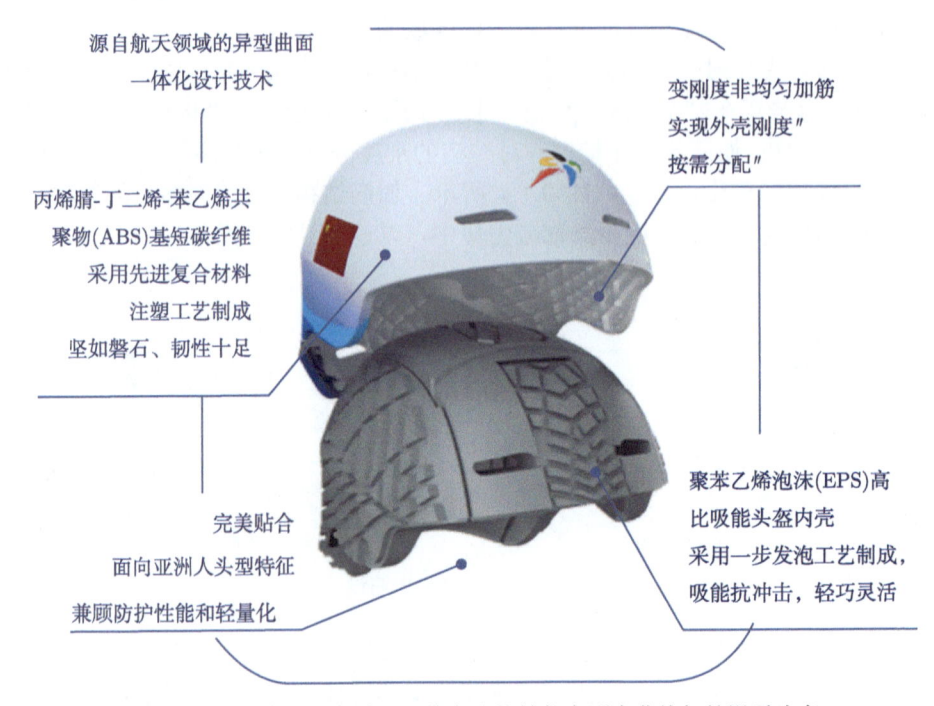

图 9.1.5　大连理工大学设计的高防护性能变刚度曲线加筋滑雪头盔

在头盔的外壳结构设计方面，不同于传统头盔的光壳设计，团队基于曲线加筋变刚度设计技术为头盔的外壳提供了更加结实的"骨骼"。如图 9.1.6 所示，在头盔受到侧向冲击载荷时，头盔外壳侧部曲筋结构将集中冲击载荷扩散到其他大片区域，引起近半个头盔外壳同时受载变形，大幅度改善了集中力作用下的应力分布及传力路径。头盔外壳中的曲筋结构将冲击载荷传递到内部缓冲层，缓冲层的侧部区域发生变形，更多内层材料被调动起来，进一步大幅提升头盔的抗冲击吸能效率，对运动员形成更好的保护。

另外，这款头盔还充分考虑了亚洲人的头型特征，通过采集大量运动员的头型数据，研发了专用设计软件，实现了运动员头盔的定制化，有效改善了长时间佩戴的舒适性[10]。

9.1.3　总结

滑雪头盔作为头部安全防护的核心装备，其防护性能取决于材料与结构的多尺度一体化设计。相较于传统设计中将材料与结构割裂处理的模式，本研究通过材料体系逆向优化与结构特征正向设计的双向耦合，实现了防护性能的系统性提升。

9.1 变刚度设计方法在抗冲击高防护头盔中的应用

首先基于头盔外壳的力学承载特征，创新采用长玻璃纤维与短碳纤维增强 ABS 的复合材料体系，在实现拉伸强度成倍提升的同时保持高耐冲击断裂韧度需求。进一步，构建曲线加筋变刚度结构，利用头盔外壳侧部曲筋结构将集中冲击载荷扩散到其他大片区域，使得更多内层材料被调动起来进行吸能。这款头盔通过材料分层耗散与变刚度结构的一体化设计，达成了微观材料组分与宏观加筋形貌的跨尺度完美匹配，进而实现了集中冲击载荷能量的高效吸收。

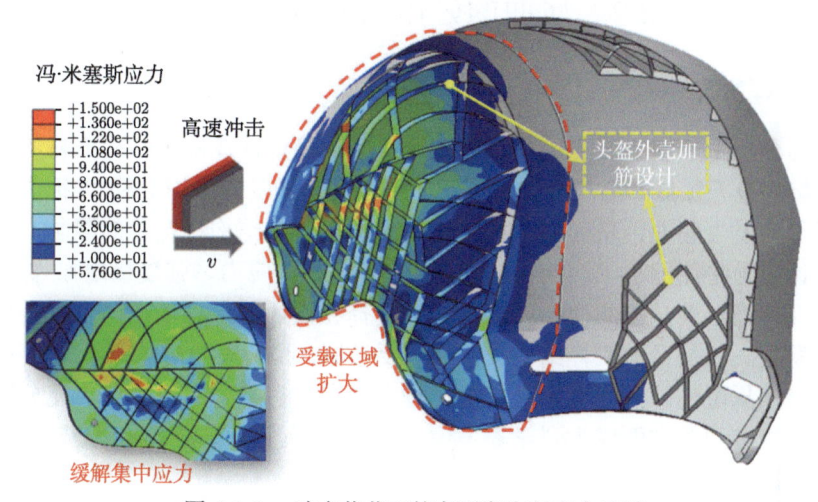

图 9.1.6　冲击载荷下的变刚度头盔应力云图

参 考 文 献

[1] 全力兑现 "带动三亿人参与冰雪运动" 庄严承诺. 当代世界, 2022, (02): 4-9.

[2] Tripathi M, Tewari M K, Mukherjee K K, et al. Profile of patients with head injury among vehicular accidents: An experience from a tertiary care centre of India. Neurology India, 2014, 62(6): 610.

[3] 季顺迎. 材料力学. 2 版. 北京: 科学出版社, 2018.

[4] 肖志, 张云飞, 庞通, 等. 功能梯度仿生头盔防护性能与头部损伤分析. 湖南大学学报 (自然科学版), 2021, 48(10): 29-38.

[5] 孙宇鹏, 黄冬梅, 李瑞, 等. 消防头盔非贯穿性损伤对抗冲击加速度能力影响分析. 消防科学与技术, 2022, 41(5): 671-675.

[6] Li Y, Fan H, Gao X L. Ballistic helmets: Recent advances in materials, protection mechanisms, performance, and head injury mitigation. Composites Part B: Engineering, 2022, 238: 109890.

[7] 张家鑫, 王博, 牛飞, 等. 分级型放射肋短壳结构集中力扩散优化设计. 计算力学学报, 2014, 31(2): 141-148, 240.

[8] Slemp W C H, Bird R K, Kapania R K, et al. Design, optimization, and evaluation

of integrally stiffened Al-7050 panel with curved stiffeners. Journal of Aircraft, 2011, 48(4): 1163-1175.

[9] Hao P, Liu D, Zhang K, et al. Intelligent layout design of curvilinearly stiffened panels via deep learning-based method. Materials & Design, 2021, 197: 109180.

[10] 蒋向利. 产学研 "黑科技" 助力北京冬奥会. 中国科技产业, 2022, (2):28-33.

(本案例由郝鹏、李桐、王博供稿)

9.2 屈曲的妙用与双稳态结构

9.2.1 工程背景

屈曲分析主要用于研究结构在特定载荷下的稳定性及确定结构失稳的临界载荷。在航空航天领域，薄壁结构被广泛应用，其静强度失效 (破坏) 中很大一部分是由于结构发生屈曲，从而丧失稳定性引起的。由于结构稳定性的限制，飞机结构的设计应力往往远小于结构材料的许用应力 (屈服应力、强度极限)，防止失稳发生，保持稳定性是不同薄壁结构形式的选择和设计的主要依据。也就是说，防止结构发生失稳是目前工程结构设计的主要目标，因为失稳对结构承载是有害的，所以应该尽量避免。万事有利必有弊，相反，有弊也必有利。因此，充分发掘和利用稳定性有利的方面成为科学家考虑的重要方面。双稳态结构就是其中一个典型的例子。

双稳态结构是指具有两种稳定平衡位置的特殊结构，在自由状态下，双稳态结构能够稳定于其中任一构型，无需持续的能量输入以维持其构型，并且在外部激励作用下可以实现稳态构型间的快速转换[1]。其跳变原理是：在外部载荷作用下，当结构的势能高于两个稳定构型之间的能量势垒之后，双稳态结构就会从一种稳态跳变到另外一种稳态构型，如图 9.2.1 所示[2]。在这个过程中，结构会发生屈曲失稳但并不失效。双稳态结构构型很多，这里以非对称复合材料层合板的双稳定构型为例，说明双稳态结构的力学原理。

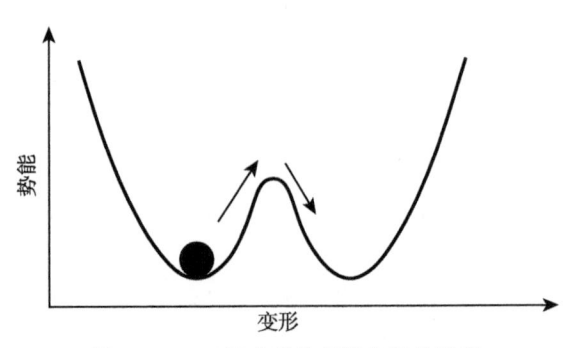

图 9.2.1 双稳态结构局部势能井示意

9.2.2 碳纤维增强复合材料层合板双稳态设计与分析

纤维增强的复合材料是常见的一类复合材料,纤维按照种类可以分为玻璃纤维、碳纤维等。复合材料层合板是由纤维和基体复合而成的单层板经过不同方向的铺层叠合而成。由于纤维与基体的热膨胀性能存在较大的差异,单向纤维增强的复合材料层合板在热膨胀性能方面也具有各向异性。以图 9.2.2 所示的正方形复合材料层合板为例[2],材料为 T300/5208,铺层顺序为 $0°/0°/90°/90°$。纤维的热膨胀系数为 $-0.1 \times 10^{-6}°C^{-1}$,而基体的热膨胀系数为 25.6ppm。

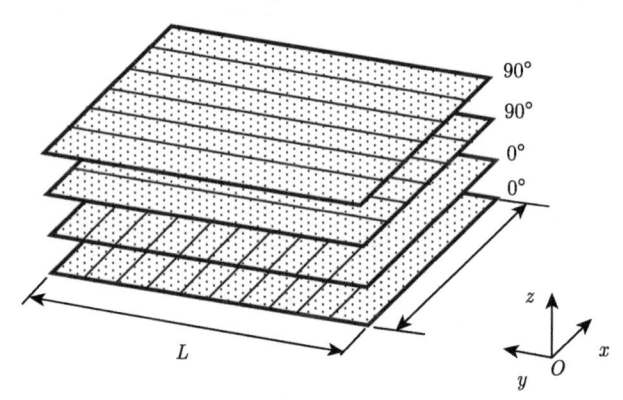

图 9.2.2 $0°/0°/90°/90°$ 铺层的复合材料层合板示意图

复合材料层合板的制造必须经过在一定温度条件下的固化过程,通常在加热(较高温度) 固化后冷却 (室温)。由于基体和纤维的膨胀系数有很大的差别,因此冷却后各层都存在一定的热应力 (或称残余应力)。通常情况下,残余温度应力的存在意味着层合板力学性能的下降,因此工程师和设计人员在设计和制造过程中尽量避免产生温度应力。然而,热应力会导致结构发生双稳定的变形,从理论上讲,由于图 9.2.2 中特殊的结构设计,可以出现两种可能的变形形式,如图 9.2.3 所示[2]。在外部载荷的作用下,这两种稳定的状态可以发生屈曲跳转,从而实现一个结构具有两个稳定状态。图 9.2.4 给出了利用商业有限元软件模拟获得的该结构的整个跳转过程[3]。其中,黑色曲线为四个角点处施加在外力载荷的值,红色曲线表示固支点处的反力值。随着外力载荷的增加,面外位移在不断减小,当外力载荷增加到一定程度时,增速变得很缓慢,同时反力开始降低,不再与施加载荷相等。随着载荷的进一步增加,面外位移值为零,反力降速变得非常快,当面外位移达到 15mm 左右时,反力达到最小,随后开始增加。最后,当面外位移增加到 27mm 时,外力载荷曲线与反力曲线重新重合。由此可以看出,稳定构型在跳转过程中,当外力载荷达到跳转力时,面外位移会发生突变,而此时固定点处的反力值也会发生很大幅度的变化。

(a) 　　　　　　　　　　　　(b)

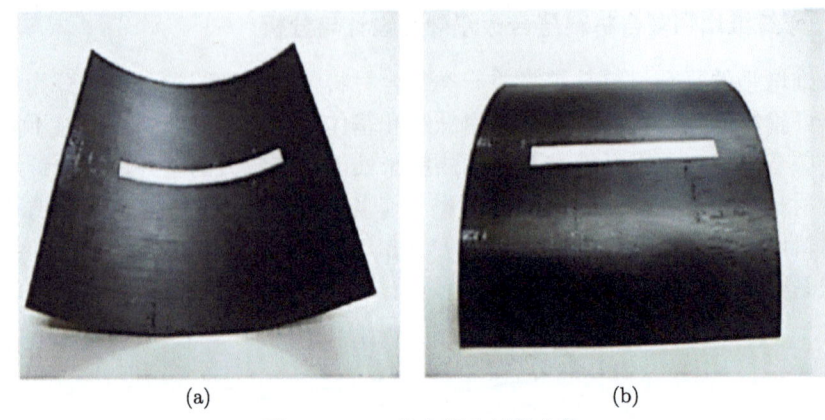

图 9.2.3　双稳态层合板的实物

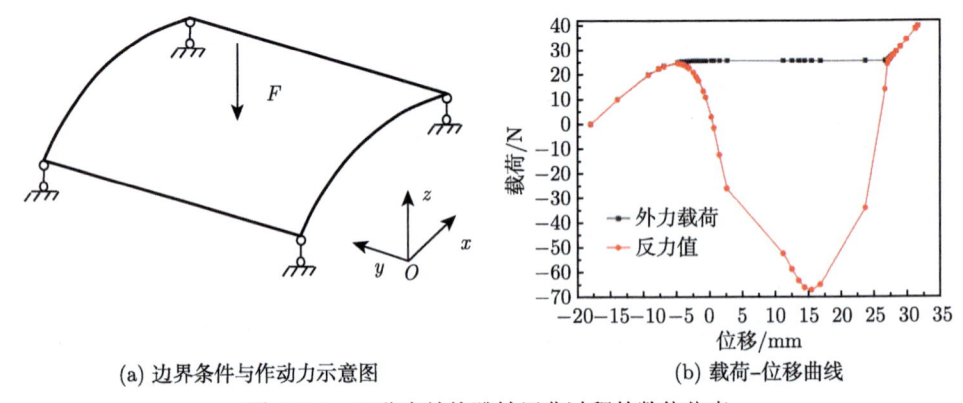

(a) 边界条件与作动力示意图　　　　(b) 载荷-位移曲线

图 9.2.4　双稳态结构跳转屈曲过程的数值仿真

9.2.3　总结

任何事物都有两面性。科学研究与创新要多方面考虑，充分发挥潜在优势。本文是一个典型的例子。屈曲是薄壁结构常规设计需要避免的事情，而双稳态结构则充分利用了屈曲的特点。实际上，双稳态结构形式多种多样，还可以进一步拓展到三维态、四稳态甚至更多的稳态形式。双稳态结构这种特殊的性质，已经在变体飞机、能量俘获、减阻减振等领域进行了广泛的讨论，具有非常广阔的应用前景。

参 考 文 献

[1] 陈小莉. 预扭曲长条薄板扭转屈曲特性分析与双稳态设计. 大连：大连理工大学，2017.
[2] 刘颖卓. 翼面结构布局优化与层合板多稳定构型分析. 大连：大连理工大学，2010.

[3] 朱艳坤. 双稳态层合板跳转过程分析与新型柔性蜂窝结构性能评价. 大连：大连理工大学，2014.

(本案例由张永存供稿)

9.3 最大化临界屈曲载荷的柱体变截面设计

9.3.1 工程背景

一维细长结构元件，如柱、梁、杆等，在航空、机械、建筑等行业中广泛应用。除发生因正应力超过材料许用应力的结构破坏外，在低应力条件下细长结构还会因稳定性问题而发生屈曲失稳，在承受自重或轴向压缩作用下发生如图 9.3.1(a) 所示的屈曲失稳[1]，带来巨大的经济损失和生命安全问题。因此，有必要合理设计柱等细长结构，提高临界压力值，使其具有较高的抗屈曲性能。考虑屈曲性能的细长结构设计可利用材料力学中学到的压杆稳定知识求解。

图 9.3.1 (a) 等截面梁受压屈曲实验和 (b) 采用变截面设计的西班牙圣家教堂模型

9.3.2 最大化临界屈曲载荷的柱体变截面设计的力学模型

材料力学考虑等截面杆的两端固支、两端简支和一端固支、一端铰支等边界条件，给出了临界压力 P_{cr} 与柱的几何参数和材料属性间的关系为

$$P_{\text{cr}} = \alpha \frac{\pi^2 EI}{l^2} \tag{9.3.1}$$

其中，EI 为柱的弯曲刚度，与材料杨氏模量 E 和截面惯性矩 I 相关；l 为柱的长度。截面惯性矩 I 取决于截面形状，常数 α 由边界条件决定。

用材料力学讨论压杆稳定性时认为，提高压杆稳定性的措施主要有：① 选择合理的截面形状，使得在不增加截面面积的条件下提高截面惯性矩 I，如空心圆截面对应的圆管的临界力是实心圆杆的 4.5 倍，等边三角形截面杆对应的临界力比实心圆杆提高了 20.9%[2]；② 改变压杆的约束条件，如将两端铰支改为一端固定、一端自由，可将临界力增至原来的 4 倍；③ 合理选择材料，提高杆的杨氏模量 E。

近年来，随着 3D 打印技术的不断成熟和发展，如图 9.3.1(b) 所示的异形结构的制备越来越经济，在不改变材料属性的前提下，通过合理设计变截面来提高柱杆等细长结构的抗屈曲性能变得可行。

力学家 Stephen P. Timoshenko 和 James M. Gere 在力学专著 *Theory of Elastic Stability*[3] 中对变截面杆的弹性稳定性进行分析，考虑如图 9.3.2(b) 所示易通过铆接或焊接法制备的阶跃变截面杆，基于能量法 (energy method) 给出了两端铰支约束下临界屈曲载荷的近似显式解为

$$P_{\text{cr}} = \frac{\pi^2 E I_2}{l^2} \frac{1}{\dfrac{a}{l} + \dfrac{l-a}{l}\dfrac{I_2}{I_1} - \dfrac{1}{\pi}\left(\dfrac{I_2}{I_1} - 1\right)\sin\dfrac{\pi a}{l}} \tag{9.3.2}$$

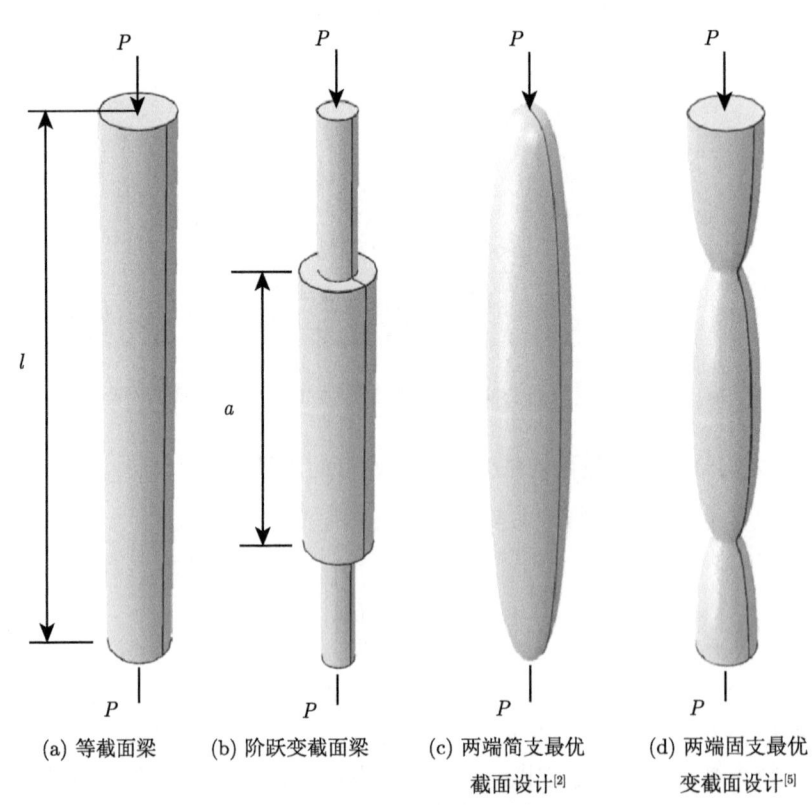

(a) 等截面梁　(b) 阶跃变截面梁　(c) 两端简支最优截面设计[2]　(d) 两端固支最优变截面设计[5]

图 9.3.2　承压柱变截面设计

其中，I_1 和 I_2 分别为顶部和中部对应的截面惯性矩。该近似解在 I_2/I_1 不太大时具有足够高的精度，如取 $a/l = 0.6$ 和 $I_1/I_2 = 0.4$ 时，近似解给出临界屈曲载荷 $P_{\mathrm{cr}} = 8.61\pi^2 EI/l^2$，贴近烦琐精确解 $P_{\mathrm{cr}} = 8.51\pi^2 EI/l^2$。可以看出，对杆的截面进行简单变化即可有效调控杆的临界屈曲载荷。

考虑工程实际重量和体积约束，承压柱变截面屈曲问题可进一步拓展为优化设计问题。物理学家拉格朗日[4]较早研究了旋转体变截面柱的问题，致力于"寻找一个曲线，绕其旋转而成的柱具有最优异的效率" (To find the curve which by its revolution about an axis in its plane determines the column of greatest efficiency)，其中效率使用临界屈曲载荷 P_{cr} 和体积 V 的比值表征。但拉格朗日得出的圆柱杆具有最优异效率的结论不被广泛接受。后续科研工作[2]进一步定义了最优承压柱的问题为"给定长度和体积，假定任意横截面为凸，确定具有最大临界屈曲载荷的柱的形状 (Determine the shape of column which has the largest critical buckling load, assuming that the length and volume are given and each cross section is convex)"，并给出了两端铰支柱的最优构型 (图 9.3.2(c))。也有科研工作[5]研究了更为复杂的两端固支问题，指出 Keller 基于 Single-modal 屈曲分析的解不是最优解，并考虑 Bi-modal 屈曲分析，给出了两端固支的最优构型，与相同体积下的等截面柱相比，屈曲性能提升了 32.62%。近年来，变截面梁设计也在工程中得到了广泛的应用，如桥梁使用变截面梁设计有效提升了桥梁的承载能力。

9.3.3 总结

杆、柱等构件在工程中应用广泛，压杆稳定问题的研究直接关系到工程结构的安全。一维细长结构在低应力条件下的屈曲失稳可能导致整个工程结构发生坍塌，不仅会造成物质上的巨大损失，还可能危及人民的生命安全。压杆稳定是材料力学的经典内容，与截面惯性矩、杨氏模量以及边界条件等相关。除调控材料布局外，合理设计结构变截面构型也可以有效调控柱体屈曲性能，从而引发了广泛的理论解析、参数和拓扑优化研究，目前已得到不同边界条件下的最优截面构型，提升了可观的屈曲性能。本案例简述了考虑临界屈曲载荷的柱体变截面设计若干经典工作，为读者展示了材料力学在解决工程问题时的强大和简洁等特性。

参 考 文 献

[1] Michael Engelhardt A T H. Time-dependent buckling of steel columns exposed to elevated temperatures due to fire. https://fsel.engr.utexas.edu/research/spotlight/293-time-dependent-buckling.

[2] Keller J B. The shape of the strongest column. Archive for Rational Mechanics and Analysis, 1960，5: 275-285.

[3] Timoshenko S P, Gere J M. Theory of Elastic Stability. New York and London: McGraw-Hill Book Company, Inc., 1961.
[4] Timoshenko S P. History of Strength of Materials, with a Brief Account of the History of Theory of Elasticity and Theory of Structures. New York: Dover Publications, 1953.
[5] Olhoff N, Rasmussen S H. Single and bimodal optimum buckling loads of clamped columns. International Journal of Solids and Structures, 1977, 13: 605-614.

(本案例由李明供稿)

9.4 碰撞吸能结构的剪纸设计

9.4.1 工程背景

碰撞在日常生活中十分常见,而如何减轻碰撞带来的伤害是工程师关注的力学问题。在撞击、爆炸等极端冲击载荷下,一个良好的耐撞性结构能够将动能以可控的方式耗散掉,从而保障人民的生命财产安全。在大多数情况下,耐撞性结构要发生可控的变形,需要人为地引入特定的缺陷,引导其产生渐进可控的变形。其中,剪纸设计就是常用的缺陷设计方式之一。

剪纸 (kirigami) 是通过剪刀或刻刀在纸上剪出花纹,用于装点生活的中国传统民间艺术[1],如图 9.4.1(a) 所示。在实际工程应用领域中,基于剪纸方法能够使得结构中未被剪裁的部分具有较好的柔韧性和延展性,获得如柔性电子器件[2] (图 9.4.1(b)) 等类似产品。此外,在碰撞防护中[3,4],剪纸方法也为薄壁吸能结构提供了十分优良的设计思路[5],因此得到了广泛应用。由材料力学知识可知,薄壁杆件在轴向载荷达到一定数值时可能发生失稳现象 (屈曲),而采用剪纸方法可

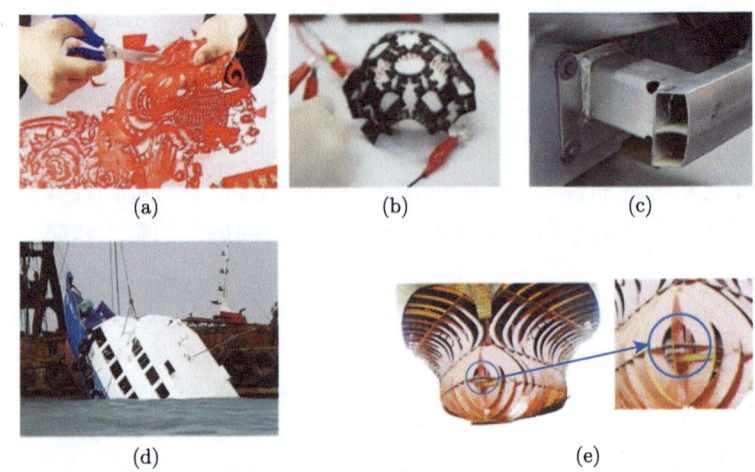

图 9.4.1　(a) 剪纸艺术[1], (b) 柔性电子器件[2], (c) 汽车防撞梁吸能盒[3], (d) 轮船碰撞事故[4], (e) 轮船球鼻艏十字形结构[5]

以改变薄壁结构的整体刚度分布，使其各区域逐步发生屈曲，从而发生较稳定的渐进变形。因此，好的剪纸图案能够引导薄壁结构的更多区域进入塑性变形 (不可恢复的变形)，吸收更多的能量。

常见的吸能结构有汽车防撞吸能盒[3] (图 9.4.1(c))、轮船球鼻艏十字形结构[5] (图 9.4.1(e)) 等。在这些吸能结构中，十字形吸能结构大部分呈现为大长细比形式，这种典型细长结构在轴向压力作用下容易发生整体的屈曲 (结构整体由单轴压缩变形转变为压弯组合变形，承载力突然下降)，使得结构的变形不够充分，耐撞性较差。因此，如何应用材料力学中的压杆稳定性理论，结合剪纸设计原理，使结构刚度呈梯度变化，避免结构发生整体失稳，是工程师们未来需要解决的问题。

9.4.2 剪纸设计及耐撞性分析

典型薄壁吸能结构在压溃过程中的载荷、能量曲线如图 9.4.2 所示。作为碰撞吸能结构，在吸能过程中应具有较小的初始峰值力和较高的平均力 P_m。结构耐撞性的度量指标如下[7]：

$$E_\mathrm{t} = \int_0^{\delta_\mathrm{f}} P(\delta)\mathrm{d}\delta \tag{9.4.1}$$

$$P_\mathrm{m} = E_\mathrm{t}/\delta_\mathrm{f} \tag{9.4.2}$$

式中，E_t 为吸收的总能量；δ_f 为最终轴向压缩距离。

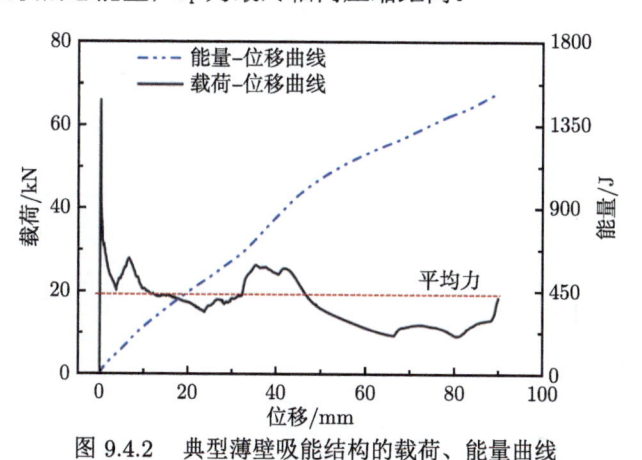

图 9.4.2 典型薄壁吸能结构的载荷、能量曲线

大长细比 (计算长度与杆件截面的回转半径之比) 十字结构容易发生整体的欧拉失稳，如图 9.4.3 所示，欧拉失稳下的结构只在局部发生了变形，这严重限制了结构的能量吸收性能。另外，传统的十字结构的加工也较为复杂，不利于大规模生产。为了便于加工并提高结构吸能，研究人员将剪纸方法应用于十字结构[6]，基于剪纸思想分别在两个平板中裁出一条切口，并将两板组装形成十字结构，如

图 9.4.4 所示。这样设计的目的是改变结构的刚度分布来引导结构发生渐进变形，进而实现更多的能量吸收。

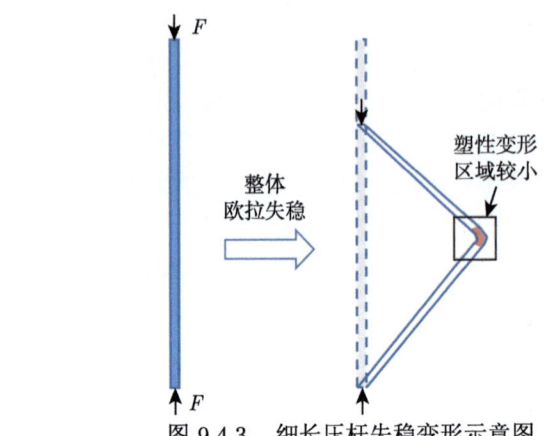

图 9.4.3 细长压杆失稳变形示意图

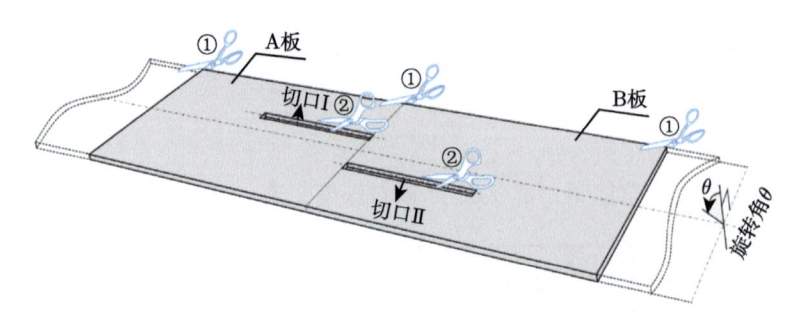

(a) 用于制造十字形的面板上的剪纸图案几何形状

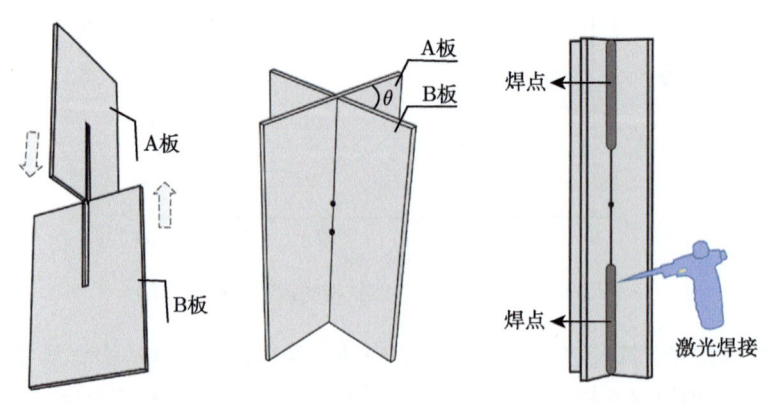

(b) 十字形的装配过程　(c) 十字形的几何形状　(d) 大长细比剪纸焊接十字

图 9.4.4 剪纸十字结构制造[6]

传统单板 (图 9.4.5(a)) 在变形过程中只在屈曲位置处激活一个水平固定的塑

9.4 碰撞吸能结构的剪纸设计

性铰线。塑性铰是结构在局部发生塑性变形后,在极限弯矩保持不变的情况下,两个无限靠近的相邻截面可以产生有限的相对转角的区域,这种情况类似于带铰的截面。塑性铰不同于结构中的铰链,塑性铰可以承受一定方向的弯矩,因而塑性铰处的材料在变形过程中可以吸收大量的塑性变形能。固定塑性铰的数量对结构能量吸收能力有较大影响,结构能量吸收随固定塑性铰数量增多而增长[5]。而剪纸单板 (图 9.4.5(b)) 由于在剪纸区域刚度有一定程度的降低,形成了一定的刚度梯度,因此在变形过程中,结构会先在刚度低的地方发生弯曲,再在刚度高的地方发生弯曲。这样可激活两条固定塑性铰线,吸能能力优于传统单板。

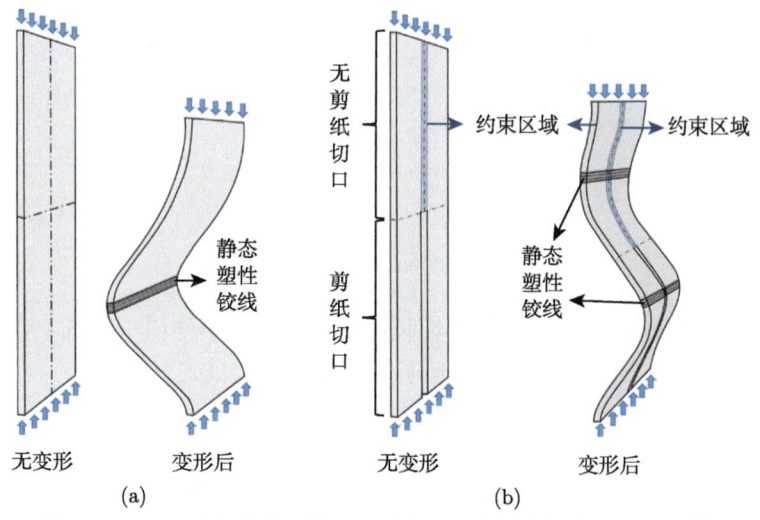

图 9.4.5 (a) 传统单板变形示意图和 (b) 剪纸单板变形示意图 [5]

除固定塑性铰外,结构在变形过程中还可能形成移动的塑性铰。通常,移动塑性铰线的能量吸收性能远优于固定塑性铰线,这是因为移动塑性铰线是可移动的塑性变形,它可以扫掠过结构的某个区域,使更大区域的材料发生塑性变形。另外,移动塑性铰线会迫使扫过区域的材料经历两次弯曲塑性变形 (在固定塑性铰线中,材料通常只能经历一次弯曲塑性变形),意味着能够吸收更多的能量。以薄板发生移动塑性铰线变形为例 (板截面方向简化图如图 9.4.6 所示),当 A_1A_2 形成塑性铰线后,在载荷作用下,塑性铰线移动到 B_1B_2,而此时 A_1A_2 又通过塑性变形恢复到变形前状态[7],从而 A_2B_2 区域发生了 2 次塑性变形 (弯折和展平),此过程伴随着更多的能量吸收。

当材料是理想刚塑性材料时,塑性变形将集中在若干个离散的塑性铰处。假设塑性区相对转角为

$$\Delta\theta = \frac{\delta l}{r} \tag{9.4.3}$$

由于弯矩做的功等于弯矩与转角位移的乘积，故能量吸收量 δW_p 可表示为

$$\delta W_\mathrm{p} = 2\Delta\theta M_\mathrm{p} C = \frac{2\delta l C}{r} M_\mathrm{p} \tag{9.4.4}$$

式中，$\delta l = A_2 B_2$ 为发生塑性变形区域；C 为塑性铰的长度 (这里等于板的宽度)；r 为铰线半径；M_p 为塑性弯矩。

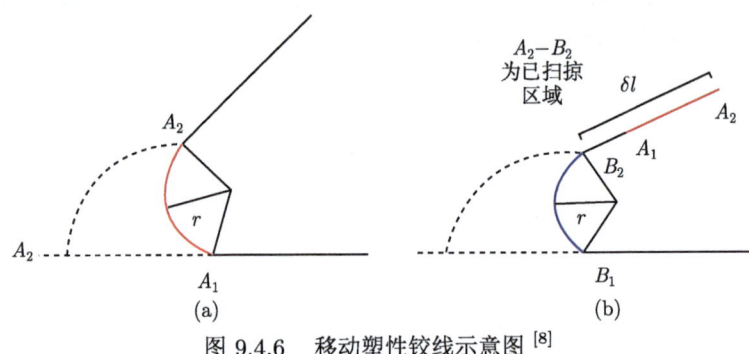

图 9.4.6　移动塑性铰线示意图 [8]

根据材料力学欧拉公式，典型细长构型的传统十字结构与剪纸十字结构在受到轴压载荷时，不同杆端约束下的临界力 F_cr 计算公式可统一写为

$$F_\mathrm{cr} = \frac{\pi^2 E I}{(\mu l)^2} \tag{9.4.5}$$

其中，μ 为长度因数，反映两端约束对临界力的影响；μl 为相当长度，表示与不同约束下压杆临界力相等的两端铰支压杆的长度。临界力 F_cr 与截面惯性矩 I 和相当长度 μl 有关，若施加载荷超过临界力 F_cr，结构将发生失稳。惯性矩 I 表征了结构截面抵抗弯曲的性质，如图 9.4.7 所示，矩形板截面最小的形心主惯性矩为 $I = bc^2/12$。初始屈曲时，剪纸缝隙对十字结构发生横向弯曲的轴的截面惯性矩影响很小，传统十字结构与剪纸十字结构对最小形心主惯性轴 (即结构塑性弯曲时对应的轴) 的截面惯性矩 I 可以看作是相同的，都为 $I = bc(b+c)/12$。

对于传统十字结构边界及载荷形式，杆端约束可以近似等效为两端固定，如图 9.4.8(a) 所示，压杆的长度因数 $\mu_1 = 0.5$，相当长度 $\mu_1 l_0 = l_0/2$。而对于剪纸十字结构，由于结构上下两端采用焊接处理，刚度与传统十字结构几乎相同，中间采用了剪纸设计，中间区域与焊接区域的过渡位置 (图 9.4.4(d)) 的约束可以视为介于铰接与固定之间，如图 9.4.8(b) 所示。因此，剪纸十字结构中间未焊接区域的杆端约束长度因数 $\mu_2 \sim (0.5, 1)$，相当长度为 $\mu_2 l_0/3 \sim (l_0/6, l_0/3)$。根据欧拉公式可以得出，传统十字结构最小临界力 F_cr1 与剪纸十字结构的最小临界力

9.4 碰撞吸能结构的剪纸设计

F_{cr2} 分别为

$$F_{cr1} = \frac{4\pi^2 EI}{l_0^2} \tag{9.4.6}$$

$$F_{cr2} = \frac{9\pi^2 EI}{(l_0)^2} \tag{9.4.7}$$

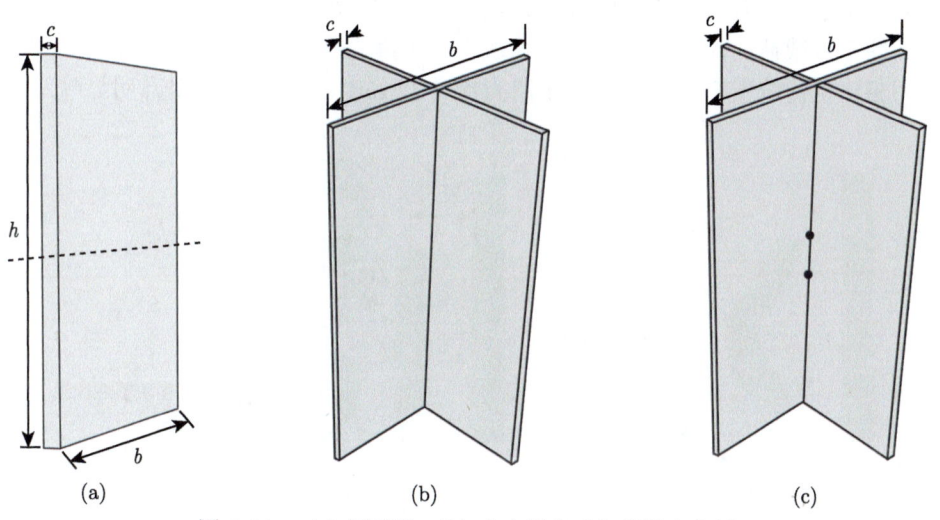

图 9.4.7 (a) 矩形板、(b) 十字板和 (c) 剪纸十字板

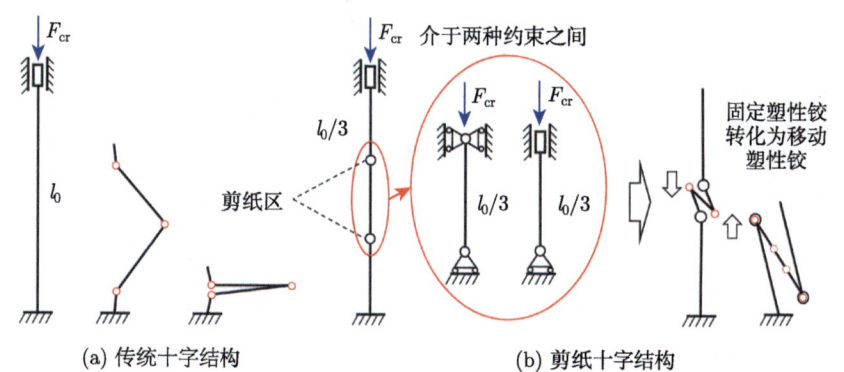

图 9.4.8 传统十字结构和剪纸十字结构等效临界力计算及压溃过程示意图
(红色圈表示塑性铰，黑色圈表示剪纸区和焊接区的过渡位置)

从式 (9.4.6) 和式 (9.4.7) 中可以看出，剪纸十字结构最小临界力 F_{cr2} 大于传统十字结构最小临界力 F_{cr1}。因此，在受到轴压载荷作用下，传统十字结构更容易发生整体失稳，如图 9.4.9(a) 所示。而对于剪纸十字结构，由于在板的两端

作了焊接处理，整个剪纸十字结构可以看成三个子结构。其中，板的两端可以看成传统的十字结构，而板的中间部分可以看成剪纸十字形，因此形成了两端刚度较大、中间刚度较小的具有梯度刚度的结构，使得其在轴压作用下能够产生如图 9.4.9(b) 所示的渐进压溃模式。此外，剪纸十字形子结构在压溃过程中形成的固定塑性铰还将进一步转化为移动塑性铰，使得剪纸十字结构的变形更加稳定 (图 9.4.8(b))。传统十字结构和剪纸十字结构的压溃力曲线如图 9.4.10 所示，可以看出剪纸十字结构有较小的初始峰值力，且在后续压溃过程中，剪纸十字结构具有较高的平台载荷，而传统十字结构承载力几乎降为零。最终剪纸十字结构平均压溃力相比于传统十字结构的平均压溃力提升了 150%，耐撞性能提升明显[6]。

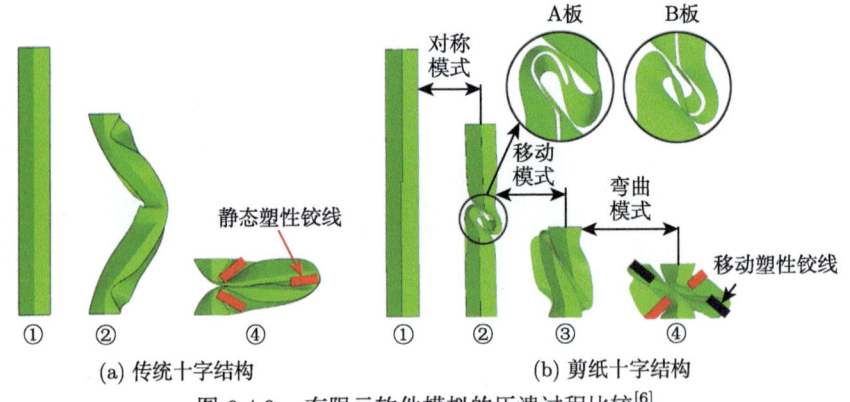

(a) 传统十字结构　　(b) 剪纸十字结构

图 9.4.9　有限元软件模拟的压溃过程比较[6]

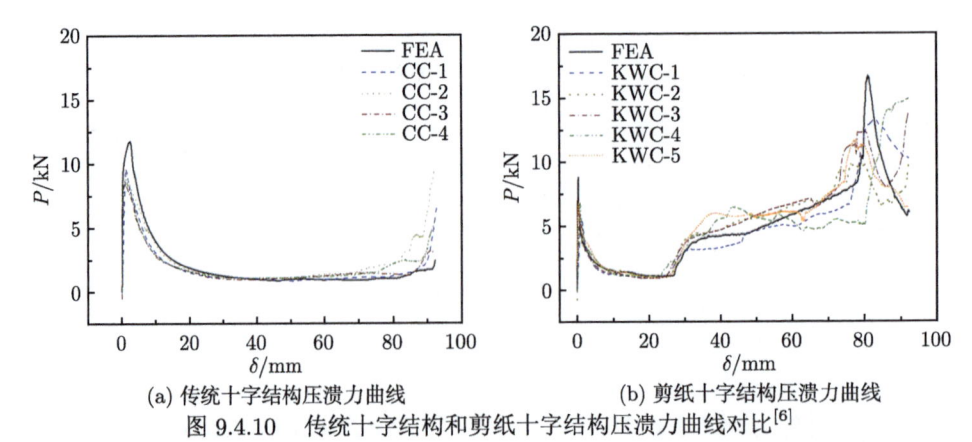

(a) 传统十字结构压溃力曲线　　(b) 剪纸十字结构压溃力曲线

图 9.4.10　传统十字结构和剪纸十字结构压溃力曲线对比[6]

(FEA 表示对应结构的仿真计算结果，CC 和 KWC 分别表示传统十字结构和剪纸十字结构的试验结果)

9.4.3　总结

提升耐撞性能是交通运输碰撞防护装置结构设计的重要目标，剪纸十字结构由于自身较优良的压溃变形模式被广泛应用于汽车、船舶的碰撞防护装置中。吸能结构在碰撞过程中变形复杂、吸能指标分析困难，但仍然遵循基本的材料力学规律，因此，运用材料力学压杆稳定性原理，可以定性地指导吸能结构的设计。例如，在传统十字结构中加入剪纸设计后，能够获得刚度呈梯度分布的子结构，使得结构能够在压溃过程中产生更多固定塑性铰和移动塑性铰，形成渐进式的压溃变形模式，显著提升十字结构的吸能性能。除了十字形结构外，剪纸方法还在薄壁管件[6]和波纹结构[7]的耐撞性设计中得到广泛应用，结果表明：较传统薄壁管件，剪纸设计的薄壁管件初始峰值力可以降低 40%，平均力可以提升 34%；较传统波纹结构，剪纸设计的波纹结构平均抗压能力提高了 10 倍，结构的耐撞性能显著提升。综上所述，剪纸技术由于具有设计空间大、可设计性强的特点在耐撞性设计中已经有了广泛的应用，剪纸几何及刚度的可设计性为吸能构件的耐撞性设计提供了源源不断的设计思路，未来将会有更多相关研究[8-10]。

参 考 文 献

[1] https://tse2-mm.cn.bing.net/th/id/OIP-C.51LHl1k5lL1hRkYDJcY5XwHaD6.
[2] Lizhi X, Shyu T C, Kotov N A. Origami and kirigami nanocomposites. Acs Nano, 2017, 11(8): 7587-7599.
[3] https://tse3-mm.cn.bing.net/th/id/OIP-C.TXqsZYZFSkX2MTe599MOEwHaE8.
[4] https://tse3-mm.cn.bing.net/th/id/OIP-C.7WSfjRTrXHmR4mpALf9UrQHaE.
[5] Caihua Z, Shizhao M, Tong L, et al. The energy absorption behavior of cruciforms designed by kirigami approach. Journal of Applied Mechanics, 2018, 85(12): 121008.
[6] Caihua Z, Tong Li, Shizhao M, et al. Improving the energy absorption of cruciform with large global slenderness ratio by Kirigami approach and welding technology. Journal of Applied Mechanics, 2019, 86(8): 081004.
[7] 余同希. 能量吸收: 结构与材料的力学行为和塑性分析. 北京: 科学出版社, 2019.
[8] Meng Q, Al-Hassani S, Soden P D. Axial crushing of square tubes. International Journal of Mechanical Sciences, 1983, 25(9-10): 747-773.
[9] Shizhao M, Caihua Z, Tong L, et al. Energy absorption of thin-walled square tubes designed by kirigami approach. International Journal of Mechanical Sciences, 2019, 157: 150-164.
[10] Zhejian L, Wensu C, Hong H, et al. Energy absorption of kirigami modified corrugated structure. Thin-Walled Structures, 2020, 154: 106829.

(本案例由周才华、王博、田阔、马祥涛供稿)

9.5　压力容器的断裂破坏分析

9.5.1　工程背景

压力容器 (图 9.5.1) 在现代工业中扮演着至关重要的角色，其应用范围包括但不限于化工、石油和天然气、食品加工、制药、能源生产等领域[1-3]。在化工产业中，压力容器被用于发生化学反应、储存和运输各种化学品等；在石油和天然气产业中，压力容器被用于储存原油、液化天然气、炼油和天然气处理等，以支持油田开采和燃料生产；食品和饮料加工行业使用蒸汽锅炉蒸煮、消毒和食品加工，确保产品的安全性，并长期保存；制药工业使用压力容器进行药物制备、发酵和生物制品生产；能源生产领域，如核电站和热电站，则使用蒸汽锅炉产生高压蒸汽，以供电和供热。

(a) 液化气罐车[4] 　　　　　　　(b) 球形储罐[5]

图 9.5.1　压力容器

然而，压力容器在提供便利的同时也带来了巨大的风险。例如，家中常用的高压锅，有时会由于操作不当导致内部压力过大而造成不可预估的危险，甚至会对使用者造成严重伤害。在工业生产中，压力容器常被用于储存、运输气体和液体等，压力容器必须能够安全地容纳这些介质，从而避免由于容器内外压力差过大造成的事故，如罐体破裂引发的火灾等，如图 9.5.2 所示。因此，对压力容器完善的设计和规范的操作缺一不可。为此，世界各国均制定了压力容器的使用规范、设计技术标准以及法律法规等[6]。

图 9.5.2　罐体破裂引发火灾[7]

9.5 压力容器的断裂破坏分析

随着石油工业以及原子能行业的飞速发展，压力容器所承载的介质更加复杂多变，这对压力容器的安全使用提出了新的挑战。在压力容器的一系列安全问题中，危害最大的是由裂纹引发的断裂破坏。在工程实践中人们发现，压力容器的构件在锻造、加工和焊接过程中均会产生缺陷，在使用过程中同样会产生微裂纹。一旦微裂纹扩展到一定程度，压力容器内的介质可能泄漏，并引发火灾、爆炸等，对人民的生命和财产造成不可估量的损失[8]。裂纹可能由多种原因引发，其中包括材料缺陷、腐蚀、疲劳和过压等，这些裂纹可以分为不同类型，如表面裂纹、内部裂纹、疲劳裂纹和应力腐蚀裂纹等[9]。

为了避免裂纹造成的破坏，强度设计、定期检测和含裂纹的强度评估都是必不可少的。如果未能及时检测并发现裂纹，它们可能会逐渐扩大，最终导致容器内物质泄漏或容器破裂，对环境和人员安全构成威胁。在设计阶段，通常采用强度理论确定压力容器的承载能力，确保其可承受内部压力并减小裂纹产生的可能性；在服役阶段，采用非破坏性检测方法，如超声波检测、磁粉检测、射线检测和液体渗透检测等，检测是否产生裂纹以及裂纹的位置、尺寸和深度，以确保裂纹可以及时被识别并修复[10]，如图 9.5.3 所示为磁粉检测裂纹缺陷的示意图；在评估阶段，同样采用强度理论对压力容器可能存在的裂纹进行评估，并基于此确定处理方案，减小裂纹扩展的可能性，降低潜在风险，并确保使用过程中的安全性。

图 9.5.3　磁粉检测裂纹缺陷示意图[11]

9.5.2　断裂破坏分析

1. 强度理论

在材料力学中，对于简单工况下 (如拉压、扭转) 的构件，按照其实际工况进行模拟实验即可获得该构件的强度条件。但对于各类复杂工况下的构件，这种方法实施起来往往难度较大，甚至无法完成。因此，必须通过理论分析来获得复杂应力状态下的强度条件。一般认为同一类失效方式应当是由某种相同的破坏因素引起的,在此基础上建立的关于结构强度失效的假说被称为强度理论。

古典强度理论中的最大拉应力理论又称为第一强度理论,是分析材料在受力时的断裂和破坏行为的重要工程理论之一。该理论的核心思想是,无论处于什么应力状态,当材料中的某一点或某一部分的拉应力 σ_1 达到其极限值 σ^0 时,材料会发生破坏或断裂。破坏原因与应力状态无关,可通过单轴拉伸实验获得极限值 σ^0。因此,破坏条件为

$$\sigma_1 = \sigma^0 \tag{9.5.1}$$

将极限应力除以安全系数可得到许用应力 $[\sigma]$,则强度条件为

$$\sigma_1 \leqslant [\sigma] \tag{9.5.2}$$

最大拉应力理论在工程设计和材料选择中具有重要作用,因为它允许工程师估计在给定载荷下材料的破坏点。这有助于确保设计的结构或部件在正常使用中不会过早破裂,从而提高了结构的可靠性和安全性。对于含有裂纹的结构,可基于该理论对裂纹是否扩展以及扩展方向进行预测,从而评估结构的寿命并制定相应的补救措施。

事实上大多数的压力容器所处工况十分复杂,最大拉应力理论无法适用于所有情况。对于不同的工况,需要利用不同的破坏理论来进行分析,常用的古典强度理论还包括最大伸长线应变理论 (第二强度理论)、最大切应力理论 (第三强度理论) 和畸变能理论 (第四强度理论)。灵活使用不同的强度理论,有助于更完善地分析和设计压力容器,其评估结果也会更加准确。除了工况复杂,有一些特殊用途的压力容器,其结构同样十分复杂。尤其在产生裂纹后,对结构进行力学分析将变得更加困难。在实际的强度评估过程中,可以利用有限元方法构建结构的计算力学模型,通过数值模拟的手段得出结构的应力分布情况以及薄弱位置,进而选择合适的强度理论,提高分析精确度和计算效率。

综上所述,压力容器的设计与评估主要依赖于各种强度理论,即当结构的某一点或某一部分达到极限值时,该结构会发生破坏或裂纹扩展,可认为该结构失效。因此,基于强度理论可在设计阶段判断结构的薄弱处并进行优化处理。在结构产生裂纹后同样可依据该理论对裂纹扩展过程进行评估,并制定相应的处理办法。

2. 简易锅炉的裂纹扩展分析

在压力容器的制造过程中,焊缝处往往会存在微小裂纹或孔洞等缺陷,而在使用过程中,容器内部的气体或液体可能具有腐蚀性,同样会使结构产生缺陷。对此的处理方法是,在设计过程中通常采用安全系数来弥补这些缺陷,但有时这些缺陷仍会形成肉眼可见的裂纹,从而导致容器发生泄漏甚至爆炸;而在使用过程

中通常会定期使用无损探伤的方法对缺陷进行监测。此外，还可以使用数值模拟手段对裂纹进行模拟，预测其扩展过程并提前干预，如在设计阶段，可通过预设缺陷的手段来优化压力容器的设计，从而减缓裂纹等缺陷在使用过程中的发展。图 9.5.4 展示了一个简易锅炉上初始裂纹的扩展过程。选取最大拉应力理论作为裂纹扩展的判断依据，裂纹在内部压力的作用下持续扩展，最终造成该压力容器失效。可以看出，该容器在产生裂纹后无法继续承载原有的内部压力，因此应当在初始阶段就对该容器进行修补或更换，以免发生更严重的事故。

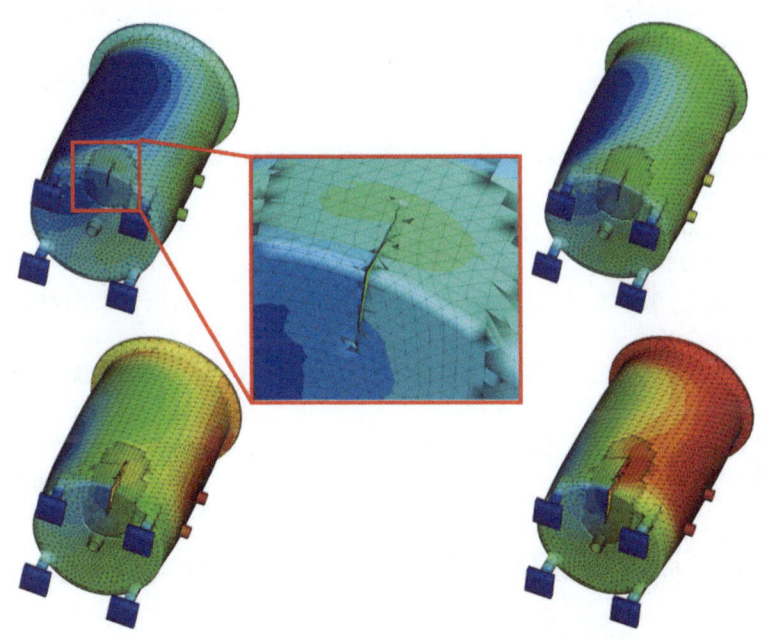

图 9.5.4 简易锅炉的裂纹扩展数值模拟结果

9.5.3 总结

本案例展示了基于强度理论的简易锅炉的裂纹扩展分析，同时也指出了有限元分析方法以及初始裂纹扩展分析对压力容器的设计和安全性评估的重要性。值得注意的是，上述分析过程中仅考虑了压力容器内壁上的压力，并没有深入考虑容器的移动以及内部腐蚀等复杂工况。此外，分析过程中仅使用了强度理论中的最大拉应力理论，并没有考虑单向压缩、三向压缩等没有拉应力的情况，所得到的结果仅可作为压力容器设计与评估的参考数据。因此，深入研究压力容器在不同复杂工况下的力学特性，发展更多更加完善的强度理论，仍然是压力容器设计过程中需要重点考虑的问题。

参 考 文 献

[1] 蒋小文, 杜侠鸣, 齐一华. 浅谈我国压力容器技术发展及其趋势. 化工设备与管道, 2022, 1: 8-15.

[2] 杨丽霞, 王春霞. 化工压力容器设计及不完全因素分析. 化工管理, 2022, 24: 134-136.

[3] 才源, 闫龙海. 超高速撞击球形压力容器后壁损伤破坏试验研究. 振动与冲击, 2021, 23: 17-24.

[4] 白云记, 阮静. 符合 TSI 认证规范的 Zags 型液化气罐车研制. 铁道车辆, 2022, 3: 35-37.

[5] 青岛新达检测服务有限公司. 压力容器检测 [压力容器无损检测] 青岛新达 & 安全放心. 2017. https://www.51g3.com.cn/qdxinda888/info_36757719.html.

[6] 李军, 杨国义, 陈志伟, 等. 压力容器分析设计国家标准技术进展. 压力容器, 2022, 5: 66-71.

[7] 搜狐网. 知识点请收藏！移动式压力容器常见事故大解析！https://www.sohu.com/a/392-354915_100014268.

[8] 陈学东, 崔军, 章小浒, 等. 我国压力容器设计、制造和维护十年回顾与展望. 压力容器, 2012, 12: 1-23.

[9] 刘琦, 秦忠宝, 邹子杰, 等. 压力容器内表面蚀坑-裂纹应力强度因子数值模拟. 油气储运, 2021, 4: 397-403.

[10] 张天峰, 冉秉东, 王楷. 基于压力容器裂纹图像检测及识别算法研究. 重庆大学学报, 2022, 7: 103-111.

[11] 网商汇. 磁粉检测 (MT) 的原理和特点. http://news.7wsh.com/zixun/532747.html.

(本案例由段庆林供稿)

9.6 基于层级化模型的航天装备仿真与设计技术

9.6.1 工程背景

作为我国高端装备的典型代表，航天装备向着大型化、承载极端化及多功能一体化方向发展，见图 9.6.1。航天产品具有系统性强、集成度高等特征，其技术涉及材料、机械等多领域，主要包括金属成形、焊接、特种加工、工业工程等，其分析过程涉及多物理场耦合与多学科交叉，因此完成一次具有高保真度的工程有限元仿真分析往往需要数天甚至数月的计算时间。特别地，结构优化设计需要反复调用仿真分析程序，其高昂的计算成本将极大地阻碍我国高端装备设计研发的顺利开展。

仿真的高精度与计算的高速度是装备分析设计领域的关键。由于高精度分析往往需要建立具有高精细程度的仿真模型，而这又将以高昂仿真成本为代价，因此单一建模方法下仿真的精度与速度难以兼顾。是否可综合利用不同精细程度的仿真模型，平衡仿真精度与计算成本，使得最终仿真设计过程既快又准呢？出于这样的目的，以材料力学的基本假设为核心思想，遵循力学模型简化规律，通过组合不同精细程度模型的层级化仿真与设计方法应运而生。

图 9.6.1   长征五号运载火箭结构图片[1-3]

9.6.2 航天装备层级化建模仿真与设计

针对具有复杂细节的航天结构，其分析模型往往难以同时准确表征静力、动力、热、气动等多种力学响应，需通过实验数据进行修正，而实验数据的匮乏也使得很难准确高效地挖掘出有效信息。此外，各个部件存在不同强弱耦合关联，难以实现对整体结构进行完全精细化或完全简化分析。针对以上问题，可以建立"实验数据–精细模型–简化模型"多层级模型，并分别针对不同层级开展仿真建模研究，如图 9.6.2 所示。

在多层级简化建模环节，针对不同学科设计要求，可以对其模型进行适当简化。比如火箭模态分析过程中，可以将各个结构作为整体进行考虑，而不必建立螺栓、法兰、桁条等细节，如图 9.6.3 的火箭结构等效梁模型[4]。虽然该模型无法反映结构的应力、应变及局部特征，但在初步设计阶段可以提供结构的主要模态及频率等信息[5]。

对于舱段承载性能分析，可以建立加筋柱壳的精细模型及等效模型，实现结构的快速、高精度分析。根据均匀化方法可以将筋条等效到特定厚度壳之中，建立不同精细程度的等效模型。针对结构整体屈曲可以建立全等效的光壳结构，针对结构半整体屈曲分析可以建立半等效模型，针对少量局部屈曲问题可采用精细化模型，如图 9.6.4 所示。综合利用不同精细程度的计算模型可以减少复杂仿真分析的调用次数[8,9]。

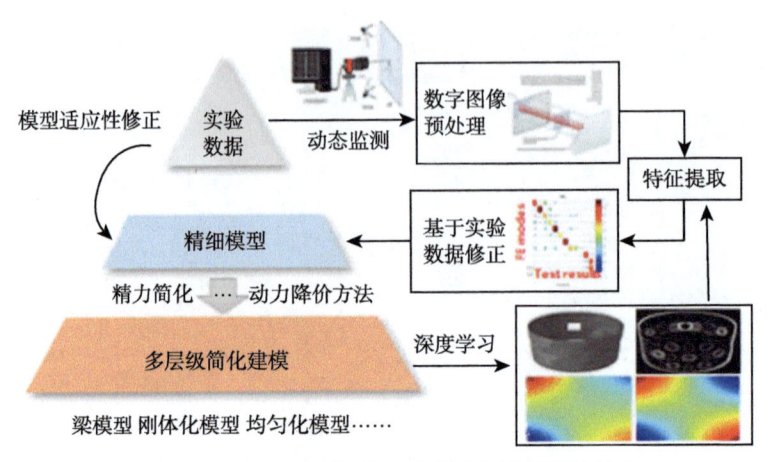

图 9.6.2　基于层级化模型的仿真与优化设计技术

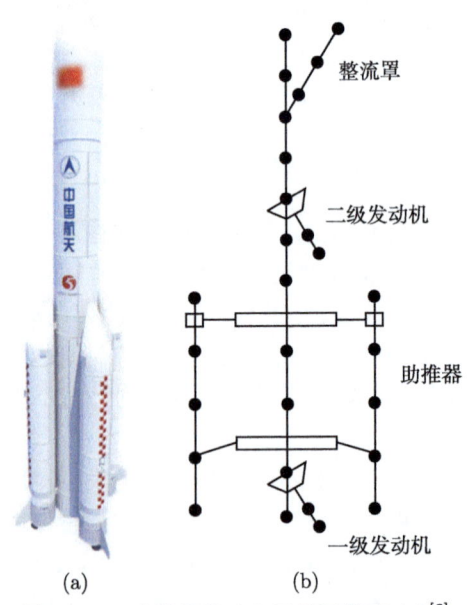

图 9.6.3　火箭结构 (a) 及其梁模型 (b)[6]

更进一步，可以借助已有实验或者仿真数据，在数学层面建立机器学习模型，减少设计过程中高耗时有限元仿真模型的使用，提高设计效率[10]。机器学习模型的本质是提取输入数据中的信息，并用于推断与预测。其相关研究与应用也随着近年来深度学习、大数据分析及人工智能等计算机科学的发展而得到了持续关注。

9.6 基于层级化模型的航天装备仿真与设计技术

一方面，机器学习模型的输入数据可以是观测数据，通过拟合特征变量与响应值的映射关系获得任意结构的预测结果；另一方面，机器学习模型的输入数据可以是物理先验知识，通过嵌入领域知识获得符合物理机制的表征模型。以材料力学中梁挠度求解为例，力学求解过程包括：分析截面微元力平衡、求解挠曲线微分方程、代入材料参数与载荷进行积分求解。机器学习方法可直接假定梁挠曲线函数为傅里叶级数形式，根据已知结果对各项系数进行拟合。同时，也可以结合领域知识假设挠曲线为多项式形式，通过叠加法快速求解梁结构挠度（图 9.6.5）。

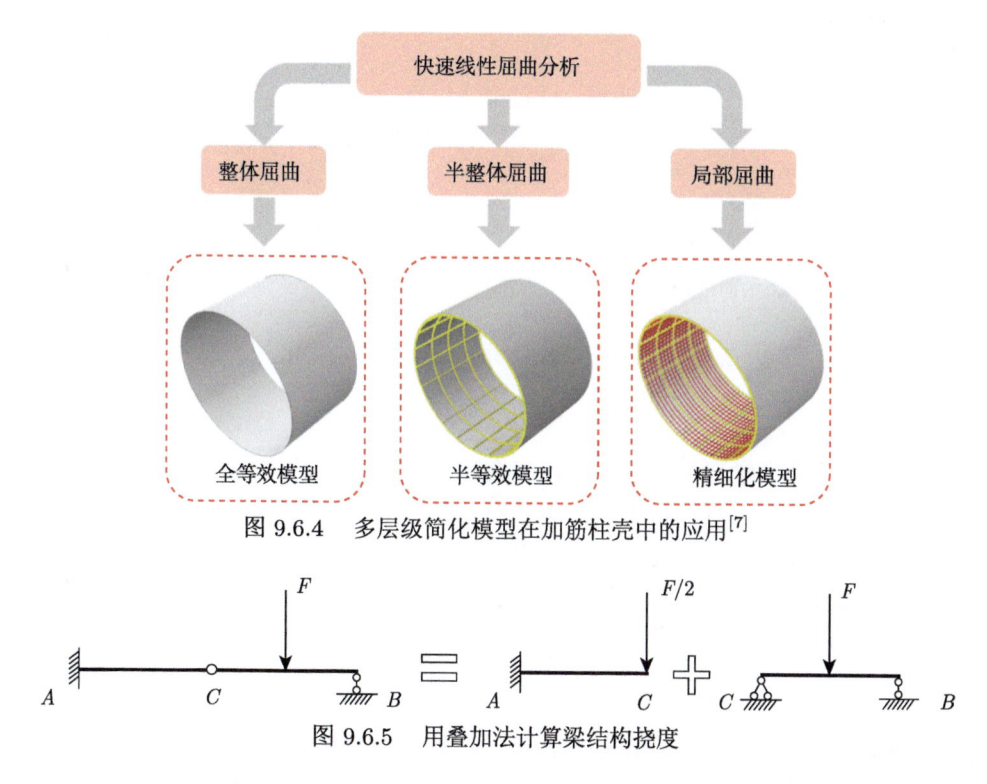

图 9.6.4 多层级简化模型在加筋柱壳中的应用[7]

图 9.6.5 用叠加法计算梁结构挠度

对于复杂高端装备分析与优化设计，也可以建立对应的机器学习模型，通过有限数据对未知结构响应进行预测。其中，以 Kriging[11]、RBF[12]、SVM[13] 等方法为代表的代理模型方法和以 CNN[14]、RNN[15] 等卷积神经网络为代表的深度学习方法近年来得到了广泛而深入的研究[16]。以曲线加筋板屈曲优化为例，如图 9.6.6 所示，该结构包含了曲线排布的多根筋条以及板壳结构，各个构件之间相互耦合构成整体。对于此类复杂结构优化设计问题，可以借助代理模型以及深度学习方法建立机器学习模型，通过计算少量已知筋条布局下对应的结构响应，对其他布局方案进行预测[17]。

综上可以发现，针对多水平、多精度分析模型，可以建立层级化的分析与优化方法，综合利用各种简化模型以及机器学习模型，实现结构高效分析与优化设计。由于机器学习方法本身需要仿真或者实验提供输入数据，因此可以结合层级化模型构建适用于不同问题的分析与优化设计框架。建立高端装备的层级化模型能够有效保障结构分析精度以及计算效率，为我国航天装备优化设计提供强有力的设计工具[18,19]。

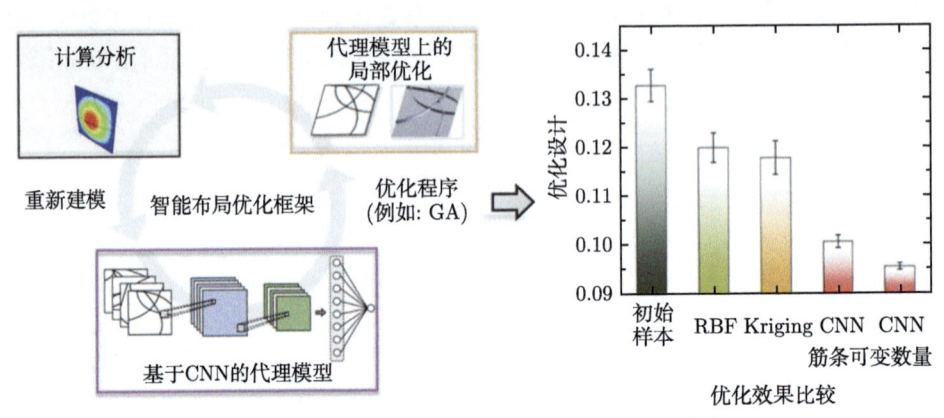

图 9.6.6   基于机器学习的曲线加筋结构优化[18]

9.6.3 总结

化繁为简是力学研究的重要手段。在现代高端装备设计过程中大量运用有限元等高精度的工程仿真分析手段，虽然在计算准确性上有了极大提高，但耗时较多，成为制约高端装备优化设计、精细化设计的难点问题。层级化建模仿真技术可应用于航天高端装备，为考虑精细结构的高精度高耗时有限元分析的优化设计提供技术支持，缩短装备预研、设计的周期，进而产生经济和社会效益。

参 考 文 献

[1] 环球时报. 长征五号将再度问天！一组高清大图感受其挺拔身姿. 2019. http://ishare.ifeng.com/c/s/7skE2wjl7Zp.

[2] 中国新闻网. 揭秘长征五号运载火箭. 2019. https://tech.qianlong.com/2016/0422/5560-98.shtml.

[3] 航天科技集团一院天津大运载基地长征五号运载火箭总装车间拍摄的长征五号运载火箭的助推器. 新华网, 2016.

[4] 国家国防科技工业局. 航天科技集团一院天津大运载基地长征五号运载火箭总装车间拍摄的长征五号运载火箭的助推器. 2016-11-03. https://www.sastind.gov.cn/n152/n6727317/n6727329/c6741336/content.html.

[5] Noorian M A, Haddadpour H, Ebrahimian M. Stability analysis of elastic launch vehicles with fuel sloshing in planar flight using a BEM-FEM model. Aerospace Science and Technology, 2016, 53: 74-84.

[6] 张亚辉, 林家浩. 结构动力学基础. 大连: 大连理工大学出版社, 2007.
[7] 王博, 郝鹏, 杜凯繁, 等. 计及缺陷敏感性的网格加筋筒壳结构轻量化设计理论与方法. 中国基础科学, 2018, 20(3): 28-31, 52, 63.
[8] 天下布武. 起飞推力 1078 吨、近地运载 25 吨, 长征-5 号火箭在全球是什么水平? 2020. http://baijiahao.baidu.com/s?id=1665225764145154112&wfr=spider&for=pc.
[9] Wang B, Tian K, Hao P, et al. Numerical-based smeared stiffener method for global buckling analysis of grid-stiffened composite cylindrical shells. Composite Structures, 2016, 152: 807-815.
[10] Tian K, Wang B, Zhang K, et al. Tailoring the optimal load-carrying efficiency of hierarchical stiffened shells by competitive sampling. Thin-Walled Structures, 2018, 133: 216-225.
[11] 王建军, 向永清, 何正文. 基于数字孪生的航天器系统工程模型与实现. 计算机集成制造系统, 2019, 25(6): 1348-1360.
[12] Ouellet F, Park C, Rollin B, et al. A kriging surrogate model for computing gas mixture equations of state. Journal of Fluids Engineering, 2019, 141(9): 091301.
[13] Jin R, Chen W, Simpson T W. Comparative studies of metamodelling techniques under multiple modelling criteria. AIAA, 2001, 23(1): 1-13.
[14] Sóbester A, Leary S J, Keane A J. A parallel updating scheme for approximating and optimizing high fidelity computer simulations. Structural & Multidisciplinary Optimization, 2004, 27(5): 371-383.
[15] Eidel B. Deep CNNs as universal predictors of elasticity tensors in homogenization. Computer Methods in Applied Mechanics and Engineering, 2023, 403: 115741.
[16] Dong X S, Qian L J. Semi-supervised bidirectional RNN for misinformation detection. Machine Learning with Applications, 2022, 10: 100428.
[17] Yann L C, Bengio Y, Hinton G. Deep learning. Nature, 2015, 521: 436-444.
[18] Hao P, Liu D, Kang K, et al. Intelligent layout design of curvilinearly stiffened panels via deep learning-based method. Materials & Design, 2020, 197: 109180.
[19] Song X G, Lv L Y, Sun W, et al. A radial basis function-based multi-fidelity surrogate model: exploring correlation between high-fidelity and low-fidelity models. Structural & Multidisciplinary Optimization, 2019, 60: 965-981.

(本案例由郝鹏、王博、冯少军供稿)

9.7 基于折纸方法的碰撞吸能结构设计

9.7.1 工程背景

折纸 (origami) 是一种传统手工艺术[1,2], 能将 2D 平面沿着特定折痕制成 3D 结构 (相较而言, 剪纸是通过裁减部分材料改变结构几何), 折纸结构形态丰富, 如折纸玩具和著名的罗伯特玫瑰 (图 9.7.1(a) 和 (b)), 都是通过折纸工艺获得的手工艺品. 折纸工艺在工程领域已得到实际应用. 例如, 在航天工程领域中, 科学家

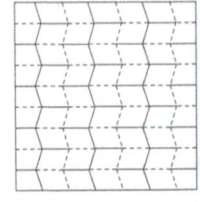

Miura 设计的 Miura-ori 折纸图案[3] 解决了大薄膜结构在太空中折叠和展开的问题，并成功应用于天文望远镜[4]（图 9.7.1 (c) 和 (d)）。此外，Heller 为劳伦斯·利弗莫尔国家重点实验室设计了超大型太空望远镜镜片——Eyeglass（图 9.7.1 (e)），采用了名为 "Umbrella" 的折纸图案（图 9.7.1 (f)）。该设计既能满足工作时对光学的要求，又能在运输过程中满足尺寸的要求。而除了在以上工程领域的应用外，折纸工艺设计的结构因其出色的能量吸收能力和轻量化特性，被视为解决汽车碰撞等有害碰撞问题、提高结构的耐撞性 (crashworthiness) 的热点方向。根据工程经验，吸能结构的设计需要遵循材料力学功能原理，即提高结构吸能性能需使结构中更多材料进入塑性阶段。而通过折纸工艺诱导结构中更多材料进入塑性阶段，发生高吸能变形模式，是工程师们未来工作的方向。

(a) Miura-ori 折纸图案[3]　(b) 罗伯特玫瑰[3]

(c) Miura-ori 折纹图案折纹图[3]　(d) 根据Miura-ori 折纸图案设计的太阳能电池板[4]　(e) Eyeglass 太空望远镜镜片[5]　(f) "Umbrella" 折纸图案[5]

无吸能结构，乘员舱破坏　吸能盒　引入吸能结构，碰撞后乘员舱完好
(g) 折纸工艺在吸能结构中的应用设想[6]

图 9.7.1　折纸工艺在实际工程领域中的应用案例及未来吸能结构应用领域

9.7.2 基于折纸方法的吸能结构设计

由材料力学知识可知，根据胡克定理 $\sigma = E\varepsilon$，材料的弹性模量 E 越大，图 9.7.2 所示的塑性材料的应力–应变曲线相对应的线弹性区域内的斜率就会越大。另外，在弹性阶段，材料在外力作用下会产生弹性变形并且储存一定的能量，如果除去作用在材料上的外力，材料就会恢复到原始形状，材料在弹性变形阶段储存的能量就会释放出来，因此，材料在弹性阶段无法实现固定的能量吸收。但是，当材料的变形超过弹性阶段后，材料会陆续进入塑性屈服阶段、应变硬化阶段以及颈缩阶段，当除去作用在材料上的外力后，材料将无法恢复到原始形状，通过在此过程中发生的不可恢复塑性变形来实现能量吸收，即外力功几乎全部转化为材料的塑性变形能 (与塑性变形能相比，此时弹性应变能可忽略不计)，这部分能量如图 9.7.2 阴影部分所示。这便是材料力学中的功能原理。

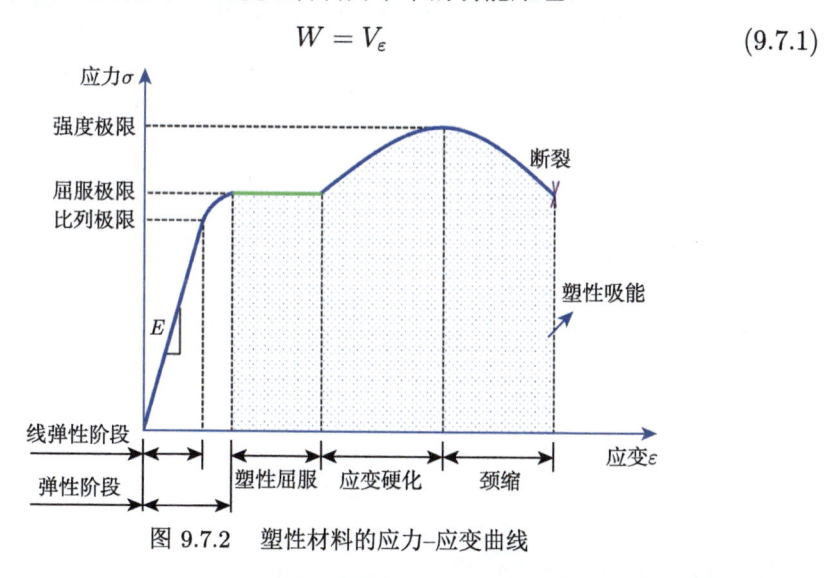

$$W = V_\varepsilon \tag{9.7.1}$$

图 9.7.2　塑性材料的应力–应变曲线

当材料处于弹性阶段时，应变能与外力功可相互转化，外力功并未损耗，无法起到吸能效果。只有当结构材料进入塑性阶段后，外力功 W 会转化为不可恢复的塑性变形能而耗散掉，从而实现吸能效果。所以在吸能结构设计过程中，需要使结构中尽可能多的材料进入塑性阶段。

传统方管在吸能过程中只有少部分的材料进入了塑性阶段，如图 9.7.3 所示，吸能效果不够理想。为了使尽可能多的材料进入塑性阶段，改变管件的变形模式成为一个新的研究思路。钻石变形模式因为其相较于传统变形模式，能使得更多材料进入塑性变形阶段，如图 9.7.4 所示，而被认为是潜在的高吸能变形模式的代表。以 1/4 管件为例，当结构发生钻石变形时，会产生两个变形特征：① 管中间区域向外移动变形；② 管角部区域向内移动变形。

· 344 ·　　　　　　　　　　　　　　　　　　　　　　　　　第 9 章　结 构 设 计

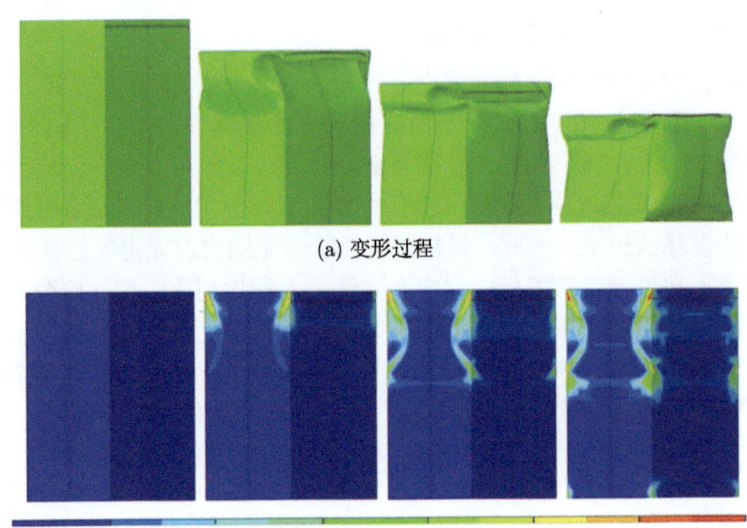

(a) 变形过程

0塑性应变　　　　　　　　　　　　　　　　　　　　　　　　高塑性应变

(b) 塑性应变云图(绿色部分为进入塑性变形区域)

图 9.7.3　传统方管吸能过程[7]

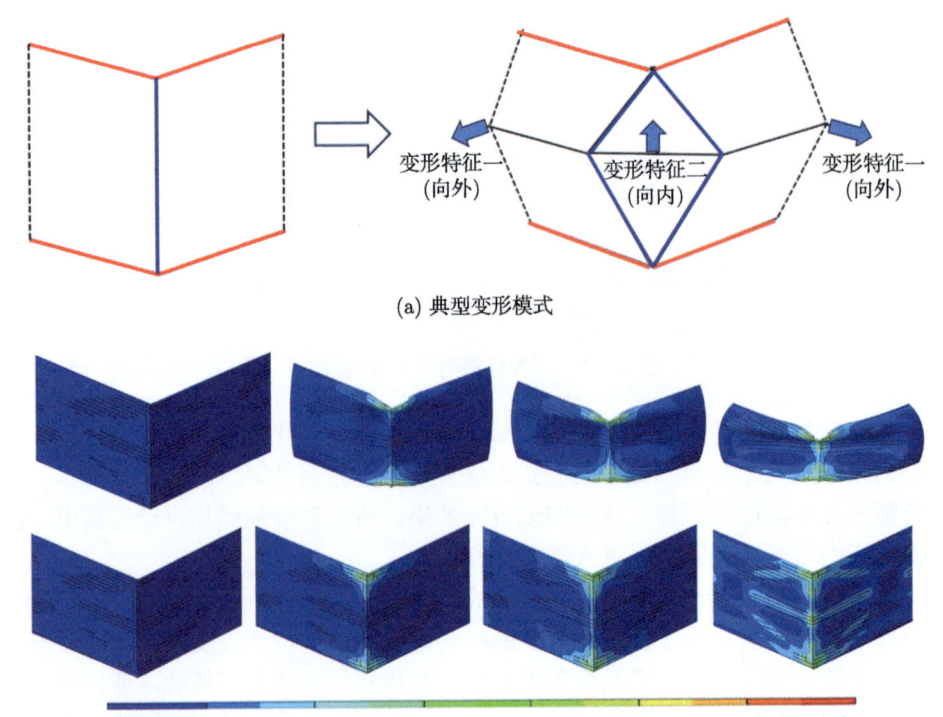

变形特征一　　　变形特征二　　　变形特征一
(向外)　　　　　(向内)　　　　　(向外)

(a) 典型变形模式

0塑性应变　　　　　　　　　　　　　　　　　　　　　　　　高塑性应变

(b) 变形过程中的塑性应变云图(绿色部分为进入塑性变形区域)

图 9.7.4　1/4 管件发生的典型钻石变形模式

9.7 基于折纸方法的碰撞吸能结构设计

为了引导结构发生这种高性能钻石变形,有学者提出了一种端部折纹管[8]。这种管件的设计思路为:将三角形折纸图案及梯形叶片引入管件的端部,如图 9.7.5 所示,通过改变管件的几何形式调整管件关键区域的受力形式,引导结构发生预想的变形模式。以端部折纹管的 1/4 模型为例,运用理论力学相关知识对其进行受力分析,探究其引导管件发生钻石变形模式的相关机制。1/4 折纹管如图 9.7.5 所示,其上端与下端受到载荷 F 的作用。

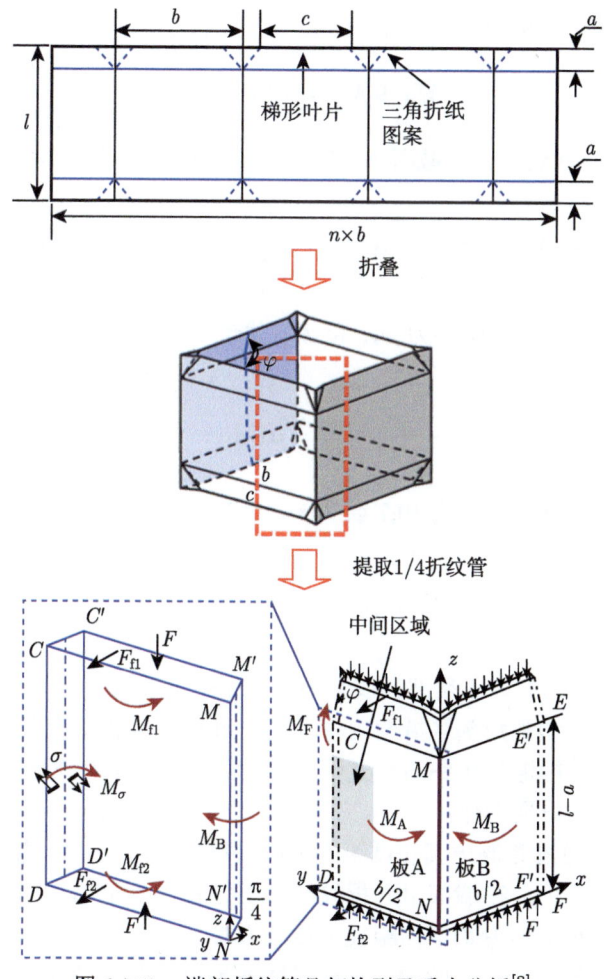

图 9.7.5 端部折纹管几何构型及受力分析[8]

在轴向载荷 F 作用下,受对称边界影响,截面 $CDD'C'$ 与截面 $EFF'E'$ 均受到拉压应力的作用。端部折纹管件的第一个变形特征是由弯矩 M_F 引起的。弯矩则是由折角 φ 与载荷 F 产生的,可表示为

$$M_{\mathrm{F}} = Fa\cos\left(\varphi - \frac{\pi}{2}\right) \tag{9.7.2}$$

端部折纹管件的第二个变形特征是由力矩 M_{A} 和 M_{B} 引起的。以板 A 为例，因具有向内运动趋势，其上下边界均受到方向向外的摩擦力 F_{f1} 和 F_{f2} 作用，并且摩擦力对于 z 轴会产生弯矩 M_{f1} 和 M_{f2}。此时，板 A 中间区域产生向外运动趋势，而且 MN 处受到边界的约束作用，故截面 $CDD'C'$ 会受到由该截面处应力所产生的力矩 M_{σ}。此外，板 A 还会受到板 B 施加的力矩 M_{B}。因此，A 板在对于 z 轴上的弯矩平衡方程可表示为

$$M_{\mathrm{B}} + M_{\sigma} = M_{\mathrm{f1}} + M_{\mathrm{f2}} \tag{9.7.3}$$

考虑到端部折纹管是关于截面 $MNN'M'$ 对称的，所以可以将弯矩 M_{A} 表示为

$$M_{\mathrm{A}} = M_{\mathrm{B}} = M_{\mathrm{f1}} + M_{\mathrm{f2}} - M_{\sigma} = y_1 F_{\mathrm{f1}} + y_2 F_{\mathrm{f2}} - 2h\int_0^{\frac{t}{2}} \sigma \cdot x\mathrm{d}x \tag{9.7.4}$$

其中，y_1 和 y_2 分别代表摩擦力 F_{f1} 和 F_{f2} 关于 z 轴的力臂。另外，摩擦力可以表示为

$$F_{\mathrm{f1}} = F_{\mathrm{f2}} = \int_0^{\frac{tb}{2}} \mu F \mathrm{d}y = \mu \frac{Fb}{2} \tag{9.7.5}$$

式中，μ 为摩擦系数。综合式 (9.7.4) 和式 (9.7.5)，可以得到弯矩 M_{A} 为

$$M_{\mathrm{A}} = \mu F \cdot b \cdot (y_1 + y_2) - 2h\int_0^{\frac{t}{2}} \sigma \cdot x\mathrm{d}x \tag{9.7.6}$$

通过上述分析可知，在端部折纹管中弯矩 M_{F} 及弯矩 M_{A} 分别引起端部折纹管中间区域向外移动和角部区域向内移动。通过对端部折纹管触发机制进行分析可以推测此种管件能够产生钻石模式变形。因此，端部折纸对触发结构发生钻石模式变形起着至关重要的作用。

研究人员[8]通过数值仿真和试验的手段，对端部折纹管吸能性能提升进行了验证。仿真结果显示，在端部引入折纹能够引导管件发生如图 9.7.6(a) 所示的钻石变形模式，在此变形模式下，相较于传统方管，端部折纹管中有更多的材料进入塑性阶段，如图 9.7.6(b) 所示，预期吸能效果更好。后续加工了端部折纹试验件并开展了压缩试验，验证了端部折纹管吸能性能的提高。试验过程中折纹管的变形如图 9.7.6(c) 所示，可以观测到端部折纹试验件发生了明显的钻石变形模式。而在钻石变形模式下，端部折纹管件的平均力比传统方管提升了一倍，初始峰值力也有显著的降低，如图 9.7.6(d) 所示。

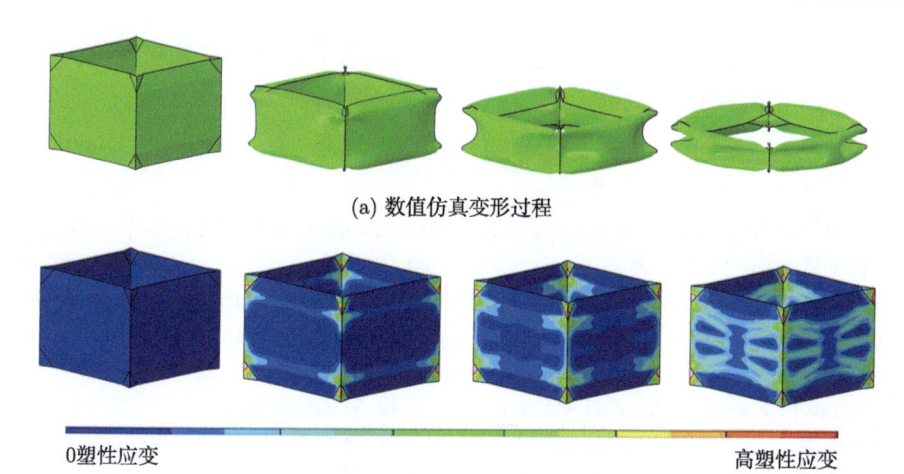

9.7 基于折纸方法的碰撞吸能结构设计

(a) 数值仿真变形过程

(b) 端部折纹管塑性应变云图(绿色部分为进入塑性变形区域)

(c) 端部折纹管压缩试验结果

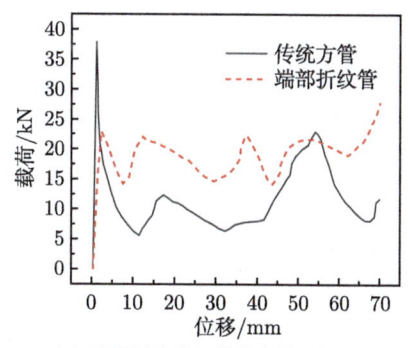

(d) 端部折纹管与传统方管吸能性能比较

图 9.7.6 端部折纹管数值仿真及试验结果[8]

9.7.3 总结

由于吸能结构设计遵循基本的力学原理，因此，运用基本的力学知识，可以对吸能结构的设计进行直观的指导。本节以折纸管件耐撞性设计为例，阐明了在力学知识的指导下吸能结构的设计原理。一方面，根据材料力学的功能原理，通过折纸设计，可诱导结构中更多的材料进入塑性阶段，发生高吸能变形模式，实现了结构吸能性能的提升；另一方面，为了更高效地引导结构发生高吸能变形模式，运用理论力学对折纸结构的受力方式进行分析，阐明了折纸结构引导结构变形的机制。以上工作为进一步通过折纸结构设计获得性能更好的吸能结构提供了技术支撑，对未来吸能结构的设计具有一定的指导意义。

参 考 文 献

[1] You Z. Folding structures out of flat materials. Science, 2014, 345(6197): 623-624.

[2] Chen Y, Peng R, You Z. Origami of thick panels. Science, 2015, 349(6246): 396-400.

[3] Miura K. Method of packaging and deployment of large membranes in space. Title The Institute of Space and Astronautical Science Report, 1985, 618: 1.

[4] Nishiyama Y. Miura folding: Applying origami to space exploration. International Journal of Pure and Applied Mathematics, 2012, 79(2): 269-279.

[5] Heller A. A giant leap for space telescopes. Science and Technology Review, Lawrence Livermore National Laboratory, Livermore, 2003(Mar): 12-18.

[6] 明世朝. 基于折剪纸方法的薄壁管件耐撞性设计. 大连: 大连理工大学, 2021.

[7] Ma J, You Z. Energy absorption of thin-walled square tubes with a prefolded origami pattern—Part I: Geometry and numerical simulation. Journal of Applied Mechanics, 2014, 81(1): 011003.

[8] Ming S, Song Z, Li T, et al. The energy absorption of thin-walled tubes designed by origami approach applied to the ends. Materials & Design, 2020, 192: 108725.

(本案例由周才华、王博、田阔供稿)

第 10 章 生产制造

10.1 金属增材制造过程中的翘曲变形力学机制

10.1.1 工程背景

增材制造 (additive manufacturing) 即 3D 打印 (3D printing)，是近年来新兴的先进制造技术。如图 10.1.1 所示，与传统减材制造模式不同，增材制造是根据构件计算机数字模型的二维切片通过材料的层层堆叠和凝固制成构件。增材制造不需要倒模及其他复杂工艺，大幅度缩短了制造周期，而且应用原材料的粉末颗粒叠加生成制造的构件，在制造过程中不会产生大量废料，其材料利用率接近 100%。

图 10.1.1 发动机叶片的增材制造[1]

增材制造技术中最具有突破意义的是金属增材制造技术，按照热源模型可分为激光增材制造技术、电子束增材制造技术及电弧增材制造技术，按照沉积模式不同可分为铺粉式增材制造技术和送粉式增材制造技术。以激光铺粉式增材制造技术为例，其整个工艺装置由粉末缸和成型缸组成。加工时，首先将粉末预热到稍低于其熔点的温度 (对于金属粉末激光烧结，预热可减少成型中的热变形，并有利于层与层之间的结合)，然后铺粉辊在成型缸活塞上铺一层粉末，再由计算机控制的激光束对粉末进行扫描，材料粉末在高强度的激光照射下熔化并凝固在一起，得到零件的截面，并与下面已成形的部分黏接；该层加工完成后，成型缸活塞会自动下降一个层厚，然后铺粉辊重新铺一层粉末，并由激光束再扫描烧结新铺的粉末层，如此循环往复，层层叠加，直到所加工的三维构件成形。全部制造完成后，一般还要做一些后处理工作，如去掉多余的粉末，再进行打磨、烘干等处理便可获得原型构件或零件。

金属增材制造技术最早起源于 20 世纪 90 年代。Larson 等在 1994 年申请了采用电弧作为热源的铺粉选区熔化技术直接制备金属零件的国际专利 WO94/26446。瑞典 Arcam 公司基于该专利成为全球最早开展增材制造成形装备研究和商业化开发的机构，与此同时全世界其他大学和研究机构也开展了金属增材制造技术的研究，EOS、波音、洛克希德·马丁、通用动力、GE、霍尼韦尔、派克汉尼汾等公司相继开发出了商业化的金属增材制造技术。经过多年的研究和发展，目前金属增材制造技术已应用到医学、航空航天、模具和量具制作等多个领域，打印维度囊括纳米级到建筑尺寸。

但令人遗憾的是，金属增材制造过程中构件的翘曲开裂问题 (图 10.1.2) 长期以来阻碍其在工业界的广泛应用。由于增材制造过程中金属材料经历了快速的激光熔化、凝固、重熔等过程，热影响区温度梯度极大，造成了高水平的热应力，进而导致成形件的翘曲问题 (图 10.1.3)，严重时甚至会导致成形件开裂或者阻挡铺粉辊正常运行。

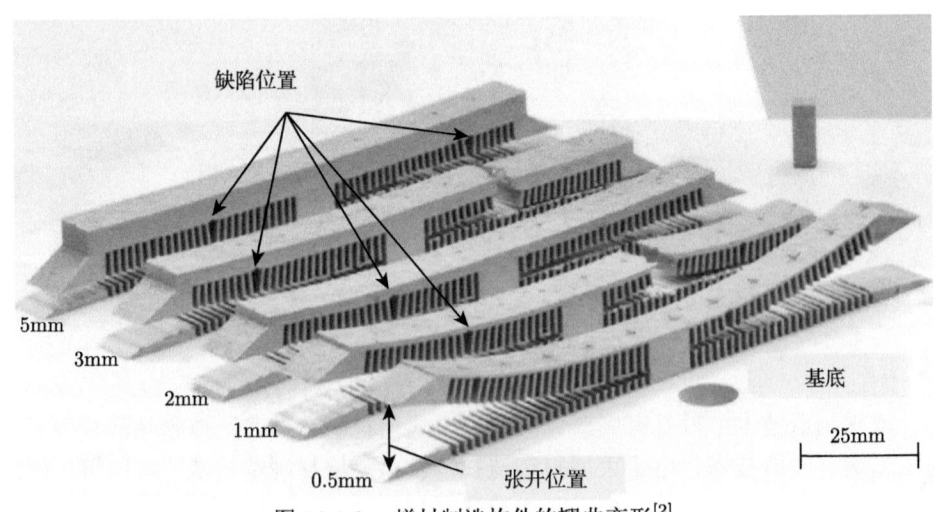

图 10.1.2 增材制造构件的翘曲变形[2]

10.1.2 力学分析

一般说来，增材制造构件在扫描过程中上部受到高能束流作用产生热膨胀，呈现出上凸的变形模式，并且由于上部温度较高，产生蠕变效应，杨氏模量也降低，材料逐渐软化。当制造完成之后，构件逐渐冷却回弹，这时由于上部材料较软，对回弹抵抗能力弱，最终使得构件产生上凹的变形模式。为缓解这种变形，工程师和学者们应用了多种方法，如提高预热温度、优化扫描路径、调整扫描间隔时间等，其中提高预热温度效果最好，目前在工业界已被广泛采用。

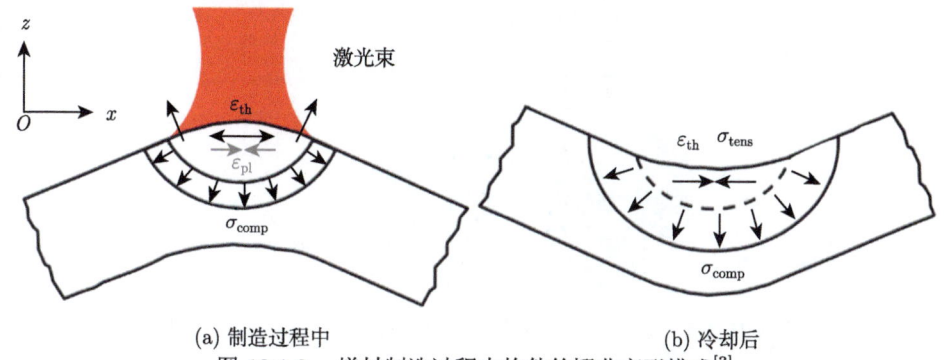

图 10.1.3　增材制造过程中构件的翘曲变形模式[3]

数值模拟[4-6]是研究增材制造问题的有效方法之一。其中，构件级的宏观数值模拟可以预测制造过程中的温度场、热应力场及构件的翘曲变形等，为优化预热温度、扫描路径、扫描速度等工艺参数和提高构件成形质量提供强有力的支撑。但是，实现增材制造过程的数值模拟并不容易，存在计算域不断变化、计算规模大、热力耦合的非线性强、收敛慢、计算十分耗时等困难。目前，针对这些难题已有一些研究成果，如采用网格自适应 (即仅当前加工层采用加密的计算网格) 来降低计算规模 (图 10.1.4、图 10.1.5 展示该技术可应用于复杂构件成形)，以及采用一致性切线模量来提高收敛速度等，但增材制造过程的高效和可靠的数值模拟仍亟待进行广泛而深入的研究。

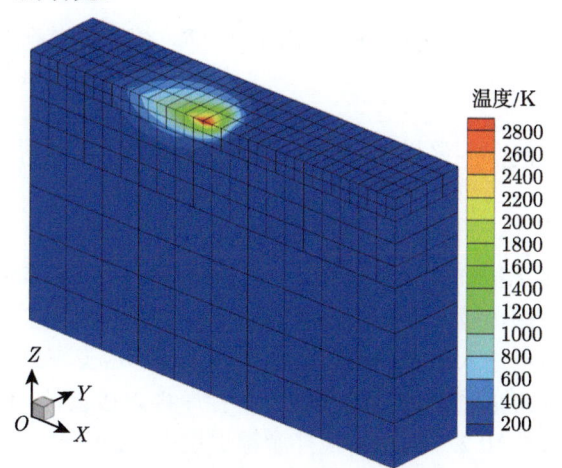

图 10.1.4　增材制造数值模拟的自适应网格[6]

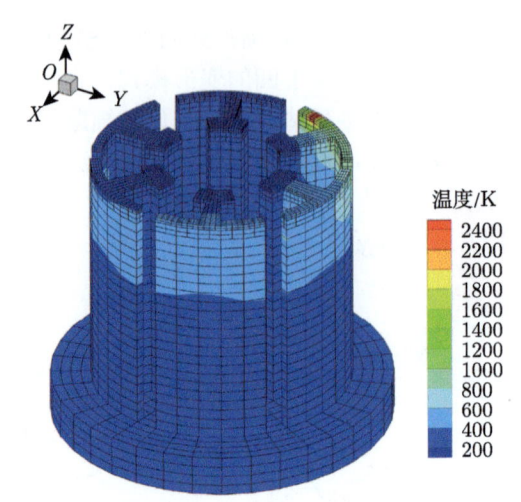

图 10.1.5　自适应网格应用于六叶片电磁转子的成形模拟[6]

参 考 文 献

[1] https://www.sohu.com/a/306479231_100105445.

[2] Simson T, Emmel A, Dwars A, et al. Residual stress measurements on AISI 316L samples manufactured by selective laser melting. Additive Manufacturing, 2017, 17:183-189.

[3] Li C, Liu J, Fang X, et al. Efficient predictive model of part distortion and residual stress in selective laser melting. Additive Manufacturing, 2017, 17:157-168.

[4] 汤慧萍, 王建, 逯圣路, 等. 电子束选区熔化成形技术研究进展. 中国材料进展, 2015, 34(3):225-235.

[5] 孙雄凯. GH4169 合金选区激光熔化熔池形态及气孔缺陷研究. 哈尔滨: 哈尔滨工业大学, 2019.

[6] 陈嵩涛. 增材制造热力耦合过程的高效数值方法研究. 大连: 大连理工大学, 2022.

(本案例由段庆林供稿)

10.2　搅拌头的受力分析和疲劳强度

10.2.1　工程背景

搅拌摩擦焊接 (friction stir welding, FSW) 是由英国焊接研究所 1991 年发明的一种新型固态焊接技术, 搅拌头包括搅拌针和轴肩, 通过搅拌头的旋转摩擦, 焊接构件搅拌区材料进入热塑性流动状态, 在温度和应变率的共同作用下, 搅拌区材料通过再结晶形成致密的等轴晶粒, 搅拌摩擦焊接设备 (位于大连理工大学力学结构大厅) 如图 10.2.1 所示。搅拌摩擦焊接中的温度较熔化焊低, 被焊材料的温度大概在 $(0.6 \sim 0.8) T_m$, 焊接质量高, 结构变形小, 尤其适用于铝合金、镁合金等轻质合金的焊接。搅拌摩擦焊接也可以应用于钛合金、钢等材料的焊接以及异质材料焊接等。基于这一焊接技术，发展出了搅拌摩擦加工 (friction stir processing, FSP) 技术、搅拌摩擦点焊 (friction stir spot welding, FSSW) 技术和搅拌摩擦增材制造 (friction stir additive manufacturing, FSAM) 技术，能够实现不同材料的高效率制备和加工。通过 FSP 和 FSAM 可以制备具有超塑性的材料、复合材料、梯度功能材料等。

图 10.2.1　搅拌摩擦焊接设备

搅拌摩擦焊接技术目前已经应用于航空航天、船舶、汽车、动车等工业领域，实现了包括火箭燃料贮箱、助推器纵横焊缝、高铁车厢板材等在内的重要部件高质量连接，焊接性能优异。在搅拌摩擦焊接中，搅拌头是决定焊接质量的核心部件，如图 10.2.2 所示，很大程度上决定了搅拌摩擦焊接过程中材料的流动和摩擦

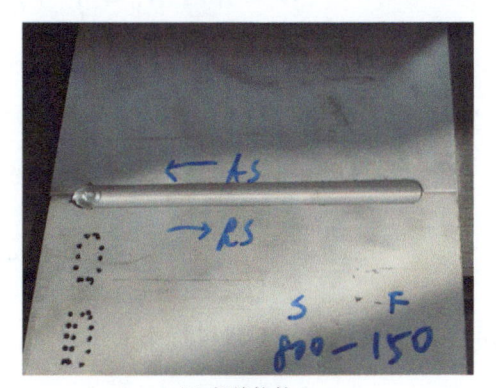

(a) 搅拌头　　　　　　　　　　　　(b) 焊接构件

图 10.2.2　搅拌头 (a) 和焊后的搅拌摩擦焊接构件 (b)

热的生成。在搅拌摩擦焊接过程中，搅拌头在旋转和移动过程中承受来自搅拌头前后压力差不同导致的沿焊缝方向的作用力，且由于搅拌头的旋转而产生周期性波动，从而产生疲劳应力，因此，搅拌头的使用性能评估对搅拌摩擦焊接具有积极作用，可以在确保搅拌头性能下降之前，择机更换新的搅拌头，以保证加工质量。

10.2.2 搅拌头的温升

搅拌摩擦焊接中的温升主要是由摩擦导致的，一部分能量进入焊接构件导致焊接构件温升，一部分能量进入搅拌头导致搅拌头温升[1,2]，摩擦产热主要取决于摩擦应力和滑移率：

$$W = \int_A \tau \dot{\gamma} \mathrm{d}A \tag{10.2.1}$$

式中，τ 为摩擦应力，$\dot{\gamma}$ 为滑移率。

摩擦应力取决于库仑摩擦应力和材料剪切强度之间的最小值：

$$\tau_{\max} = \min\left(\mu P,\ \sigma_\mathrm{s}(T)/\sqrt{3}\right) \tag{10.2.2}$$

滑移率则与搅拌头的转速相关：

$$\dot{\gamma} = \delta r \omega \tag{10.2.3}$$

式中，r 为半径；ω 为转速 (rad/s)；δ 为滑移系数。

在工程问题中，转速的单位一般是 r/min，而计算中需要转换为 rad/s：

$$\omega = \frac{2\pi n}{60} \tag{10.2.4}$$

搅拌头的温升分为搅拌头轴肩摩擦温升和搅拌针摩擦温升：

$$W = W_\mathrm{s} + W_\mathrm{p} = \int_{A_\mathrm{s}} \tau \dot{\gamma} \mathrm{d}A + \int_{A_\mathrm{p}} \tau \dot{\gamma} \mathrm{d}A \tag{10.2.5}$$

$$\begin{aligned} W_\mathrm{shoulder} &= \int_{A_\mathrm{s}} \tau \dot{\gamma} \mathrm{d}A = \int_0^{2\pi} \int_{r_\mathrm{p}}^{r_\mathrm{s}} \tau \delta r \omega r \mathrm{d}r \mathrm{d}\theta \\ &= \frac{2\pi}{3}\left(r_\mathrm{s}^3 - r_\mathrm{p}^3\right)\tau \delta \omega \end{aligned} \tag{10.2.6}$$

$$W_\mathrm{pin} = \int_{A_\mathrm{p}} \tau \dot{\gamma} \mathrm{d}A = \tau \delta r_\mathrm{p} \omega \left(2\pi r_\mathrm{p}\right) h \tag{10.2.7}$$

由此可以得到搅拌摩擦焊接过程中的热输入：

$$q_\mathrm{shoulder} = \frac{W_\mathrm{shoulder}}{A_\mathrm{s}} = \frac{2\left(r_\mathrm{s}^3 - r_\mathrm{p}^3\right)\tau \delta \omega}{3\left(r_\mathrm{s}^2 - r_\mathrm{p}^2\right)} \tag{10.2.8}$$

$$q_{\mathrm{pin}} = \frac{W_{\mathrm{pin}}}{A_{\mathrm{p}}} = \tau \delta r_{\mathrm{p}} \omega \tag{10.2.9}$$

搅拌摩擦焊接过程中的温升可以使材料软化，从而导致搅拌头的扭矩发生变化：

$$T_{\mathrm{s}} = \int_{A_{\mathrm{s}}} \tau r \mathrm{d}A = \tau_{\mathrm{smax}} \times \frac{\pi (2r_{\mathrm{s}})^3 \left[1 - \left(\frac{r_{\mathrm{p}}}{r_{\mathrm{s}}}\right)^4\right]}{16} \tag{10.2.10}$$

$$T_{\mathrm{p1}} = \int_{A_{\mathrm{p1}}} \tau r \mathrm{d}A = \tau_{\mathrm{pmax}} \times \frac{\pi (2r_{\mathrm{p}})^3}{16} \tag{10.2.11}$$

$$T_{\mathrm{p2}} = \int_{A_{\mathrm{p2}}} \tau r_{\mathrm{p}} \mathrm{d}A = \tau_{\mathrm{pmax}} \times 2\pi r_{\mathrm{p}} l \tag{10.2.12}$$

10.2.3 搅拌头的受力和疲劳

搅拌头是搅拌摩擦焊接设备的核心部件，搅拌头的形貌、质量和控制参数决定了搅拌摩擦焊接接头焊缝的质量。搅拌头受力由搅拌头的三个面受力综合而成，即轴肩下表面摩擦阻力、搅拌针侧表面阻力和搅拌针底部摩擦阻力。轴肩下表面摩擦阻力，由搅拌头与焊接构件相对运动产生的摩擦力生成。当焊接参数变化时，轴肩-被焊材料接触面材料流动行为发生改变，将会复合影响轴肩下的表面摩擦力。其变化规律为，较高的温度和转速将提升材料流动性，减小材料流变应力值，从而减小表面摩擦力，选用与热输入计算相同的库仑摩擦系数，可以计算轴肩下表面摩擦阻力。同理，搅拌针底部的摩擦阻力由流场计算得到的搅拌针底部压力与库仑摩擦系数计算。对于搅拌针侧表面压力，是由计算流体力学模型计算得到的搅拌针表面每一点上压力在焊接方向上投影的合力。

搅拌头上的搅拌针是短粗梁，承受集中力和分布力[3-5]。搅拌头上的应力可以通过如图10.2.3(a)所示的计算模型计算得到：

$$\sigma_{F_{\mathrm{pinbot}}} = \frac{F_{\mathrm{pinbot}} l_{\mathrm{pin}}}{W} \tag{10.2.13}$$

$$\sigma_{\mathrm{q}} = \frac{q l_{\mathrm{pin}}^2 / 2}{W} \tag{10.2.14}$$

式中，l_{pin}为搅拌针长度；W为搅拌针圆形截面的抗弯截面系数。

搅拌头的最大应力发生在搅拌针的根部，这是危险截面，且两种载荷作用下，危险截面上危险点的应力状态都分别是单向应力状态，通过叠加法可以得到危险截面上危险点的应力。随着搅拌头转动，最大应力会发生周期性变化，属于疲劳应力,且得到的疲劳应力随焊接工艺参数的变化而变化,计算结果如图 10.2.3(b)、(c) 所示。由此,结合材料的 S-N 曲线,可以判断搅拌头结构在当前工艺参数下是否满足疲劳强度要求。从图 10.2.3 可以看到,疲劳应力会随着搅拌头焊速的增加而增加,会随着搅拌头转速的增加而减小,通过进一步的计算,显示在搅拌头焊速为 2~3mm/s 时,搅拌头的疲劳应力相对较小,搅拌针不会出现疲劳失效问题。但是随着搅拌头焊速的进一步增加,搅拌头会出现较为明显的疲劳失效问题,提高搅拌头的转速,在一定程度上可以缓解这一问题,具体如表 10.2.1 所示。因此,搅拌头的疲劳寿命是由焊速/转速 (v/ω) 综合确定的。

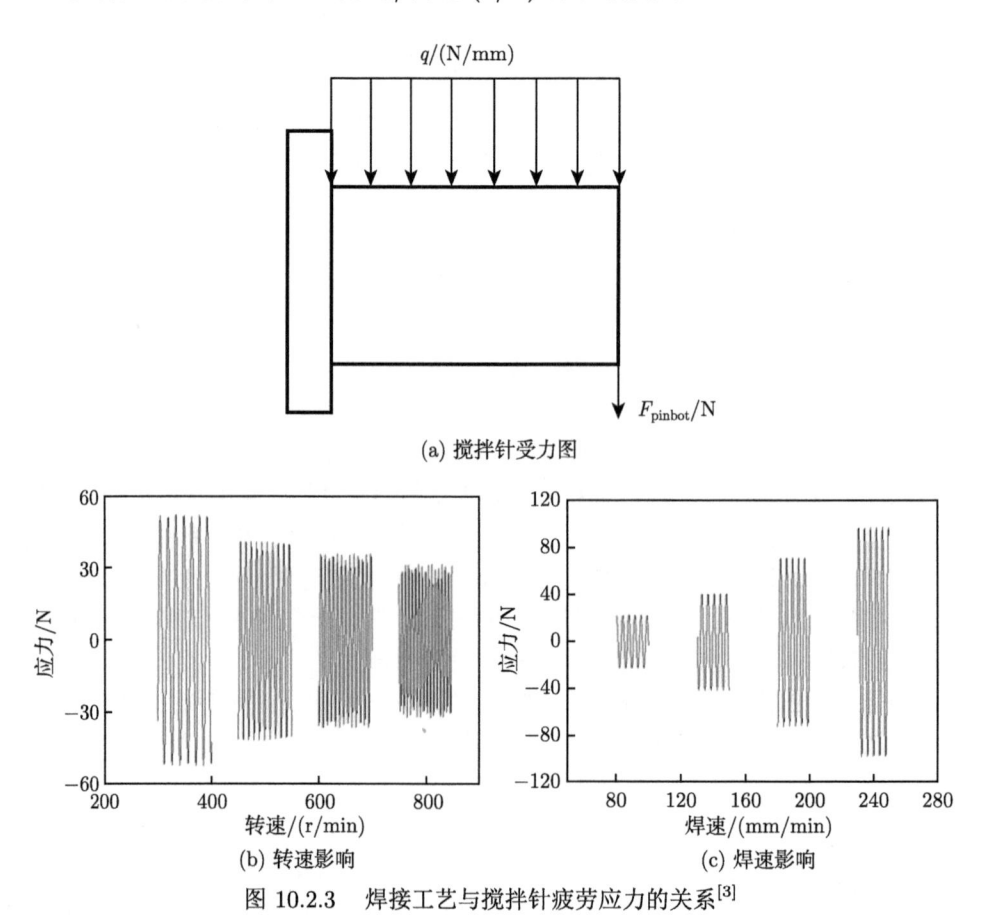

(a) 搅拌针受力图

(b) 转速影响

(c) 焊速影响

图 10.2.3 焊接工艺与搅拌针疲劳应力的关系[3]

10.2.4 总结

作为一种新型的固态连接工艺,搅拌摩擦焊接在铝镁等轻质合金和异质金属连接方面得到了工业应用,作为其核心部件的搅拌头,在搅拌摩擦焊接过程中承受周期性载荷,从而在搅拌针根部产生疲劳应力,通过力学分析可以计算搅拌头承受的扭矩以及沿焊缝方向的作用力,从而计算搅拌针的周期性疲劳应力,通过 S-N 曲线可以判断其破坏所需的循环次数,选择合理的工艺参数就可以得到无限寿命的搅拌头。当然,搅拌摩擦焊接过程中存在搅拌头磨损,不仅是寿命决定了是否更换新的搅拌头,磨损导致焊接性能下降也是更换搅拌头的重要原因。因此,合理的力学分析会对搅拌头的更换和性能评估起到重要作用。

表 10.2.1 不同焊接工艺参数下搅拌针的使用时间[3]

转速/焊速	2mm/s	3mm/s	4mm/s	5mm/s	6mm/s
500r/min	—	—	49.2h 708.5m	10.7h 192.6m	6.35h 137.2m
750r/min	—	—	203.1h 2924.6m	34.17h 615.1m	17.95h 387.7m
1000r/min	—	—	—	144.8h 2606.4m	45.82h 989.7m
1250r/min	—	—	—	—	127.28h 2749.2m

参 考 文 献

[1] 张昭, 张洪武. 搅拌摩擦焊接的数值模拟. 北京:科学出版社, 2016.
[2] Zhang Z, Zhang H W. Solid mechanics-based Eulerian model of friction stir welding. International Journal of Advanced Manufacturing Technology, 2014, 72: 1647-1653.
[3] 吴奇. 搅拌摩擦焊搅拌头疲劳寿命和构件微结构演化数值模拟. 大连:大连理工大学, 2018.
[4] 吴奇, 张昭, 张洪武. 搅拌摩擦焊接中焊接速度与搅拌头受力关系研究. 计算力学学报 (增刊), 2015, 32: 109-114.
[5] 吴奇, 张昭, 张洪武. 基于 CFD 模型的搅拌摩擦焊接搅拌头受力分析. 机械科学与技术, 2015, 34(12): 1961-1965.

(本案例由张昭供稿)

10.3 印制线路板焊点热疲劳失效

10.3.1 工程背景

印制线路板 (printed circuit board) 简称印制板, 是一种电子工业的重要部件。日常生活中涉及的所有电子产品, 小到电子手表, 大到航空母舰, 都要用到印制板。印制板主要包含绝缘底板、连接导线和焊盘三个组成部分。印制板代替了传统的复杂布线模式, 实现了各电子元件之间的电气连接, 减小了电子元器件的体积, 降低了产品成本。电子设备的质量和可靠性与印制板的质量息息相关[1]。

如图 10.3.1 所示, 印制板中包含大量的焊点, 以实现不同元器件的连接, 这些互联焊点为印制板提供了机械支撑和电气互联, 大量的印制板失效都是由焊点断裂引起的。当电流通过印制板时，电子元器件会因为电阻升温，反复的电流通过使得印制板在整个工作寿命中不停经受交变热变形作用，这些交变载荷是导致焊点失效的重要原因之一。同时电子元件在工作过程中，在外界不断地交变载荷输入的条件下，也面临非常严重的疲劳失效危险。因此，通过力学优化设计方法，可以改进电路板焊点布局，进而改善印制板整体热匹配性能，延长电路板的使用寿命。

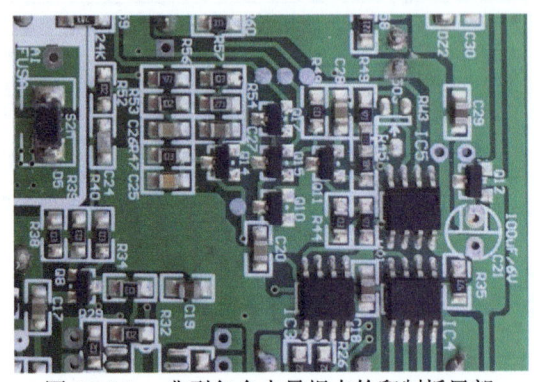

图 10.3.1　典型包含大量焊点的印制板局部

10.3.2　力学分析

焊点的疲劳失效按照失效发生的位置可以分为两种：界面失效和钎料失效。按照失效的原因，常见的可以分为两种：振动疲劳失效和热疲劳失效[2]。

当焊点的电气接触不良或微裂纹发生在焊盘和钎料相接触的界面层上时，如图 10.3.2 所示，焊点面临严重的界面失效危险。焊接时虚焊和冷焊等不合格的焊接质量，都是造成印制板焊点界面失效的重要因素。

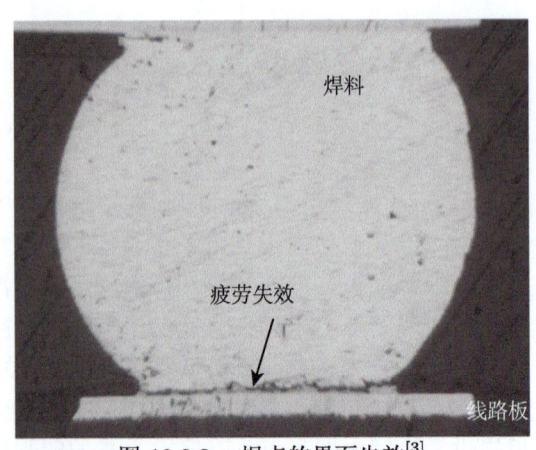

图 10.3.2　焊点的界面失效[3]

10.3 印制线路板焊点热疲劳失效

当微裂纹或断裂位置都发生在钎料的内部的时候，裂纹可能发生在焊盘侧、芯片侧及同时发生在基板侧和芯片侧，如图 10.3.3 所示。

图 10.3.3　焊点的钎料失效电子显微镜图片[4]

热循环是引起焊点热疲劳损伤的最主要原因，钎料疲劳失效机制焊点因热循环受损的常见原因包括：① 器件与印制板间的整体热膨胀系数失配，诱发各种应力；② 器件和印制板在厚度方向出现温度梯度；③ 附着于元器件与印制板之间的钎料局部热膨胀系数失配[5]。

如何减少元器件与印制板的热膨胀系数的失配，即减少焊点的热循环受损情况，对改善印制板焊点抗热疲劳失效具有重要的意义。通常来说，焊点的热变形具有累积效应，从印制板的中心向边缘累积，在边缘处印制板上的焊点累积的热变形较大，容易在此处出现断裂破坏，如图 10.3.4 所示。

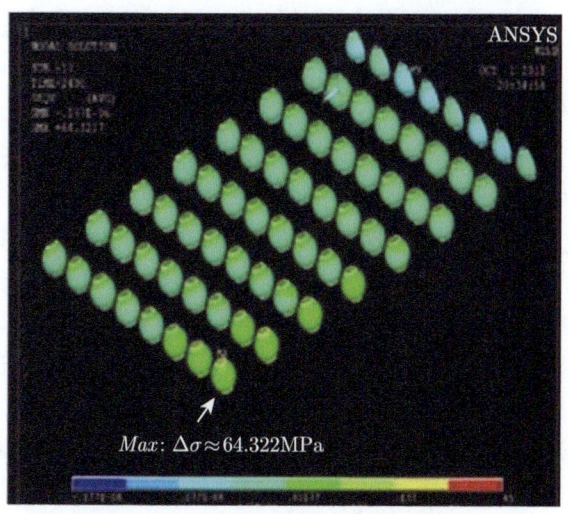

图 10.3.4　焊点热变形的累积效应[6]

10.3.3 总结

上述案例介绍了印制板焊点的功能、机械设计要点和热疲劳失效模式。芯片行业目前是我国"卡脖子"问题较为严重的行业，高质量的芯片除了需要优秀的电路设计之外，也需要在力学性能上做出新的思考。合理的力学设计，例如柔性引脚设计可以有效降低电路板内元器件连接部位残余应力的累积。同时，元器件焊点布局的优化设计可以提升整体电路板的热匹配性能，提升电路板在长期交变热变形作用下的抗疲劳性能，延长使用寿命。

参 考 文 献

[1] 阎毅. 信息科学技术概论. 武汉：华中科技大学出版社，2008.
[2] 黄姣英，曹阳，高成. 微电子封装焊点疲劳失效研究综述. 电子元件与材料，2020, 39(10): 11-16, 24.
[3] Yang S Y, Kim I, Lee S B. A study on the thermal fatigue behavior of solder joints under power cycling conditions. IEEE transactions on components and packaging technologies: A publication of the IEEE Components, Packaging, and Manufacturing Technology Society, 2008, (1): 31.
[4] Doranga S, Schuldt M, Khanal M. Effect of stiffening the printed circuit board in the fatigue life of the solder joint. Materials, 2022, 15(18): 6208.
[5] https://gongkong.ofweek.com/2019-06/ART-310003-11001-30390999.html.
[6] Hu W, Li Y, Sun Y, et al. A model of BGA thermal fatigue life prediction considering load sequence effects. Materials, 2016, 9(10): 860.

（本案例由李桐供稿）

10.4 超声冲击表面纳米化技术在重装空投中的应用分析

10.4.1 工程背景

缓冲吸能装置是安全防护系统中不可或缺的关键组件，在国防工业和民用产业中的多个领域中发挥着保护人民生命和财产安全的重要作用。近年来，随着国际地位的不断提升，我国对先进军事装备的需求日益增强，亟须探索国防科技前沿技术，开发具有前瞻性、先导性和颠覆性的军工装备，以满足现代战争要求。举例来说，俄罗斯空降部队每次都像一把匕首直插对手心脏，在战争初期就建立起了巨大的优势，其强大的战斗力离不开重装空投技术的支持，先进的吸能装置有效保护了强火力重型装备的降落安全 (图 10.4.1)[1,2]。一般来说，武器装备火力越强则重量越大，按照传统设计的空投台必须增大体积才能安全投放重量更大的武器装备。然而，空投台体积过大不仅会使自身目标过大，还可能引起气动性能问题，而且运输机内部空间受限，空投台体积增加也必然会挤占作战装备的空间，从而造成多方面的问题。由此可见，在不增加体积的前提下，大幅提高空投台吸能效果是未来的发展方向。金属表面纳米化技术是一种用于金属材料的表面改性技术，能够在不改变结构的几何形状且不增加重量的前提下大幅提升吸能装置的吸能效果。该技术主要和理论力学中的碰撞相关。

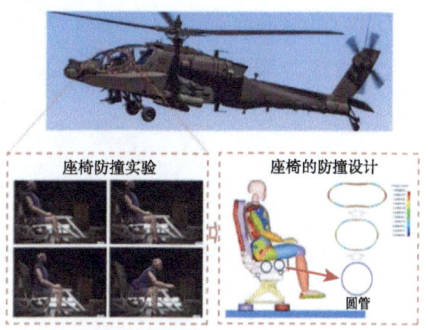

(a)重装空投出舱过程[1]　　　　(b)武装直升机飞行员座椅吸能设计[2]

图 10.4.1　军用吸能装置[2]

10.4.2　金属表面纳米化技术原理

1. 基本内容

超声冲击也是一种材料表面纳米化加工处理技术，其装置主要由超声发生器和冲击枪头组成，其工作原理是将交流电转化为超声换能器的往复振动，经过超声变幅杆放大后，扩大枪头尖端的振幅，最终以高频高速冲击金属材料表面，实现金属材料表面层的晶粒细化。为实现金属材料的局部表面纳米化，采用数控方式搭建了处理平台。该平台主要由超声控制箱和冲击枪头组成，使用 HY2050 超声冲击纳米化控制箱对金属材料进行表面纳米化处理。设备的超声振动频率为 20kHz，输出振幅为 50μm，额定功率为 1kW。超声冲击设备的工作电流可以调节，电流越高对应的枪头冲击强度越高。这里注意到枪头与金属试件的碰撞时间极短（约为 5×10^{-5}s），而速度变化是有限值，说明枪头的加速度变化巨大，碰撞力极大。假设碰撞过程是匀减速运动，可得碰撞力在 10^4 量级，并且该数值为平均值，如果测量其峰值力则会更大。图 10.4.2 为金属局部表面纳米化处理平台，其中平台正在对 304 不锈钢试件进行表面纳米化处理 [3]。

2. 基于金属表面纳米化空投吸能装置研究简介

目前，薄壁结构是大部分吸能装置中的主要结构，如圆形、正方形、六边形薄壁管等，同时它们也是工程中应用最为广泛的基本结构。为了提升薄壁吸能结构在碰撞中的可靠性，国内外学者提出了多种方法以增强其吸能效果[4-8]（图 10.4.3）。

传统吸能装置设计主要有以下几种方法：改变截面形状、设计初始构型等。然而，上述方法改变了其几何形状或总体质量，并极有可能增加制造难度和成本。

图 10.4.2　HY2050 表面纳米化处理平台[3]

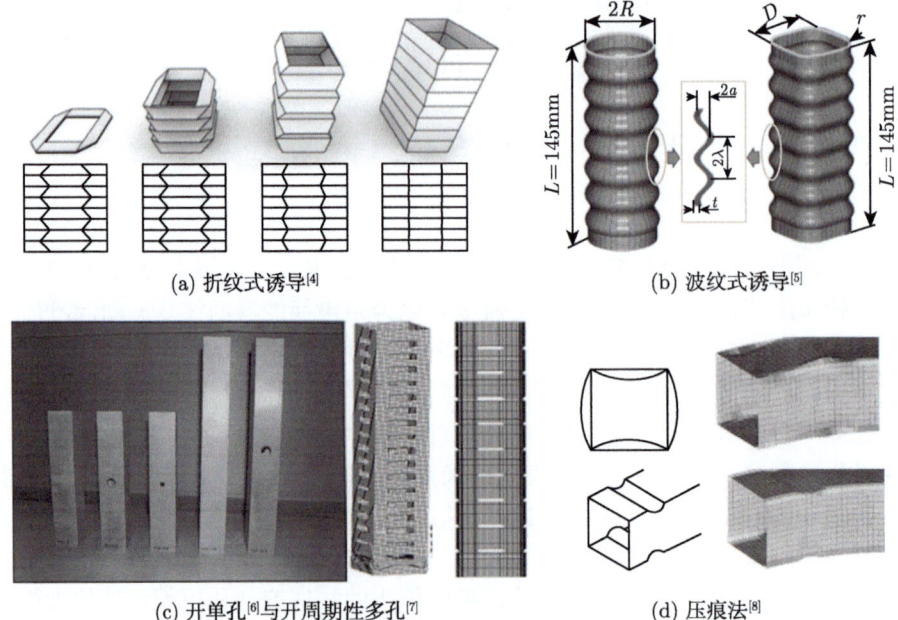

(a) 折纹式诱导[4]　　(b) 波纹式诱导[5]

(c) 开单孔[6]与开周期性多孔[7]　　(d) 压痕法[8]

图 10.4.3　诱导薄壁管屈曲模态方法

金属材料的表面纳米化技术是卢柯院士与吕坚院士首次提出的全新概念。该技术通过在金属表面进行机械研磨处理 (SMAT) 从而实现其表面纳米化，进而显著改善材料的力学性能、摩擦磨损性能、扩散行为和化学反应特性[3,9-13]。在现有技术中，SMAT 已被广泛认为是通过在材料表层生成纳米晶梯度结构，改善金属材料力学性能，而不破坏其固有化学成分的有效技术。利用该技术可以实现现有大部分金属材料 (如低碳钢、不锈钢、铝合金、镁合金、钛合金等) 的表面纳米化。

10.4 超声冲击表面纳米化技术在重装空投中的应用分析

目前，SMAT 已经在光电转换、3D 打印等方面展现出良好的应用前景。

基于上述表面纳米化技术，新兴的表面纳米化吸能结构提供了一种既无需改变几何形状或质量又可以提升吸能效果的设计方法。周若璞等基于该技术，提出一类新型的填充式薄壁吸能结构，进一步通过吸能柱矩形阵列组合的方式提出了一种新型重型装备空投缓冲台设计[14]。图 10.4.4 为泡沫铝填充不锈钢方管 (吸能单元) 的加工过程。通过与吸能曲线 (未纳米化试件) 对比发现 (图 10.4.5)，局部表面纳米化技术的引入极大地提高了吸能单元的吸收总能量 (阴影部分)。为进一步对设计的缓冲台整体吸能进行分析，考虑某型号装甲车 (车长 5.53m，车宽 2.8m，质量为 10.5 吨)。分析对象选取矩形缓冲台，其几何尺寸为 6m×3m (长 × 宽)，计算胞元如图 10.4.6 所示 (四个吸能柱组成)，吸能结果如表 10.4.1 所示。由表中结果可以看出，纳米化缓冲台较未纳米化缓冲台吸能增加 41.76%，并且不增加额外质量。该吸能柱的吸收总能量为 $1.452×10^7 J/m^3$ (单位等效体积)，为满足装甲车落地安全需求 (动能约为 $1.3×10^7 J$)，吸能柱仅需要等效体积大于 $0.895m^3$，远小于吸能极限。由此可见，该类新型填充式薄壁吸能方管能够有效提高重装空投过程的安全性。

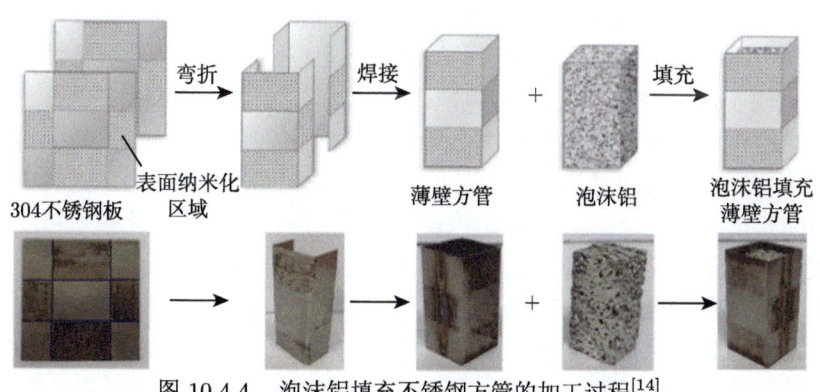

图 10.4.4 泡沫铝填充不锈钢方管的加工过程[14]

(a) 未纳米化试件

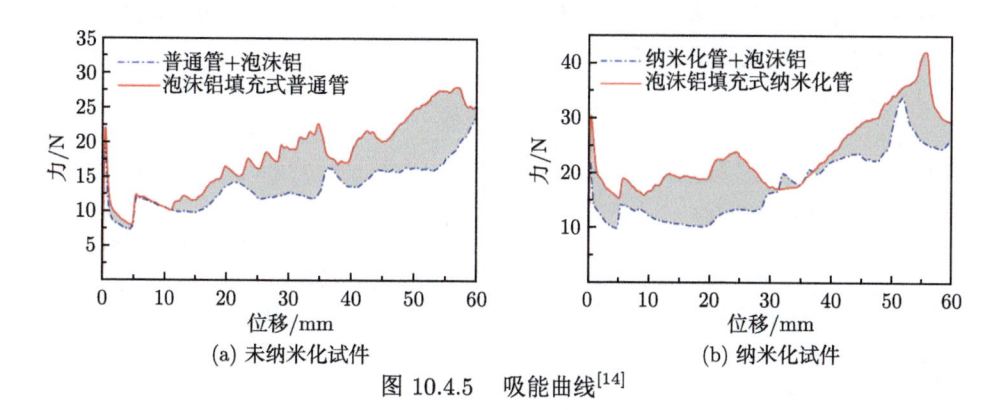

(b) 纳米化试件

图 10.4.5 吸能曲线[14]

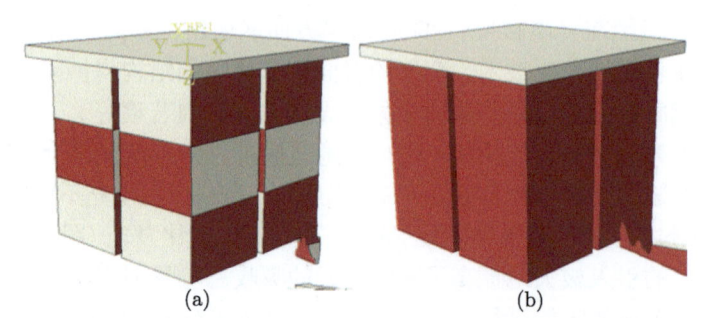

图 10.4.6　纳米化 (a) 和未纳米化 (b) 缓冲台胞元[14]

表 10.4.1　吸能指标对比[14]

分析对象	吸收总能量/kJ	峰值力载荷/kN
纳米化缓冲台	7.811	92.875
未纳米化缓冲台	5.510	68.250

10.4.3　总结

超声冲击表面纳米化技术是一种先进的吸能装置设计技术，该技术主要利用理论力学中碰撞相关内容，通过巨大的碰撞力实现金属表面改性。该技术的优势如下。① 提高吸能效率：通过超声冲击表面纳米化技术，可以将金属表面处理成纳米级粗糙度，增加表面的比表面积，提高表面的吸能效率；② 增强抗冲击性能：利用超声冲击表面纳米化技术可以改变金属表面的晶体结构，提高金属的硬度、韧性和抗冲击性能；③ 优化结构设计：超声冲击表面纳米化技术可以使得吸能装置的设计更加精细化，通过对表面形态的精确控制，优化结构设计，提高吸能装置的能量吸收能力和稳定性；④ 促进能量转换：利用超声冲击表面纳米化技术还可以促进金属表面产生塑性变形和相变，将冲击能量转化为热能、弹性变形能等其他形式的能量，进一步提高了吸能装置的能量吸收和转换效率。综上所述，超声冲击表面纳米化技术在吸能装置设计中的应用具有重要的意义，为相关领域的发展提供了新的思路和方法。

参 考 文 献

[1] 中国青年报. 重装空投. 2022. https://baijiahao.baidu.com/s?id=1741500810415793448&wfr=spider&for=pc.

[2] Yang X F, Ma J X, Sun Y X, et al. An internally nested circular-elliptical tube system for energy absorption. Thin-Walled Structures, 2019, 139: 281-293.

[3] 赵祯. 局部表面纳米化新型吸能薄壁方管设计方法研究. 大连: 大连理工大学, 2021.

[4] Tachi T, Miura K. Rigid-foldable cylinders and cells. Journal of the International Association for Shell & Spatial Structures, 2012, 53(174): 217-226.

[5] Chen D, Ozaki S. Circumferential strain concentration in axial crushing of cylindrical and square tubes with corrugated surfaces . Thin-Walled Structures, 2009, 47(5): 547-554.
[6] Arnold B, Altenhof W. Experimental observations on the crush characteristics of AA6061 T4 and T6 structural square tubes with and without circular discontinuities. International Journal of Crashworthiness, 2004, 9(1): 73-87.
[7] 黄滟. 轴向冲击下薄壁组合结构吸能特性分析. 武汉: 华中科技大学, 2006.
[8] Kim H S. New extruded multi-cell aluminum profile for maximum crash energy absorption and weight efficiency. Thin-Walled Structures, 2002, 40(4): 311-327.
[9] 徐滨士. 纳米表面工程. 北京: 化学工业出版社, 2003.
[10] Olugbade T O, Lu J. Literature review on the mechanical properties of materials after surface mechanical attrition treatment (SMAT). Nano Materials Science, 2020, 2(1): 3-31.
[11] Sun L G, Wu G, Wang Q, et al. Nanostructural metallic materials: Structures and mechanical properties. Materials Today, 2020, 38: 114-135.
[12] 王钧亿. 表面纳米化多胞薄壁吸能结构的设计. 大连: 大连理工大学, 2021.
[13] 孙一丹. 梯度组织 Mg-Y-Nd 合金的制备及性能研究. 贵阳: 贵州大学, 2021.
[14] 周若璞, 王伟, 徐明朗, 等. 一类基于表面纳米化技术的新型填充式薄壁吸能结构设计. 航空科学技术, 2022, 33(5): 82-88.

(本案例由周震寰供稿)

第 11 章 其他领域

11.1 炮弹发射技术中的力学问题

11.1.1 工程背景

炮弹是由火炮投掷直接或间接对敌方目标造成伤害的武器。一发炮弹主要由两大部分组成，分别是弹筒和弹丸。炮弹发射 (图 11.1.1) 过程中，出膛的部分只是弹丸，火药瞬间爆炸会产生巨大的推动力，使弹丸在炮膛内获得非常大的加速度并以极高的初速度从炮口射出，在空气中飞行后对目标实现精准打击。在炮弹发射这一动力学过程中，火药燃烧产生的化学能转化为弹丸的动能。显然，火药爆炸推动力、弹丸的质量、弹丸的加速度三者之间满足牛顿第二定律。简单来说，火药爆炸产生的推动力使弹丸获得加速度，从而其运动速度得以提升。应注意的是，弹丸的速度改变不仅与推力的瞬时大小有关，还取决于推力的作用时间。

(a)   (b)

图 11.1.1 炮弹发射[1,2]

炮弹在人类武器史上占有举足轻重的地位，在几个世纪的演进中不断发展。早期的穿甲弹利用其动能击穿目标的外表防护，产生高速碎片，并和弹体共同杀伤损毁目标。应强调的是，速度和质量是决定动能大小的两个关键因素，当速度保持恒定时，可以通过增加弹丸的质量来增加动能；当弹丸质量无法改变时，可以通过提高火药的瞬间爆炸力使弹丸获得更大的加速度，由此提升速度来提高动能。因此，选用密度大、硬度大、耐高温和高压的材料来制作穿甲弹，从而保证弹体在碰撞过程中不易弯折，碰撞产生的热能不会降低弹体强度。除了穿甲弹，炮弹种类还有高爆弹、破甲弹等。

炮弹的形状发展也同样具有悠久历史。如图 11.1.2 所示，炮弹具有各式各样的形状，从古代的圆球形炮弹发展到现代的尖锥形炮弹，炮弹的头部越来越尖锐，从头部到尾部都是通过光滑的曲线来过渡。尖锐的头部和光滑的曲线设计可以大大减小炮弹受到的阻力，减慢炮弹速度的衰减，来保证炮弹击中目标时仍然具有强大的动能，能够造成更大的破坏。

图 11.1.2　各种炮弹外形[3]

11.1.2　力学分析

对于火炮来说，发射能源都是来自于化学能，虽然历经百年的改造，火炮已经可以将几千克重的弹丸发射出去并达到约 1800m/s 的初速，但这已经接近化学能发射弹丸所能达到的速度极限。随着时代的发展，现代军事中反装甲、防空和拦截导弹等对弹丸速度的要求越来越高。为进一步提高弹丸速度，以电能和磁能作为发射能源的电磁炮 (图 11.1.3) 应运而生，迅速成为武器工程的研究热点。

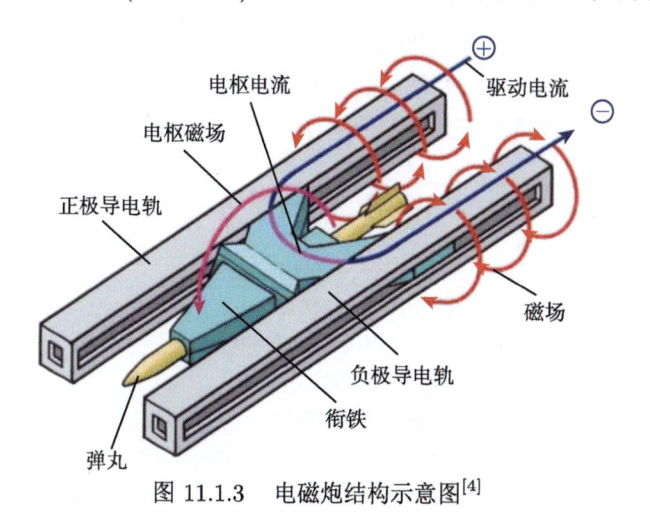

图 11.1.3　电磁炮结构示意图[4]

电磁炮发射系统的电磁推力远比火药发射的推力大 (图 11.1.4)，甚至可以达到 10 倍，同时其作用时间比火药燃气压力对弹丸的作用时间又长得多，因而炮弹很容易获得巨大的动能并突破传统火炮的速度极限。然而，新技术的发展也必然伴随着新困难的产生。虽然电磁炮弹可以获得巨大的动能，但是其内部结构和发射技术都比传统火炮要复杂得多，很多关键性问题也尚未完全解决，例如弹丸在电磁炮内发射环境复杂多变，存在力、热、电磁等多物理场耦合作用，弹丸沿导轨高速滑动时受到的加速过载高达几十万个重力加速度，以及电磁炮各部件间的接触、摩擦和碰撞等对弹丸发射稳定性的影响等问题[6-8]。

图 11.1.4　电磁炮实验[5]

11.1.3　总结

采用力学分析方法对炮弹发射过程进行有效的数值模拟，可以揭示弹丸在炮筒内运动的基本规律，可以校核发射过程中弹丸、弹托、炮筒等部件的强度，并分析它们的损伤破坏机制，对于电磁炮的研制具有重要意义。

参 考 文 献

[1] https://www.sohu.com/a/215398738_100007348.
[2] https://www.sohu.com/a/381170151_621012.
[3] https://view.inews.qq.com/a/20211108A05ZNY00.
[4] https://www.bilibili.com/read/cv11400370.
[5] https://www.sohu.com/a/159486868_808522.
[6] 马伟明, 鲁军勇. 电磁发射技术. 国防科技大学学报, 2016, 38(6): 1-5.
[7] 王莹, Marshell R A. 电磁轨道炮的科学与技术. 北京: 兵器工业出版社, 2006.

[8] 沈剑，李建华，冯兴民，等. 超高速弹丸电磁发射动力学. 科学技术与工程，2020，20(12)：4730-4734.

(本案例由段庆林供稿)

11.2 原子力显微镜的测试原理与应用

11.2.1 工程背景

"看"是人们认知世界的重要手段，但人眼所能分辨的最小尺寸约为 0.2mm，依靠裸眼无法看到过于微小的事物，因此早期人类对微观世界几乎一无所知。16 世纪玻璃透镜在欧洲出现，标志着人类获得了观察微观世界的重要工具，人们得以观察到植物细胞和各种人体组织细胞。此后，随着光学透镜及由此发展而来的显微镜技术的不断发展，人类从此真正迈入了微观世界的大门，也直接促进了细胞学、组织学、微生物学、显微学等一系列新兴学科的诞生和发展。然而，与人眼一样，光学显微镜依靠的仍然是可见光。众所周知，光具有波粒二象性，其波动特征会产生衍射现象，即一个理想点经光学系统成像后得到的是一个明暗相间的环形光斑 (艾里斑，Airy disk)，若两个点之间的距离小于艾里斑最内部圆的半径 2 倍，那么这两个点的像将发生混叠而无法分辨 (图 11.2.1)。19 世纪末德国物理学家恩斯特阿贝发现，由于光的衍射效应，光学显微镜存在分辨率极限 (也称阿贝极限)，其数值大约是光波长的一半。可见光中波长最短的为蓝紫光，约为 400nm，因此光学显微镜最小分辨率极限约为 200nm，即当两个点距离小于 200nm 以后，光学显微镜无法清晰分辨。此外，光学显微镜还有景深限制，即当焦点对准某一物体时，不仅可以看清楚位于该点平面上的各点，而且能看清楚在此平面的上下一定厚度内的点，这个清楚部分的厚度就是景深。由于放大倍数越大，景深就越小，所以光学显微镜实际放大倍数一般不超过 2000 倍，严重制约了人类对微观世界的认知能力，因此迫切需要开发新的微观观察技术。

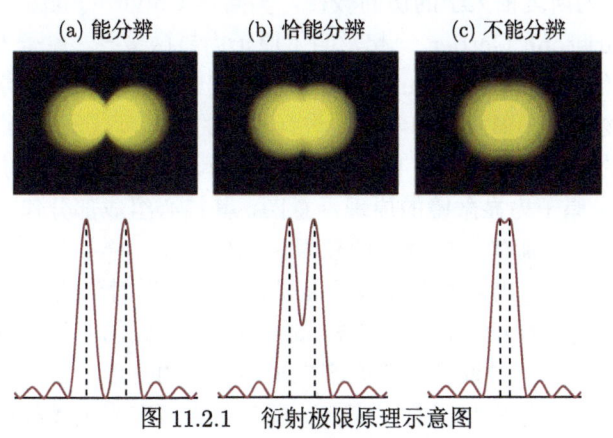

图 11.2.1 衍射极限原理示意图

11.2.2 原子力显微镜的基本原理

在上述背景下，人们不断去探索新的微观表征手段。1924 年法国物理学家德布罗意发现电子束呈波动状态，而且其波长远小于光波，随后人们发现电子束经过轴向对称磁场 (磁透镜) 可以产生类似于光束经过玻璃透镜的效果。基于上述发现，德国物理学家 Ernst Ruska 在其团队领导 Max Knoll 教授的指导下于 1931 年发明了电子显微镜 (透射电镜)，其基本原理就是利用超高电压激发出波长极短的高能电子束，经过电磁透镜组聚焦到物体表面，形成类似于光学显微镜的放大效果，但因为其波长短，从而产生极高的空间分辨率，可以达到 0.1nm 甚至更小，极大地扩充了人类对微观世界的认知范围，使人们进入纳观时代。随着电子技术的不断发展，电子显微镜的功能不断扩展、性能不断提升，衍生出诸如扫描电子显微镜、电子探针、反射电子显微镜等各种仪器设备。正是借助于电子显微镜，人们观察到了晶体位错，并能够观察到冠状病毒的详细结构，可以说电子显微镜在物理学、化学、材料学、力学、生命科学、医药学等几乎所有学科领域都有极为重要的应用，Ernst Ruska 因此于 1986 年获得诺贝尔物理学奖。然而，电子显微镜也有其不足，主要一点就是电子束只有在高真空中才能稳定传播，所以电子显微镜中的样品无法在开放环境中观察，只能放置在真空腔室中，而且对样品的导电性也有一定的要求，限制了电子显微镜的应用。按照科技发展的基本规律，必然会有新的技术出现。

1986 年的诺贝尔物理学奖获奖者，除了前面提到的 Ernst Ruska 教授，其实还有两位，他们是 Gerd Binnig 和 Heinrich Rohrer，获奖理由是发明了扫描隧道显微镜。借助于扫描隧道显微镜，人们获得了原子级的分辨精度，第一次观察到了 DNA 双螺旋结构[1]，但本节不介绍扫描隧道显微镜，而是介绍 Gerd Binnig 教授的另一项重要发明——原子力显微镜 (atomic force microscope, AFM)。1986 年，Gerd Binnig 作为斯坦福大学的访问教授，与同事 Calvin Quate、IBM 公司苏黎世实验室的 Christoph Gerber 一起发明了原子力显微镜[2]。原子力显微镜，也称扫描力显微镜 (scanning force microscope, SFM)，是一种依靠力学作用可以在微纳米尺度上对物体表面形貌和力学性质进行表征的高精度仪器，是继光学显微镜和电子显微镜后的第三代显微镜。下面我们将结合示意图先对其基本原理进行说明。

图 11.2.2 是原子力显微镜的原理示意图，其核心组成部分包括微悬臂梁及其尖端附着的微探针、激光二极管、四象限光电接收器、样品及样品台。实际测试时，由激光二极管发射出来的激光束经微悬臂梁表面反射到四象限光电接收器上，微探针在样品上进行移动扫描，随着样品表面形貌高低的变化，探针与样品之间的作用力也随之变化，导致微悬臂梁产生不同程度的变形，激光反射角度随之产生相应变化，而且会出现"光杠杆"效应，即反射光斑在光电接收器上的位置会因

11.2 原子力显微镜的测试原理与应用

为激光传播路径的增加而放大,从而提高分辨精度。四块光电接收器接收到的激光强度变化经式 (11.2.1) 和式 (11.2.2) 计算转换后,就能得到样品表面形貌的高低变化。

$$\Delta_{\text{Vertical}} = [(A+B) - (C+D)]/(A+B+C+D) \tag{11.2.1}$$

$$\Delta_{\text{Torsion}} = [(A+C) - (B+D)]/(A+B+C+D) \tag{11.2.2}$$

式中,Δ_{Vertical} 是反映探针高度方向变形的参数;Δ_{Torsion} 是反映探针扭转方向变形的参数;A、B、C 与 D 分别是如图 11.2.2 所示四块光电接收器各自接收到的激光强度。

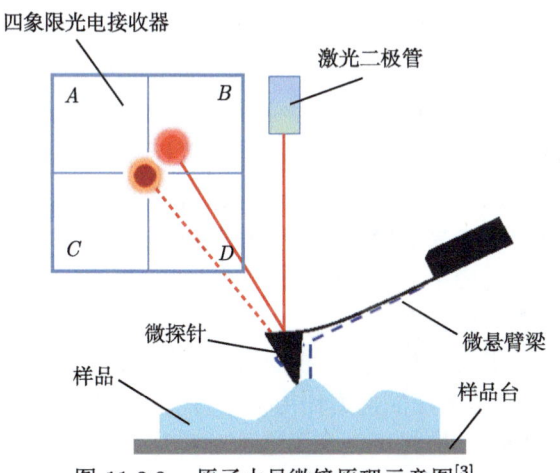

图 11.2.2 原子力显微镜原理示意图[3]

通过上面的介绍可以看出,原子力显微镜利用的是探针与样品表面的作用力,所以微悬臂梁和针尖是影响原子力显微镜性能的关键部件。图 11.2.3 是原子力显微镜两种典型的探针形貌,分别为三角形梁和一字型梁。当针尖与样品表面作用时,由材料力学的知识可知悬臂梁的变形与受力满足如下关系式:

$$F = -k \times \Delta_Z \tag{11.2.3}$$

式中,k 为悬臂梁的弹性常数;Δ_Z 为针尖所在位置悬臂梁的变形;F 为针尖与样品表面的相互作用力。显然,从力学测量的角度来看,k 应该尽可能小,这样很微小的力就可以产生足够大的位移,能提高系统的灵敏度。但实际上,如果 k 值过小,在测量时易于受到噪声干扰,反而会影响测量精度。此外,当 k 值过小时,在进行力学测量时梁可能发生较大的弯曲变形,可能已超出材料力学的小变形假设,此时需要对式 (11.2.3) 进行必要的修正才能准确反映变形与受力之间的关系。

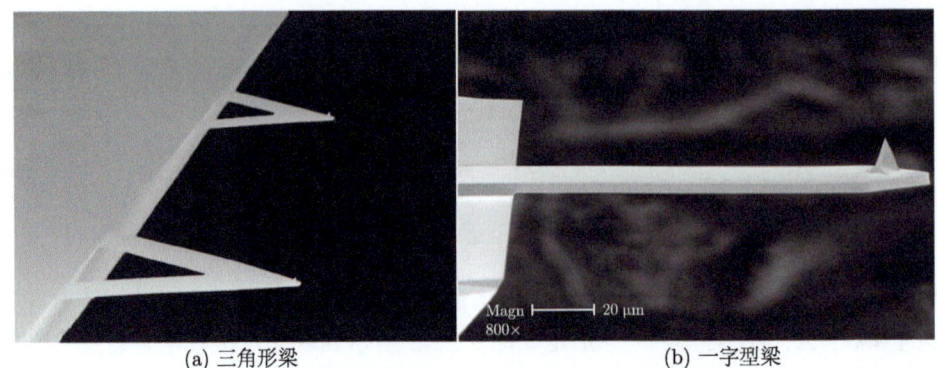

(a) 三角形梁　　　　　　　　　　　　(b) 一字型梁

图 11.2.3　原子力显微镜两种典型的探针形貌图[3]

如果通过某种手段 (如有限元计算、热共振测量等) 事先获得悬臂梁的弹性常数 k，就可以根据材料力学中悬臂梁的力–变形公式来测量针尖所受的力，使原子力显微镜成为一种高精度的力学测量仪器，在生物微纳米力学研究领域应用十分广泛[4,5]。图 11.2.4(a) 是利用原子力显微镜进行拉伸测试时的示意图，基于该原理可以对诸如蛋白质分子链的力学特性进行研究，但实际测试时同样需要根据测试力的大小进行原子力显微镜探针的合理选择，图 11.2.3 所示的两种类型的悬臂梁探针就适合不同的应用场景。根据材料力学知识可知，图 11.2.3(a) 所示的三角形针尖无疑具有更大的横向刚度，当针尖与样品表面有侧向作用力时其扭转变形小，所以能更好地测量高度方向形貌变化，也更适合用于拉伸和压缩力学测试。图 11.2.3(b) 所示一字型梁在侧向力作用下容易扭转，但在进行如图 11.2.4(b) 所示的横向摩擦力测量时，恰好可以利用这种对横向力的敏感性，所以进行横向摩擦力测量时一般用一字型悬臂梁。当然，原子力显微镜有多种工作模式和测量功能，需要根据需求的不同来选择合适的模式和探针，详细信息读者可查阅专业文献做进一步了解。

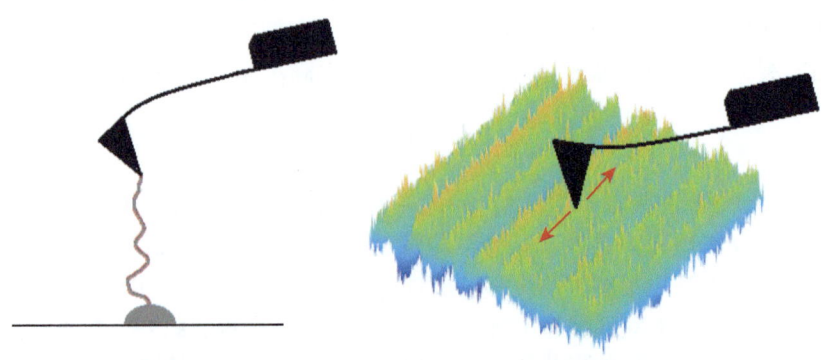

(a) 拉伸　　　　　　　　　　　　(b) 横向摩擦力测试

图 11.2.4　原子力显微镜进行力学测量示意图

11.2.3 总结

从上述介绍可以看出，原子力显微镜基于力–位移信息进行测量，属于经典材料力学知识体系范畴，但这一特点使之与光学显微镜和电子显微镜有很多不同。首先，原子力显微镜可以在完全开放的大气环境和液体环境下进行测量，无需电子显微镜所要求的真空环境，给测量带来了极大的方便，尤其可以对一些无法在真空环境下观测的生物样品进行测量；其次，原子力显微镜利用的是针尖与样品之间的作用力，使之具有了高精度力学传感器的特点，可以用来进行纳牛顿甚至是皮牛顿量级的力学测量；然后，原子力显微镜利用的主要是接触力和范德瓦耳斯力，但通过对针尖进行一定的修饰，可以用来进行其他性质的测量，如利用磁性针尖可以对材料的磁性特性分布进行表征，在压力陶瓷材料研究领域具有重要应用；最后，原子力显微镜可以获得样品真实的高度信息，形成三维形貌图像，而电子显微镜只能获得二维图像，缺乏高度上的定量信息。因为具有上述诸多特点和优点，原子力显微镜已在多个学科领域获得应用，而微纳观尺度下的力学表征是其重要方面。

参 考 文 献

[1] Beebe T P J R, Wilson T E I. Direct observation of native DNA structures with the scanning tunneling microscope. Science, 1989, 243: 370-372.

[2] Binnig G, Quate C F, Gerber C. Atomic force microscopy. Physical Review Letters, 1986, 56(9): 930-934.

[3] Bruker 公司产品介绍.https://www.brukerafmprobes.com/p-3844-tespa-v2.aspx.

[4] 葛林. 原子力显微镜力谱技术及其在微观生物力学领域的应用. 力学进展, 2018, 48: 461-540.

[5] Bechwitt E C, Kong M, Houten B V. Studying protein-DNA interactions using atomic force microscopy. Seminars in Cell & Developmental Biology, 2018, 73: 220-230.

(本案例由马国军供稿)

11.3 原子力显微镜矩形悬臂结构的弹簧常数标定

11.3.1 工程背景

原子力显微镜 (AFM) 矩形悬臂结构 (图 11.3.1) 的弹簧常数对于量化 AFM 悬臂结构端部与样品之间的力具有重要意义[1]，其在诸多新兴技术领域都有重要应用，如原子操纵[2]、原子分辨率的分子成像[3] 和复杂力学特性的表征[4] 等。然而，AFM 悬臂结构的名义弹簧常数往往是不准确的，制造商只能提供一个大概的数值范围[5]，因此有必要发展准确的标定方法。目前对于弹簧常数标定的常用方法主要是静态和动态实验标定方法[6-10]，而一些相关的议题也引起了研究者们的广泛关注，如纳米尺度弹性力学[11]、表面应力效应对微纳悬臂结构刚度的影响研究[12]等，这些都有助于更加深入地理解弹簧常数的准确标定。

需要指出，除了目前聚焦的实验方法之外，还有一类用于 AFM 悬臂结构弹簧常数标定的理论方法——量纲法[13]，它本是以材料力学中的梁理论为基础的，然而由于该理论的简化，其结果往往具有较大的近似性。相比之下，在薄板理论框架下的标定具有更高的精度和更广泛的适用范围，然而基于薄板理论进行精确分析无疑具有更高的难度。

为了从理论方法角度实现 AFM 矩形悬臂结构的弹簧常数准确标定，本案例分别基于梁理论和板理论，介绍相关弹簧常数的解析表达，并通过参数分析讨论两种理论的差异性。

11.3.2 悬臂结构静力问题力学模型

根据量纲法，基于梁理论的矩形悬臂弹簧常数为[13]

$$k_z = \frac{Eat^3}{4b^3} \tag{11.3.1}$$

式中，E 为材料的杨氏模量；a、b 和 t 分别为悬臂的宽度、长度和厚度。式 (11.3.1) 忽略了悬臂在宽度方向上的弯曲，因此仅适用于 $a \ll b$ 的情况。对于较宽的悬臂结构，为了获得更准确的结果，应采用板理论进行分析，相应的力学模型和理论求解也会更加复杂。

根据经典的 Kirchhoff 理论[14]，薄板静力问题的控制方程为

$$D\nabla^4 W(x,y) = q(x,y) \tag{11.3.2}$$

式中，(x,y) 为板所在平面坐标；$W(x,y)$ 为板中面的横向挠度；$q(x,y)$ 为横向载荷；$D = Et^3/[12(1-\nu^2)]$ 为板的抗弯刚度，其中 ν 为泊松比。利用传统的半逆方法求解方程 (11.3.2)，只能在对边简支边界条件下获得解析解，而对于当前关注的悬臂板，其一边固支三边自由，无法在传统理论框架下获得解析解。

基于辛叠加方法可以获得上述难题的解析解。首先从薄板弯曲问题的赫林格-赖斯纳 (Hellinger-Reissner) 变分原理出发，建立哈密顿 (Hamilton) 变分原理，将原问题导入 Hamilton 体系，然后将原问题拆分为三个子问题，基于辛几何方法分别解析求解这些子问题，最后叠加得到原问题的解。式 (11.3.2) 对应的 Hamilton 体系下的控制方程为

$$\frac{\partial \boldsymbol{Z}}{\partial y} = \boldsymbol{HZ} + \boldsymbol{f} \tag{11.3.3}$$

其中，$\boldsymbol{Z} = [W(x,y), \theta(x,y), T(x,y), M_y(x,y)]^{\mathrm{T}}$，$\boldsymbol{f} = [0, 0, q, 0]^{\mathrm{T}}$，$\boldsymbol{H} = \begin{bmatrix} \boldsymbol{F} & \boldsymbol{G} \\ \boldsymbol{Q} & -\boldsymbol{F}^{\mathrm{T}} \end{bmatrix}$，

11.3 原子力显微镜矩形悬臂结构的弹簧常数标定

$$\boldsymbol{Q} = \begin{bmatrix} D(\nu^2-1)\partial^4/\partial x^4 & 0 \\ 0 & 2D(1-\nu)\partial^2/\partial x^2 \end{bmatrix}, \boldsymbol{G} = \begin{bmatrix} 0 & 0 \\ 0 & -1/D \end{bmatrix}, \boldsymbol{F} = \begin{bmatrix} 0 & 1 \\ -\nu\partial^2/\partial x^2 & 0 \end{bmatrix}$$

, $\theta = \partial W(x,y)/\partial y$，$T(x,y)$ 是等效剪力 $V_y(x,y)$ 的相反数，$M_y(x,y)$ 是弯矩。$\boldsymbol{H}$ 满足 $\boldsymbol{H}^{\mathrm{T}} = \boldsymbol{JHJ}$，因而是 Hamilton 算子矩阵[15]，其中 $\boldsymbol{J} = \begin{bmatrix} 0 & \boldsymbol{I}_2 \\ -\boldsymbol{I}_2 & 0 \end{bmatrix}$ 是辛矩阵，$\boldsymbol{I}_2$ 是二阶单位阵。式 (11.3.3) 即为薄板弯曲问题的 Hamilton 对偶方程。

对于如图 11.3.1 所示的点载荷 P 作用下的 AFM 矩形悬臂板弯曲问题，文献 [1] 采用辛叠加方法进行求解，最终得到用 $\bar{f}(\nu, \phi, \bar{y}_0)$ 表示的点载荷处挠度的无量纲结果，这里 $\phi = a/b$，$\bar{y}_0 = y_0/b$ 为加载点到自由端的距离，取值范围为 $0 \sim b$。

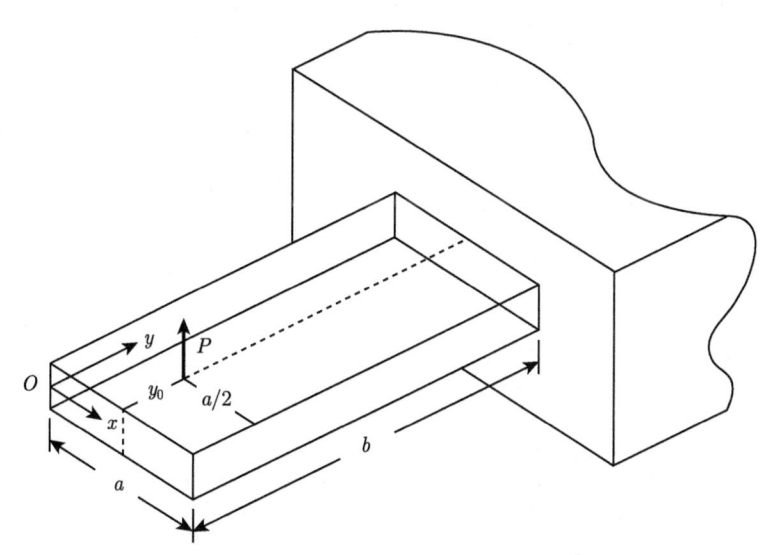

图 11.3.1 AFM 矩形悬臂的理论模型[1]

由此确定的基于板理论的弹簧常数 k_z 的表达式为

$$k_z = \frac{P}{W(a/2, y_0)} = \frac{Et^3}{a^2 \bar{f}(\nu, \phi, \bar{y}_0)} \tag{11.3.4}$$

上式表明，利用 Et^3/a^2 无量纲化处理后，弹簧常数 k_z 只取决于泊松比 ν、长宽比 ϕ 和无量纲载荷位置坐标 $\bar{y}_0$。为定量说明上述关系，分别绘制末端加载 (即 $\bar{y}_0 = 0$) 的矩形悬臂的 $1/\bar{f}(\nu, \phi)$ 随 ν 和 ϕ 变化的曲线图，如图 11.3.2(a) 和 (b) 所示。

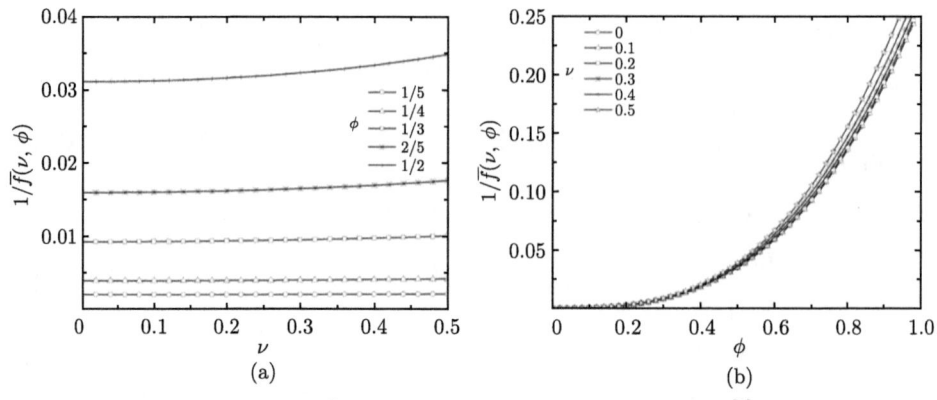

图 11.3.2 $1/\bar{f}(\nu,\phi)$ 随 (a) ν 和 (b) ϕ 变化的曲线图[1]

为考查两种理论下解析公式的准确度，采用基于 ABAQUS 软件的有限元方法进行验证。表 11.3.1 列出了长宽比分别为 1/5、2/9、1/4、2/7、1/3、2/5、1/2、2/3、1 和 2，泊松比分别为 0、0.25 和 0.4 时矩形悬臂在载荷处的无量纲挠度。由表 11.3.1 可见，基于板理论的解析解与有限元结果完全一致，而梁理论结果[16]在长宽比和泊松比较大时相比板理论结果误差明显提高。

表 11.3.1 点载荷 P 作用于 $(a/2,0)$ 时矩形悬臂在载荷处的无量纲挠度[1]

a/b	ν	$Et^3W(a/2,0)/(Pa^2)$			梁理论的误差
		有限元	板理论	梁理论*	
1/5	0	500.1	500.1	500	−0.020%
	0.25	493.3	493.3	500	1.4%
	0.4	482.8	482.8	500	3.6%
2/9	0	364.6	364.6	364.5	−0.027%
	0.25	359.2	359.2	364.5	1.5%
	0.4	350.8	350.8	364.5	3.9%
1/4	0	256.1	256.1	256	−0.039%
	0.25	251.9	251.9	256	1.6%
	0.4	245.4	245.4	256	4.3%
2/7	0	171.6	171.6	171.5	−0.058%
	0.25	168.5	168.5	171.5	1.8%
	0.4	163.6	163.6	171.5	4.8%
1/3	0	108.1	108.1	108	−0.093%
	0.25	105.9	105.9	108	2.0%
	0.4	102.5	102.5	108	5.4%
2/5	0	62.61	62.61	62.5	−0.18%
	0.25	61.19	61.19	62.5	2.1%
	0.4	58.90	58.90	62.5	6.1%
1/2	0	32.11	32.11	32	−0.34%
	0.25	31.30	31.30	32	2.2%

11.3 原子力显微镜矩形悬臂结构的弹簧常数标定

续表

| a/b | ν | $Et^3W(a/2,0)/(Pa^2)$ ||| 梁理论的误差 |
		有限元	板理论	梁理论 *	
1/2	0.4	29.95	29.95	32	6.8%
2/3	0	13.61	13.61	13.5	−0.81%
	0.25	13.24	13.24	13.5	2.0%
	0.4	12.59	12.59	13.5	7.2%
1	0	4.103	4.103	4	−2.5%
	0.25	4.007	4.007	4	−0.17%
	0.4	3.789	3.789	4	5.6%
2	0	0.5847	0.5847	0.5	−14%
	0.25	0.5838	0.5838	0.5	−14%
	0.4	0.5567	0.5567	0.5	−10%

* 梁理论无量纲挠度取 $Et^3W(a/2,0)/(Pa^2)=4(b/a)^3$ [16]。

为考查基于梁理论的弹簧常数公式的适用性，图 11.3.3(a) 和 (b) 分别绘制了梁理论计算结果在不同 ν 和 ϕ 条件下相对于板理论的误差变化情况。可以看到，当 $\nu=0$ 且 a/b 相对较小时，梁理论的误差非常小。从物理角度来看，对于图 11.3.1 所示的悬臂结构，梁理论实际上描述了泊松比为零的悬臂板：沿 $y=y_0$ 施加大小为 P/a 的均布线载荷，在 $x=0$ 和 $x=a$ 边限制绕 y 轴的转角。这可以从数学角度严格证明：在给定边界条件 $V_y|_{y=0}=M_y|_{y=0}=0$ 和 $W|_{y=b}=\partial W/\partial y|_{y=b}=0$ 下，通过求解控制方程 $Dd^4W(y)/dy^4=P\delta(y-y_0)/a$（这里 $\delta()$ 为狄拉克函数），可以得到相应的无量纲挠度解析解[1]：

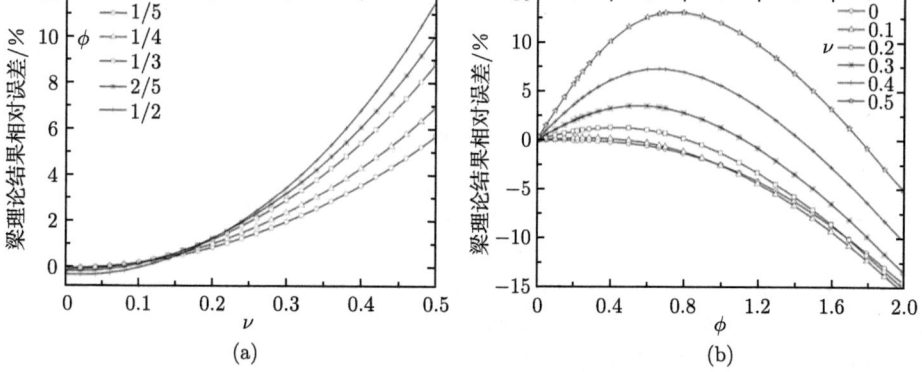

$$\frac{Et^3}{Pa^2}W\left(\frac{a}{2},y_0\right)=\left.\frac{4(1-\nu^2)(b-y_0)^3}{a^3}\right|_{\nu=0}$$
$$=\frac{4(b-y_0)^3}{a^3} \tag{11.3.5}$$

图 11.3.3 端部点载荷作用下矩形悬臂的梁理论结果相对误差随 (a)ν 和 (b)ϕ 变化曲线[1]

此时结果退化为梁模型解。由此可以得出结论：与考虑泊松效应的平板理论三维模型相比，梁理论得到的平面模型要简化得多，且忽略了泊松效应。图 11.3.4 给出了两种理论的挠度对比结果，进一步展现了两种理论的差异。

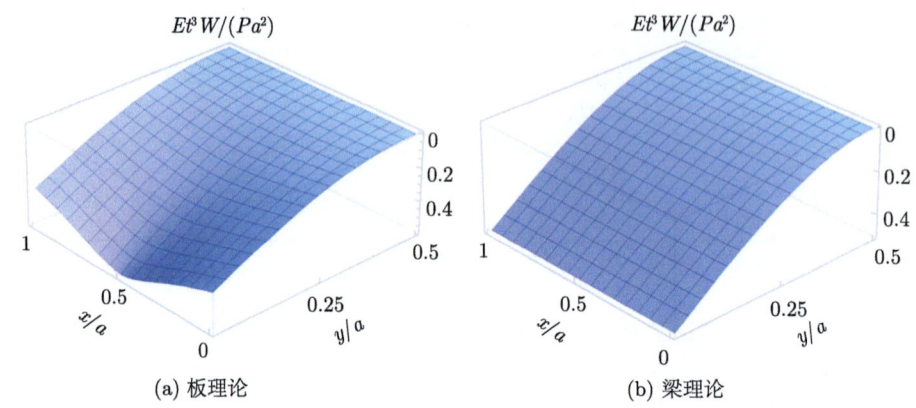

(a) 板理论

(b) 梁理论

图 11.3.4　端部点载荷作用下矩形悬臂 ($\nu = 0.25$, $a/b = 2$) 无量纲挠度对比[1]

11.3.3　总结

面向 AFM 矩形悬臂结构的弹簧常数准确标定这一重要问题，本案例分别基于梁理论和板理论给出了相应的解析公式，并通过定量的参数研究证实了三维效应和泊松效应在 AFM 矩形悬臂结构静力计算中的重要性。分别基于梁理论和板理论给出了 AFM 矩形悬臂弹簧常数标定的解析公式，通过定量参数研究，证实了三维效应和泊松效应在悬臂结构静力计算中的重要性。AFM 矩形悬臂的变形涉及 7 个量，分别为：点载荷 P、泊松比 ν、杨氏模量 E、长度 b、宽度 a、厚度 t 和载荷位置 y_0。基于板理论的研究表明：无量纲弹簧常数依赖于 ν、ϕ 和 $\bar{y}_0$ 三个无量纲量，而梁理论虽然给出十分简化的结果，但其精度和适用范围显然不及板理论。上述研究为 AFM 悬臂弹簧常数的准确标定提供了有价值的理论依据。

参 考 文 献

[1] Li R, Ye H, Zhang W, et al. An analytic model for accurate spring constant calibration of rectangular atomic force microscope cantilevers. Scientific Reports, 2015, 5(1): 1-8.

[2] Ternes M, Lutz C P, Hirjibehedin C F, et al. The force needed to move an atom on a surface. Science, 2008, 319(5866): 1066-1069.

[3] Gross L, Mohn F, Moll N, et al. The chemical structure of a molecule resolved by atomic force microscopy. Science, 2009, 325(5944): 1110-1114.

[4] Sweers K K M, van der Werf K O, Bennink M L, et al. Spatially resolved frequency-dependent elasticity measured with pulsed force microscopy and nanoindentation. Nanoscale, 2012, 4(6): 2072-2077.
[5] Butt H J, Cappella B, Kappl M. Force measurements with the atomic force microscope: Technique, interpretation and applications. Surface Science Reports, 2005, 59(1-6): 1-152.
[6] Senden T J, Ducker W A. Experimental determination of spring constants in atomic force microscopy. Langmuir, 1994, 10: 1003-1004.
[7] Tortonese M, Kirk M. Characterization of application specific probes for SPMs. Proceedings of SPIE, 1997, 3009: 53-60.
[8] Cleveland J P, Manne S, Bocek D, et al. A nondestructive method for determining the spring constant of cantilevers for scanning force microscopy. Review of Scientific Instruments, 1993, 64: 403-405.
[9] Sader J E, Chon J W M, Mulvaney P. Calibration of rectangular atomic force microscope cantilevers. Review of Scientific Instruments, 1999, 70: 3967-3969.
[10] Hutter J L, Bechhoefer J. Calibration of atomic force microscope tips. Review of Scientific Instruments, 1993, 64: 1868-1873.
[11] Jakob A M, Buchwald J, Rauschenbach B, et al. Nanoscale-resolved elasticity: contact mechanics for quantitative contact resonance atomic force microscopy. Nanoscale, 2014, 6: 6898-6910.
[12] Karabalin R B, Villanueva L G, Matheny M H, et al. Stress-induced variations in the stiffness of micro-and nanocantilever beams. Physical Review Letters, 2012, 108: 236101.
[13] Clifford C A, Seah M P. The determination of atomic force microscope cantilever spring constants via dimensional methods for nanomechanical analysis. Nanotechnology, 2005, 16: 1666-1680.
[14] Timoshenko S P, Woinowsky-Krieger S W. Theory of Plates and Shells. New York: McGraw-Hill, 1959.
[15] Yao W, Zhong W, Lim C W. Symplectic Elasticity. Singapore World Scientific, 2009.
[16] Timoshenko S. Strength of Materials, Part I, Elementary Theory and Problems. New York: D. Van Nostrand Company, 1930.

(本案例由李锐、王博、田阔供稿)

11.4 实际土木工程结构中的若干约束形式

11.4.1 工程背景

在理论力学中，约束的定义是对非自由体的位移起限制作用的物体，而约束的作用是通过力来实现的，这种力称为约束力。由定义可知，约束力的作用点一般在约束与非自由体的接触处，约束力的方向是与该约束所能阻碍的位移方向相反的。理论力学教材针对工程中常见的约束形式进行梳理和讲解，并给出相应约束力的简化与分析方法，主要包括柔索约束、接触面约束、固定铰链约束、滑动铰链约束等。然而，值得注意的是，一方面教材中展现的约束往往是实际约束结构的简化形式，难以建立起直观的工程印象；另一方面，随着科学技术的发展，现代工程中出现了越来越多的形式各异、结构巧妙的约束，基于教材内容进行实际约束简化和分析时常会面临一定的困惑。实际上，约束的简化和分析应该紧密结合其定义进行，即深入思考约束究竟限制了哪个方向的运动或转动、应该由什么样的力或力矩来替代它的约束作用，其合理性和正确性是进一步开展力学分析和结构设计的重要基础。

随着我国经济实力的发展，包括港珠澳大桥、鸟巢国家体育场等诸多超大型基础设施建设成为举世瞩目的代表性建筑工程。力学是土木工程中最为重要的基础之一，美观是需要建立在安全性和可靠性基础上的，所有的土木工程结构都离不开约束，约束分析也是力学分析中最为重要的环节之一。为了更好地建立起教材中简化模型与工程实际约束结构间的直观联系，并掌握对实际约束的简化与分析方法，本节选取了若干典型土木工程结构中的实际约束来进一步认识约束在工程结构中的作用。

11.4.2 土木工程结构中的约束分析

港珠澳大桥是近年来我国最具代表性的桥梁工程之一，被誉为桥梁界的"珠穆朗玛峰"，以其超长的跨度规模、苛刻的施工条件和创新的建造技术而享誉全球。桥梁结构一般由桥梁支座系统、承台、桥墩及桥跨结构等几部分构成，每一部分都为桥梁的安全服役和功能多样化提供了有力保障，而这种保障往往是通过约束得以实现。如图11.4.1所示，港珠澳大桥青州桥段采用了拉索桥的建造形式，其通过斜索将桥面多点吊起，以此将载荷沿斜索传递至塔柱，再通过塔柱基础传递至桥墩乃至地基。这里，悬吊相当于在桥面下设置了若干弹性支承，从而极大地减小了梁跨的弯矩，提高了桥梁的跨越能力，而这种悬吊作用正是通过柔索约束实现的。此外，在塔柱将载荷及变形传递至桥梁下部结构的过程中，通常利用桥梁支座作为传力装置。为了更好地传递载荷，支座往往由多种形式巧妙的约束组合而成。如图11.4.1下排图片所示，该支座系统采用了固定铰支座与滑动铰支座相结合的形式，使其能够有效地传递界面横向与纵向的耦合载荷，在桥梁的安全、平稳运行中发挥了重要的作用。

鸟巢国家体育场作为2008年北京奥运会的主体育场，是我国土木建筑行业的重要标志性建筑之一，其整体建筑通过巨型网状结构交互联系，形成了空间马鞍型的钢桁架编织式结构。值得注意的是，鸟巢的内部未设一根立柱，而抗震设防烈度高达8级，构造巧妙、令人叹为观止。从桁架的设计与组装上分析，如图

11.4 实际土木工程结构中的若干约束形式

11.4.2 所示，这是由于利用了合理的约束布局，各桁架结构得以稳定地交织与偶联，形成了精彩绝伦的、稳固的"鸟巢"结构。

图 11.4.1　港珠澳大桥中的约束[1-4]

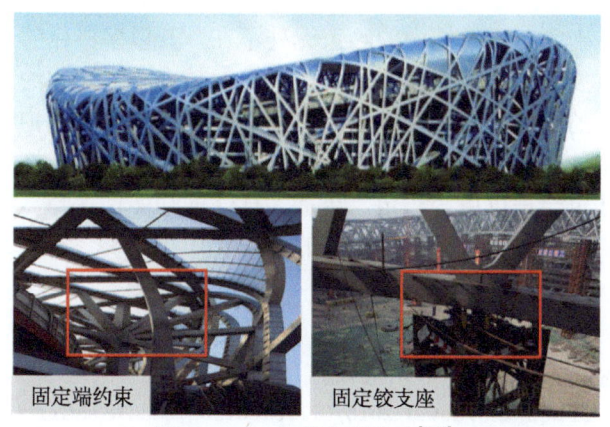

图 11.4.2　鸟巢中的约束[5,6]

随着社会经济和建筑技术的高速发展，城市高层建筑的数量也愈发增多。对于高层建筑而言，防风抗震是结构设计的重要指标，它直接关系到人民生命、财产的安全。高层建筑防风抗震技术主要是利用缓冲阻尼装置来分解和吸收振动能量，以此降低振动对建筑的影响。如图 11.4.3 所示，类似单摆的圆球是用于防风抗震的调谐质量阻尼器。从其原理图可以看出，该装置协同了多种约束方式对阻尼器进行控制和利用，包括悬吊、固定和缓冲等。此外，在防风抗震功能设计中，一般也将建筑物简化为支座结构进行分析与讨论。

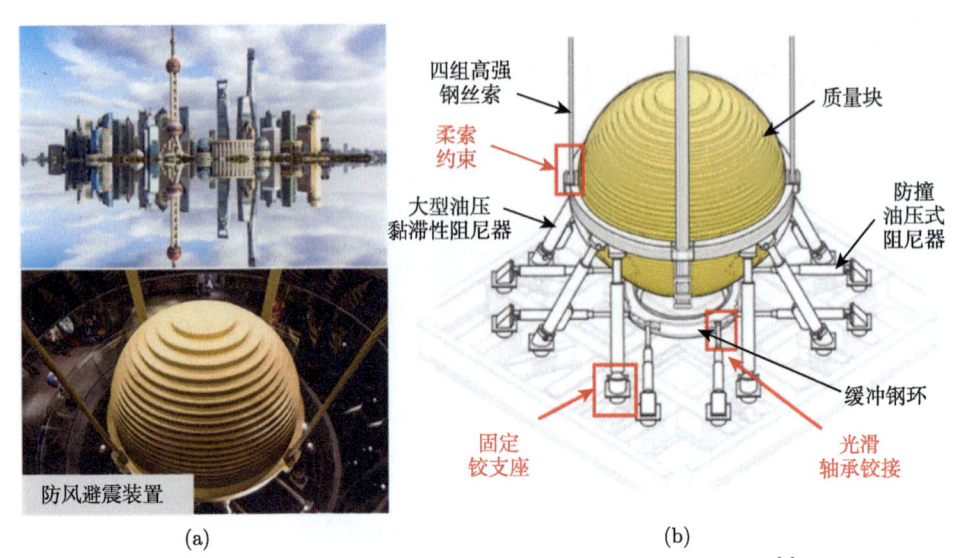

图 11.4.3　高层建筑中的防风抗震装置 (a) 及其原理图 (b)[7]

11.4.3　总结

综上所述，土木工程结构中的约束无处不在，其以多样化的形式隐藏在结构中默默发挥着重要的作用。在实际分析中，面对越来越复杂的约束形式，要充分了解和认识约束的结构、特点和作用，掌握简化和分析工程结构中复杂约束的方法，切实将理论知识应用到工程实践中。同时，在面向新的结构设计需求时，创新性的约束形式也会提供更为稳定、更加多样性的功能性保障，约束在土木工程的跨越式发展中将会发挥着越来越重要的作用。

参 考 文 献

[1] http://gcjx.hzmb.org/cn/pics_67.html.
[2] https://news.21-sun.com/detail/2016/07/2016071317283078.shtml.
[3] https://dhh.dahe.cn/con/142645?from=singlemessage.
[4] 张子翔，叶昆，朱宏平. 橡胶隔震支座的统一力学模型. 地震工程与工程振动，2014, 1(2): 167-171.
[5] https://www.sohu.com/a/272597895_742623.
[6] http://2008.sohu.com/20060917/n245382665.shtml.
[7] https://roll.sohu.com/a/584387819_121179511.

(本案例由叶宏飞供稿)

11.5 机器人运动过程的动力学模型

11.5.1 工程背景

近年来，随着人工智能等高新技术的进步，机器人获得了跨越式的发展，已经广泛应用于军事、工业、探测、医疗等诸多领域，尤其在高温、高压、噪声及带有放射性、污染性的场合，能够替代人类完成极端环境下高难度的任务而发挥重要的作用。如今，机器人的类型很多，如工业机器人、服务机器人、协作机器人、军事机器人等，它们给人类的生活带来了便利、提高了生产效率。随着科技的发展，机器人日趋智能化，智能机器人可获取、处理和识别多种信息，自主地完成较为复杂的操作任务，具有更大的灵活性、机动性和更广泛的应用领域。日本本田公司研制的仿人机器人 ASIMO，身高 1.3m，行走速度可达 6km/h，可以完成行走、上下台阶、握手、倒水等动作，还可与人进行语音对话，进行简单的物体识别等功能 (图 11.5.1)。波士顿公司也在近年来不断推出颇多震惊世界的机器人产品，包括 Spot 机器狗、Atlas 机器人 (图 11.5.2) 等，一些成熟的产品已经进入商业化模式，在能源开采、物流、医疗等领域进行应用，其研制的 Atlas 机器人能够完成跑、跳跃、前后滚翻等诸多高难度动作。

图 11.5.1　ASIMO 智能机器人[1]

机器人技术涉及很多力学知识[3,4]，人类所能完成的基本动作如步行、跑、跳等对于仿人机器人来说都是非常复杂的运动，需要控制机构协调各个关节上的动作。以机械手为例，其是由机械臂、关节和末端执行装置构成的传动机构，一般是具有若干自由度的关节式机械结构，包括引导至具体位置的自由度和控制转动方向的自由度。与理论力学的动力学问题类型相似，机器人动力学问题一般分为两种类型，一类是已知某时刻机器人系统上的关节力、关节位置及关节速度，求解此时关节的加速度的正动力学问题；另一类是设定某时刻的机器人系统的关节位置、关节速度及加速度，求解关节力的逆动力学问题。通常将机器人动力学问题认为是具有理想约束的完整系统的动力学问题，先建立动力学微分方程组，然后求解分析后对机器人机械结构的运动学和动力学方面做出合理评估，用于改善机器人的运动精度及稳定性问题。

图 11.5.2　Atlas 机器人[2]

11.5.2　二连杆机械臂动力学简化模型

刚性机器人的动作调控主要涉及的力学专业知识包括分析力学、多体动力学、动力学控制等，其中很多内容的基础与理论力学密切相关，下面以拉格朗日动力学方程为例说明二连杆机械臂简化模型的动力学关系的构建过程。拉格朗日函数 L 为系统的动能 K 和位能 P 的差值，即

$$L = K - P \tag{11.5.1}$$

根据拉格朗日方程，可得

$$F_i = \frac{\mathrm{d}}{\mathrm{d}t}\frac{\partial L}{\partial \dot{q}_i} - \frac{\partial L}{\partial q_i}, \qquad i = 1, 2, \cdots, n \tag{11.5.2}$$

其中，F_i 为作用在第 i 个自由度上的广义力；q_i 为广义坐标，$\dot{q}_i$ 为对应的广义速度；n 为连杆数目。图 11.5.3 为二连杆机械臂的简化模型，连杆数目 $n = 2$，T_1

和 T_2 为作用于连杆上的力矩,m_1 和 m_2 为两根连杆的质量并简化集中于杆的末端,d_1 和 d_2 为连杆的长度,θ_1 和 θ_2 为广义坐标 (与指定方向的夹角)。以 O 为零位能点,结合刚体平面运动的速度求解,根据理论力学刚体平动的动能和势能的计算公式,可得二连杆机械臂系统动能和势能分别为

$$\begin{aligned} K &= \frac{1}{2}md_1^2\dot{\theta}_1{}^2 + \frac{1}{2}m_2d_2^2\dot{\theta}'^2 + m_2d_1d_2\dot{\theta}_1\dot{\theta}'\cos\theta_2 \\ P &= -mgd_1\cos\theta_1 - m_2gd_2\cos\theta' \end{aligned} \tag{11.5.3}$$

其中,$m = m_1+m_2$ 为系统总质量;$\theta' = \theta_1+\theta_2$ 为 2 号杆与 y 轴的夹角,$\dot{\theta}' = \dot{\theta}_1+\dot{\theta}_2$ 为 2 号杆的角速度。将式 (11.5.3) 代入式 (11.5.1) 和式 (11.5.2) 中,可获得二连杆机械臂力矩的动力学方程为

$$\begin{cases} \begin{aligned} T_1 &= \frac{\mathrm{d}}{\mathrm{d}t}\frac{\partial L}{\partial \dot{\theta}_1} - \frac{\partial L}{\partial \theta_1} = \left(md_1^2 + m_2d_2^2 + 2m_2d_1d_2\cos\theta_2\right)\ddot{\theta}_1 \\ &\quad + \left(m_2d_2^2 + m_2d_1d_2\cos\theta_2\right)\ddot{\theta}_2 - 2m_2d_1d_2\sin\theta_2\dot{\theta}_1\dot{\theta}_2 \\ &\quad - m_2d_1d_2\sin\theta_2\dot{\theta}_2^2 + mgd_1\sin\theta_1 + m_2gd_2\sin\theta' \\ T_2 &= \frac{\mathrm{d}}{\mathrm{d}t}\frac{\partial L}{\partial \dot{\theta}_2} - \frac{\partial L}{\partial \theta_2} = \left(m_2d_2^2 + m_2d_1d_2\cos\theta_2\right)\ddot{\theta}_1 + m_2d_2^2\ddot{\theta}_2 \\ &\quad + m_2d_1d_2\sin\theta_2\dot{\theta}_1^2 + m_2gd_2\sin\theta' \end{aligned} \end{cases} \tag{11.5.4}$$

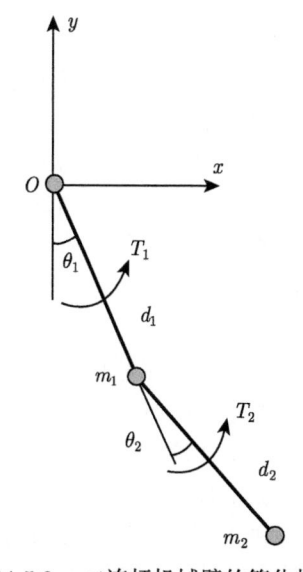

图 11.5.3 二连杆机械臂的简化模型

式 (11.5.4) 给出了两个连杆自身性质 (质量、长度)、运动属性 (角度、角速度和角加速度) 与载荷的关系,可以据此进行动力系统的设计以实现作动功能。

11.5.3 总结

近些年来,机器人技术研究虽然取得了突出进展,但仍面临着巨大挑战,社会的发展对机器人的环境适应性、人机交互、自主控制等提出了更高的要求。此外,软体机器人因其出色的灵活性和对环境的高适应能力,在军事、医疗、探测等领域有着广泛的应用前景,也引起了国内外的高度重视。我国的机器人学研究开发工作虽然起步相对较晚,但是已经取得了非常快的发展,我们坚信中国的机器人学一定会在不久的未来实现长足发展与深入应用,依托机器人技术全力推动人类社会文明的进步。

参 考 文 献

[1] https://www.honda.co.jp/ASIMO/about/.
[2] https://www.bostondynamics.com/atlas.
[3] 蔡自兴. 机器人学. 北京:清华大学出版社,2009.
[4] 彭海军,李飞,高强,等. 多体系统轨迹跟踪的瞬时最优控制保辛方法. 力学学报,2016, 48(4): 784-791.

(本案例由叶宏飞供稿)

11.6　激光测振原理及其在结构动力学模型修正中的应用

11.6.1　工程背景

在与结构动力学有关的实验中,大多数情况下需要测量结构的振动响应。接触式与非接触式测量方法是通常使用的两种信号测试方法。接触式测量方法通过在结构上布置加速度传感器,基于加速度传感器的测量反馈信号得到结构的振动响应。在很多工程应用上,直接测量方法存在明显的不足,如传感器的附加质量会影响结构的惯性特性,质量的增大会引起结构响应的误差,特别是对于轻型或小尺度构件的结构测量[1]。此外,传感器布置在柔性结构上时,会改变结构原有的自振频率,带来一定的误差。

与传统的由传感器直接振动测量技术相比,新兴的光学测量方法有着十分明显的优点。在 20 世纪,光学测量为自然科学的发展做出了重要贡献,特别是激光技术的问世,使得一些传统技术逐渐被淘汰。继激光发明之后,诞生了激光测量这种新型的测量技术。激光测量技术近年来已得到迅猛发展,在工艺设计、性能保证、回收技术、生物技术和医疗技术等领域有着非常广泛的应用。激光测量凭借着其独特的性质成为一种多功能的测量工具,其主要优点在于:非接触测量;

灵活性强；测量速度快；测量精度高。激光测量技术中包含多种非常重要的测量方法，如激光干涉测量、全息干涉、散斑计量、光学相干断层成像、激光三角法、激光多普勒法、激光光谱学等[2]。

11.6.2 力学分析

1964 年 Yeh 和 Cummins 首次提出基于多普勒频移的速度测量技术，他们观察了从水流中携带的粒子散射的入射光的光束移位，是由于多普勒效应运动目标的速度信息包含在散射场中[3]。与传统的振动测量技术相比，激光多普勒测振仪不会对被测系统造成影响，能够实现远距离测量，具有空间与速度分辨率高、测量速度快、响应频带宽等优点，已经被广泛用于结构的模态分析、无损检测等领域[4]。

激光多普勒测振仪的基本测振原理示意如图 11.6.1 所示，分束器将激光器产生的一束激光分成两束，其中一束为测量激光，另一束为参考激光。测量激光照向被测物体后再将激光反射回来，由于测量激光接触物体时被测物体正在振动，所以反射的激光会包含被测物体此时振动的运动特性，即多普勒频移，可表示为[2]

$$\Delta f = \frac{2V}{\lambda} \tag{11.6.1}$$

其中，V 是物体的速度；λ 是激光的波长。当反射回的光束与参考光束被光电探测器接收后，进行相应的信号处理便能够得到物体的振动状态。目前基于上述原理已经发展了单点式激光测振仪、扫描型激光测振仪、三维激光测振仪、远程激光测振仪、多点式激光多普勒测振仪和激光脉冲多普勒测振仪[5]。

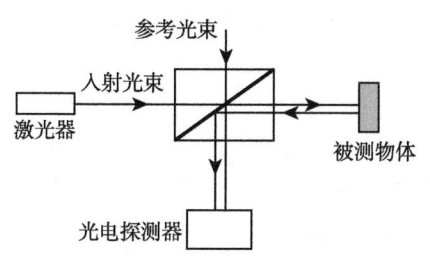

图 11.6.1　激光多普勒测振仪的基本测振原理示意图

在实际工程领域，基于有限元方法的结构动力学仿真已得到了广泛应用。但在有限元建模过程中，由于模型的结构参数、材料参数、载荷条件及有限元离散带来的误差，结构的有限元仿真结果与实际响应通常会存在一定的差距。为了确保所建立的有限元模型能够表征实际结构的真实性能，需要对有限元模型开展结构动力学模型修正。基于激光测振仪测量得到的频率响应数据，可以实现结构动力学模型精细修正，进而实现结构有限元模型与实际结构的动力学特征匹配。模型修正激光测振实验装置如图 11.6.2 所示，通过此装置可以获取试件的频响数据，之后再结合有限元模型的频响数据，构造残差函数。其中一种被研究人员广泛使用的是频域置信准则 (FDAC) 方法，该方法可以理解为实验频响数据和有限元频响数据的相关性，其表达式为[6]

$$\mathrm{FDAC}\,(\omega_a,\omega_x) = \frac{\boldsymbol{H}_a\,(\omega_a)^{\mathrm{T}}\,\boldsymbol{H}_x\,(\omega_x)}{|\boldsymbol{H}_a\,(\omega_a)|\,|\boldsymbol{H}_x\,(\omega_x)|} \tag{11.6.2}$$

式中，$\boldsymbol{H}_a(\omega_a)$ 和 $\boldsymbol{H}_x(\omega_x)$ 分别为有限元和实验的频响函数列向量；ω_a 和 ω_x 分别为有限元和实验的频率。FDAC 方法的关键是利用优化算法求解实验频率相对应的有限元频率。最终，模型修正问题就被转换为优化问题，并需要用优化算法进行迭代求解。在优化算法中，可以使用基于灵敏度分析的优化算法，也可以使用启发式优化算法 (遗传算法、模拟退火算法和神经网络等)。

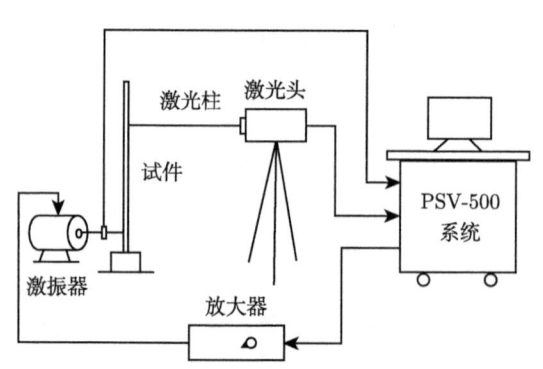

图 11.6.2　模型修正激光测振实验装置示意图[5]

11.6.3　总结

激光测振在现代智能制造领域也有广泛的应用，如在工业机器人手臂上安装三维激光测振仪，将其移动到三个不同的位置上可以校准激光束之间的角度，从而提高工业机器人手臂运动的精度[7]。激光测振作为一种新型的技术发展方向，需要多学科的理论和方法相互融合，我国在这方面也亟须更多的科技人才致力于相关领域的发展。

参 考 文 献

[1] 朱磊磊, 马龘, 马修水, 等. 三维激光多普勒测振仪研究. 电子世界, 2021, 4: 52-53.
[2] Donges A, Noll R. 激光测量技术原理与应用. 张书练, 译. 武汉: 华中科技大学出版社, 2017.

[3] Yeh Y, Cummins H. Localized fluid flow measurements with an He-Ne laser spectrometer. Applied Physics Letters, 1964, 4(10): 176-178.
[4] 苏永华, 袁磊, 董亮, 等. 铁路桥梁非接触检测技术发展. 铁道建筑, 2022, 62(01): 11-17.
[5] 刘杰坤, 马修水, 马鳃. 激光多普勒测振仪研究综述. 激光杂志, 2014, 35(12): 1-5.
[6] 杨修铭. 结构有限元模型修正方法及其在损伤识别中的应用研究. 大连: 大连理工大学, 2021.
[7] Yuan K, Zhu W. A novel general-purpose three-dimensional continuously scanning laser Doppler vibrometer system for full-field vibration measurement of a structure with a curved surface. Journal of Sound and Vibration, 2022, 540: 117274.

(本案例由赵岩供稿)

11.7 高速冲击下的结构破坏分析

11.7.1 工程背景

党的十九大报告中将武器装备现代化作为军队现代化的一项重要内容加以强调[1]。武器装备是战斗力的核心组成部分，在保障国家安全中发挥着十分重要的作用。武器的杀伤力 (图 11.7.1(a)) 和装甲装备对于武器的防御能力都是评判武器装备性能的重要标准。为了研究高速运动的弹片对装甲的破坏力，需要对高速冲击下的结构破坏问题进行深入的研究。除了在军事方面，冲击破坏问题在建筑爆破 (图 11.7.1(b))、隧道开挖等民用工程作业中同样广泛存在。在航空航天领域，飞机在飞行过程中遭受鸟撞、航天器受到漂浮的太空垃圾的冲击等都是非常值得研究的冲击破坏问题。研究和分析高速冲击的过程、预测结构在冲击载荷下的响应、了解材料和结构在受到冲击后的破坏和毁伤现象等，有助于提高军事装备的

(a)   (b)

图 11.7.1　(a) 深弹攻击目标[3] 和 (b) 爆破拆除建筑[4]

性能，发展先进的爆破工程技术，提升运载工具的安全性，对于我国军事和科技的发展都具有重要意义[2]。

11.7.2 力学分析

高速冲击在本质上是两个或者多个物体以很高的相对速度发生碰撞的过程，在碰撞过程中由于巨大的冲击力将对材料和结构造成破坏。对于高速冲击破坏问题的研究，可以为提升结构、装备的安全性提供参考，可以为提升武器的杀伤力提供经验，也可以提高对矿山、建筑等结构爆破作业的精准度。目前针对高速冲击破坏问题的研究主要包括试验、理论、数值分析三种方法。其中，试验方法由于材料和结构的破坏具有不可逆性，需要消耗的成本较高，且高速冲击的试验条件难以满足，因此研究的局限性较大；而数值分析方法则可以通过计算和模拟得到材料在冲击载荷下的形态和动力响应，并且实现简单，成本低廉，被研究者们广泛应用于冲击破坏问题的研究中。理论研究可以通过实验总结得到规律，也可以为数值方法提供基础和依据，为其准确性提供保障，在研究中起到了极其关键的作用。

在高速冲击问题中，若不考虑重力等外力的影响，根据动量定理，系统内的总动量是守恒的，即

$$\sum_{i=1}^{n} m_i \Delta \boldsymbol{v}_i = \boldsymbol{0} \tag{11.7.1}$$

其中，n 为相互作用的物体总数；m_i 和 $\Delta \boldsymbol{v}_i$ 分别表示第 i 个物体的质量和冲击前后的速度差。对于每一个物体，其在冲击和碰撞过程中的任意时刻都会受到其他物体对它的作用，并满足牛顿第二定律，即

$$m_i \boldsymbol{a}_i = \boldsymbol{f}_i^{\text{cont}} \tag{11.7.2}$$

其中，$\boldsymbol{a}_i$ 为该质点的加速度；$\boldsymbol{f}_i^{\text{cont}}$ 为该物体受到的接触力之和。在 $0 \sim T$ 时间内，根据运动学关系，物体的速度和加速度的关系为

$$\Delta \boldsymbol{v}_i = \int_0^T \boldsymbol{a}_i \mathrm{d}t \tag{11.7.3}$$

通过以上几个式子可以知道，要使得武器装备的杀伤力增大，增加其质量或者速度都是很好的方法；而要增加冲击带来的威力，则可以通过减小相互作用的时间实现。

在普通的物体间碰撞中，我们一般可以将物体当作刚体，直接计算它们碰撞前后的速度便可以得到它们的运动规律。然而，对于高速冲击破坏问题，物体会在冲击过程中发生变形、损伤甚至破坏，破坏后的结构和碎片之间甚至可能会有

相互作用，因此需要考虑物体的变形和破坏。对于一个变形体，可近似采用如图 11.7.2 所示的方式进行描述，即可以假设物体由一系列足够密的物质点组成，每个点与其相邻的点之间通过"弹簧"连接，当点与点之间相对距离发生变化时，就会受到彼此之间的弹簧力作用[5]。例如，对于图 11.7.2 中黑色的点，它除了受到其他物体对它的接触力之外，还会受到周围的点对它的相互作用力。对于每一个点，它的受力都可以进行如此假设，并且它们的运动同样满足式 (11.7.1) ~ 式 (11.7.3)。此外，当点与点之间相对距离变化过大时，"弹簧"便会被"扯断"，并且不再恢复，这反映到实际中就是材料发生了失效和破坏，不能再承受力的作用。采用这种思路，国内外学者提出了各种适用于模拟结构高速冲击、侵彻破坏的粒子类方法。最近，一种新的粒子类方法——时间间断物质点法[6]，对于该类问题的模拟结果同样取得了准确、可靠的结果 (图 11.7.3)。

图 11.7.2 弹性体受碰撞作用示意图

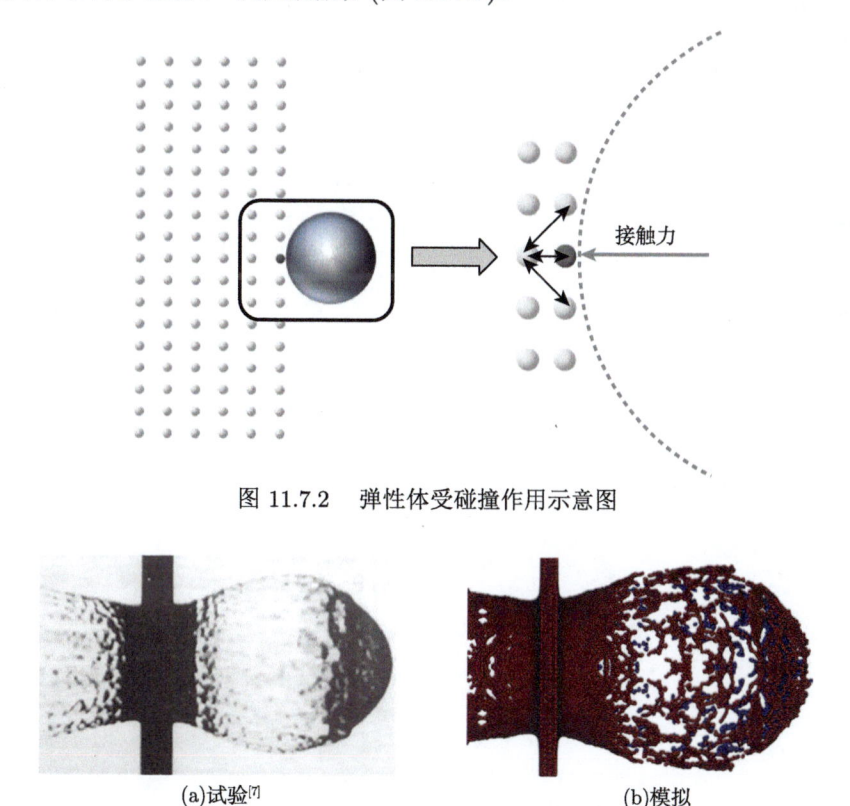

(a)试验[7]　　　　　(b)模拟

图 11.7.3 高速冲击破坏问题分析

11.7.3 总结

近年来，随着理论的发展和计算机性能的迅速提升，对于高速冲击和破坏问题的研究和模拟越来越准确和深入。然而，自然界中的材料有着各种各样的特性，在冲击作用下会有各种不同的响应,并且各种复杂结构的出现都对该问题的研究提出了挑战。但是,无论材料和结构如何变化,在冲击破坏问题中的基本运动学和动力学规律是一直存在的,这些都是我们进行各类冲击破坏问题分析研究的基础。

参 考 文 献

[1] 习近平. 决胜全面建成小康社会夺取新时代中国特色社会主义伟大胜利——在中国共产党第十九次全国代表大会上的报告. 2017. http://www.moe.gov.cn/jyb_xwfb/xw_zt/moe_357/jyzt_2017nztzl/2017_zt13/17zt13_zyjs/201710/t20171031_317898.html.

[2] 马上. 冲击爆炸问题的物质点无网格法研究. 北京: 清华大学, 2009.

[3] 直击中俄"海上联合—2016"军事演习实际使用武器演练. 2016. http://www.xinhuanet.com/world/2016-09/18/c_1119580131.htm.

[4] 广州以定向爆破方式强制拆除违法建设. 2013. https://www.gov.cn/jrzg/2013-05/30/content_2415004.htm.

[5] 李辉. 饱和多孔介质动力及断裂分析的多尺度有限元和近场动力学方法. 大连: 大连理工大学, 2019.

[6] Lu M K, Zhang J Y, Zhang H W, et al. Time-discontinuous material point method for transient problems. Computer Methods in Applied Mechanics and Engineering, 2018, 328: 663-685.

[7] Anderson J C E, Trucano T G, Mullin S A, et al. Debris cloud dynamics. International Journal of Impact Engineering, 1990, 9: 89-113.

(本案例由郑勇刚供稿)